◆数理解析シリーズ◆

数学解析

（上）

溝畑　茂
［著］

朝倉書店

本書は，数理解析シリーズ 第1巻『数学解析(上)』(1973年刊行)
を再刊行したものです．

は し が き

本書を「数学解析」と名付けたが，実質的な内容からいえば微分積分法の書である．微積分法は約 300 年前 Newton, Leibniz によって創始されたものであるが，これ独自で閉じた学問ではない．何故なら微積分法は，今日数学解析とよばれるもの（実ならびに複素解析，微分方程式，偏微分方程式，更に関数解析等）の共通の基盤であり，また，この学問の起源が Newton によることからもわかるように，絶えず自然科学，特に物理学の諸問題と共に発展してきたからである．

筆者は一見無理と思われる次の２つの目標を同時に念頭において執筆した．即ち１つは厳密性をゆるがせにしないことに依って，本書が近代解析学の基礎となりうることであり，他の１つは，読者が微積分法の理解を通じ，同時にいわゆる数理物理学——それは広い範囲の数学である——の学習を容易ならしめることである．

本書の前半の部分（即ち上巻）は，高等学校で一応微積分法の初歩を学んだ人が，難解な概念や，たんなる計算技術の訓練に悩まされることなく，微積分法の真の面白さを理解できるように考慮して編んだ．第２章 微積分法序論 においては，微分法つづいて積分法という従来の取り扱いをやめて，微分法，積分法が同時に導入されているが，これは筆者がかねてより考えていたものである．即ち無限小の考えを直接用いることに依って，自然に導関数が算出され，これより求める諸量が積分によって求められるという過程を，繰り返し例によって示した．第１章の補足で実数の１つの捉え方を説明したが，初めて学ばれる方はとばされても差支えない．他の章の補足についても同様であり，また一般的にいって，存在定理に関する証明は必要に応じて読まれる程度で良いと思う．微積分法の基礎的重要な部分は第3章に集約されている．第4章で微分方程式を取り扱ったが，この中で「惑星は太陽を1つの焦点とする楕円軌道を画く」という事実の数学的な推論が示されている(p.313〜315)．このことはNewtonが微積分法を創始する直接の動機となったものであり，これを通じてNewtonの偉大さを認識して頂きたい．

後半の部分(即ち下巻)は本書を書く動機となった素材が多くとり入れられている．教養課程における講義の時間不足や，学部における教育の専門化が進んだ結果，現在数学の各分野，物理学で盛んに用いられている所謂 advanced calculus に属する微積分法の習得は，その重要さに拘らず，殆んど学生の自学自修に委ねられているのが現状である．しかしながらこの大切な部分について丁寧に述べた邦書は少ない．この点を考慮して，出来るだけ詳しく難解な部分を解説するよう努めた．しかしながら基本的な事項については厳密な推論を行なった為に，読者が難渋だという印象をうけられることをおそれている．急がずに，また時に応じて順序を変えて読みこなされることを希望する．

微積分法の自由な活用は，概念と計算技術の巧みな組み合わせによって可能になる．筆者は(旧制)高校時代秋月教授より微積分法の講義を受けたが，教授の提出された程度の高い演習問題によって啓発され微積分法の面白さを味わった．微積分法は，やや程度の高い問題を独力で解決することを通じてその本質が理解されるものであり，その点を考慮して章末に相当多くの，また趣きの異った演習問題を収録した．それらの問題はおおむね番号が進むに従って程度が高くなっている．また独学者の便宜を考えて，略解を巻末に載せたが，読者はこれに左右されることなく，解法を編み出されることを希望する．

本書は筆者の京都大学教養部での講義を素材としてまとめた．全般的にいって，参考書，自習書の性格をもっている．また各章の前半は易しく，後半は相当程度が高くなるように配列されている．読者はこの点に留意して，学習に当って，適当に取捨選択して読まれて差支えない．

本書の原稿整備に際して，二，三の親しい方々に協力をお願いした．定松隆君には校正の段階まで協力を願った．又，朝倉書店編集部の諸氏には本シリーズの刊行に際して，並々ならぬ熱意をもって尽力頂いた．これらの方々に対して筆者は深く感謝している．

1973 年 2 月　京都比叡山麓にて

溝　畑　　茂

目　　次

下 巻 目 次

第1章　連　続　関　数

1.1　連続関数

2点 P, Q が実数軸上を同時に動いている場合を考える．点 P は時刻 $0 \leq t \leq T$ の間でつねに線分 $[a, b]$ 上にあり，他方，点 Q は時刻 $t=0$ のとき原点より出発して，時刻 $t=T$ のとき実数軸上の $x=1$ に達するとする．$0<a<b<1$ の場合には，2点 P, Q はかならず時刻 $0, T$ の間でどこかで少なくとも1回は出会うであろう．この事実は経験上明らかなことであろうが，解析の立場から厳密に証明するにはどうすればよいかを考えてみよう．

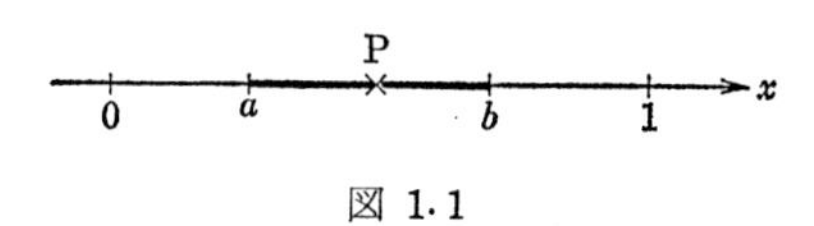

図 1.1

P, Q の時刻 t における位置，すなわち x 座標をそれぞれ $f(t)$，$g(t)$ とする．題意より，

$$a \leq f(t) \leq b, \qquad g(0)=0, \qquad g(T)=1$$

である．P, Q が出会うための(必要かつ十分)条件は，$f(t)=g(t)$ となるような $t \in [0, T]$ が存在することである．このとき問題の性格上 $f(t), g(t)$ はともに**連続関数であると仮定できる**．したがって

$$h(t)=f(t)-g(t)$$

とおけば，$h(t)$ もまた連続関数であって，

$$\begin{cases} h(0)=f(0)-g(0)=f(0)-0 \geq a>0, \\ h(T)=f(T)-g(T)=f(T)-1 \leq b-1<0, \end{cases}$$

がなりたつ，ゆえに，示すべきことは，$h(0)>0$，$h(T)<0$ の仮定のもとで，$h(t)=0$ となるような $t \in [0, T]$ が少なくとも1つ存在することである．このことは連続関数に対する一般的性質の1つとして §1.3 で示すことにして，

連続関数について説明することから始めよう．

関数 $f(t)$ は区間 $I=[a,b]$ で定義されているとする．$f(t)$ が $t=t_0$ で**連続** (continuous) であるとは，

$$(1.1)\qquad \Delta f=f(t_0+\Delta t)-f(t_0)\to 0 \qquad (\Delta t\to 0)$$

のときをいう．すなわち Δt を小さくとればとる程，それに応じて Δf も小さくなることである．論理的ないい方をすれば，どんなに $\varepsilon(>0)$ を小さくとっても，それに応じてある $\delta(>0)$ がとれて，

$$(1.2)\qquad |\Delta t|<\delta \quad \text{であれば，}\quad |\Delta f|<\varepsilon$$

がなりたつようにできる，ということである．

さらに，区間 I のすべての点で $f(t)$ が連続であるとき，$f(t)$ は**区間 I で連続**であるという．

さて上記の定義であるが，(1.1) はつぎのようにいってもよい：$t_1, t_2, \cdots, t_n, \cdots$ を t_0 に近づく任意の数列としたとき，

$$(1.3)\qquad f(t_n)\to f(t_0) \qquad (n\to\infty).$$

論理式でいえば，どんなに $\varepsilon(>0)$ を小にとっても，ある N がとれて，

$$(1.4)\qquad n\geq N \quad \text{であれば，}\ |f(t_n)-f(t_0)|<\varepsilon$$

とできる，ということである．

(1.1) と (1.3) の同等性を以下に示す．まず (1.2) から (1.4) がしたがうことは明らかである．実際，$t_n\to t_0$ より，ある N がとれて，$n\geq N$ であれば，$|t_n-t_0|<\delta$ がなりたつ．この δ は (1.2) のそれである．ゆえに (1.4) がなりたつ．

つぎに (1.3) から (1.1) がしたがうことを矛盾によって示す．すなわち，(1.3) がなりたっているが，(1.1) はなりたたないとすると矛盾が生ずることを以下に示す．

ところで, (1.1) すなわち (1.2) がなりたたないということは, つぎのことを意味する: ある $\varepsilon_0(>0)$ があって, どんなに $\delta(>0)$ を小にとっても,

$$|t-t_0|\leq\delta \quad \text{で,} \quad |f(t)-f(t_0)|\geq\varepsilon_0$$

をみたす t が少なくとも1つはある. そこで δ として, $\delta_1, \delta_2, \cdots, \delta_n, \cdots\to 0$ となる正数列をとってこよう. 各 δ_n に対して, $|t_n-t_0|\leq\delta_n$, $|f(t_n)-f(t_0)|\geq\varepsilon_0$ となる t_n をとると (t_n の中には同じものがあるかも知れないが, これは構わない), $t_n\to t_0$ であるが, (1.3) はなりたたない. これは矛盾である. ゆえに (1.3) から (1.1) がしたがう.

1.2 上限, 下限

連続関数の性質を示すためには, 実数の性質を用いなければならないが, これに関しては後にある程度くわしくのべることにして, ここでは説明をするにとどめる.

一般に実数の集合 E があったとき, 別に実数 L がとれて, E にぞくするどんな x をとっても, $x\leq L$ がなりたつとき, 集合 E は**上に有界**であるといい, 数 L を集合 E の1つの**上界**(upper bound)であるという.

さて上に有界な実数の集合 E が与えられたとき, それが無限集合だと最大数がその中にあるとは限らない. 例えば a を1つの実数として,

$$E=\{x|x<a\}$$

を考えてみると, どんな $x(<a)$ に対しても $x<y<a$ となるような y があるので(例えば, $y=(a+x)/2$), E の中に最大数は存在しない. ここで最大数といったが, 集合 E の最大数が x_0 であるとは, $x_0\in E$ であって, どんな E の数 x に対しても,

$$x\leq x_0$$

がなりたっているときをいう. 最大数があることは一般には期待できないので, これに準ずる数として, **上限**(supremum, least upper bound)という考えを導

入する．一般に上に有界な集合 E が与えられたとき，つぎの性質をもつ数 L_0 が一意的に定まる．

$$(1.5)\quad \begin{cases} 1^\circ & E \text{ にぞくするどの数も } L_0 \text{ 以下である，} \\ 2^\circ & \text{どんなに } \varepsilon(>0) \text{ を小にとっても，} L_0-\varepsilon \text{ より大きい } E \text{ の数} \\ & \text{が少なくとも 1 つはある．} \end{cases}$$

この数 L_0 を集合 E の上限という．

もし集合 E に最大数があるときには，$x_0=L_0$ となる．すなわち最大数と上限とは一致する．このことは x_0 がうえの性質をみたすからである．また最初にあげた集合 E の上限は a である．

上限の存在については後で示すことにして，ここでは認めることにしよう．一意的だといったが，これは明らかである．実際 (1.5) をみたす数が 2 つあったとし，L_0, L_0' とする．$L_0<L_0'$ としよう．2° により，$L_0'-\varepsilon$ より大きい E の数があるべきだが，とくに ε として $\varepsilon=L_0'-L_0$ ととれば，L_0 より大きい E の数があることになり，L_0 はうえの性質の 1° をみたさない．これは不合理である．

上限を sup と略記する．したがって，うえの例では，

$$\sup E=a$$

となる．以下，上限の例をあげる．

例 1

$$E=\left\{1, 1+\frac{1}{2}, 1+\frac{1}{2}+\frac{1}{2^2}, \cdots, 1+\frac{1}{2}+\cdots+\frac{1}{2^n}, \cdots\right\}.$$

E の上限は 2 である．実際 E のどの数も 2 より小であり，かつ 2 にいくらでも近い数があるからである．なお，2 は集合にぞくさないから最大数はない．

この例から示唆されるように，つぎの定理がえられる．

定理 1.1　上に有界な単調増大数列 $a_1 \leq a_2 \leq \cdots \leq a_n \leq \cdots$ は極限をもつ．すなわち，c があって，

$$\lim_{n\to\infty} a_n = c$$

がなりたつ．

証明　集合 $\{a_1, a_2, \cdots, a_n, \cdots\}$ の上限を c とすれば，この c が題意に適することをいえばよい．さて c の性質より，$a_n \leq c\ (n=1, 2, \cdots)$，かつ任意の $\varepsilon(>0)$ に対して，$c-\varepsilon < a_p$ となるような p がある．ゆえに $n \geq p$ であれば，

$$0 \leq c - a_n \leq c - a_p < \varepsilon$$

がなりたつ．このことは $\lim_{n\to\infty} a_n = c$ を意味する．　（証明おわり）

注意　うえの定理で単調増大列といったが，精密にいえば，ゆるい意味の単調増大列，あるいは非減少数列ということになる．しかし一般にはうえのようないい方をするのが普通である．ついでながら，

$$a_1 < a_2 < \cdots < a_n < \cdots$$

という場合には，狭義の単調増大列という．またうえの証明のさい，集合 $\{a_1, a_2, \cdots, a_n, \cdots\}$ といったが，同じ数があらわれてくる可能性も許してある．

（注意おわり）

例 2　集合の直径　(x, y)-平面の集合 D が与えられたとき，D の直径 d はつぎのように定義される：P, Q を D の任意の 2 点とし，距離 PQ を $\overline{\mathrm{PQ}}$ とかこう．P, Q をともに自由に D 上を動かしたとき，$\overline{\mathrm{PQ}}$ のつくる実数の集合 E を考え，これが有界集合のとき，D は**有界集合**であるといい，D の**直径** (diameter)を，E の上限で定義する．式でかけば，

$$(D\ \text{の直径}) = \sup_{\mathrm{P, Q} \in D} \overline{\mathrm{PQ}}$$

となる．粗くいえば集合 D の直径は集合にぞくする 2 点間の距離の最大値と

いえるかも知れないが，一般には最大値がないので，このように定義するのである．例として，$D=\{(x,y)\,|\,x^2+y^2<1\}$ をとろう．この直径は 2 であるが，2 点間の距離が 2 となるような点の対 P，Q は存在しない．これに反して，$D=\{(x,y)\,|\,x^2+y^2\leq 1\}$ のときには，直径 2 に等しい距離をもつ P, Q がある．

例 3　曲線の長さ　簡単のために $y=f(x)$ $(a\leq x\leq b)$ のグラフで示される曲線 C を考える．$f(x)$ は連続であるとする．$[a,b]$ を有限個の分点で分け，それを

$$\varDelta\colon\ a=x_0<x_1<x_2<\cdots<x_n=b$$

とする．この分割に応じてきまるところの，曲線 C に内接する折線 $C_\varDelta$ の長さを $L_\varDelta$ とする．すなわち

$$L_\varDelta=\sum_{i=1}^{n}\sqrt{(x_i-x_{i-1})^2+(f(x_i)-f(x_{i-1}))^2}$$

とする．あらゆる分割 $\varDelta$ に応じてきまる $L_\varDelta$ の集合 E は一般には有界集合ではないが，これが有界集合のとき，その上限をもって曲線 C の長さと定義する：

$$L=\sup_{\varDelta} L_\varDelta.$$

このとき E の中に最大数は一般には存在しない．すなわち丁度 L に等しいような $L_\varDelta$ は一般にはない．このことが起るための必要にして十分な条件は，C が**折線グラフ**であることである．すなわち適当な $x_1,\cdots,x_n$ をとれば，各部分区間で $f(x)$ が a_ix+b_i という形でかける場合である．

以上の例からわかるように，解析の基礎的な概念は上限でもって定義されており，解析の考え方を理解する上で，必須のものであることがうかがえるであろう．

さて今までは実数の集合が上に有界である場合を考えたが，そうでない場合は E は上に非有界であるといい，**上限は $+\infty$ である**と規約する．$+\infty$ というのは数ではなく状態を示す記号であるとみる方が無理がないので，本書でもそ

のように考える．したがって，

$$\sup E = +\infty$$

ということは，どんなに大きい M を与えても E の中に M より大きい数があることである．またこのことは，E の中から，$x_1, x_2, \cdots, x_n, \cdots \to +\infty$ という数列がとり出せることと同等である．

上限と全く同様にして**下限**(infimum)も定義される．これは数の集合 E が下に有界の場合，すなわち，ある M がとれて，任意の $x \in E$ に対して $M \leq x$ がなりたつ場合，

$$(1.6)\quad \begin{cases} 1^\circ & E \text{ のどの数も } \mu \text{ 以上である,} \\ 2^\circ & \text{任意の } \varepsilon \text{ に対して, } \mu+\varepsilon \text{ より小さい数が } E \text{ の中にある} \end{cases}$$

という性質をもつ数 μ として一意的に定義される．記号として，$\inf E$ とかかれる．μ は最小数に準ずるものである．なお E が下に有界でない場合は下限として $-\infty$ と規約する．下限をもって定義される1例をあげておく．

例 4　1 点から集合への距離　(x, y)-平面上で1点 P と点集合 D が与えられたとき，P と集合 D との距離 $\mathrm{dis}(P, D)$ は，Q が集合 D を自由に動いたときの距離 $\overline{\mathrm{PQ}}$ の下限でもって定義される．式でかけば

$$\mathrm{dis}(P, D) = \inf_{Q \in D} \overline{\mathrm{PQ}}.$$

単調関数の1性質

定理1.1から直ちに導かれる1事実を示しておこう．関数 $f(t)$ は $[a, b]$ で**単調関数**(monotonic function)であるとする．さらにくわしく，ゆるい意味で単調増大(減少)とする．すなわち，

$$x_1 < x_2 \quad \text{ならば} \quad f(x_1) \leq f(x_2) \qquad (f(x_1) \geq f(x_2))$$

がなりたつとする．

さて一般的にいって，関数 $f(x)$ が1点 $c \in (a, b)$ で，**右側極限** $f(c+0)$

をもつとは，任意の $\varepsilon(>0)$ に対して，$\delta(>0)$ がとれて，

$$(1.7)\qquad 0<x-c<\delta \quad \text{ならば} \quad |f(x)-f(c+0)|<\varepsilon$$

がなりたつときをいう．このとき

$$f(c+0)=\lim_{x\to c+0} f(x)$$

とかく．このとき $f(c+0)$ の定義には $f(c)$ の値が全然関与していないことを注意しておこう．左側極限 $f(c-0)$ も同様にして定義される．

定理 1.2　単調関数に対しては，$f(c+0)$，$f(c-0)$ はともに有限値として存在する．

証明　考えを定めるために，$f(x)$ が単調増大である場合に $f(c-0)$ の存在を示す．他の場合の証明も同様である．

$$\gamma=\sup_{x<c} f(x)$$

とする．すなわち γ は，x が c より小さい値を自由に動いたときの値 $f(x)$ の集合の上限である．$\gamma=f(c-0)$ を示そう．上限の定義より，任意の $\varepsilon(>0)$ に対して，ある $x_0(<c)$ があって，

$$f(x_0)>\gamma-\varepsilon.$$

また上限の定義より $f(x)\leq\gamma$ $(x<c)$ だから，$f(x)$ の単調性を考慮すれば，$x_0<x<c$ のとき，

$$0\leq\gamma-f(x)<\varepsilon$$

がなりたつ．(1.7) をみれば，$\gamma=f(c-0)$ である．　（証明おわり）

1.3　連続関数の性質（I）

この章の最初に問題にした事実を証明しよう．

定理 1.3　$f(x)$，$x\in[a,b]$，が連続であって，$f(a)f(b)<0$ のとき $f(c)=0$

となる $c(a<c<b)$ が少なくとも1つ存在する.

証明　考えを定めるために $f(a)<0$, $f(b)>0$ とする．まず重要な一般的注意として,「$f(x)$ が1点 α で連続で, かつ $f(\alpha)>0$ ならば, ある $\delta(>0)$ がとれて $|x-\alpha|\leq\delta$ の範囲では $f(x)>0$ がなりたつ」ことを指摘しよう．実際, 連続の定義 (1.2) において ε として例えば $\frac{1}{2}f(\alpha)$ とおいてみればよいからである. $f(\alpha)<0$ のときも全く同様にして, $f(x)<0$ が α の近傍でなりたつ.

さて, $f(x)<0$ であるような x の集合の上限を c とする:

$$c=\sup\{x|f(x)<0\}.$$

証明すべきことは $f(c)=0$ である．まず c は a,b のいずれにも一致することはないことは上限の定義とうえの注意から明らかだから, $a<c<b$ である．ついで c の定義より, どんなに δ を小にとっても, $(c-\delta,c]$ の中に $f(x)<0$ となるような x があり, 他方 $x>c$ では $f(x)\geq 0$ である．ふたたびうえの注意を考慮すれば, $f(c)=0$ でなければならないことがわかる.

最後に, $f(a)>0$, $f(b)<0$ のときには, $f(x)$ の代りに $-f(x)$ をとって考えるか, あるいは,

$$c=\sup\{x|f(x)>0\}$$

と c を定義すればよい.　（証明おわり）

この定理より,

定理 1.4　**（中間値定理）**　$f(x)$ を $[a,b]$ で連続とする．任意の2点 x_1,x_2 において $f(x)$ のとる値 $f(x_1)$, $f(x_2)$ に対し, この中間の任意の値 λ をとれば, $f(x)=\lambda$ となる x が少なくとも1つ存在する.

証明　$x_1=a$, $x_2=b$ として一般性を失なわない．実際, $x_1<x_2$ のとき, $f(x)$ を $[x_1,x_2]$ で考えればよいのだから．さて, $F(x)=f(x)-\lambda$ とおけば, $F(a)F(b)\leq 0$ だから, 前定理より (等式がなりたつ場合は自明だから), $F(c)=0$ となる c がある.　（証明おわり）

中間値定理の応用例を与える.

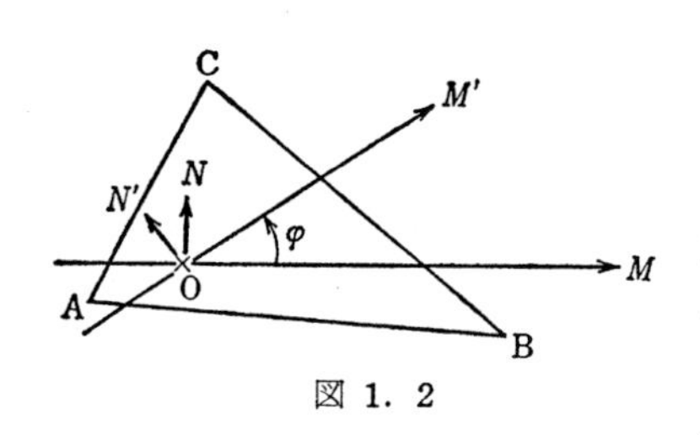

図 1. 2

「平面上に 3 角形 ABC と任意の点Oが与えられたとき，Oを通るある直線があって，これによって3角形の面積は2等分される」ということの証明である．

まず O を通る有向直線 OM を1つ選び，これを基準に，φ だけ回転してできる直線 OM′ に対して 3 角形の半平面の部分の面積を $f(\varphi)$ とする．半平面は O を通る OM の有向垂線 $\overrightarrow{\mathrm{ON}}$ を選び，φ とともにこれが連続的に変わるように選び，最後にこれらの有向垂線 $\overrightarrow{\mathrm{ON}'}$ が横たわる側として指定する(図 1.2 参照)．$f(\varphi)$ を $\varphi\in[0,\pi]$ で考えると，$\varphi=\pi$ では $\varphi=0$ の場合とくらべて指定する半平面が異なる側になっている．ゆえに，3 角形 ABC の面積を S とおくと，

$$f(0)+f(\pi)=S$$

である．$f(\varphi)$ は連続関数だから(読者は証明をつけられたい)，$f(0)$ と $f(\pi)$ との平均値の値 $S/2$ をとるような φ が少なくとも1つはある．なお O が3角形の内部になければ，Oを通る直線で予め指定された任意の比に3角形の面積を分割することができることも示される．

1.4　連続関数の性質 (II)

まず基本的なつぎの定理を証明しよう．

定理 1.5 (**集積値定理**)　数列 $a_1, a_2, \cdots, a_n, \cdots$ を任意の有界列とする．適当な部分列 $a_{n_1}, a_{n_2}, \cdots, a_{n_p}, \cdots$ $(n_1<n_2<\cdots<n_p<\cdots)$ をとれば収束列とすることができる．すなわち，

$$\lim_{p\to\infty} a_{n_p}=c.$$

注意　数列 $\{a_n\}_{n=1,2,\cdots}$ が有界であるとは，上にも下にも有界であることをいう．すなわち，ある A があって，$|a_n|\leq A$ $(n=1,2,\cdots)$ がなりたつことを

いう．また数 c が数列 $\{a_n\}$ の1つの**集積値** (cluster value) であるとは，どんなに ε を小にとっても，c の ε-近傍：$|x-c|<\varepsilon$ にぞくするような a_n の n が無限個あるときをいう．定理は，有界数列に対しては，集積値が少なくとも1つあることを主張している．

証明　数列 $\{a_n\}$ が $[a,b]$ に含まれているとする．区間を2等分して $[a,(a+b)/2]$，$[(a+b)/2,b]$ の2つを考えると，このうちの少なくとも1つは，数列 $\{a_n\}$ のうちの無限個を含んでいる．くわしくいえば $a_n\in[a,(a+b)/2]$ となるような自然数の個数が無限個か有限個かの何れかであるが，もし有限個しかない場合には $a_n\in[(a+b)/2,b]$ となるような n は無限個であるということである．したがって無限個含んでいる部分区間が1つしかない場合はその区間をとり，2つとも無限個含んでいる場合には(例えば)その左側のものをとるとする．これを I_1 とする．つぎに I_1 を2等分していまと同様に考える．すなわち I_1 に含まれる $\{a_n\}$ を

$$\{a_{n_1}, a_{n_2}, \cdots, a_{n_p}, \cdots\} \quad (n_1<n_2<\cdots<n_p<\cdots)$$

とすると，最初のステップと事情は全く同様である．以下同様に考えていくと，無限の区間列 $I_1, I_2, \cdots, I_n, \cdots$ ができる．I_n は I_{n-1} に含まれる：$I_n\subset I_{n-1}$．かつ I_n の長さは $(1/2)^n(b-a)$ であって，$n\to\infty$ のとき0に近づく．そこで，$I_n=[\xi_n, \eta_n]$ とすると，

$$1°\quad \xi_1\leq\xi_2\leq\cdots\leq\xi_n\leq\cdots,$$

$$2°\quad \eta\geq\eta_2\geq\cdots\geq\eta_n\geq\cdots;\quad \eta_n-\xi_n\to 0$$

がなりたつ．定理 1.1 より $\lim_{n\to\infty}\xi_n=c$ が存在するが，2° により $\lim_{n\to\infty}\eta_n=c$ でもある．したがって，$\xi_n\leq c\leq\eta_n$ $(n=1,2,\cdots)$ だから，$c\in I_n$ $(n=1,2,\cdots)$ がなりたつ．そこで，a_{n_1} を I_1 に含まれる $\{a_n\}$ のうちの1つとし，a_{n_2} としては，$n_2>n_1$ であって，$a_{n_2}\in I_2$ となるものをとる．以下同様にすれば，求める部分列がえられる．　（証明おわり）

上記の定理は，Bolzano-Weierstrass の定理ともよばれている．これより，

定理 1.6 $f(x)$ を $[a,b]$ で連続とすると，$f(x)$ の $[a,b]$ での最大値，最小値がともに存在する．

証明

$$\sup_{x\in[a,b]} f(x)=\mu$$

とおく．まず μ は有限であることを示す．そうでないとすると，数列 $\{x_n\}$ があって，$f(x_n)\to\infty$ $(n\to\infty)$ となるであろうが，$\{x_n\}$ の集積値が少なくとも1つあるから，それを c とする．他方，$f(x)$ の c での連続性から，δ を小にとれば，$|x-c|\leq\delta$ で，$f(x)\leq f(c)+\varepsilon$ がなるが，これはうえのことと両立しえないから不合理である．

μ が有限であることが示されたので，ふたたび上限の定義から，各 n に対して，

$$f(x_n)>\mu-\frac{1}{n}$$

となるように x_n をえらぼう．数列 $\{x_n\}$ の1つの集積値を c とすると，$f(c)=\mu$ が以下の要領で示される．集積値の定義から，$\{x_{n_p}\}_{p=1,2,\cdots}$ という $\{x_n\}$ の部分列が c に収束するが，$f(x_{n_p})\geq\mu-\dfrac{1}{n_p}$，かつ $f(x_{n_p})\leq\mu$ だから，$f(x)$ の連続性から，

$$f(c)=\lim_{p\to\infty}f(x_{n_p})=\mu$$

がしたがう．最小値についても同様である． （証明おわり）

最後に**一様連続性**を示そう．$f(x)$ が区間 I で一様連続であるとは，任意の $\varepsilon(>0)$ に対して，$\delta(>0)$ がとれて，x, x' が区間 I の任意の点で $|x-x'|<\delta$ でありさえすれば，その位置の如何に拘らず，

$$|f(x)-f(x')|<\varepsilon$$

がなりたつことをいう．このことはつぎの定理の形にいうことができる：

$\delta(>0)$ に対して，

$$(1.8)\qquad \varphi(\delta)=\sup_{|x-x'|\leq\delta}|f(x)-f(x')|$$

を定義しよう．ここで x, x' は $|x-x'|\leq\delta$ であるような I の点を自由に動くものとする．

定理 1.7　(**一様連続性**)　$f(x)$ が $[a, b]$ で連続のときには，$\varphi(\delta)\to 0$ $(\delta\to 0)$ がなりたつ．

証明　矛盾によって証明する．$\varphi(\delta)$ はゆるい意味の単調増大関数であるから，$\varphi(\delta)\to 0$ $(\delta\to 0)$ がなりたたないとすると，ある $\varepsilon_0(>0)$ があって，

$$\varphi(\delta)\geq\varepsilon_0$$

が任意の $\delta(>0)$ に対してなりたつ．$\delta_1, \delta_2, \cdots\to 0$ となる正数列をとろう．上限の性質より，各 n に対して，

$$(1.9)\qquad |x_n-x_n'|\leq\delta_n, \qquad |f(x_n)-f(x_n')|\geq\frac{\varepsilon_0}{2}$$

となる (x_n, x_n') が存在するが，数列 $\{x_n\}$ の1つの集積値を c とする．$f(x)$ が c で連続であることより，δ_0 を適当にとれば，$|f(x)-f(c)|\leq\varepsilon_0/8$, $|x-c|\leq\delta_0$ がなりたつ．したがって，

$$(1.10)\qquad |x-c|\leq\delta_0,\ |x'-c|\leq\delta_0 \quad ならば \quad |f(x)-f'(x)|\leq\frac{\varepsilon_0}{4}$$

がなりたつ．ところが c の定義から $|x_n-c|\leq\delta_0$, $|x_n'-c|\leq\delta_0$ をみたす n はあるが，このような n に対しては (1.9) と (1.10) とは両立しえない．

（証明おわり）

注意　今までの定理では連続関数の定義範囲を $[a, b]$，すなわち有界閉区間としたが，これは重要な仮定であって，これをはずしてしまうと定理はもはや一般にはなりたたない．このような1例として，

$$f(x)=\frac{1}{x},\qquad 0<x<1$$

をあげておこう.　　　　　　　　　　　　　　　　　　　　　　(注意おわり)

1.5 Cauchy の判定条件

数列 $\{c_n\}$ が**収束列**(convergent sequence)である定義を思い起そう. $\{c_n\}$ が収束列であるとは, ある γ があって, 任意の $\varepsilon(>0)$ に対して, Nがとれて,

(1.11)　　　　　$n\geq N$ であれば, $|c_n-\gamma|<\varepsilon$

がなりたつことである. このとき $\{c_n\}$ は n を増してゆくとき γ に収束する, あるいは近づくといい,

$$c_n\to\gamma\ \ (n\to\infty);\qquad \lim_{n\to\infty}c_n=\gamma$$

などとかかれる. γ は数列 $\{c_n\}$ の**極限値**とよばれる.

当然のことであるが, 数列に対して極限値は, もしあるとすれば, **一意的**であることを注意しておこう. 実際, 2つあったとして, これを γ,γ' としよう. (1.11) は, γ,γ' に対して同時になりたつであろうから, $\varepsilon=|\gamma-\gamma'|/4$ とおいて考えると,

$$|\gamma-\gamma'|=|(c_n-\gamma)-(c_n-\gamma')|\leq|c_n-\gamma|+|c_n-\gamma'|<\frac{1}{2}|\gamma-\gamma'|$$

となり, $|\gamma-\gamma'|\neq 0$ であるから矛盾である.

さて, 収束の判定条件として, γを介入させないで判定されるつぎの定理がある.

定理 1.8 (**Cauchy**(**コーシー**))　数列 $\{c_n\}$ が収束列であるための必要十分条件は, 任意の $\varepsilon(>0)$ に対して N がとれて, $n,m\geq N$ ならばつねに

$$|c_n-c_m|<\varepsilon$$

がなりたつようにできることである.

証明 必要なことは明らかであろう．実際，(1.11) から $|c_n-\gamma|<\varepsilon/2$, $|c_m-\gamma|<\varepsilon/2$ $(n, m\geq N)$ がなりたち，これより $|c_n-c_m|<\varepsilon$ がなりたつからである．

十分なことを示す．まず $\{c_n\}$ は有界数列である．実際，うえの式で $m=N$ とおくと，

$$|c_n-c_N|<\varepsilon, \qquad n>N$$

がしたがうからである．なお $\{c_1, \cdots, c_{N-1}\}$ は有限個だから有界性の判定には影響はない．

集積値定理によって(定理 1.5)，ある γ と $\{c_n\}$ の部分列 $\{c_{n_p}\}$ がとれて，$\{c_{n_p}\}\to\gamma$ $(p\to\infty)$ がなりたつ．

$\varepsilon(>0)$ を任意に与える．定理の条件より，

$$|c_m-c_n|<\frac{\varepsilon}{2} \qquad (n, m\geq N)$$

がなりたつ．ここで m として n_p をとろう．p が十分大きければ $n_p\geq N$ となるから，これは許される．他方 p が十分大であれば，

$$|c_{n_p}-\gamma|<\frac{\varepsilon}{2}$$

とできるから，上式を合わせて，

$$|c_n-\gamma|\leq|c_n-c_{n_p}|+|c_{n_p}-\gamma|<\varepsilon \qquad (n\geq N)$$

がなりたつ．よって $\lim_{n\to\infty} c_n=\gamma$. （証明おわり）

注意 一般に数列 $\{c_n\}$ が定理 1.8 の条件をみたすとき **Cauchy** 列という．

補足　実　数

1.A.1. 実数の定義　第1章では上限の存在を仮定したが，これを示そうと思うと，実数のとらえ方，定義にたちもどる必要がある．これについて説明しよう．

まず有理数はすでに知っているものとする．有理数とは $0, \pm p/q\,(p, q=1, 2, \cdots)$ であらわされる数である．有理数はつぎの基本的な性質をもつ．

1)　有理数は大小関係に関して単一順序(線状順序)をもつ．すなわち，a, b を2つの有理数とするとき，$a>b$，$a=b$，$a<b$ の何れか1つがなりたち，かつ $a<b$，$b<c$ ならば $a<c$ である．

2)　稠密性をもつ．すなわち $a<b$ ならば $a<c<b$ という c が存在する．

これから導入する無理数と有理数全体で実数全体が構成されるが，実数全体もまた性質 1)，2) をもつように定義される．

実数の定義のし方はいろいろあるが，デデキント(Dedekind)の切断による定義は最も巧妙である．これを以下にのべる．

デデキントの切断　有理数全部を2つの組 A, B に分け(何れも空集合でないとする)，A の任意の数 a は B の任意の数 b より小であるとする．この組分け (A, B) を**切断**といい，Aを下の組，Bを上の組という．このとき2つの場合がおこりうる．

第1の場合　1)　A に最大数がある(したがって，B に最小数はない)，2) B に最小数がある(したがって A に最大数はない)．

第2の場合　A に最大数がなく，B に最小数がない場合である．この場合に，切断 (A, B) を**無理数 c と定義**する．次節でのべるように，c は A とB との境界になるようなただ1つの実数である．

第2の場合の実例として，つぎの組分けを考える．$x\leq 0$ か，$x^2<2$ をみたす有理数の全体を A とする．このときのこりの有理数は $x>0, x^2>2$ をみたす．

実際 $x^2=(q/p)^2=2$ とする．p, q は互いに素とする．このとき $q^2=2p^2$ がなりたち，したがって q^2 は2で割り切れる．これより q 自身が2の倍数である．そうすると p^2 が2で割り切れる．ゆえに p も2の倍数である．これは仮定に反する．この切断が第2の場合であることは明らかであろう．実際，A に最大の有理数 a があったとする．$a^2<2$ であるから，h (有理数)>0 があって $(a+h)^2<2$ となるから矛盾である．B に最小数もない．

1.A.2. 実数の大小，連続性

実数の間に大小関係数を定義しよう．有理数との関係も考慮して，有理数にはそれを境界とする切断を対応させ，かつそのときその有理数は上の組の最小数になるようにとっておくとする．

大小関係の定義　2つの実数 c, c' が切断 $(A, B), (A', B')$ でそれぞれ定義されている．このとき，$A\subset A'$，または $A'\subset A$ のいずれかである．この場合にしたがって，$c<c'$，$c'<c$ とそれぞれ定義する．

説明しよう．$A=A'$ のときはもちろん $c=c'$ である．$A\neq A'$ とする．もし $A\not\subset A'$ であれば，ある $a\in A$ があって $a\notin A'$，ゆえに $a\in B'$．それゆえ，a' を A' にぞくする任意の有理数とすれば，$a'<a$ である．他方，A は切断の下の組であるから，$a'\in A$．これより，$A'\subset A$ がなりたつ．

この定義より，c を (A, B) で定義される無理数とすれば，任意の $a\in A$，$b\in B$ に対して，$a<c<b$ がなりたつ．実際，この場合は前節の第2の場合であるが，$c<b$ を示すには，$a'<b$ をみたす有理数全体を A' として，$A\subset A'$ を示せばよい．ところで，B に最小数がないから，$b'<b$ であるような $b'\in B$ がある．$b'\in A', b'\notin A$ だから，$A\subset A'$ がいえる．$a<c$ は明らかであろう．

前節でのべた有理数の性質 1)，2) はそのまま保存される．

定理 A.1　1)　実数全体は線状順序をもつ．2)　c, c' を任意の実数で $c<c'$ とする．$c<k<c'$ をみたす有理数 k が存在する(有理数の稠密性)．

証明　1) は明らかだから 2) を示す．まず c, c' をともに無理数で (A, B),

(A', B') によって定義されるとしよう．$A \subset A'$ である．ゆえに $k \in A', k \in B$ をみたすものがある．ゆえに，定理の前にのべたことより，$c < k < c'$ である．c, c' のうち１つが有理数のときも同様に示される．証明は読者に委せよう．

（証明おわり）

実数全体がうえの定理によって，２つの性質をもつから，実数全体に対する切断 (A, B) を考える．これに対して，つぎの定理は重要である．

定理 A.2 （実数の連続性）[*)] 実数全体に対する１つの切断を (A, B) とする．このとき，A に最大数があるか，B に最小数があるか，何れか一方がかならずおこる．くわしくいえば，ある c があって，$a < c$ をみたす実数は A に，$c < b$ をみたす実数 b は B にぞくしている．そして c は何れか一方に入っている．なおこのような c は一意的である．

証明 A の中の有理数全体を $\bar{A}$, B の中の有理数全体を $\bar{B}$ とすると，$(\bar{A}, \bar{B})$ はいままでのべてきた有理数の切断である．ゆえに実数 c を定義している．さて c より小さい実数を a とすると，前定理より $a < k < c$ となる有理数 k がある．$k \in \bar{A}$ したがって $k \in A$ だから $a \in A$．同様にして，$c < b$ とすると，$b \in B$.

このような c は一意的であることは，２つあったとして，$c < c'$ とすると，前定理より $c < k < c'$ という有理数 k があるが，k は一方からみると B に，他方からみると A にぞくすることになり矛盾である．（証明おわり）

1. A. 3　実数の四則

これらを定義するために，補題をのべる．

補題 1）A, B をともに有理数の無限個の集まりで，任意の $a \in A$ と任意の $b \in B$ に対して $a < b$ であるとする．さらに，A に最大数がなく，B に最小数もないが，任意の $\varepsilon (>0)$ に対して，$b - a < \varepsilon$ となる $a \in A, b \in B$ があるとする．このとき，$a < c < b$ が任意の $a \in A, b \in B$ に対してなりたつような実数 c が一意的に定まる．

---

*) デデキントの定理といわれる．

2) c を任意の実数とするとき，任意の $\varepsilon(>0)$ に対して，$a<c<b$ をみたし，かつ $b-a<\varepsilon$ となる有理数 a, b が存在する．

証明 1) 有理数全体をつぎのように組分けする．有理数 $\bar{a}\in\bar{A}$ とは，ある $a\in A$ があって $\bar{a}\leq a$ がなりたつときをいう．$\bar{A}$ にぞくしない有理数全体を $\bar{B}$ とする．$(\bar{A}, \bar{B})$ は切断の条件をみたす．切断 $(\bar{A}, \bar{B})$ によってきまる数 c が条件をみたすことは容易にわかる．c が一意的であることは，もし2つあったとし，$c<c'$ とすると，定理 A.1 より $c<\alpha<\beta<c'$ をみたす有理数 α, β があるが，任意の $a\in A$, $b\in B$ に対して，$a<c$, $c'<b$ がなりたつはずだから，いわんや $a<\alpha<\beta<b$ が任意の $a\in A$, $b\in B$ に対してなりたつ．これは仮定に反する．

2) c が有理数なら問題はない．c が無理数のときを考える．まず $0<\varepsilon'<\varepsilon$ をみたす有理数 ε' をとり，ついで2つの有理数 α, β を $\alpha<c<\beta$ ととる．数列（有理数），

$$\alpha, \alpha+\varepsilon', \alpha+2\varepsilon', \cdots, \alpha+n\varepsilon'$$

を考えると，n を大きくとれば $\alpha+n\varepsilon'>\beta$ である．この数列のうちで，c をはさむものが1組ある．（証明おわり）

和 $c+c'$ の定義 c, c' を実数とする．a, a' が $a<c$, $a'<c'$ をみたすあらゆる有理数をうごいたとき，$a+a'$ のつくる集合を A．同様に b, b' が $b>c$, $b'>c'$ をみたすあらゆる有理数をうごいたときの，$b+b'$ の集合を B とすると，A, B は補題の条件をみたす．したがって補題にいう c を $c+c'$ と**定義**する．これより加法に関する法則

$c+c'=c'+c$, $(c+c')+c''=c+(c'+c'')$, $c+0=c$, $c<c'$ ならば $c+c''<c'+c''$

などがわかる．

差を定義しよう．c に対して，$c+c'=0$ となるような c' が一意的に定まることをまず示す．そのために，$a<c<b$ をみたす有理数の集合 a, b に対して，$A=\{-b\}$, $B=\{-a\}$ と定義する．(A, B) は補題の 2) により，補題 1) の条件をみたすから，これによってきまる実数を c' とする．$c+c'=0$ であること

は容易にしたがう.

上記の c' を $-c$ とかき, 一般に実数 c, c' に対しては, $c-c'$ を $c+(-c')$ として定義する.

積 cc' の定義 $c, c'>0$ とする. 和のときと同様にして, $0<a<c<b$, $0<a'<c'<b'$ となる有理数 a, a', b, b' をとり, aa' と bb' との境界になる数として cc' を定義する. なお c または c' が0のときは $cc'=0$ とする. 最後に, $c>0$, $c'<0$ のときには, $cc'=-c(-c')$ として定義する. $c<0$, $c'<0$ のときは, $cc'=(-c)(-c')$ として定義すればよい.

$cc'=c'c$, $(cc')c''=c(c'c'')$, $c\cdot 0=0$, $c\cdot 1=c$, $c(c'+c'')=cc'+cc''$, $c>0$, $c'>0$ のとき $cc'>0$ などが確かめられる.

逆数の定義 $c(\neq 0)$ を実数としたとき逆数 $1/c$ を定義しよう. $c>0$ とする. $0<a<c<b$ となる有理数 a, b に対して $1/b$ のつくる集合を A, $1/a$ のつくる集合を B とする. 補題の 1) によってきまる実数を $1/c$ として定義する. $c\cdot 1/c=1$ をたしかめよう. まず $0<k<c$ となる有理数 k を1つとり固定する. 任意の $\varepsilon(>0)$ に対して, $a<c<b$ かつ $b-a<k\varepsilon$ となる有理数 a, b がある(補題 2)). このとき $a\geq k$ と仮定できる.

$$a<c<b, \qquad \frac{1}{b}<\frac{1}{c}<\frac{1}{a}$$

より, $\dfrac{a}{b}<c\cdot\dfrac{1}{c}<\dfrac{b}{a}$ であるが, $\dfrac{a}{b}=\dfrac{b-(b-a)}{b}=1-\dfrac{b-a}{b}$ であり,

$$\frac{b-a}{b}=(b-a)\times\frac{1}{b}<k\varepsilon\times\frac{1}{b}=k\times\frac{1}{b}\times\varepsilon<\varepsilon$$

となる. 同様にして, $\dfrac{b}{a}=1+\dfrac{b-a}{a}<1+\varepsilon$ をえる. これより,

$$1-\varepsilon<c\cdot\frac{1}{c}<1+\varepsilon$$

をえ, 結局 $c\cdot\dfrac{1}{c}=1$ をえる. なお $c<0$ のときは $\dfrac{1}{c}=-\dfrac{1}{(-c)}$ として定義する.

最後に $c\neq 0$ のとき, $\dfrac{c'}{c}=c'\cdot\dfrac{1}{c}=\dfrac{1}{c}\cdot c'$ として定義する.

1.A.4 上　限

実数の集合 E がうえに有界とする．すなわちある有限な数 M があって，E にぞくする任意の数 a に対して，$a \leq M$ がなりたつとする．なおこのとき M は集合 E の１つの**上界**(upper bound)であるという．

定理 A.3　上に有界な実数の集合 E に対して，上界のうちに最小のものがある．

証明　上界 M の集合を B とし，のこりの実数の集合を A とする．(A, B) は明らかに実数の切断をつくる．定理A.2 によってきまる実数を μ とする．μ は A の最大数であるか，さもなければ B の最小数である．ところで，任意の $a \in E$ に対して $a \leq \mu$ である．実際，こうでなければ，ある $a_0 \in E$ があって $\mu < a_0$ となるが，このとき $\mu < k < a_0$ となる k がある．$\mu < k$ より k は B にぞくするが，他方 $k < a_0$ より，k は上界とはなりえず，したがって B にはぞくさない．これは矛盾である．ゆえに μ は１つの上界であり，B にぞくする．すなわち，B の最小数である．　　　　(証明おわり)

さてうえの定理にいう μ を**最小上界**，または簡単に**上限**という．また E がうえに有界でないときには上限は $+\infty$ であると規約する．

上限 μ はつぎの性質をもつ．

1)　任意の E の元 a は，$a \leq \mu$ をみたす．

2)　しかし $\mu' < \mu$ という μ をとると，$a > \mu'$ という E の元 a がある．

実際，1) は μ が１つの上界であることを示しており，2) は μ が最小の上界であることを示している．ゆえに，上限 μ を性質 1)，2) によって特徴づけることができる．

1.A.5 上極限，下極限

実数列 $c_1, c_2, \cdots, c_n, \cdots$ が極限をもたない場合でも，極限の考えを拡張して，つねに上極限，下極限というものを定義することができる．**上極限の定義**を与えよう．

実数の無限列 $c_1, c_2, \cdots, c_n, \cdots$ に対して，$c_n, c_{n+1}, \cdots, c_{n+p}, \cdots$ を考え，この数列

の上限を M_n とする: $M_n=\sup\{c_n, c_{n+1}, \cdots\}$. 明らかに, $M_1\geq M_2\geq\cdots\geq M_n\geq\cdots$ である. このとき M_n がすべて $+\infty$ の場合があるが, そうでなければ, M_i はすべて有限で, 単調減少列である. ゆえに定理1.1を考慮すれば, $\{M_n\}$の極限 σ が存在する. ただし $-\infty$ も許すとする. この σ を数列の上極限といい,

$$\sigma=\limsup_{n\to\infty} c_n=\overline{\lim_{n\to\infty}}\, c_n$$

とかく. また M_n がすべて $+\infty$ のときには $\sigma=+\infty$ とする. σ はつぎの性質をもつ.

定理 A.4　σ', σ'' を $\sigma'<\sigma<\sigma''$ となる任意の数とするとき, 1) 有限個の n を除くと, あるところからさきの n に対しては, つねに $c_n<\sigma''$ をみたす. 2) $\sigma'<c_n$ をみたす n は無数にある. ただし, もちろん $\sigma=-\infty(+\infty)$ のときは $\sigma'(\sigma'')$ (複号同順)はそれぞれ問題にならない. 逆にうえの性質をもつ σ は一意的に定まり, 数列 c_n の上極限である.

証明　σ を上極限とする. n を十分大にとれば, $M_n<\sigma''$ であるから性質1) がしたがう. つぎに $M_n\geq\sigma$ $(n=1,2,\cdots)$ より性質 2) がしたがう. 実際, $M_1\geq\sigma$ であるから, 上限の性質より, ある c_{n_1} があって, $c_{n_1}>\sigma'$. つぎに, $M_{n_1+1}\geq\sigma$ より, ある $n_2(>n_1)$ があって, $c_{n_2}\geq\sigma'$. 以下同様につづければ, $n_1<n_2<\cdots<n_p<\cdots\to+\infty$ に対して, $c_{n_p}>\sigma'$ がなりたつ.

つぎにうえの性質 1), 2) をもつ σ は一意的であることを示す. もう1つ他に $\bar{\sigma}$ があって, うえの性質をもつとする. $\sigma<\bar{\sigma}$ とすると, $\sigma<\sigma''<\bar{\sigma}$ と σ'' をとれば, 性質 2) により, σ'' より大きい c_n が無限個あることになるが, これは σ の第1性質と相いれない. ついで $\bar{\sigma}<\sigma$ とすると, $\bar{\sigma}<\sigma'<\sigma$ となる σ' をとる. $\bar{\sigma}$ に対する第 1) の性質より, n が大きければ, $c_n<\sigma'$ となるが, これは σ の第2の性質と相いれない. ゆえに $\sigma=\bar{\sigma}$.　(証明おわり)

つぎの性質は上極限の名前の由来を示すものといえるであろう. 応用上にも有用である.

定理 A.5　$\overline{\lim_{n\to\infty}}\, c_n=\sigma$ とする. $\{c_n\}$の中から適当な部分列 $c_{n_1}, c_{n_2}, \cdots, c_{n_p}, \cdots$

$(n_1<n_2<\cdots<n_p<\cdots\to\infty)$ をえらんで,

$$\lim_{p\to\infty} c_{n_p}=\sigma$$

とできる. しかし n_p の選び方の如何にかかわらず, $\lim_{p\to\infty} c_{n_p}>\sigma$ とすることはできない.

証明 数列の中に $\geq\sigma$ というものが無限個あるときにはそれらをとり出せばよい. そうでないときは, ν を適当に大ととると, $c_n<\sigma$ $(n>\nu)$ がなりたつ. まず $n_1=\nu+1$ とする. つぎに $n>n_1$ で $c_n>c_{n_1}$ となるような n の最小のものをとり, それを n_2 とする. このような n_p のえらび方は無限に可能であり, $c_{n_1}<c_{n_2}<\cdots<c_{n_p}<\cdots\to\sigma$ が容易にたしかめられる.

最後に, $\lim_{p\to\infty} c_{n_p}>\sigma$ が不可能であることであるが, $\sigma''>\sigma$ ととると, n が十分大であれば $c_n<\sigma''$ であるから, 部分列をとって σ'' より大きい数に近づけることはできないことがわかる. σ'' のえらび方は任意であるから, σ'' を σ に無限に近づけることによって, うえのことがわかる. (証明おわり)

下極限の定義も同様である. $L_n=\inf\{c_n, c_{n+1}, \cdots, c_{n+p}, \cdots\}$ とおくと, すべての L_n が $-\infty$ であるか, そうでなければ, $L_1\leq L_2\leq\cdots\leq L_n\leq\cdots$ がいえるから, 数列 L_n の極限($+\infty$ も許す)を,

$$\liminf_{n\to\infty} c_n=\varliminf_{n\to\infty} c_n$$

などとかき, $\{c_n\}$ の下極限という. $L_n\leq M_n$ であるから,

$$\varliminf_{n\to\infty} c_n\leq\varlimsup_{n\to\infty} c_n$$

であるが, 等号がなりたつのは, 数列 c_n が極限をもつ場合($\pm\infty$ も許す), しかもその場合に限る. それは,

$$L_n\leq c_{n+p}\leq M_n \qquad (p=0, 1, 2, \cdots)$$

から容易にしたがう. その場合には,

$$\underline{\lim}_{n\to\infty} c_n = \lim_{n\to\infty} c_n = \overline{\lim}_{n\to\infty} c_n$$

がなりたつ.

第1章　演 習 問 題

A

1. $f(x)$ を $[a, b]$ で連続関数とする. $|f(x)|, \sqrt{|f(x)|}$ もまた連続関数であることを示せ.

2. $f(x), g(x)$ が $[a, b]$ で連続であるとき, $h(x)=\max(f(x), g(x))$ もまた連続関数であることを示せ.

3. つぎの関数について, $x\to 0$ のときの極限値が存在するかどうかをしらべよ.

a) $\dfrac{x \sin x}{|x|}$,　b) $\dfrac{x \cos x}{|x|}$,　c) $e^{-\frac{1}{x^2}}$.

4. (**極限値**) 定義を思い起そう. 関数 $f(x)$ が x_0 の近傍から x_0 を除いた集合:$0<|x-x_0|<\delta_0$ で定義されているとする. x_0 で $f(x)$ は定義されていても, されていなくてもよい. $\lim_{x\to x_0} f(x)=A$(有限数)とは, $|f(x)-A|$ が $x\neq x_0$ として $|x-x_0|$ とともにいくらでも小になるときをいう. すなわち, 任意の $\varepsilon(>0)$ に対して $\delta(>0)$ がとれて,

$$0<|x-x_0|<\delta \quad \text{であれば,}\ |f(x)-A|<\varepsilon$$

がなりたつときをいう. つぎのことを証明せよ.

$\lim_{x\to x_0} f(x)$ が有限値として存在するための必要十分条件は, x_0 に収束する任意の点列 $(x_n\neq x_0)$ $x_1, x_2, \cdots, x_n, \cdots$ に対して, 数列 $f(x_1), f(x_2), \cdots, f(x_n), \cdots$ が収束数列であることである.

最後に, $f(x)=\sin\dfrac{1}{x}\ (x\neq 0)$ は $x=0$ で極限値をもたないことを示せ.

5. $x=x_0$ で $f(x)$ が連続でないことを, ε, δ をつかってあらわせ.

6. $f(x)$ は $[a, b]$ で定義された連続関数で, つねに有理数の値しかとらないとすると,

$f(x)$ は定数値関数である，すなわち $f(x)\equiv c$ である．これを示せ．

7. $f(x)=\sin\dfrac{1}{x}$ $(0<x<1)$ は連続関数で有界であるが，一様連続でないことを確かめよ．

8. 実軸上の $[a,b]$ で定義された連続関数 $f(x)$ が，つねに $a\leq f(x)\leq b$ をみたすとき，$f(x)=x$ となるような x が少なくとも1つあることを示せ．

9. $[-1,+1]$ でつぎのようにして定義される関数 $f(x)$ の不連続点を調べよ．$x\in[-1,+1]$ に対し，x を10進法であらわし，その小数点第2位にあらわれる数字を対応させる(したがって $f(x)$ は $0,1,2,\cdots,9$ の何れかの値をとる)．

10. $f(x)$ を $[a,b]$ で連続とする．$[a,b]$ を n 等分し，その分点を $a=x_0<x_1<\cdots<x_n=b$ とし，各部分区間 $[x_i,x_{i+1}]$ で $f(x)$ を1次関数

$$f(x_i)+\frac{x-x_i}{x_{i+1}-x_i}[f(x_{i+1})-f(x_i)]$$

でおきかえてえられる関数 ($f(x)$ に内接する折線グラフであらわされる関数) を $\varphi_n(x)$ とする．つぎのことがなりたつことを示せ．任意の $\varepsilon(>0)$ に対して N がとれて $n>N$ であれば，任意の $x\in[a,b]$ について

$$|f(x)-\varphi_n(x)|<\varepsilon$$

がなりたつ．

11. D を (x,y)-平面上の集合とし，$P(x,y)$ に対して，

$$f(P)=\mathrm{dis}(P,D)$$

を定義する(§ 1.2 例4参照)．$f(P)$ は連続関数であることを確かめよ．(2変数の連続関数については，§ 3.11 参照)．

12. $f(x)$ を $[a,b]$ で定義された関数で，$[a,b]$ の各点 x で，右側，左側からの有限な極限値 $f(x+0), f(x-0)$ が存在するとする．このとき $f(x)$ は $[a,b]$ で有界であること，すなわち，$|f(x)|\leq M$ となるような M が存在することを示せ．

13. 区間 (a,b) に含まれる集合 E が (a,b) で稠密であるとは，任意の点 $x_0(\in(a,b))$ と任意の $\delta(>0)$ に対して，開区間 $|x-x_0|<\delta$ の中に E にぞくする点が少なくとも1つ存在するときをいう．集合 $E(\subset(a,b))$ が稠密であるための必要十分条件は，任意の $x_0\in[a,b]$ に対して，適当な E の数列 $a_1,a_2,\cdots,a_n,\cdots$ があって，$\lim\limits_{n\to\infty}a_n=x_0$

がなりたつことである.

14. $f(x)$ を有限閉区間 $[a, b]$ の稠密な集合 E 上で定義された連続関数とする.（本文(1.2) で連続の定義をのべたが, $|x-x_0|<\delta$ を, $|x-x_0|<\delta$ かつ $x\in E$ でおきかえて考えればよい). $f(x)$ が $[a, b]$ 全体で定義された連続関数に拡張できるための必要十分条件は, $f(x)$ が E 上で一様連続であることである. なお, このとき拡張は一意的である. このことを示せ.

15. 前問の結果を用いて, $a>1$ とし, 任意の正の有理数 n/m に対して定義される $a^{n/m}$ が任意の $x>0$ に対して, a^x の連続拡張として一意的に定義されることを確かめよ.

B

1. (**関数に対する上極限, 下極限の定義**) $f(x)$ を $[a, b]$ で定義された関数とし, x_0 を $[a, b]$ の1点とする. $\delta(>0)$ に対して,

$$\bar{f}_\delta(x_0)=\sup_{0<|x-x_0|\le\delta} f(x), \qquad \underline{f}_\delta(x_0)=\inf_{0<|x-x_0|\le\delta} f(x)$$

とおく. $\bar{f}_\delta(x)$ はすべての δ に対して $+\infty$ のときがあるが, そうでなければ, $\bar{f}_\delta(x_0)$ は $0<\delta\le\delta_0$ で有限値で $\delta\to0$ のとき単調減少である. この極限値($-\infty$ も含める)を,

$$\limsup_{x\to x_0} f(x), \qquad \varlimsup_{x\to x_0} f(x)$$

などとかき, $x=x_0$ における $f(x)$ の**上極限**という. また $\bar{f}_\delta(x_0)$ がすべて $+\infty$ のときは, 上極限は $+\infty$ と定義する. $\underline{f}_\delta(x_0)$ に対しても同様にして, **下極限**

$$\liminf_{x\to x_0} f(x), \qquad \varliminf_{x\to x_0} f(x)$$

が定義される. $\varlimsup_{x\to x_0} f(x)=A$ (有限)とする. つぎのことを示せ.

1) 任意の $\varepsilon(>0)$ に対して $\delta(>0)$ があって, $0<|x-x_0|\le\delta$ であれば, $f(x)<A+\varepsilon$ であるが,

2) 任意の $\varepsilon(>0), \delta(>0)$ に対して, $0<|x-x_0|\le\delta$ で $f(x)>A-\varepsilon$ をみたす x は無限個ある.

逆に, うえの2つの性質をみたす数 A は上極限であることを示せ.

2. 1)
$$\varlimsup_{x\to x_0}\{f(x)+g(x)\}\le\varlimsup_{x\to x_0} f(x)+\varlimsup_{x\to x_0} g(x),$$

2) $$\varliminf_{x\to x_0} f(x) \leq \varlimsup_{x\to x_0} f(x)$$

を示せ．また 2) において等号がなりたつ場合にのみ極限が存在して，それが共通の値であることを示せ．

3 (**半連続性**) $f(x)$ を $[a, b]$ で定義された関数とする．x_0 で $f(x)$ が下に(上に)**半連続**であるとは，任意の $\varepsilon(>0)$ に対して $\delta(>0)$ がとれて，$|x-x_0|<\delta$ $(x\in[a, b])$ ならば

$$f(x)>f(x_0)-\varepsilon \qquad (f(x)<f(x_0)+\varepsilon)$$

がそれぞれなりたつときをいう．このことと，

$$\varliminf_{x\to x_0} f(x) \geq f(x_0) \qquad (\varlimsup_{x\to x_0} f(x) \leq f(x_0))$$

とは同等であることを示せ．

4. D を (x, y)-平面上の集合とする．D の特性関数 $C_D(P)$ とは，$P\in D$ のとき 1，$P\notin D$ のとき 0 である関数をいう．$D=\{(x, y)\,;\,x^2+y^2<1\}$ としよう．$C_D(P)$ は単位円周上で不連続であるが，下に半連続であることを確かめよ(問 3 では 1 次元の場合に説明したが，2 次元の場合の半連続性は，$|x-x_0|<\delta$ とあるところを，$\mathrm{dis}(P, P_0)<\delta$ でおきかえる)．さらに一般に，開集合 D の特性関数は下に半連続であることを示せ．

5. $[a, b]$ で定義された下に半連続な関数(すなわち，各点で下に半連続な関数)は最小値をもつことを示せ．

6. (x, y)-平面上に，有限個の 3 角形の合併よりなる集合がある．これを D とする．任意の x に対して．y 軸に平行な直線 $x=x$ と D との切り口の長さを $f(x)$ と定義する．$f(x)$ は上に半連続であることを示せ．

7. $f(x)$ を $[a, b]$ で定義された右側連続関数とする．すなわち $f(x+0)=f(x)$ が任意の $x\in[a, b)$ でなりたつとする．さらに $f(a)<0$，$f(b)>0$ とする．そこでつぎの条件をみたす x_0 の集合を考える：$f(x_0)\geq 0$ のみならず，$x_0\leq x\leq b$ に対して $f(x)\geq 0$．この x_0 の集合は最小値をもつことを示せ．

8. E, F を (x, y)-平面上の，互いに共通点をもたない閉集合とする．E, F 間の距離を，

$$\operatorname{dis}(E, F)=\inf_{P\in E, Q\in F} \overline{\mathrm{PQ}}$$

で定義する．(閉集合については p. 204 参照)．

1)　E, F のうち少なくとも1つが有界集合であるときには下限は到達される．すなわち $P_0\in E$, $Q\in F$ がとれて，

$$\operatorname{dis}(E, F)=\overline{\mathrm{P_0Q_0}}$$

がなりたつ．これを示せ．

2)　E, F がともに有界でないときには，うえのことは一般にはなりたたない．反例を考えよ．

9. $\sum_{i=1}^{k} a_i=0$ とする．$\lim_{n\to\infty}\sum_{i=1}^{k}\sqrt{n+i}\,a_i=0$ を示せ．

10. $a_n(>0)$ が $\lim_{n\to\infty}\frac{a_{n+1}}{a_n}=L$ をみたすならば，$\sqrt[n]{a_n}\to L$ $(n\to\infty)$ がなりたつ．

ヒント：$a_n=a_N\cdot\frac{a_{N+1}}{a_N}\cdot\frac{a_{N+2}}{a_{N+1}}\cdot\cdots\cdot\frac{a_n}{a_{n-1}}$ と分解して考えよ．

11. つぎの数列の上限，下限，上極限，下極限を求めよ．

1)　$\frac{1}{2}, \frac{2}{3}, \frac{3}{4}, \frac{4}{5}, \cdots,$

2)　$\frac{1}{2}, \frac{1}{3}, \frac{2}{3}, \frac{1}{4}, \frac{3}{4}, \frac{1}{5}, \frac{4}{5}, \cdots,$

3)　$\sqrt{2}, \sqrt[3]{3}, \sqrt[4]{4}, \cdots,$

4)　$1, 2, \frac{1}{2}, 2\frac{1}{2}, \frac{1}{4}, 2\frac{3}{4}, \frac{1}{8}, 2\frac{7}{8}, \cdots.$

12. 平面上に有限線分 AB があり，線分 AB の各点 P に対して，P を中心とし，半径 $r(P)(>0)$ の円板 $D(P; r(P))=\{Q; \overline{\mathrm{PQ}}\leq r(P)\}$ が対応づけられているとする．このとき，ある小さい正の定数 ρ があって，AB の如何なる点 P に対しても，P を中心とする半径 ρ の円板は，上記のいずれかの円板に含まれる．すなわち，任意の P に対して，適当な Q があって，$D(P; \rho)\subset D(Q; r(Q))$ がなりたつ．これを示せ．

第2章　微積分法序論

2.1　序

解析学は古くから微分積分法の名のもとでよばれてきたものが母体となって発展したものであって，数学の最も基礎的な部分になっている．微積分法は無限小(infinitesimal)という考えをもとにして種々の量を算出する算法であって，そのような理由から infinitesimal calculus とよばれており，自然科学全般にわたって基本的な役割を果している．本書では読者がすでにこの方面の初等的な知識をもっていることを仮定しているが，この章ではそれらの知識のまとめと補足を与えることを目的としている．

2.2　微係数，導関数

$f(x)$ が $x=x_0$ で連続のとき，$\Delta f=f(x_0+h)-f(x_0)$ は h とともに 0 に近づくが，さらに両者の比

$$\frac{\Delta f}{h}=\frac{f(x_0+h)-f(x_0)}{h}$$

を考える．h が 0 に近づくとき，この比が有限な極限値をもつとき，この極限値を $f(x)$ の x_0 における**微係数**とよび，

$$f'(x_0) \quad \text{または} \quad \frac{d}{dx}f(x_0)$$

とかく．そして $f(x)$ は $x=x_0$ で**微分可能**(differentiable)であるという．また区間 I のすべての点で微分可能であるとき，$f(x)$ は I で微分可能であるという．

x_0 で $f(x)$ が微分可能であれば，h が十分小なとき，

(2.1)
$$f(x_0+h)-f(x_0)=f'(x_0)h+\varepsilon(h)h$$

とかくことができる．ここで $\varepsilon(h)$ は h の関数であって，h が0に近づくとき，0に近づく量である．逆にある定数 A(すなわち h に無関係な数)があって，

$$f(x_0+h)-f(x_0)=Ah+\varepsilon(h)h$$

とかければ($\varepsilon(h)$ は h とともに0に近づくとして)，A は x_0 における $f(x)$ の微係数に他ならない．

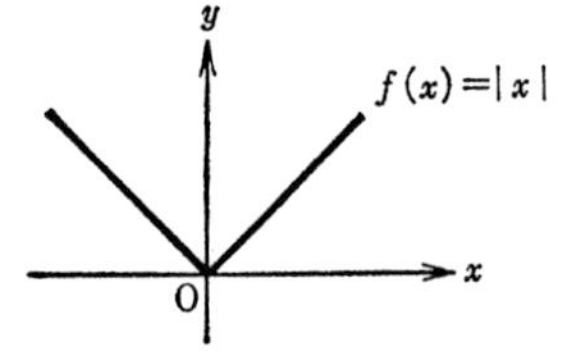

図 2.1

連続関数は必ずしも微分可能であるとは限らない．その最も簡単な例として，

$$(2.2)\qquad f(x)=|x|$$

をあげることができる．この関数は $x=0$ で微分可能ではない．実際，微係数の定義において，$\Delta f=|h|$ であるから，

$$\frac{\Delta f}{h}=\frac{|h|}{h}=\pm1\qquad(h\gtrless0,\ 複号同順)$$

となるからである．この場合はグラフでみると，$x=0$ で角(かど)をもつ場合である．

この場合をもう少し一般化すると，図2.2 のように，いわゆる折線グラフであらわされる関数も角の点では微分可能性が破れている．

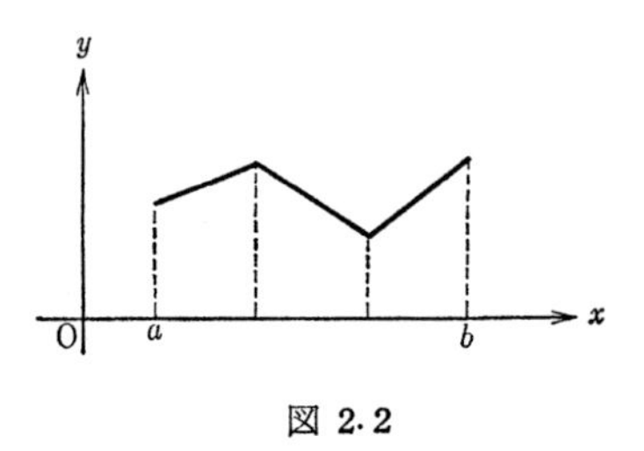

図 2.2

右側(左側)微係数　上記の事情を考慮して，

$$\lim_{h\to+0}\frac{f(x_0+h)-f(x_0)}{h},\qquad \lim_{h\to+0}\frac{f(x_0-h)-f(x_0)}{-h}$$

がもし存在するならば，それぞれ点 x_0 における $f(x)$ の**右側微係数**，**左側微係数**とよび，$f_+'(x_0)$，$f_-'(x_0)$ とそれぞれかかれる．ここで微係数と違うのは $h>0$ の条件のもとで極限値を考えることである．なお第2式は

$$f_-'(x_0)=\lim_{h\to -0}\frac{f(x_0+h)-f(x_0)}{h}$$

とかかれるが，$h<0$ の条件のもとでの $\Delta f/h$ の極限である．

このようにすれば (2.2) に対して，

$$f_\pm'(0)=\pm 1 \qquad (\text{複号同順})$$

がなりたつ．一般に，$f_+'(x_0)=f_-'(x_0)$ のとき，しかもそのときにのみ $f(x)$ は x_0 で微分可能で，この共通の値が $f'(x_0)$ である．これに関連した注意として，$f(x)$ が $[a,b]$ で定義されているとき，$f(x)$ が $[a,b]$ で微分可能であるという場合があるが，それは，$x=a$，$x=b$ ではそれぞれ $f_+'(a)$，$f_-'(b)$ でおきかえて微係数を考えての上と解釈するのが普通である．

$\Delta f/h$ が有限な値に収束するのではなくて，$h\to 0$ のとき $+\infty(-\infty)$ に発散する場合，

$$f'(x_0)=+\infty \qquad (f'(x_0)=-\infty)$$

という規約をし，$f(x)$ は x_0 で $+\infty(-\infty)$ の微係数をもつという場合もある．しかし一般には微係数をもつといえば有限値であることを意味することが多いので，**とくに断らなければ，微係数は有限値であるものとする．**

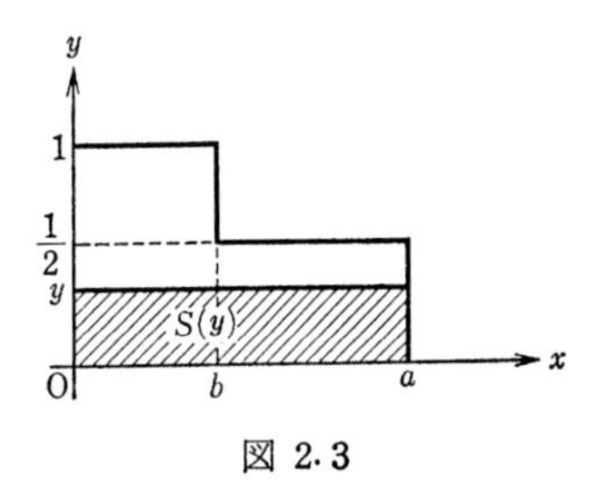

図 2.3

簡単な微係数の1例を与えよう．$S(y)$ でもって，図 2.3 であらわされる図形の直線 $y=y$ より下方にある部分の面積をあらわすとする．明らかに，

$$\Delta S(y)=\begin{cases} a\Delta y & \left(0\le y<\dfrac{1}{2}\right), \\ b\Delta y & \left(\dfrac{1}{2}<y\le 1\right) \end{cases}$$

だから，

$$S'(y)=\begin{cases} a & \left(0\leq y<\dfrac{1}{2}\right), \\ b & \left(\dfrac{1}{2}<y\leq 1\right) \end{cases}$$

である．$y=1/2$ では微係数は存在しないが，$S_+'(1/2)=b$，$S_-'(1/2)=a$ である．なお $S'(0)=a$，$S'(1)=b$ はうえの規約にしたがった．

導関数　$f(x)$ が区間 $[a,b]$ で微分可能とする．各 x に対して x における $f(x)$ の微係数 $f'(x)$ を対応させると，これはまた $[a,b]$ で定義される新らしい関数である．この $f'(x)$ を $f(x)$ の**導関数**(derivative)とよぶ．すなわち $f(x)$ から(微係数という考えによって)導出された関数という意味である．

つぎの関係式は導関数の算出にさいして基本的である．

原　関　数	導　関　数
$cf(x)$	$cf'(x)$
$f(x)\pm g(x)$	$f'(x)\pm g'(x)$
$f(x)g(x)$	$f'(x)g(x)+f(x)g'(x)$
$\dfrac{g(x)}{f(x)}$	$\dfrac{g'(x)f(x)-g(x)f'(x)}{f(x)^2}$

最後の関係式を示しておく．

$$\Delta\left(\frac{g(x)}{f(x)}\right)=\frac{g(x+h)}{f(x+h)}-\frac{g(x)}{f(x)}=\frac{f(x)g(x+h)-f(x+h)g(x)}{f(x+h)f(x)}$$

となるが，分子$=\{g(x+h)-g(x)\}f(x)-\{f(x+h)-f(x)\}g(x)$ とかけることを考慮すればよい．

$f(x)$ が微分可能のとき，$g(x)=|f(x)|$ の微分可能性を考察するのは，微係数を考察する演習問題として興味のあることである．答はつぎの通りである．

1)　$g'(x)=\pm f'(x)$　($f(x)\gtrless 0$ のとき，複号同順)，

2)　$g_\pm'(x)=\pm|f'(x)|$　($f(x)=0$ のとき，複号同順)．

したがって，$f(x)$ が 0 となる点では，$f'(x)=0$ でなければ微分可能性は絶対

値関数ではくずれることになる．うえの検証は読者に委せよう．

合成関数の微係数 つぎにのべる法則は chain rule ともよばれ，重要である．

定理 2.1 $f(x), \varphi(t)$ がともに微分可能のとき，

$$\frac{d}{dt}f(\varphi(t))=f'(\varphi(t))\varphi'(t) \tag{2.3}$$

がなりたつ．

証明 t_0 を1つえらび，$\varphi(t_0)=x_0$ とする．$f(x)$ の微分可能性から，(2.1) より，

$$f(x_0+h)-f(x_0)=f'(x_0)h+\varepsilon(h)h$$

がなりたつが，$h=\Delta\varphi=\varphi(t_0+\Delta t)-\varphi(t_0)$ を代入すると，

$$f(\varphi(t_0)+\Delta\varphi)-f(\varphi(t_0))=f'(x_0)\Delta\varphi+\varepsilon(\Delta\varphi)\Delta\varphi$$

となる．くわしくいわなかったが (2.1) において，$h=0$ のときにも式は正しいことを注意しておこう．$\varepsilon(h)$ は $h=0$ のとき定義されていないが，例えば $\varepsilon(0)=0$ とでも定義しておけばよい．両式を Δt で割って，$\Delta t\to 0$ の極限を考えれば，(2.3) をえる． (証明おわり)

例 1
$$\frac{d}{dx}\sqrt{1-x^2}=\frac{-x}{\sqrt{1-x^2}}.$$

(2.3) において，$f(X)=\sqrt{X}\ (X>0), \varphi(x)=1-x^2$ とする．$f'(X)=\dfrac{1}{2\sqrt{X}}$, $\varphi'(x)=-2x$.

例 2
$$f(x)=(ax^2+bx+c)^n.$$

$f(x)=X^n$, $X=ax^2+bx+c$ と考えられるから，

$$f'(x)=nX^{n-1}(ax^2+bx+c)'=n(ax^2+bx+c)^{n-1}(2ax+b).$$

例 3 $\varphi(x)=f\left(\dfrac{1}{x}\right)$. $\varphi(x)=f(X)$, $X=\dfrac{1}{x}$ と考えて,

$$\varphi'(x)=-\frac{1}{x^2}f'\left(\frac{1}{x}\right).$$

例 4
$$\frac{d}{dx}\{f(ax)\}=af'(ax).$$

注意 導関数をあらわすさいの混乱がおきる理由の1つがここにあらわれている. 例えば $f'(2x)$ とかかれているものは, 関数: $x\to f(2x)$ の点 x における微係数を示すとも解釈されようが, じつはそうではなく,

$$f'(2x)=f'(y)|_{y=2x}$$

を意味するのが普通である. したがって

$$f'(2x)=\frac{1}{2}(f(2x))'$$

となる. (注意おわり)

高次導関数 $\varphi(x)=f'(x)$ の導関数を考えることができる. すなわち

$$\frac{\varphi(x+h)-\varphi(x)}{h}=\frac{f'(x+h)-f'(x)}{h}$$

を考え, $h\to 0$ の極限関数を考える. この極限関数を, もし存在するならば, $f''(x)$, または $\dfrac{d^2}{dx^2}f(x)$ とかき, $f(x)$ の**第2次導関数**(second derivative) とよぶ. 以下同様にして, 第3次導関数 $f'''(x)$, $\dfrac{d^3}{dx^3}f(x)$, …, 第 n 次導関数 $f^{(n)}(x)$, $\dfrac{d^n}{dx^n}f(x)$ が定義される.

例 5
$$\begin{aligned}
&f(x)=a_0+a_1x+a_2x^2+\cdots+a_nx^n,\\
&f'(x)=a_1+2a_2x+\cdots+na_nx^{n-1},\\
&f''(x)=2a_2+3\cdot 2a_3x+\cdots+n(n-1)a_nx^{n-2},
\end{aligned}$$

$$\cdots\cdots\cdots\cdots\cdots\cdots,$$

$$f^{(n)}(x)=n!a_n.$$

例 6

$$f(x)=e^{-\frac{1}{x^2}} \qquad (x\neq 0),$$

$$f^{(n)}(x)=\frac{P_n(x)}{x^{3n}}e^{-\frac{1}{x^2}} \qquad (n=1,2,\cdots)$$

となる．ここで $P_n(x)$ は $(2n-1)$ 次の多項式である．実際，後で示される $(e^x)'=e^x$ ((2.56)) と合成関数の微分法を用いれば，$P_{n+1}(x)=(2-3nx^2)P_n(x)+x^3P_n'(x)$ が示されるからである．

2.3 Rolle の定理，有限増分の公式

微係数はその点の近傍における $f(x)$ から完全にきまるものであるが，以下に示すことは各点における微係数の情報から $f(x)$ の増減に対する状態を導くものであって理論的には基礎的な役割を果すものである．

定理 2.2 (Rolle (ロール) の定理) $f(x)$ は $[a,b]$ で連続で，かつ (a,b) の各点で微分可能とする．$f(a)=f(b)$ ならば $f'(c)=0$ となる c が (a,b) 内にも少なくとも1つ存在する．

注意 $x=a$，$x=b$ での微分可能性，すなわち $f_+'(a)$，$f_-'(b)$ の存在を仮定する必要はない．また $f'(x)$ の (a,b) における連続性の仮定も必要ではない点に注意せられたい．

証明 $f(x)$ が定数である場合は $f'(x)=0$ であるから問題ではない．そうでない場合は $f(x)$ の $[a,b]$ での最大値，最小値 (定理 1.6参照) のうちで少なくとも1つは両端の値と異なる．そこで例えば最大値が $f(a)$ より大としよう．グラフでいえば，$f(a)$ を通る x 軸に平行な直線より上にでる部分がある場合である．最大値をとる点の1つを c とする．$a<c<b$ である．$x=c$ での微係数は

$$\frac{f(c+h)-f(c)}{h}, \qquad \frac{f(c-h)-f(c)}{-h}$$

の $h(>0)\to 0$ の極限と考えて，$f(c\pm h)-f(c)\leq 0$ を考慮すれば，第1式から，$f'(c)\leq 0$，また第2式から $f'(c)\geq 0$．ゆえに $f'(c)=0$ である．$f(c)$ が最小値の場合も同様．　　　　(証明おわり)

これより直ちに

定理 2.3（**有限増分の公式**）[*)]　$f(x)$ は $[a,b]$ で連続で，(a,b) で微分可能とする．

$$f(b)-f(a)=(b-a)f'(a+\theta(b-a)),\quad 0<\theta<1 \tag{2.4}$$

となるような θ が少なくとも1つ存在する．

注意　この公式において，$b<a$ のときも正しい．また $b=a$ のときも正しいと考えられるから，結局 a,b の大きさの如何に拘らず正しいといえる．ただし，$a=b$ のときには，$f'(a)$ の存在を仮定する．

証明

$$F(x)=f(x)-\frac{f(b)-f(a)}{b-a}(x-a)$$

を考える．$F(x)$ は前定理の仮定をみたし，$F'(c)=f'(c)-\dfrac{f(b)-f(a)}{b-a}=0$，$a<c<b$ がしたがう．　　　　(証明おわり)

定理の応用例の1つとして，つぎの事実があげられる．これらは (2.4) を見れば明らかなので証明するまでもないであろう．

命題 2.1

1°　$f'(x)\equiv 0$ ならば $f(x)$ は定数である．

2°　$f'(x)>0$ $(f'(x)\geq 0)$ ならば $f(x)$ はせまい意味(ゆるい意味)の単調増加関数である．$f'(x)<0$ $(f'(x)\leq 0)$ の場合はせまい(ゆるい)意味の単調減少関数である．

3°　$f'(x)\geq L\,(\leq M)$ ならば，

---

*) 平均値定理ともよばれる．

$$f(x) \geq f(a)+L(x-a) \qquad (\leq f(a)+M(x-a)).$$

もう一つの応用例をあげておく．

命題 2.2 $f(x)$ は開区間 (a,b) で定義されており，微分可能であるとする．もし $\lim_{x\to a+0} f'(x)$ が有限値として存在するならば，

1° $\lim_{x\to a+0} f(x)$ が有限値として存在し，この値を $f(a)$ とおくと，

2° $f_+'(a)=\lim_{x\to a+0} f'(x)$ がなりたつ．

証明 $\lim_{x\to a+0} f'(x)=\gamma$ より，$\varepsilon(>0)$ に対して，$\delta(>0)$ がとれて，$0<x-a<\delta$ ならば，$\gamma-\varepsilon<f'(x)<\gamma+\varepsilon$ がなりたつ．ゆえに，$|f'(x)|\leq|\gamma|+\varepsilon$ がなりたつ．$x_1, x_2, \cdots, x_n, \cdots$ を a に近づく任意の列とする．(2.4) より，

$$f(x_m)-f(x_n)=(x_m-x_n)f'(x_n+\theta(x_m-x_n)).$$

ゆえに，$|f(x_m)-f(x_n)|\leq M|x_m-x_n|, (M=|\gamma|+\varepsilon)$．これより数列 $\{f(x_n)\}$ は Cauchy 列をなすことがしたがい，定理 1.8 より，

$$f(x_n)\to A \qquad (n\to\infty).$$

この A は数列 $\{x_n\}$ のとり方によらない．実際，$x_1', \cdots, x_n', \cdots$ を a に近づく他の列とすると，$x_1, x_1', x_2, x_2', \cdots, x_n, x_n', \cdots$ もまた a に近づく列であり，したがって，$f(x_1), f(x_1'), \cdots, f(x_n), f(x_n'), \cdots$ もまた同一の A に近づくからである．これより，$\lim_{x\to a+0} f(x)=A$，すなわち，任意の $\varepsilon(>0)$ に対して，$\delta(>0)$ が定まって，

$$0<x-a<\delta \quad ならば，\ |f(x)-A|<\varepsilon$$

がなりたつことは，§ 1.1 において，(1.3) から (1.1) を導いた推論を用いて示される．$f(a)=A$ と定義する．

2° を示そう．$f(x)$ は $[a,x]$ で連続で $(a,x]$ で微分可能だから，

$$f(x)-f(a)=(x-a)f'(a+\theta(x-a)), \qquad 0<\theta<1$$

において，$x\to a+0$ とすれば求める関係式をえる． （証明おわり）

例 $f(x)=e^{-\frac{1}{x^2}}$ $(x\neq 0)$ は $f(0)=0$ と定義すれば無限回微分可能である．まず後に示される定理 2.16 と前節例 6 によって，$\lim_{x\to 0}f^{(n)}(x)=0$ $(n=0,1,2,\cdots)$ である．ゆえに $f'(0)=\lim_{x\to 0}f'(x)\,(=0)$ がなりたつ．ついで $f'(x)$ に定理を適用して，$f''(0)=\lim_{x\to 0}f''(x)\,(=0)$ がなりたつ．以下同様である．

2.4 積分の定義，微積分の基本公式

x 軸上を運動している点 P があって，その速さ $v(t)$（向きも合わせて考える）がつぎのようになっているとする．

$$0=t_0<t_1<t_2<\cdots<t_n=T$$

があって，

$$v(t)=v_i,\qquad t\in(t_{i-1},t_i)\qquad(i=1,2,\cdots,n)$$

とする．グラフで示せば図 2.4 のようになる．このような関数を階段関数

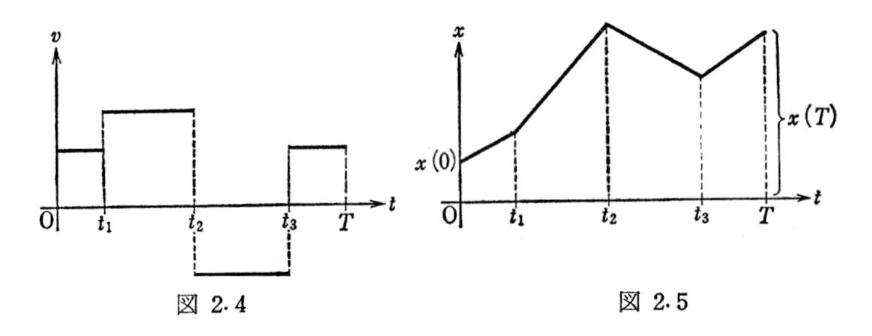

図 2.4　　　図 2.5

(step function) とよぶ．このとき $t=T$ における位置の出発点に対する相対的な位置は，

$$(2.5)\quad x(T)-x(0)=v_1t_1+v_2(t_2-t_1)+v_3(t_3-t_2)+\cdots+v_n(t_n-t_{n-1})$$

となる．この量をグラフで見れば図 2.5 のようになる，すなわち折線グラフになる．ただし (t_{i-1},t_i) における線分の勾配（傾き）は v_i である．

一般に $v(t)$ が階段関数であるとき，その**積分**を

$$\int_0^T v(t)\,dt=\sum_{i=1}^{n} v_i(t_i-t_{i-1})$$

で定義しよう．そうすれば (2.5) は

$$x(T)-x(0)=\int_0^T v(t)\,dt \tag{2.6}$$

とかけることになる．

つぎに速さ $v(t)$ ，すなわち

$$v(t)=x'(t) \tag{2.7}$$

が**連続関数**である場合を考えよう．このとき $[0,T]$ を分割し(その分割を $\varDelta$ とする)．それを

$$\varDelta:\ 0=t_0<t_1<t_2<\cdots<t_{n-1}<t_n=T$$

とする．さて，おのおのの区間 (t_{i-1},t_i) では $v(t)$ の値を思い切りよく $v(t_{i-1})$ でおきかえてみよう．このようにしてえられた**階段関数**を $v_\varDelta(t)$ とおくと，$v_\varDelta(t)$ の積分はすでに考えられている．すなわち

$$\int_0^T v_\varDelta(t)\,dt=\sum_{i=1}^{n} v(t_{i-1})(t_i-t_{i-1}) \tag{2.8}$$

である．そこでこの量と $x(T)-x(0)$ とをくらべてみよう．示したいことは，分割 $\varDelta$ の幅を一様に細かくとればとる程いくらでも (2.8) が $x(T)-x(0)$ に近づくことである．

そのためにまず

$$x(T)-x(0)=\sum_{i=1}^{n}(x(t_i)-x(t_{i-1}))$$

と分解し，各項に有限増分の公式 (2.4) を用いると，

$$=\sum_{i=1}^{n} v(\tau_i)(t_i-t_{i-1}) \qquad (\tau_i\in(t_{i-1},t_i))$$

がなりたつ．ゆえに，

$$x(T)-x(0)-\int_0^T v_\varDelta(t)\,dt=\sum_{i=1}^{n}(v(\tau_i)-v(t_{i-1}))(t_i-t_{i-1})$$

がなりたつ．

$v(t)$ は $[0, T]$ で連続関数であるから，定理 1.7 で示したように，一様連続性がなりたつ．ゆえに，$\max(t_i-t_{i-1})=\delta$ とおけば，

$$\varphi(\delta)=\sup_{|t-t'|\leq\delta}|v(t)-v(t')|$$

は $|v(t_{i-1})-v(\tau_i)|\leq\varphi(\delta)$ をみたすから，問題の量は，$\varphi(\delta)T$ 以下である．$\varphi(\delta)$ は δ とともに 0 に近づくから，つぎのことがわかる：$\varDelta_1, \varDelta_2, \cdots, \varDelta_n, \cdots$ を（任意の）1 列の分割列とし，各 $\varDelta_i$ に対する分割の最大幅を δ_i とするとき，$\delta_i\to 0$ $(i\to\infty)$ となるようにとるとする．$\varphi(\delta_i)T\to 0$ $(i\to\infty)$ であるから，分割に応じてきまる v のそれを $v_{\varDelta_1}, v_{\varDelta_2}, \cdots, v_{\varDelta_n}, \cdots$ とすると，

$$x(T)-x(0)=\lim_{n\to\infty}\int_0^T v_{\varDelta_n}(t)\,dt$$

がなりたつ．ゆえに

$$\int_0^T v(t)\,dt=\lim_{n\to\infty}\int_0^T v_{\varDelta_n}(t)\,dt \tag{2.9}$$

で定義することにすれば，

$$x(T)-x(0)=\int_0^T v(t)\,dt\ \left(=\int_0^T x'(t)\,dt\right) \tag{2.10}$$

がなりたつ．

あらためて積分の定義を与えておこう．

定義 2.1　$f(x)$ を $[a, b]$ で定義された連続関数とする．ある数 I が存在して，つぎのことがなりたつ：任意の $\varepsilon(>0)$ に対して，$\delta(>0)$ がとれて，分割 $\varDelta$

$$\Delta:\ a=x_0<x_1<\cdots<x_n=b$$

の最大幅 $h(\Delta)=\max(x_i-x_{i-1})$ が δ 以下でありさえすれば，$\xi_i\in[x_{i-1},x_i]$ のえらび方の如何に拘らず

$$\left|\sum_{i=1}^{n}f(\xi_i)(x_i-x_{i-1})-I\right|<\varepsilon \tag{2.11}$$

がなりたつ．この I を

$$I=\int_a^b f(x)\,dx$$

とかき，$f(x)$ の $[a,b]$ における定積分とよぶ．また a,b を積分の下限，上限とそれぞれよぶ．

この定義にいう I の存在はあらためて §2.4 で示すことにして，以上の説明よりえられたことを一般的な形でのべておく．

定理 2.4（**微積分の基本公式**）　$F(x)$ を $[a,b]$ で定義された関数で $F'(x)$ とともに連続とする．このとき

$$F(b)-F(a)=\int_a^b F'(x)\,dx \tag{2.12}$$

がなりたつ．

証明　分割 Δ を十分細かくすれば，連続関数 $F'(x)$ に対して (2.11) がなりたつ．そのような Δ を1つ固定する．他方，有限増分の公式より

$$F(x_i)-F(x_{i-1})=F'(\xi_i)(x_i-x_{i-1}),\qquad \xi_i\in(x_{i-1},x_i)$$

がなりたつが，i について，1から n までの和をとれば，

$$F(b)-F(a)=\sum_{i=1}^{n}F'(\xi_i)(x_i-x_{i-1}).$$

ゆえに，

$$\left|F(b)-F(a)-\int_a^b F'(x)\,dx\right|<\varepsilon.$$

ε は全く任意だから，左辺は 0 である．　　（証明おわり）

注意　(2.12) は $b<a$ のときにも正しい．そのためには，$b<a$ のとき，

$$\int_a^b f(x)\,dx=-\int_b^a f(x)\,dx \tag{2.13}$$

と規約しておけばよい．今後定積分に対して**この規約を設けて考えるものとする**．　　（注意おわり）

うえの定理はその名の示すように微積分法の基礎定理として本質的な役割を果している．うえの定理から直ちにえられる事実を示しておく．出発点をかえて，つぎの状態を考えよう．連続関数 $f(x)$ が与えられたとき，

$$G'(x)=f(x) \tag{2.14}$$

となるような $G(x)$ を $f(x)$ の 1 つの**原始関数**(primitive function)とよぶ．原始という言葉は，微分という演算に対して，もとのものという意味を示している．

定理 2.5

$$\int_a^b f(x)\,dx=G(b)-G(a)=[G(x)]_a^b \tag{2.15}$$

がなりたつ．

証明　前定理より，$G(b)-G(a)=\int_a^b G'(x)\,dx$ だが，(2.14) を考えればよい．　　（証明おわり）

うえの式は定積分の具体的な算出に際して基本的な事実である．

うえでは $f(x)$ の **1 つの**原始関数といったが，同一の関数の任意の 2 つの原始関数を $G_1(x), G_2(x)$ とすると，

$$G_1(x)-G_2(x)=C \quad (\text{定数}) \tag{2.16}$$

がなりたつ．実際，$(G_1(x)-G_2(x))'=G_1'(x)-G_2'(x)=f(x)-f(x)=0$ であり，命題2.1より，(2.16) がなりたつ．ゆえに1つの原始関数を $G(x)$ とすると，他の原始関数は

$$G(x)+C$$

という形であらわされる．このことを，原始関数は付加すべき定数を除いて一意的に定まるともいう．

$f(x)$ の原始関数の全体を

$$\int f(x)\,dx$$

という記号でかき，$f(x)$ の**不定積分**という．したがって，

$$\int f(x)\,dx=G(x)+C \tag{2.17}$$

とかかれる．

例 x^n の（1つの）原始関数は $\dfrac{1}{n+1}x^{n+1}$ であるから（ただし，n は整数で $n\neq -1$ とする），

$$\int_a^b x^n dx=\left[\frac{1}{n+1}x^{n+1}\right]_a^b=\frac{1}{n+1}(b^{n+1}-a^{n+1}).$$

ただし $n\leq -2$ の場合は，a, b の何れかが0である場合，あるいは a, b が異符号の場合は，$x=0$ で原始関数は存在しないから，a, b が同符号のときにのみ正しい．

2.5 積分の性質

前節で連続関数に対する定積分を定義した．まず基本的な性質をのべる．

定理 2.6 $f(x), g(x)$ を $[a, b]$ で連続とする．

1)
$$\int_a^b (f(x)+g(x))\,dx=\int_a^b f(x)\,dx+\int_a^b g(x)\,dx,$$

2)
$$\int_a^b kf(x)\,dx=k\int_a^b f(x)\,dx,$$

3)　$a\leq c\leq b$ に対して，

$$\int_a^c f(x)\,dx+\int_c^b f(x)\,dx=\int_a^b f(x)\,dx.$$

証明　前節でのべた定積分の定義にもどって考える．$[a,b]$ の分割 $\varDelta$ に対して，その分割幅の最大値 $\max_i(x_i-x_{i-1})$ を $h(\varDelta)$ とかき，$\xi_i\in[x_{i-1},x_i]$ を任意に1つ選んで(例えば $\xi_i=x_{i-1}$ ととって)，

$$S_\varDelta(f)=\sum_{i=1}^n f(\xi_i)(x_i-x_{i-1})$$

を考える．$\varDelta_1,\varDelta_2,\cdots,\varDelta_n,\cdots$ という分割列を何でもよいから1つ選び，$h(\varDelta_1)$, $h(\varDelta_2),\cdots,h(\varDelta_n),\cdots$ が0に近づくという条件をみたすとする(例えば，$\varDelta_n$ を $[a,b]$ の n 等分とする)．積分の定義より，

$$S_{\varDelta_n}(f)\to\int_a^b f(x)\,dx\qquad(n\to\infty)\tag{2.18}$$

である．

1)，2) の証明は，$S_{\varDelta_n}(f+g)=S_{\varDelta_n}(f)+S_{\varDelta_n}(g)$, $S_{\varDelta_n}(kf)=kS_{\varDelta_n}(f)$ という関係式 $(n=1,2,\cdots)$ において，$n\to\infty$ とした両式の極限値が等しいことからしたがう．この説明で不満足な読者のために，くわしくいうと，つぎのような推論が影の部分にあることが指摘できよう．

$$\begin{aligned}&\left|\int_a^b \{f(x)+g(x)\}\,dx-\left(\int_a^b f(x)\,dx+\int_a^b g(x)\,dx\right)\right|\\&\quad\leq\left|\int_a^b \{f(x)+g(x)\}\,dx-S_{\varDelta_n}(f+g)\right|\\&\qquad+\left|\int_a^b f(x)\,dx-S_{\varDelta_n}(f)\right|+\left|\int_a^b g(x)\,dx-S_{\varDelta_n}(g)\right|\end{aligned}$$

がなりたつが $(S_{\Delta_n}(f+g)=S_{\Delta_n}(f)+S_{\Delta_n}(g)$ を用いた)，この不等式は n の如何に拘らずなりたつものであり，他方左辺は n には無関係な数である．ところで右辺は n を増せば増す程いくらでも小さくなりうる．ゆえに左辺は0でなくてはならない．

3) の証明は，$[a,c]$ の分割列 $\Delta_n^{(1)}$，$[c,b]$ の分割列 $\Delta_n^{(2)}$ をとり，$\Delta_n^{(1)}$ と $\Delta_n^{(2)}$ の分割を合わせてできる $[a,b]$ の分割を Δ_n とすれば，$S_{\Delta_n^{(1)}}(f)+S_{\Delta_n^{(2)}}(f)=S_{\Delta_n}(f)$ であるから $n\to\infty$ の極限移行によって，求める関係式が示される．

（証明おわり）

注意 前節でのべた定積分に対する規約 (2.13) を用いれば，うえにのべた性質は $\boldsymbol{a},\boldsymbol{b},\boldsymbol{c}$ **の大きさの順序の如何に拘らず正しいことがわかる**．読者自から確かめられたい．

（注意おわり）

定理 2.7 （定積分に関する不等式）

1) $f(x),g(x)$ は $[a,b]$ で定義されており，$f(x)\leq g(x)$ であれば，

$$\int_a^b f(x)\,dx\leq\int_a^b g(x)\,dx$$

がなりたつ．

2)
$$\left|\int_a^b f(x)\,dx\right|\leq\int_a^b |f(x)|\,dx.$$

証明 1) $S_\Delta(f)=\sum f(\xi_i)(x_i-x_{i-1})$ において，$x_i-x_{i-1}>0$ だから，$f(\xi_i)\leq g(\xi_i)$ を考慮すれば，$S_\Delta(f)\leq S_\Delta(g)$．したがって，$S_{\Delta_n}(f)\leq S_{\Delta_n}(g)$ $(n=1,2,\cdots)$ がなりたつ．$n\to\infty$ の極限移行によって 1) が示される．

2) 分割 Δ に対して，

$$\left|\sum_{i=1}^n f(\xi_i)(x_i-x_{i-1})\right|\leq\sum_{i=1}^n |f(\xi_i)|(x_i-x_{i-1}),$$

すなわち，$|S_\Delta(f)|\leq S_\Delta(|f|)$ がなりたつことに着目し，うえの推論を用いればよい．

最後に 1) の部分の極限移行について説明しておく．$S_{\Delta_n}(g) \geq S_{\Delta_n}(f)$ より，

$$\int_a^b g(x)dx - \int_a^b f(x)dx \geq \int_a^b g(x)dx - \int_a^b f(x)dx - \{S_{\Delta_n}(g) - S_{\Delta_n}(f)\}$$
$$= \left\{\int_a^b g(x)dx - S_{\Delta_n}(g)\right\} - \left\{\int_a^b f(x)dx - S_{\Delta_n}(f)\right\}$$

において，右辺はいくらでも 0 に近づくから，左辺は負の数ではありえないことがわかる．　　　　（証明おわり）

系　$f(x)$ が $[a,b]$ で連続で $f(x) \geq 0$ とする．$\int_a^b f(x)dx = 0$ となるのは $f(x) \equiv 0$ の場合に限る．

証明　定理 1.3 の証明の最初にのべた注意より，もしある点 $c \in [a,b]$ で $f(c) > 0$ だと，ある $\delta(>0)$ がとれて $|x-c| \leq \delta$ で $f(x) \geq \varepsilon\ (>0)$ とできる．

$$\int_a^b f(x)dx = \int_a^{c-\delta} f(x)dx + \int_{c-\delta}^{c+\delta} f(x)dx + \int_{c+\delta}^b f(x)dx \geq \int_{c-\delta}^{c+\delta} f(x)dx \geq \varepsilon \cdot 2\delta.$$

（証明おわり）

定理 2.8　**(平均値定理)**　$f(x)$ を連続関数とする．a, b の大きさの順序の如何に拘らず，

$$\int_a^b f(x)dx = f(a + \theta(b-a))(b-a), \quad 0 < \theta < 1 \tag{2.19}$$

という θ が少なくとも 1 つ存在する．

証明　まず $a < b$ の場合を考える．$f(x)$ の $[a,b]$ における最大値，最小値をそれぞれ M, m とする．$m \leq f(x) \leq M$ より，前定理が適用されて，

$$\int_a^b m dx \leq \int_a^b f(x)dx \leq \int_a^b M dx$$

がなりたつ．前定理の系より，等号がなりたつのは，$f(x)$ が定数値関数であるときに限ることがわかる．この場合は明らかに定理が正しいことがわかるから，そうでない場合を考えよう．このときは，

$$m(b-a)<\int_a^b f(x)\,dx<M(b-a)$$

がなりたつ．ゆえに積分平均に関しては，

$$m<\frac{1}{b-a}\int_a^b f(x)\,dx<M$$

がなりたつ．ここで中間値定理(定理 1.4)を適用する．最小値，最大値をそれぞれとるような点をえらび，それを x_1, x_2 として定理を適用すればよい．ゆえに，

$$\frac{1}{b-a}\int_a^b f(x)\,dx=f(c), \qquad x_1\leqq c\leqq x_2$$

最後に $a>b$ のときは，

$$\int_a^b f(x)\,dx=-\int_b^a f(x)\,dx=-f(c)(a-b), \qquad b<c<a$$

がなりたつから正しい． (証明おわり)

この定理から導かれる重要な事実として，

定理 2.9 $f(x)$ を $[a,b]$ で定義された連続関数，c を $[a,b]$ の任意の1点とし，

$$I(x)=\int_c^x f(y)\,dy \tag{2.20}$$

と定義すると，$[a,b]$ の任意の点 x で

$$I'(x)=f(x) \tag{2.21}$$

がなりたつ．

注意 うえの $I(x)$ の意味は，$f(x)$ の定積分の範囲，すなわち上限を xととったときにきまる定積分の値は x をきめれば一意的に定まるという意味であ

る．上限 x といったが，x は積分の規約によって，a から b まで自由に変りうるから，$I(x)$ は $[a,b]$ で定義された関数である．（注意おわり）

証明　h を小な正または負の数とし，

$$I(x+h)-I(x)=\int_c^{x+h} f(y)dy-\int_c^x f(y)dy=\int_x^{x+h} f(y)dy$$

を考える．ここで定理 2.6, 3) を使った．またその後にのべた注意も使った．最後の積分に平均値定理 (2.19) を適用すれば，

$$(2.22)\quad I(x+h)-I(x)=f(x+\theta h)h=f(x)h+\{f(x+\theta h)-f(x)\}h$$

がなりたつ．ここで $0<\theta<1$ であって一般には h とともに変るものである．$f(x)$ の連続性を考慮すれば，微係数の定義 (2.1) より，$I'(x)=f(x)$ をえる．

（証明おわり）

系 1　$I(x)=\int_x^c f(y)dy$ に対しては，$I'(x)=-f(x)$ がなりたつ．

証明　積分の規約より，$I(x)=-\int_c^x f(y)dy$ だから．（証明おわり）

系 2　$t\in[\alpha,\beta]$ において，$\varphi(t)$ は微分可能であって，かつ $a\leq\varphi(t)\leq b$ がなりたつとする．

$$(2.23)\quad \Phi(t)=\int_c^{\varphi(t)} f(y)dy \quad に対して，\Phi'(t)=f(\varphi(t))\varphi'(t)$$

がなりたつ．

証明　合成関数の微分法則(定理 2.1)を用いればよい．

$\Phi(t)=I(\varphi(t))$ だから，$\Phi'(t)=I'(\varphi(t))\varphi'(t)$ がなりたつ．（証明おわり）

問　$\Phi(t)=\int_{\varphi_1(t)}^{\varphi_2(t)} f(x)dx$ に対して，

$$\Phi'(t)=f(\varphi_2(t))\varphi_2{}'(t)-f(\varphi_1(t))\varphi_1{}'(t)$$

がなりたつことを示せ．

注意 1 $\int_a^x f(y)dy$ とかいたところを $\int_a^x f(x)dx$ とかかれる場合も多い．積分記号の中の x は積分変数とよばれるものであって，それが x の関数を定義するということにはならない．要するに記号の問題として，これを $\int_a^x f(u)du$, $\int_a^x f(v)dv$ などとかいても全く同じ内容のものである．

注意 2 うえの定理と前節の最後にのべたことにより，

$$F(x)=C+\int_c^x f(y)dy$$

は $f(x)$ の原始関数の全体を与える．この理由によって $f(x)$ の不定積分を $\int f(x)dx$ とかくのである． （注意おわり）

最後に**部分積分**についてのべる．

定理 2.10 $f(x), g(x), g'(x)$ は $[a,b]$ で連続で $f(x)$ の1つの原始関数を $F(x)$ とする．つぎの関係式がなりたつ．

$$\int_a^b f(x)g(x)dx=[F(x)g(x)]_a^b-\int_a^b F(x)g'(x)dx. \tag{2.24}$$

証明 微積分の基本公式より，

$$[F(x)g(x)]_a^b=\int_a^b (F(x)g(x))'dx=\int_a^b (f(x)g(x)+F(x)g'(x))dx.$$

（証明おわり）

例 1 $\int_a^b (x-a)(x-b)dx$ の計算において，$f(x)=x-a$, $g(x)=x-b$ とおいて部分積分の公式を適用しよう．$F(x)=(x-a)^2/2$ ととれば，上の積分は

$$\left[\frac{(x-a)^2}{2}(x-b)\right]_a^b-\frac{1}{2}\int_a^b (x-a)^2dx=-\frac{1}{2}\int_a^b (x-a)^2dx$$

$$=-\frac{1}{6}[(x-a)^3]_a^b=-\frac{1}{6}(b-a)^3.$$

例 2 $f(t)$ を連続とすると，

$$\int_0^x\left(\int_0^u f(t)\,dt\right)du=\int_0^x (x-u)f(u)\,du. \tag{2.25}$$

$f(u)=1$, $g(u)=\int_0^u f(t)\,dt$ とおいて部分積分の公式を適用する．この際，$F(u)=u-x$, $g'(u)=f(u)$ より，左辺は

$$\left[(u-x)\int_0^u f(t)\,dt\right]_{u=0}^{u=x}-\int_0^x (u-x)f(u)\,du$$

となるが [　] の部分は0になる．

例 3 (**平均値定理の拡張**) $f(x)$ を $[a,b]$ または $[b,a]$ で定義された連続関数で，他方 $p(x)\geq 0$ も連続であるとする．

$$\int_a^b p(x)f(x)\,dx=f(a+\theta(b-a))\int_a^b p(x)\,dx$$

となるような $0<\theta<1$ が存在する．

解 $p(x)\equiv 0$ の場合は問題ではないので，$\int_a^b p(x)\,dx>0$ の仮定のもとで示す(ゆえに $a<b$, かつある点 $x_0\in(a,b)$ で $p(x_0)>0$)．定理 2.8 の証明のところで，

$$m\int_a^b p(x)\,dx\leq\int_a^b p(x)f(x)\,dx\leq M\int_a^b p(x)\,dx$$

がなりたつことから出発して，等号のなりたつ場合をしらべてみて，そうでない場合をつぎに考えればよい．$b<a$ のときは，まえと同じ．

2.6 定積分の存在

この節では § 2.4 でのべた定積分の存在を示すこと，すなわち (2.11) を説明することを目的としている．

$f(x)$ を $[a,b]$ で定義された連続関数とし，2つの分割 Δ_1, Δ_2:

$$\Delta_1:\ a=x_0<x_1<\cdots<x_m=b,$$
$$\Delta_2:\ a=y_0<y_1<\cdots<y_n=b$$

に対して，

$$S_{\Delta_1}=\sum_{i=1}^{m} f(x_i')(x_i-x_{i-1}), \qquad S_{\Delta_2}=\sum_{i=1}^{n} f(y_i')(y_i-y_{i-1})$$

の差を評価するのが第1目的である．ここで $x_i'\in[x_{i-1}, x_i], y_i'\in[y_{i-1}, y_i]$ である任意の点とする．このために，Δ_1 と Δ_2 とを合わせた分割を Δ_3 とする：

$$\Delta_3:\ a=\xi_0<\xi_1<\xi_2<\cdots<\xi_p=b.$$

ここで ξ_j は x_i, y_i の何れかの点である．さて，$[x_{i-1}, x_i]$ を1つとれば，

$$x_{i-1}=\xi_s<\xi_{s+1}<\cdots<\xi_{s+k}=x_i$$

というようにかけ，

$$f(x_i')(x_i-x_{i-1})=f(x_i')(\xi_{s+1}-\xi_s)+f(x_i')(\xi_{s+2}-\xi_{s+1})+\cdots$$
$$+f(x_i')(\xi_{s+k}-\xi_{s+k-1})$$

とかき直せるから

$$S_{\Delta_1}=\sum_{j=1}^{p} f(x_i')(\xi_j-\xi_{j-1}), \qquad S_{\Delta_2}=\sum_{j=1}^{p} f(y_k')(\xi_j-\xi_{j-1})$$

とかける．ここで $x_i'(y_k')$ は $[\xi_{j-1}, \xi_j]$ が含まれる $\Delta_1(\Delta_2)$ の分割に対する区間 $[x_{i-1}, x_i]([y_{k-1}, y_k])$ 内の1点である．

したがって

$$|S_{\Delta_1}-S_{\Delta_2}|\leq\sum_{j=1}^{p}|f(x_i')-f(y_k')||\xi_j-\xi_{j-1}|.$$

ここで，$|x_i'-y_k'|$ を考えると，　　$h_1=h(\Delta_1)=\max_i(x_i-x_{i-1})$，$h_2=h(\Delta_2)=\max_i(y_i-y_{i-1})$，とすると，$|x_i'-y_k'|\leq h_1+h_2$ であるから，

$$\varphi(\delta)=\sup_{|x-x'|\leq\delta}|f(x)-f(x')|$$

とおくと，

$$|S_{\Delta_1}-S_{\Delta_2}|\leq\varphi(h_1+h_2)(b-a) \tag{2.26}$$

をえる．$f(x)$ の一様連続性から $\varphi(\delta)\to 0$ $(\delta\to 0)$ がなりたつことを思い起そう．

さて $\Delta_1, \Delta_2, \cdots, \Delta_n, \cdots$ を $h(\Delta_n)\to 0$ $(n\to\infty)$ をみたす任意の分割列とし，$S_{\Delta_1}, S_{\Delta_2}, \cdots, S_{\Delta_n}, \cdots$ をそれに対応する和とする．$h_n=h(\Delta_n)\to 0$ だから，

$$|S_{\Delta_m}-S_{\Delta_n}|\leq\varphi(h_m+h_n)(b-a)$$

より，$\{S_{\Delta_n}\}_{n=1,2,\cdots}$ は Cauchy の条件をみたす．ゆえに収束列である．この極限を I とする．

I は分割列のとり方によらない．実際，$\Delta_1', \Delta_2', \cdots, \Delta_n', \cdots$ を $h(\Delta_n')\to 0$ $(n\to\infty)$ とする．このとき，$\Delta_1, \Delta_1', \Delta_2, \Delta_2', \cdots$ もまた上記の条件をみたすから，$S_{\Delta_1}, S_{\Delta_1'}, S_{\Delta_2}, S_{\Delta_2'}, \cdots, S_{\Delta_n}, S_{\Delta_n'}, \cdots$ もまた収束列である．したがって $\{S_{\Delta_n'}\}$ もまた I に収束する．

最後に (2.11) を示そう．ε を任意の正数とする．$\delta_0(>0)$ があって，$\varphi(\delta_0)<\varepsilon$ がなりたつ．したがって $\delta\leq\delta_0$ であれば，$\varphi(\delta)<\varepsilon$ がなりたつ．そこで Δ として $h(\Delta)<\delta_0$ をみたすものをとる．$\Delta_1, \Delta_2, \cdots, \Delta_n, \cdots$ を $h(\Delta_n)\to 0$ をみたすものとする．n を十分大とすれば $h(\Delta)+h(\Delta_n)\leq\delta_0$ であるから，

$$|S_{\Delta}-S_{\Delta_n}|\leq\varphi(h(\Delta)+h(\Delta_n))(b-a)\leq\varepsilon(b-a).$$

ここで $n\to\infty$ とすれば，$|S_{\Delta}-I|\leq\varepsilon(b-a)=\varepsilon'$ がなりたつ．

2.7 簡単な微分方程式

x 軸上を運動する点Pがあって，時刻 t_0 のとき x_0 にあったとする．このとき時刻 t $(-\infty<t<+\infty)$ における速度が既知の関数 $f(t)$ であったとしよう．任意の時刻 t における点 P の位置座標 $x(t)$ を求める問題を考える．式では，

$$\frac{d}{dt}x(t)=f(t), \qquad x(t_0)=x_0 \tag{2.27}$$

をみたす $x(t)$ を求める問題である．この解答はすでにえられている．ただし $f(t)$ は連続関数とする．まず (2.27) の解があったとしよう．微積分の基本公式により，

$$x(t)-x(t_0)=\int_{t_0}^{t}x'(s)\,ds$$

とかかれるはずであるから，

$$x(t)=x_0+\int_{t_0}^{t}f(s)\,ds \qquad (-\infty<t<+\infty) \tag{2.28}$$

とかかれるはずである．ついでこの関数 $x(t)$ が (2.27) をみたすことは定理 2.9 の示すところである．

ついで，

$$\frac{d^2}{dt^2}x(t)=f(t) \qquad (-\infty<t<+\infty) \tag{2.29}$$

をみたす $x(t)$ が何であるかをみよう．$\dfrac{d^2}{dt^2}x(t)=\dfrac{d}{dt}\left(\dfrac{d}{dt}x(t)\right)=\dfrac{d}{dt}v(t)$ であって**加速度**とよばれている．まず $x(t)$ があるとすれば，

$$x'(t)-x'(t_0)=\int_{t_0}^{t}x''(s)\,ds=\int_{t_0}^{t}f(s)\,ds \qquad (-\infty<t<+\infty)$$

とかかれるはずであるが，逆にこの $x'(t)$ は (2.29) をみたす．この式は

$$x'(t)=x'(t_0)+\int_{t_0}^{t}f(s)\,ds$$

であり，右辺は t の連続関数であるから，さきにのべた問題となり，

$$\begin{aligned}x(t)-x(t_0)&=\int_{t_0}^{t}\left\{x'(t_0)+\int_{t_0}^{t_1}f(s)\,ds\right\}dt_1\\&=x'(t_0)(t-t_0)+\int_{t_0}^{t}\left(\int_{t_0}^{t_1}f(s)\,ds\right)dt_1\end{aligned}$$

が求める(唯1つの)解であることがわかる．(2.25) を用いれば，

$$x(t)=x(t_0)+x'(t_0)(t-t_0)+\int_{t_0}^{t}(t-s)f(s)\,ds \tag{2.30}$$

とかけることがわかる．

この解の物理的解釈は，微積分法の起源である Newton(ニュートン)の運動法則である．直線運動をしている質点を考えると，向きも合わせて時刻 t においてはたらいている力を $f(t)$，その質量を m とすると，

$$m\frac{d^2x}{dt^2}=f(t)$$

とかかれる．ゆえに (2.29) の $f(t)$ のところを $\frac{1}{m}f(t)$ とした関係式がなりたつ．とくに力が働いていない場合は $f(t)\equiv 0$ で，積分項はなくなり，

$$x(t)=x(t_0)+x'(t_0)(t-t_0)$$

となり等速度運動になる．つぎに x 軸を鉛直線にとり，上向きを正の方向ととれば，

$$m\frac{d^2}{dt^2}x(t)=-mg$$

となる．したがって $t=0$ のとき初速度 v (向きを合わせて考える)を与えれば，上式より，

$$x(t)-x(t_0)=vt-\frac{g}{2}t^2$$

という有名な公式が導かれる．

2.8 指数関数 (I)

自然界にあらわれる現象のうち最も簡単でかつ基礎的なものとして

$$\frac{d}{dt}x(t)=cx(t) \tag{2.31}$$

をみたすものがある．c は正または負の定数である．t は時間をあらわし，したがって $\frac{d}{dt}x(t)$ は量 $x(t)$ の増加速度(正，負も考えて)を示す．うえの式は

$$\frac{d}{dt}x(t)\Big/x(t)=c \qquad (\text{一定})$$

とも表現できる．左辺はいわゆる $x(t)$ の**増加率**を示すから，この式は増加率が一定 c であるといってもよい．なお c の正，負によって左辺は増加率，減少率を示すといわれている．簡単のため $c=1$ としよう．

$$\frac{d}{dt}x(t)=x(t). \tag{2.32}$$

$t=0$ における $x(t)$ の値を $x_0(\neq 0)$ としたとき単位時間後，すなわち $t=1$ における $x(t)$ の値を問題にしよう．発見的方法で考えてみる．区間 $[0,1]$ を n 等分する．(2.32) を近似的に考えると，

$$\frac{\Delta x}{\Delta t}=x$$

だから，$\Delta t=1/n$ を考慮すれば，

$$x+\Delta x=x+\frac{1}{n}x=\left(1+\frac{1}{n}\right)x$$

と考えられよう．したがって近似的には，

$$x\left(\frac{1}{n}\right)=\left(1+\frac{1}{n}\right)x_0, \qquad x\left(\frac{2}{n}\right)=\left(1+\frac{1}{n}\right)x\left(\frac{1}{n}\right)=\left(1+\frac{1}{n}\right)^2x_0, \cdots$$

となるから，最後に，

$$x(1)=\left(1+\frac{1}{n}\right)^n x_0$$

という近似値がえられるであろう．この操作を，n を限りなく増していって考

えると，(2.32) の解 $x(t)$ は，

$$x(1)=\lim_{n\to\infty}\left(1+\frac{1}{n}\right)^n x_0=x_0\lim_{n\to\infty}\left(1+\frac{1}{n}\right)^n$$

としてえられるであろうことが推察される．後で示されるように，右辺の極限が存在して，この値を e とすれば，すなわち，

$$e=\lim_{n\to\infty}\left(1+\frac{1}{n}\right)^n$$

とすれば，(2.32) の解に対して

$$e=\frac{x(1)}{x(0)} \qquad (x(0)=x_0)$$

という関係にある．**すなわち e は増加率 1 の量の単位時間ごとの増加比に他ならない**．なお e は，2.71828… という無理数であることも知られている．

(2.31) にもどって考えよう．t を任意の正の数として，$[0, t]$ を n 等分して同様な推論を行なうと，

$$x(t)=x_0\lim_{n\to\infty}\left(1+\frac{ct}{n}\right)^n=x_0\lim_{n\to\infty}\left(1+\frac{ct}{n}\right)^{\frac{n}{ct}\cdot ct}=x_0e^{ct}$$

となる．ただし，ここでは

$$\lim_{\xi\to\pm\infty}\left(1+\frac{1}{\xi}\right)^{\xi}=e \tag{2.33}$$

をみとめた．

うえの推論をすべて厳密に論証していくことは相当厄介なことである．本書ではこの道すじをとらないで，対数関数の定義から始めて指数関数 e^x をその逆関数として定義する．その前につぎの注意をしておこう．

(2.32) を，

$$\frac{1}{x(t)}\frac{d}{dt}x(t)=1$$

とおく．左辺の原始関数は $\int_{x_0}^{x(t)}\frac{du}{u}$ であり（実際，t で微分すると，定理 2.9 系 2 より，$\frac{1}{x(t)}\cdot\frac{d}{dt}x(t)$ となるから），他方 1 の原始関数は t であるから，

$$\frac{d}{dt}\left(\int_{x_0}^{x(t)}\frac{du}{u}-t\right)=0$$

となるが，かっこの中は定数である（命題 2.1）．ところで $t=0$ ではかっこの中は 0 になるから，結局

$$\int_{x_0}^{x(t)}\frac{du}{u}=t$$

という関係式をえる．したがって t を指定したとき，$x(t)$ は

$$\int_{x_0}^{x}\frac{du}{u}=t$$

をみたす x（でかつ x_0 と同符号）として定まる．すなわち，$x(t)$ は左辺の x の関数の逆関数として定義されるものである．

最後に $\lim_{n\to\infty}\left(1+\frac{1}{n}\right)^n$ が有限値として存在することを示しておく．

$c_n=\left(1+\frac{1}{n}\right)^n$ とおく．2 項展開

$$(2.34)\qquad (1+x)^n=1+nx+\frac{n(n-1)}{2!}x^2+\cdots+\frac{n(n-1)\cdots(n-p+1)}{p!}x^p+\cdots+x^n$$

を思い起そう．とくに $x=1/n$ としたとき，うえの一般項をみれば，

$$\frac{n(n-1)\cdots(n-p+1)}{p!}\frac{1}{n^p}=\frac{1}{p!}\left(1-\frac{1}{n}\right)\left(1-\frac{2}{n}\right)\cdots\left(1-\frac{p-1}{n}\right)$$

とかけるから，$\left(1+\frac{1}{n}\right)^n$ と $\left(1+\frac{1}{n+1}\right)^{n+1}$ とをくらべると，2 項展開の第 $(p+1)$ 項 $(2\leq p\leq n)$ の間には，

$$\frac{1}{p!}\left(1-\frac{1}{n}\right)\cdots\left(1-\frac{p-1}{n}\right)<\frac{1}{p!}\left(1-\frac{1}{n+1}\right)\cdots\left(1-\frac{p-1}{n+1}\right)$$

という関係があり，かつ $\left(1+\frac{1}{n+1}\right)^{n+1}$ の第 $(n+2)$ 項 $\left(\frac{1}{n+1}\right)^{n+1}$ が正の項として余っているから，$c_n<c_{n+1}$ がしたがう．かつ，任意の n について，

$$\begin{aligned}c_n&=1+1+\frac{1}{2!}\left(1-\frac{1}{n}\right)+\cdots+\frac{1}{p!}\left(1-\frac{1}{n}\right)\cdots\left(1-\frac{p-1}{n}\right)+\cdots\\&\quad+\frac{1}{n!}\left(1-\frac{1}{n}\right)\cdots\left(1-\frac{n-1}{n}\right)\\&<1+1+\frac{1}{2!}+\cdots+\frac{1}{p!}+\cdots+\frac{1}{n!}\end{aligned}$$

がなりたち，$2!=2, 3!>2^2, \cdots, p!>2^{p-1}, \cdots$ より，

$$c_n<1+1+\frac{1}{2}+\frac{1}{2^2}+\cdots+\frac{1}{2^p}+\cdots=3.$$

ゆえに c_n は単調に増大する有界数列であり，定理 1.1 により有限な極限をもつ．

2.9 逆　関　数

逆関数(inverse function)という考えは微積分法のみならず，解析全般にわたって広くかつ重要な役目を果している．この考えは基本的には明快なようであるが，実際上のとり扱いにさいし慎重な考察，吟味が必要であり，初学者にとって難解である場合も少なくないことを予め注意しておこう．

$f(x)$ を $[a,b]$ で定義された連続関数であって，かつせまい意味での単調増加，または減少であると仮定する．すなわち，

$$x_1<x_2 \quad のとき \quad f(x_1)<f(x_2) \quad (f(x_1)>f(x_2))$$

がなりたつと仮定する．考えを定めるために単調増大の場合を考えよう．

$f(a)=\alpha$, $f(b)=\beta$ とする．任意の $y\in[\alpha,\beta]$ に対して，

$$f(x)=y \tag{2.35}$$

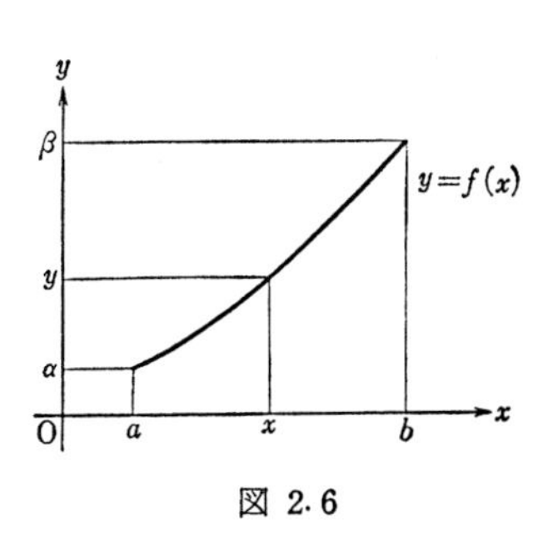

図 2.6

となるような $x(\in[a,b])$ が一意的に定まる．このことはグラフより明らかなようであるが(図 2.6 参照)，厳密にいえば，x の存在は中間値定理(定理 1.4)の示すところであり，その一意性は $f(x)$ のせまい意味の単調性からしたがう．(2.35) によって定義される対応：$y\to x$ は $[\alpha,\beta]$ で定義された 1 つの関数を定義する．この関数を $y=f(x)$ の**逆関数**とよび，

$$(2.36)\qquad x=f^{-1}(y),\ \text{または}\ \ x=g(y)\qquad(\alpha\leq y\leq\beta)$$

とかこう．このとき

$$(2.37)\qquad x=g(f(x)),\qquad y=f(g(y))$$

がなりたつ．

この事実は最近の記号では

$$(2.38)\qquad x=g\circ f(x),\qquad y=f\circ g(y)$$

とかかれることもある．内容は (2.37) と全く同じであるが，多少のニュアンスの差があるように思われる．それは，まず $y=f(x)$ を，x 軸上の $[a,b]$ から y 軸上の $[\alpha,\beta]$ への**写像**(mapping)としてとらえ，$x=g(y)$ を $[\alpha,\beta]$ から x 軸上の $[a,b]$ への写像としてとらえる考え方があらわにでている点である．そして例えば $g\circ f$ というのを写像の**合成**とみるのである．そうすると，(2.38) は，$g\circ f$, $f\circ g$ がそれぞれ $[a,b]$, $[\alpha,\beta]$ における**恒等写像** (identity mapping)を意味していることになる．

まず $g(y)$ が**連続関数であることを示そう**．y_0 を 1 つとり，$g(y_0)=x_0$，すなわち $y_0=f(x_0)$ としよう．$\varepsilon(>0)$ を任意に与えられた数とし，$y_1=f(x_0-\varepsilon)$, $y_2=f(x_0+\varepsilon)$ とする．このとき $f(x)$ の単調性によって $y\in[y_1,y_2]$ に対して，$f(x)=y$ となる x は $[x_0-\varepsilon,\ x_0+\varepsilon]$ の中に一意的に存在する．ゆえに，

$\min(y_0-y_1, y_2-y_0)=\delta$ とおけば，$\delta>0$ であって，

$$|y-y_0|<\delta \quad \text{ならば} \quad |g(y)-g(y_0)|<\varepsilon$$

がなりたつ．ε は任意であったから $g(y)$ は $y=y_0$ で連続であることが示された．

つぎに逆関数の微係数について考えよう．つぎの定理は一見何でもないようにみえるが，基本的でかつ重要なものである．

定理 2.11 $f(x)$ が $x=x_0$ で微分可能であって，かつ $f'(x_0)\neq 0$ であれば，$g(y)$ は $y=y_0(=f(x_0))$ で微分可能であって，

$$g'(y_0)=\frac{1}{f'(x_0)} \tag{2.39}$$

がなりたつ．逆も真である．すなわち $g(y)$ が $y=y_0$ で微分可能で $g'(y_0)\neq 0$ ならば，$f(x)$ も $x=x_0$ で微分可能であって，$f'(x_0)\neq 0$ であり，上式がなりたつ．

証明 h を 0 でない小さい数とし，$\varDelta g=g(y_0+h)-g(y_0)$ とおく．$y_0+h=f(x_0+k)$ とおくと，まえにのべたように($g(y)$ の連続性より)，k は h の連続関数であり，h とともに 0 に近づく．このとき

$$h=f(x_0+k)-f(x_0), \qquad k=g(y_0+h)-g(y_0)$$

がなりたつ．ゆえに関係式

$$\frac{\varDelta g}{h}=\frac{k}{f(x_0+k)-f(x_0)} \tag{2.40}$$

において，$h(\neq 0)\to 0$ とすると，$k(\neq 0)\to 0$ であり，極限として (2.39) がなりたつ．

逆に $g'(y_0)$ が有限で $\neq 0$ とする．上式の逆数をとり，

$$\frac{f(x_0+k)-f(x_0)}{k}=\frac{h}{\varDelta g}$$

をえるが $k(\neq 0)\to 0$ とすると右辺は $1/g'(y_0)$ に収束するから，求める結果をえる．　（証明おわり）

注意 1　うえの式 (2.39) は

$$f'(x)g'(y)=1,\qquad \frac{dy}{dx}\cdot\frac{dx}{dy}=1 \tag{2.41}$$

と表現される．ここで第1式にあらわれる x, y は $y=f(x)$ によって結ばれているものである．

$f(x)$ が微分可能であって，$f'(x_0)=0$ となる点では，(2.40) より，$f(x)$ が増加，または減少に応じて $g'(y_0)=\pm\infty$ とそれぞれなる．

注意 2　$y=f(x)$ の逆関数を $x=g(y)$ としたが，実際上逆関数をとり扱うときには，変数をとりかえて，

$$y=g(x)=f^{-1}(x) \tag{2.42}$$

として考える場合が多い．このときには $x=f(y)$ となる．**逆関数のグラフ**はどのようになるかをみよう．$y=f(x)$ をみたす点集合 (x, y) が $y=f(x)$ のグラフである．このことは，同時に $x=g(y)$ をみたす点集合であるといえる．グラフ $y=g(x)\,(=f^{-1}(x))$ は，x と y とを交換してできる点集合であるから，直線 $x=y$ を折目として，$y=f(x)$ のグラフを折り返してえられるものである．すなわち $y=f^{-1}(x)$ のグラフと $y=f(x)$ のグラフは直線 $y=x$ に対して対称な図形である．

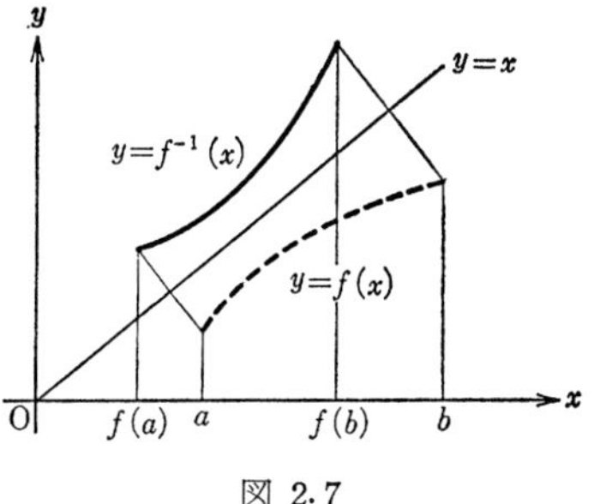

図 2.7

(2.42) の導関数を考えよう．つぎのようになる．

$$\frac{d}{dx}(f^{-1}(x))=\frac{1}{f'(y)},\qquad y=f^{-1}(x). \tag{2.43}$$

例 1　$f(x)=x^3\ (-\infty<x<+\infty)$ はせまい意味で単調増大である．この逆関数は $y=x^3$ の解としてえられる．したがって

$$x=g(y)=\sqrt[3]{y}$$

である．ゆえに (2.41) より，

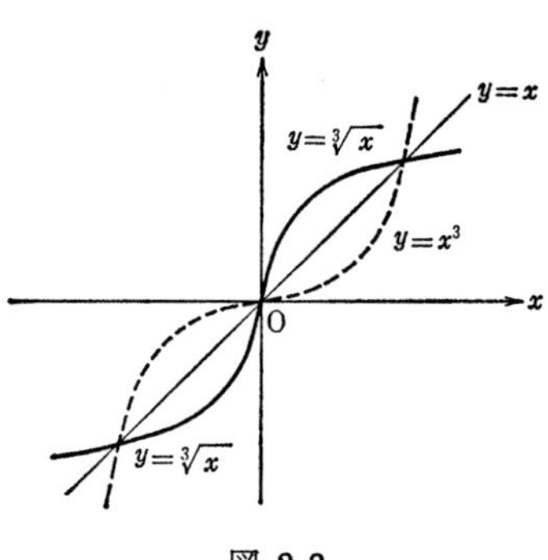

図 2.8

$$\frac{d}{dy}(\sqrt[3]{y})\cdot 3x^2=1,$$

$$\frac{d}{dy}(\sqrt[3]{y})=\frac{1}{3\sqrt[3]{y^2}} \quad (y\neq 0).$$

変数 y を x にかき直すと，

$$\frac{d}{dx}x^{\frac{1}{3}}=\frac{1}{3}x^{-\frac{2}{3}}.$$

例 2　n を正の整数とし，$f(x)=x^n$ $(x\geq 0)$ の逆関数を考える．この逆関数は $y\geq 0$ として，$y=x^n$ の解，すなわち

$$x=g(y)=\sqrt[n]{y}$$

である．したがって $y>0$ のとき，

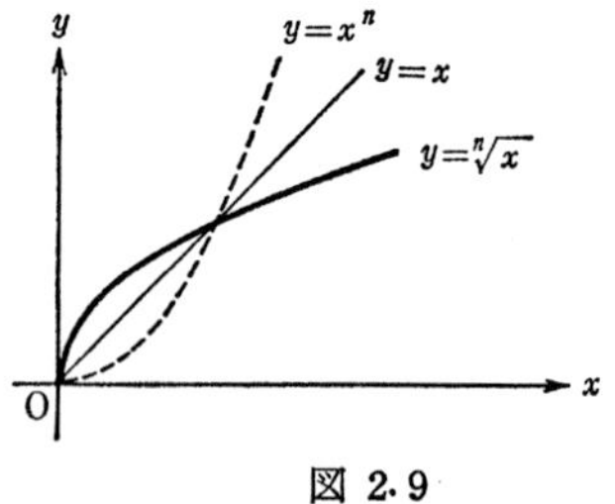

図 2.9

$$\frac{d}{dy}(\sqrt[n]{y})=\frac{1}{(x^n)'}=\frac{1}{nx^{n-1}}=\frac{1}{ny^{\frac{n-1}{n}}}.$$

y を x に変更すれば，

$$\frac{d}{dx}(x^{\frac{1}{n}})=\frac{1}{n}x^{\frac{1}{n}-1}, \qquad x>0$$

をえる．これより α が有理数：$\alpha=m/n$，n は正の整数，m は正または負の整数のとき，

$$\frac{d}{dx}x^{\alpha}=\alpha x^{\alpha-1}, \qquad x>0 \tag{2.44}$$

をえる．実際，$x^{\alpha}=\sqrt[n]{x^m}$ であり，合成関数の微分法より，

$$\frac{d}{dx}x^{\alpha}=\frac{1}{n}x^{m\left(\frac{1}{n}-1\right)}\times mx^{m-1}=\frac{m}{n}x^{\frac{m}{n}-1}=\alpha x^{\alpha-1}.$$

逆関数の第2次導関数　$y=f(x)$ の逆関数を $x=g(y)$ とし，$f(x)$ は $f'(x)$, $f''(x)$ とともに連続とする．$f'(x)\neq 0$ を仮定しよう．

$$g'(y)=\frac{1}{f'(x)}=\frac{1}{f'(g(y))}$$

に合成関数の微分法則を適用する．すなわち，$g(y)=Y$ とおくと，右辺は

$$\frac{1}{f'(Y)} \qquad (Y=g(y))$$

とかけるから，

$$g''(y)=\frac{-f''(Y)}{f'(Y)^2}\times g'(y).$$

ゆえに，

$$g''(y)=-\frac{f''(x)}{f'(x)^3} \qquad (x=g(y)) \tag{2.45}$$

となる．

2.10 対 数 関 数

$x>0$ に対して $\log x$ を

$$\log x=\int_1^x \frac{1}{t}dt \tag{2.46}$$

で定義する．積分の規約を考慮すれば，$\log x$ は連続，せまい意味の単調増大関数であって，$0<x<1$ では $\log x<0$, $\log 1=0$, $x>1$ のとき $\log x>0$ である．

定理 2.9 より

$$(\log x)'=\frac{1}{x}. \tag{2.47}$$

対数関数の性質を示す準備として

命題 2.3　$a<b$ かつ a,b は同符号とする．任意の $c>0$ に対して，

$$\int_a^b \frac{1}{t}dt=\int_{ac}^{bc}\frac{1}{t}dt$$

がなりたつ．

証明　この等式は積分変数の変更公式から直ちにえられるものであるが，直接証明をする．$[a,b]$ の分割 Δ:

$$a=t_0<t_1<t_2<\cdots<t_n=b$$

とし，

$$S_\Delta=\sum_{i=1}^{n}\frac{1}{t_i}(t_i-t_{i-1})=\sum_{i=1}^{n}\frac{1}{ct_i}(ct_i-ct_{i-1}).$$

この最後の和は，$[ca,\ cb]$ で定義された関数 $1/t$ の積分の近似和になっている．分割の幅が一様に細かくなるような分割列 $\Delta_1, \Delta_2, \cdots, \Delta_n, \cdots$ をとり，S_{Δ_1}, $S_{\Delta_2}, \cdots, S_{\Delta_n}, \cdots$ に対するうえの等式を考えて，両者の極限を考えればよい．

（証明おわり）

注意　うえの命題において，$b<a$ のときは，積分の規約にもどれば正しいことがわかる．また $c<0$ のときも，うえの証明に使った基本等式と，積分の規約から命題の結論は正しい．ゆえに命題は，**a, b が同符号であって，$c\neq 0$ の仮定のもとでなりたつ．**

（注意おわり）

定理 2.12　**（対数関数の基本性質）**

1)　$\log x+\log y=\log(xy)$.

2)　$\log\dfrac{1}{x}=-\log x$.

3)　$\lim_{x\to+\infty}\log x=+\infty$,　　$\lim_{x\to+0}\log x=-\infty$.

証明　1)　$\log x+\log y=\int_1^x\frac{1}{t}dt+\int_1^y\frac{1}{t}dt$ であるが，第2の積分に前命題を用いると，

$$\int_1^x \frac{1}{t}dt+\int_x^{xy}\frac{1}{t}dt=\int_1^{xy}\frac{1}{t}dt=\log(xy)$$

がなりたつ. ここで定理 2.6, 3)（とくにその後にある注意の項参照)を用いた.

2) 今えられた結果より, $\log\frac{1}{x}+\log x=\log\left(\frac{1}{x}\times x\right)=\log 1=0$ がなりたつからである.

3) $c>1$ であれば $\log c>0$ である. c を例えば 2 ととろう. $\log 2^n=\log(2\cdot 2\cdot\cdots\cdot 2)=\log 2+\log 2+\cdots+\log 2=n\log 2$ である. ここで 1) から導かれる等式

$$\log(x_1x_2\cdots x_n)=\log x_1+\log x_2+\cdots+\log x_n \tag{2.48}$$

を用いた. $\log(2^n)=n\log 2\to+\infty$ $(n\to\infty)$ であり, $\log x$ は単調増大であることを考慮すれば, $\log x\to+\infty$ $(x\to+\infty)$ が示されたことになる.

最後に $x\to+0$ のときは, $1/x\to+\infty$ であり, 2) を考慮すれば, $\log x\to-\infty$ $(x\to+0)$ がしたがう.　　（証明おわり）

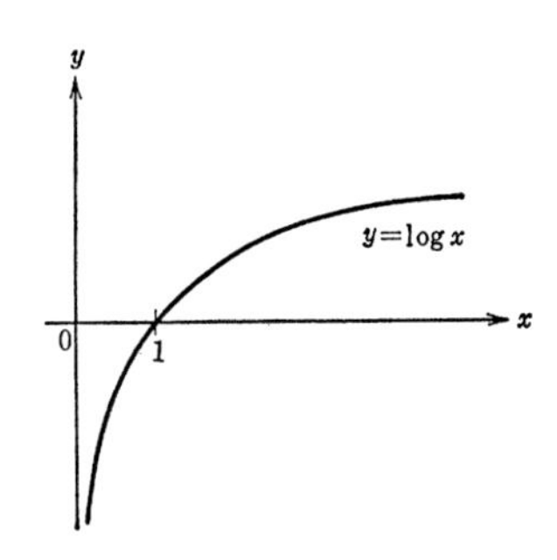

図 2.10

$\log x$ のグラフの概形は図 2.10 のようになる. §2.8 で $e=\lim_{n\to\infty}\left(1+\frac{1}{n}\right)^n$ を定義したが,

$$\log e=1 \tag{2.49}$$

となる. 実際, $\log x$ が x の連続関数であることより,

$$\log e=\lim_{n\to\infty}\log\left(1+\frac{1}{n}\right)^n=\lim_{n\to\infty}n\log\left(1+\frac{1}{n}\right)$$

がなりたつ. ここで (2.48) を使った. 他方 $(\log(1+x))'=\frac{1}{1+x}$ ((2.47) と合成関数の微分法則による)であるから,

$$\lim_{n\to\infty}n\log\left(1+\frac{1}{n}\right)=\lim_{n\to\infty}\log\left(1+\frac{1}{n}\right)\Big/\frac{1}{n}=\lim_{h\to 0}\frac{\log(1+h)}{h}=1$$

がなりたつ．ゆえに $\log e=1$．

ついで $x<0$ のとき，$1/x$ の原始関数が何になるかを見よう．命題 2.3 の後にのべた注意より，$x<0$ に対して

$$\int_{-1}^{x}\frac{1}{t}dt=\int_{1}^{-x}\frac{1}{t}dt=\log(-x)$$

がなりたつ．ゆえに，

$$x<0 \text{ のとき } \int\frac{1}{x}dx=\log(-x)+C \tag{2.50}$$

がなりたつ．ゆえに，しばしば混乱をおこすもとになるのであるが，(2.47)と合わせて，x の正，負の如何に拘らず，

$$\int\frac{1}{x}dx=\log|x|+C \tag{2.51}$$

と記憶しておくと都合がよい．しかし，$\log|x|$ は原点の近くでいくらでも小になり，もちろん $x=0$ での値が定義されていないのみならず，いかなる意味においても $x=0$ で連続ではない．ゆえに微積分の基本公式を，条件を無視して，例えば

$$\int_{-1}^{2}\frac{1}{x}dx=\Big[\log|x|\Big]_{-1}^{2}=\log 2-\log 1=\log 2$$

とすることは誤りである．

最後に対数関数が関与する関数の導関数の算出の 2,3 例をあげておく．

例 1 $f(x)=x\log x$．関数積の微分法則より，

$$f'(x)=\log x+x\times\frac{1}{x}=\log x+1.$$

例 2 $f(x)=\log\{x+\sqrt{1+x^2}\}$．$f(x)=\log X$，$X=x+\sqrt{1+x^2}$ とみて，合成関数の微分法則を使う．

$$\frac{dX}{dx}=1+\frac{x}{\sqrt{1+x^2}}=\frac{x+\sqrt{1+x^2}}{\sqrt{1+x^2}}$$

より，

$$f'(x)=\frac{1}{X}\cdot\frac{dX}{dx}=\frac{1}{\sqrt{1+x^2}}.$$

例 3 $f(x)=\log(\log x)$．$f(x)=\log X$, $X=\log x$ とみて，

$$f'(x)=\frac{1}{X}\cdot\frac{1}{x}=\frac{1}{x\log x}.$$

例 4 $f(x)=1/(\log x)^n$ $(n=1,2,3,\cdots)$．$\log x=X$ とおいて，$f(x)=1/X^n$ とみれば，

$$f'(x)=\frac{-n}{X^{n+1}}(\log x)'=-\frac{n}{x(\log x)^{n+1}}.$$

最後に次節との関連からつぎの注意をのべておこう．$\alpha=m/n$ を有理数とする．すなわち $m=0,\pm1,\pm2,\cdots,n$ を自然数とすると，$x>0$ に対して，

$$\log(x^\alpha)=\alpha\log x. \tag{2.52}$$

実際，(2.48) において，$x_i=\sqrt[n]{y}$ $(i=1,2,\cdots,n)$ とおけば，

$$\log(\sqrt[n]{y})=\frac{1}{n}\log y$$

をえるが，同様にして (2.48) から

$$\log(x^m)=m\log x,\qquad m=0,\pm1,\pm2,\cdots.$$

ゆえに，

$$\log(x^{m/n})=\log(\sqrt[n]{x^m})=\frac{1}{n}\log(x^m)=\frac{m}{n}\log x$$

となる．とくに，(2.52) において，$x=e$ ととれば，(2.49) より，

$$\log(e^{\alpha})=\alpha \qquad (\alpha \text{ は任意の有理数}) \tag{2.53}$$

となる.

2.11 指数関数 (II)

前節でのべたように, $f(x)=\log x$ $(0<x<+\infty)$ はせまい意味の単調増大関数であって, もっと強く $f'(x)=1/x>0$ であって, $\lim_{x\to+0} f(x)=-\infty$, $\lim_{x\to+\infty} f(x)=+\infty$ であった. ゆえに $y=\log x$ の逆関数 $x=g(y)$ を考えることができて, $g(y)$ は $-\infty<y<+\infty$ で定義され, せまい意味の単調増大関数であって, $\lim_{y\to-\infty} g(y)=0$, $\lim_{y\to+\infty} g(y)=+\infty$, $g(y)>0$ である. $g(y)$ を $\exp(y)$ とかこう. すなわち,

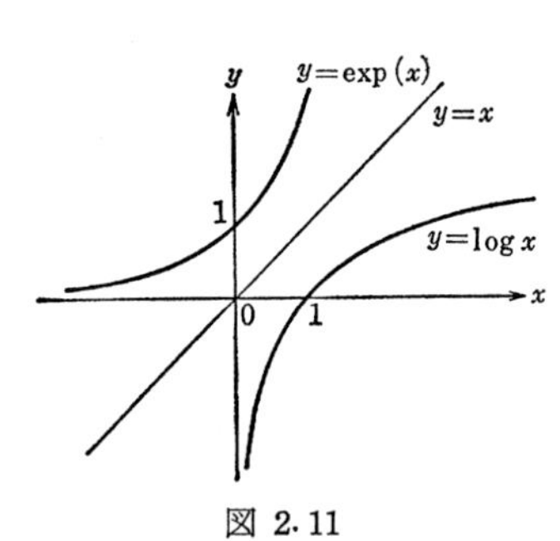

図 2.11

$$y=\log x \Longleftrightarrow x=\exp(y). \tag{2.54}$$

§ 2.9 の注意 2 でのべたように, $y=\exp(x)$ のグラフは $y=\log x$ のグラフを直線 $y=x$ を折目として折り返してえられるものである(図 2.11 参照).

逆関数の定義より ((2.37) 参照),

$$\begin{cases} \exp(\log x)=x, & 0<x<+\infty, \\ \log(\exp(y))=y, & -\infty<y<+\infty \end{cases} \tag{2.55}$$

がなりたつ. また逆関数の微分法則 (2.39) より,

$$\frac{d}{dy}\exp(y)=\frac{1}{(\log x)'}=x=\exp(y),$$

すなわち, y を x にかえてかけば

$$\frac{d}{dx}\exp(x)=\exp(x), \qquad -\infty<x<+\infty \tag{2.56}$$

がなりたつ.

定理 2.13 (**指数関数の基本性質**)

1) とくに y が有理数のときは, $\exp(y)=e^y$, $\exp(0)=1$.

2) 任意の実数 y, y' に対して

$$\exp(y)\exp(y')=\exp(y+y').$$

証明 1) (2.55) において $x=e^y$ (y は有理数) とおけば, (2.53) より $\log(e^y)=y$ であるから $\exp(y)=e^y$ をえる. ついで $\exp(0)=1$ は $\log 1=0$ のいいかえだから((2.54) 参照)正しい.

2) 定理 2.12, 1) のいいかえである. $\exp(y)=x$, $\exp(y')=x'$ とおくと, $y=\log x$, $y'=\log x'$ だから,

$$y+y'=\log x+\log x'=\log(xx').$$

ゆえに定義にもどれば, $xx'=\exp(y+y')$. (証明おわり)

さて定理 2.13, 1) は $\exp(y)$ が, いままで y が有理数のときにだけ定義された e^y の**連続拡張**($\exp(y)$ が連続関数だから)になっていることを示している. そのような意味もかねて, $\exp(y)$ をたんに e^y とかく. そうすれば, 定理の 2) は

$$e^y e^{y'}=e^{y+y'} \quad (y, y' \text{ は任意の実数}) \tag{2.57}$$

とかける.

a^α の定義と性質 (2.52) をとりあげてみよう. $a>0$ で α が有理数のときには

$$\log(a^\alpha)=\alpha\log a$$

がなりたつ. いいかえれば, $a^\alpha=e^{\alpha\log a}$ がなりたつ. この事情を考慮して,

定義 2.2 正数 a, 実数 α に対して, a^α を

$$a^\alpha=e^{\alpha\log a} \tag{2.58}$$

でもって定義する. この定義は, 有理数 α に対して定義された a^α の α の関

数として連続拡張になっている.

この定義によって, x の関数 $a^x(-\infty<x<+\infty)$ を考えてみると, $a^x=e^{x\log a}$ だから, このグラフの概形を e^x をもとにしてえがくことができる. すなわち, x 軸の単位長さが $\log a$ に変更されるだけである. しかしくわしく見ると, $0<a<1$ のときは, $\log a<0$ となるから, このときには e^x のグラフを y 軸を折目として折り返し, ついで x 軸方向に $|\log a|=\log\dfrac{1}{a}$ だけ拡大することになる. したがって, $0<a<1$ の場合と, $a>1$ の場合とでは, グラフの概形は全く異なる. なお $a=1$ の場合は $a^x=e^{x\log a}=e^0=1$, すなわち恒等的に 1 という関数である.

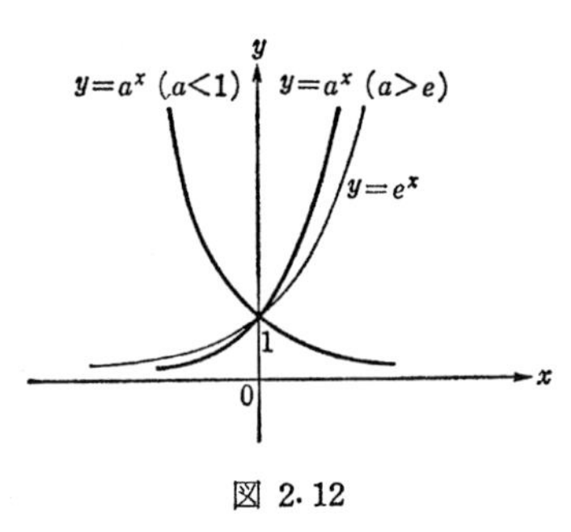

図 2.12

ついで $f(x)=x^\alpha=e^{\alpha\log x}$ という関数が, 任意の実数 α に対して, $x>0$ で考察される.

これら 2 つの見方に対して,

定理 2.14

(2.59)
$$\begin{cases} \dfrac{d}{dx}(a^x)=\log a\cdot a^x, & -\infty<x<+\infty, \\ \dfrac{d}{dx}(x^\alpha)=\alpha x^{\alpha-1}, & 0<x<+\infty \end{cases}$$

がなりたつ.

証明　まず定義 2.2 より

(2.60)
$$a^x=e^{x\log a},\qquad x^\alpha=e^{\alpha\log x}$$

である. 証明すべき第 1 式はこれより明らかである. 第 2 式も同様で, 合成関数の微分法則より, $X=\alpha\log x$ とおいて, $x^\alpha=e^X$ とすれば,

$$\frac{d}{dx}(x^\alpha)=e^X\cdot(\alpha\log x)'=\alpha e^X\frac{1}{x}=\alpha x^\alpha\frac{1}{x}=\alpha x^{\alpha-1}$$

をえる.　　(証明おわり)

注意 1　$f(x)=x^\alpha$ は $x>0$ でのみ定義されているとしたが，(2.60) をみれば明らかなように，

$$\lim_{x\to+0} x^\alpha = \begin{cases} 0, & (\alpha>0) \\ 1, & (\alpha=0) \\ +\infty, & (\alpha<0) \end{cases}$$

である．さらに $\alpha>0$ の場合，$f(0)=0$ と**定義範囲を拡張して考える**．そうすると x^α は $0\leq x<+\infty$ で連続関数になるが，導関数 $\alpha x^{\alpha-1}$ に関しては，$x=0$ で

$$f_+{}'(0) = \begin{cases} +\infty, & (0<\alpha<1) \\ +1, & (\alpha=1) \\ 0, & (\alpha>1) \end{cases}$$

となる．これは厳密には命題 2.2 ならびにその証明に用いた推論(平均値定理)よりでる．

注意 2　$(x>0)$ を固定すると，$\alpha\to0$ のとき，$x^\alpha\to1$ である．さらに

$$\lim_{\alpha\to0}\frac{x^\alpha-1}{\alpha}=\frac{d}{d\alpha}x^\alpha\bigg|_{\alpha=0}=\log x\cdot x^0=\log x$$

がいえる．　　(注意おわり)

最後に念のため，a^α の性質を定理の形にのべると，

定理 2.15　$a>0, -\infty<\alpha<+\infty$ に対して a^α は定義され，(a,α) の連続関数であって，

$$a^\alpha a^\beta=a^{\alpha+\beta},\qquad a^0=1,\qquad a^{-\alpha}=\frac{1}{a^\alpha}$$

がなりたつ．

$\log x, e^x$ の増大，減少の位数(order)

つぎの事実は応用上重要である．

定理 2.16　1)　どんなに $\alpha(>0)$ を小にえらんでも，

$$\lim_{x\to+\infty}\frac{\log x}{x^\alpha}=0,\qquad \lim_{x\to+0} x^\alpha\log x=0.$$

2)　どんなに $\alpha(>0)$ を大にえらんでも

$$\lim_{x\to+\infty}\frac{e^x}{x^\alpha}=+\infty,\qquad \lim_{x\to-\infty}|x|^\alpha e^x=0.$$

証明　これらの事実は，後で示すように

$$\lim_{x\to+\infty}\frac{\log x}{x}=0 \tag{2.61}$$

からしたがうので，これをまず示す．

$$\log x=\int_1^x\frac{1}{t}dt=\int_1^A\frac{1}{t}dt+\int_A^x\frac{1}{t}dt$$

と分ける．第1項は $\log A$ であり，第2項は $1/t$ が積分範囲 $[A, x]$ では $1/A$ 以下であるから，

$$\log x\le\log A+\frac{x-A}{A}<\log A+\frac{x}{A}.$$

ゆえに，

$$\frac{\log x}{x}\le\frac{\log A}{x}+\frac{1}{A}.$$

左辺が $x\to+\infty$ のときに0に近づくことを示すには，$\varepsilon(>0)$ が与えられたとき，ある L があって，$x\ge L$ ならば右辺が ε 以下になることを示せばよい．まず $A=2/\varepsilon$ ととろう．そして L を $\log A/L=\varepsilon/2$ となるようにとればこの条件はみたされる．具体的には，

$$L=\frac{2}{\varepsilon}\log A=\frac{2}{\varepsilon}\log\left(\frac{2}{\varepsilon}\right).$$

(2.61) から定理の諸事実が導かれることを示そう．まず $\dfrac{\log x}{x^\alpha}=\dfrac{1}{\alpha}\dfrac{\log(x^\alpha)}{x^\alpha}$ であり，$x^\alpha=\xi$ とおけば，$x\to+\infty$ のとき $\xi\to+\infty$ であるから，第1式が示された．第2式は，

$$x^\alpha\log x=-x^\alpha\log\frac{1}{x}=-\frac{\log\xi}{\xi^\alpha} \qquad \left(\xi=\frac{1}{x}\right)$$

より正しい．ついで $e^x=\xi$ とおけば

$$\frac{e^x}{x^\alpha}=\frac{\xi}{(\log\xi)^\alpha}\to+\infty \qquad (\xi\to\infty)$$

より正しい．最後の式は，$-x=t$ とおいて考えればよい．　　　（証明おわり）

例 1　$f(x)=\log_{10}x$ の導関数を求める．$y=\log_{10}x$ とおくと，定義より $x=10^y$．両辺の対数をとれば，$\log x=y\log 10$．なおこのことは一般な a^α の定義 (2.58) のいいかえであることを注意しておく．ゆえに，

$$f(x)=\frac{\log x}{\log 10}.$$

これより，

$$f'(x)=\frac{1}{\log 10}\cdot\frac{1}{x}.$$

例 2　$f(x)=e^{-ax^2}$ (a: 定数)．合成関数の微分法則を用いて，導関数を求める．$X=-ax^2$ とおく．$(e^X)'=e^X$ より，

$$f'(x)=e^X(-ax^2)'=-2axe^{-ax^2}.$$

例 3　$f(x)=x^x$ $(x>0)$ の導関数を求める．両辺の対数をとれば，$\log f(x)=\log(x^x)=x\log x$．ゆえに，

$$f(x)=e^{x\log x}.$$

合成関数の微分法則より，

$$f'(x)=e^{x\log x}(x\log x)'=(\log x+1)x^x.$$

なお，全く同じことであるが，$\log f(x)=x\log x$ の両辺の導関数をとり，

$$\frac{f'(x)}{f(x)}=(x\log x)'=\log x+1$$

として計算することが，しばしば行なわれる．このことを**対数微分**によって計算するという．

例 4　$I(\alpha)=\int_0^A x^\alpha dx\ (\alpha>0)$ の $\lim_{\alpha\to+0} I(\alpha)$ を求める．x^α の 1 つの原始関数は $\dfrac{x^{\alpha+1}}{\alpha+1}$ である(定理 2.14 ならびにその後にある注意の項参照)．ゆえに

$$\lim_{\alpha\to+0} I(\alpha)=\lim_{\alpha\to+0}\left[\frac{x^{\alpha+1}}{\alpha+1}\right]_0^A=\lim_{\alpha\to+0}\frac{A^{\alpha+1}}{\alpha+1}=A.$$

この結果は，$x(>0)$ を固定するごとに $\lim_{\alpha\to0} x^\alpha=1$ という事実からも計算するまえに推察しうる．

$I(0)=A$ だから，$I(\alpha)$ の $\alpha=0$ における右側微係数 $I_+'(0)$ を求めてみよう．$I(\alpha)$ を $-1<\alpha\leq0$ では，$A^{\alpha+1}/(\alpha+1)$ で定義しておいて，この関数が $\alpha=0$ で微係数をもてば，これは $I_+'(0)$ に等しいはずである．ところで，

$$\begin{aligned}I'(0)&=\frac{d}{d\alpha}\left(\frac{A^{\alpha+1}}{\alpha+1}\right)\Bigg|_{\alpha=0}=\frac{A^{\alpha+1}\log A\cdot(\alpha+1)-A^{\alpha+1}}{(\alpha+1)^2}\Bigg|_{\alpha=0}\\&=A\log A-A.\end{aligned}$$

例 5　$\int_0^A a^x dx$ の計算．$a>0$ であるとする．(2.59) より，$\left(\dfrac{a^x}{\log a}\right)'=a^x$ であるから，

$$\int_0^A a^x dx=\frac{1}{\log a}[a^x]_0^A=\frac{a^A-a^0}{\log a}=\frac{a^A-1}{\log a}.$$

断りなしに計算したが，$a=1$ のときは右辺は意味をもたない．$a=1$ だと $a^x\equiv1$ だから答は A である．ところで積分において A を固定すると，積分の

値は a の連続関数であることが推察される．そこで $a\neq 1$ のときに正しいうえの式において，$a\to 1$ とすると，

$$\lim_{a\to 1}\frac{a^A-1}{\log a}=\lim_{a\to 1}\frac{a^A-1}{a-1}\cdot\frac{a-1}{\log a}=\frac{d}{da}(a^A)\Big|_{a=1}\Big/\frac{d}{da}(\log a)\Big|_{a=1}$$
$$=Aa^{A-1}|_{a=1}\times a|_{a=1}=A$$

をえる．

2.12　微分方程式の基礎的考察

具体的な例として化学でとり扱われている**2分子反応**(bimolecular reaction)の方程式を考えよう．

$$\frac{dx}{dt}=k(a-x)(b-x),\qquad 0<a<b,\ k>0.$$

ここで a, b は正の数で，$t=0$ における2つの物質 A, B の水溶夜におけるモル濃度であり，$x(t)$ は反応生成物の時刻 t におけるモル濃度を示す．dx/dt はしたがって反応速度を示す．$t=0$ で $x=0$ であったとする．$t=0$ の近くでは反応速度が大きいので，$x(t)$ は比較的速く増すが，$x(t)$ が a に近づくにつれて，反応速度は0に近づく(図 2.13 参照)．したがって，いわゆる頭打ちの状態になるであろう．以上は方程式から推察される $x(t)$ の状態分析である．

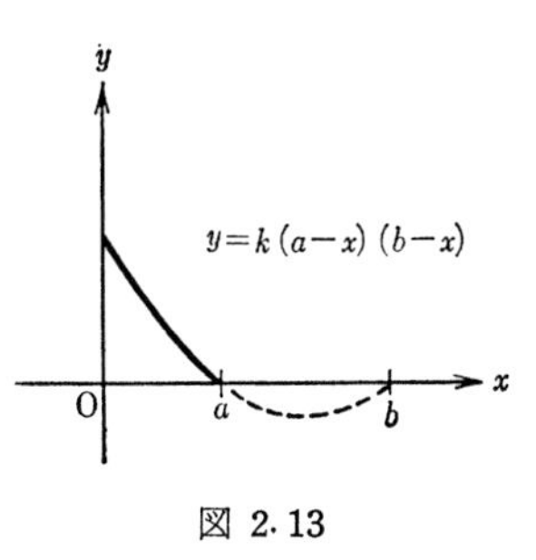

図 2.13

他方，この方程式を解く比較的機械化された方法についてのべる．それはいわゆる**求積法**による解法である．

$$\frac{dx}{(a-x)(b-x)}=kdt$$

から，両辺の原始関数を等しいとおくと，

$$\int \frac{dx}{(a-x)(b-x)} = \frac{1}{b-a}\int\left(\frac{1}{a-x}-\frac{1}{b-x}\right)dx = \frac{1}{b-a}\log\frac{b-x}{a-x}+c$$

であり，かつ $t=0$ のとき $x=0$ という条件を考慮すれば，

$$kt = \frac{1}{b-a}\log\frac{a(b-x)}{b(a-x)}$$

をえる．すなわち

$$\frac{a(b-x)}{b(a-x)} = e^{k(b-a)t}$$

をえる．ゆえに，

$$x(t) = \frac{e^{k(b-a)t}-1}{be^{k(b-a)t}-a}\cdot ab$$

をえる．これより，$x(t)<a$ であり，かつ $t\to+\infty$ のとき a に近づくことがわかる．

うえの解法には不満足な読者のために，やや一般的な考察をのべることにしよう．

$$\frac{d}{dt}x(t) = c(x)f(t) \tag{2.62}$$

の形の微分方程式を考える．ここで $f(t)$ は $-\infty<t<+\infty$ で定義された連続関数であり，$c(x)$ に関しては連続なことは勿論であるが，$c(x)=0$ となる x は有限個であり，その零点を $x_1<x_2<\cdots<x_p$ としたとき，これらの点の近傍で導関数があって連続であるとする．

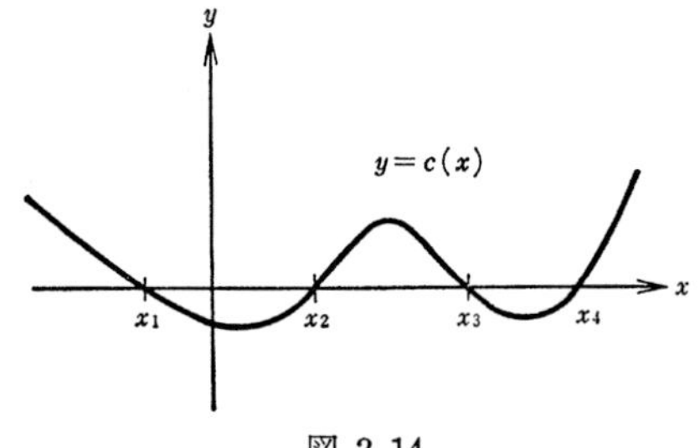

図 2.14

まず注意を与えておく．関数 $f(x)$ が $[a,b]$で連続であり，他方 $x(t)$ $(\alpha\leq t\leq\beta)$ が定義され，微分可能で

あって，$a \leq x(t) \leq b$ とする．このとき，

$$F(t)=\int_c^{x(t)} f(u)\,du$$

は，

$$F'(t)=f(x(t))\,x'(t)$$

をみたす．c は $[a,b]$ の1点である(定理 2.9，系 2)．

さて，$t=t_0$ のとき $x_i<x(t_0)<x_{i+1}$ としよう．ただし，$i=p$ のときは $x_{p+1}=+\infty$ と解釈する．うえの方程式は

$$\frac{1}{c(x)}\frac{d}{dt}x(t)=f(t)$$

とかけるから，$x(t)$ が $x_i<x(t)<x_{i+1}$ をみたす限り，

$$\int_{x(t_0)}^{x(t)}\frac{du}{c(u)}=\int_{t_0}^{t} f(s)\,ds \tag{2.63}$$

がなりたつ．

逆にうえの式で定義される $x(t)$ は条件をみたしていることを示そう．考えを定めるために，例えば $x_i<x<x_{i+1}$ で $c(x)>0$ であって，かつ $c(x_i)=c(x_{i+1})=0$ とする．

$$\varphi(x)=\int_{x(t_0)}^{x}\frac{du}{c(u)} \qquad (x_i<x<x_{i+1})$$

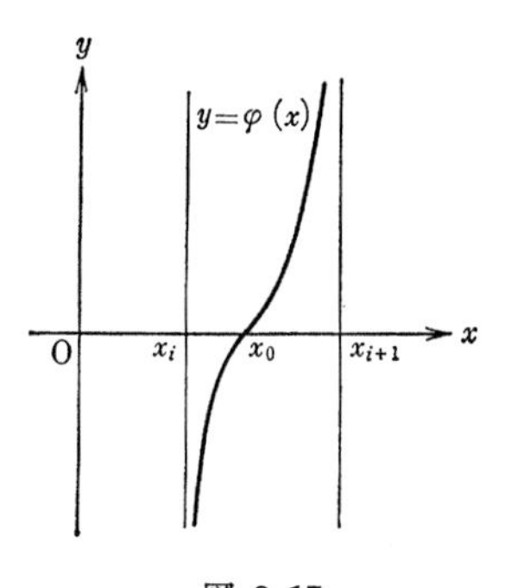

図 2.15

は，

$$\begin{cases} 1) \quad \lim_{x\to x_i}\varphi(x)=-\infty, \qquad \lim_{x\to x_{i+1}}\varphi(x)=+\infty, \\ 2) \quad \varphi'(x)=\dfrac{1}{c(x)}>0 \end{cases}$$

をみたす．1) の第2式を示そう．仮定より，ある $L(>0)$ があって，

$x\in[x_0, x_{i+1}]$ に対して$(x_0=x(t_0))$，$c(x)\leq L(x_{i+1}-x)$ がなりたつ．ゆえに，このような x に対して

$$\varphi(x)=\int_{x_0}^{x}\frac{du}{c(u)}\geq\frac{1}{L}\int_{x_0}^{x}\frac{du}{x_{i+1}-u}=\frac{1}{L}\log\frac{x_{i+1}-x_0}{x_{i+1}-x}\to+\infty \qquad (x\to x_{i+1})$$

がなりたつ．

$y=\varphi(x)$ の逆関数を $x=\varphi^{-1}(y)$ $(-\infty<y<+\infty)$ とかけば，(2.63) より，

$$x(t)=\varphi^{-1}\left(\int_{t_0}^{t}f(s)ds\right) \tag{2.64}$$

とかけることになる．

逆に (2.64) で定義される関数 $x(t)$ は，$x(t_0)=x_0$，$x_i<x(t)<x_{i+1}$ $(-\infty<t<+\infty)$ であって，逆関数に対する微分法則と，$\varphi'(x)=1/c(x)$，ならびに合成関数に対する微分法則より，

$$x'(t)=\frac{1}{\varphi'(x(t))}\frac{d}{dt}\left(\int_{t_0}^{t}f(s)ds\right)=c(x(t))f(t),$$

すなわち (2.62) をみたすことがわかる．(2.64) から推察されるように，逆関数という考え方は，微積分の初歩的な段階から，必須なものとして登場しているのである．

$t\to\pm\infty$ のとき $x(t)$ はどうなるかを見ることができる．$t\to\pm\infty$ のとき $\int_{t_0}^{t}f(s)ds$ が $+\infty$，または $-\infty$ に発散する場合(例えば応用上に多い $f(t)$ が0でない定数の場合)は，それらに応じて $x(t)$ はそれぞれ x_{i+1}, x_i に近づく．しかしこれらの何れにも等しくなるような t は存在しない．　また，$\int_{t_0}^{t}f(s)ds$ が有限値に近づく場合は，$x(t)$ は (x_i, x_{i+1}) のある1点に近づく．

つぎに初期値が $x(t_0)<x_1$，または $x(t_0)>x_p$ の場合を考える．考えを定めるために $x(t_0)>x_p$，かつ $c(x)>0$ $(x>x_p)$ とする．2つの場合に分けよう．

1)　$$\lim_{x\to+\infty}\varphi(x)=\lim_{x\to+\infty}\int_{x_0}^{x}\frac{du}{c(u)}=+\infty \qquad (x_0=x(t_0))$$

2) $$\lim_{x\to+\infty}\varphi(x)=\gamma \qquad (\text{有限値}).$$

なお何れの場合でも $\lim_{x\to x_p}\varphi(x)=-\infty$ がなりたつ.

さて 1) の場合は，今までの場合と事情は全く同じで，$-\infty<t<+\infty$ で解 $x(t)$ が存在する．これに反して，2) の場合は，$\int_{t_0}^{t} f(t)\,dt$ が t の如何に拘らず γ より小であれば解は $-\infty<t<+\infty$ で存在するが，そうでない場合は，例えば t が t_0 から増加の向きに考えて，この積分が初めて γ 以上になる点を T とすれば $\lim_{t\to T-0} x(t)=+\infty$ となり，解 $x(t)$ は T をこえて存在しなくなる.

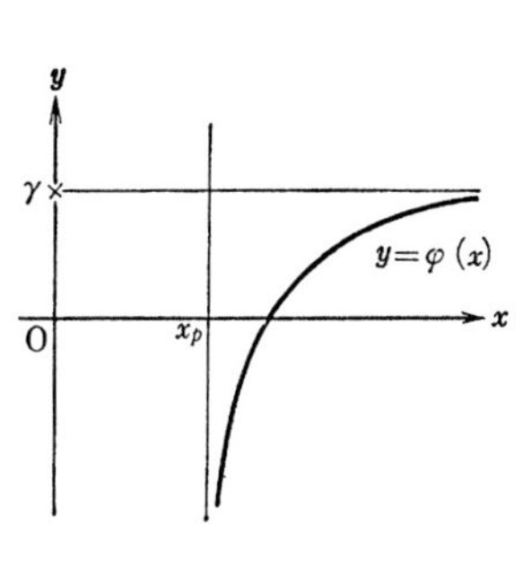

図 2.16

最後に t_0 における $x(t_0)$ が $c(x)$ の零点 $x_1,\cdots,x_p$ の何れかと一致する場合を考えよう．例えば $x(t_0)=x_1$ とする．このときは，$x(t)$ は全然変化せず，つねに x_1 であることを以下に示そう．まず $x(t)\equiv x_1$ は明らかに解であるから，これがただ 1 つの解であることを矛盾により証明する．$x(t)\not\equiv x_1$, $t\in[t_0,T]$ となるような解があったとしよう．$c(x_1)=0$ を考慮すれば，

$$x(t)-x(t_0)=\int_{t_0}^{t} c(x(s))f(s)\,ds=\int_{t_0}^{t}\{c(x(s))-c(x_1)\}f(s)\,ds.$$

$$\max_{t\in[t_0,T]}|f(s)|=K,\qquad \max_{t\in[t_0,T]}|x(t)-x(t_0)|=M(>0),$$
$$|c(x)-c(x_1)|\leq L|x-x_1|$$

とすれば,

$$|x(t)-x_1|\leq KL\int_{t_0}^{t}|x(s)-x_1|\,ds \tag{2.65}$$

をえるが，まず $|x(t)-x_1|\leq KLM(t-t_0)$ をえる．ついでこの右辺を積分に代入して，

$$|x(t)-x_1|\leq (KL)^2M\int_{t_0}^{t}(s-t_0)\,ds=M\cdot\frac{(KL)^2}{2!}(t-t_0)^2.$$

この操作を何回もつづけると，$|x(t)-x_1| \leq M \cdot \dfrac{(KL)^n}{n!}(t-t_0)^n$ が任意の自然数 n に対してなりたつことがわかる．ゆえに，右辺の t を T でおきかえ，左辺を M でおきかえたものがなりたつ．$M>0$ だから，

$$1 \leq \frac{A^n}{n!} \qquad (A=KL(T-t_0))$$

が任意の n に対してなりたつということになるが，右辺は $n \to \infty$ とすると 0 に近づくから（定理 2.24，p.110 参照），これは不合理である．

以上の考察によって，この節の最初にのべた演算の正当性が示されたことになると思われるが，念のために，殆んど同じ型の微分方程式について考えよう．

例　　$$\frac{dx}{dt}=kx(a-x), \quad k>0,\ a>0.$$

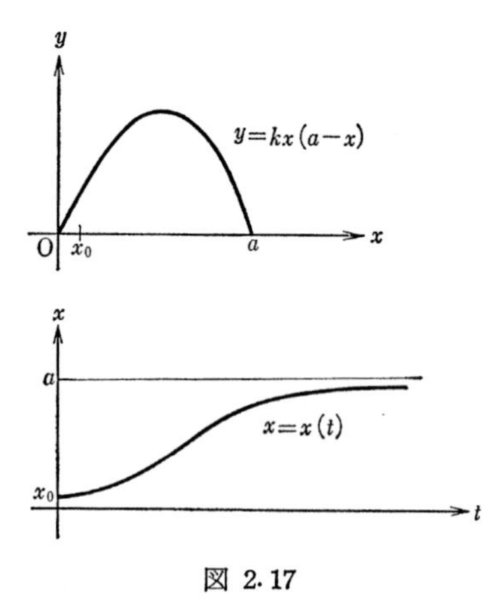

図 2.17

この方程式はある意味で $dx/dt=kx$ より現実に適したものといえるであろう．その理由は，$x(>0)$ が小さいときには，その増加速度は x に比例するといえるであろうが，その法則には限界があって，x がある程度大きくなると増加速度は減少し，かつ $x(t)$ がこえることができない状態(飽和状態)に近づくという現象を記述する微分方程式の最も簡単なものである．$x(0)=x_0$ とし，$0<x_0<a$ とし，$t \geq 0$ での解を求めよう．前にのべた記号を用いて，$0<x<a$ として，

$$\varphi(x)=\int_{x_0}^{x}\frac{du}{u(a-u)}=\frac{1}{a}\log\frac{x(a-x_0)}{(a-x)x_0}=kt$$

となる．ここで log の中にあらわれる定数は $x=x_0$ のとき $t=0$ となるよう

にきめられたものである．よって

$$\frac{x(a-x_0)}{(a-x)x_0}=e^{kat}$$

がなりたつ．xについて解いて

$$x(t)=\frac{ae^{kat}}{x_0e^{kat}+(a-x_0)}x_0.$$

2.13 平面曲線の長さ

平面曲線の長さの積分による表現を考えるまえに基礎的な不等式を示そう．

平面上に任意有限個の点 $P_0, P_1, \cdots, P_n$ があったとき，これらの点を順次線分で結んでえられる折線の長さ $\overline{P_0P_1}+\overline{P_1P_2}+\cdots+\overline{P_{n-1}P_n}$ を考えよう．P_i の座標を (x_i, y_i) とすると，この長さは

$$\sum_{i=1}^{n}\sqrt{(x_i-x_{i-1})^2+(y_i-y_{i-1})^2}$$

である．他方始点 P_0 と終点 P_n を結ぶ線分の長さは $\sqrt{(x_n-x_0)^2+(y_n-y_0)^2}$ である．前者は後者以上であり，とくに両者がひとしくなるのはn個のベクトル $\overrightarrow{P_{i-1}P_i}$ $(i=1,2,\cdots,n)$ が同じ向きをもっているときに限る．この事実を解析的に示そう．

$x_i-x_{i-1}=a_i,\ y_i-y_{i-1}=b_i\ (i=1,2,\cdots,n)$ とおくと，

$$x_n-x_0=a_1+a_2+\cdots+a_n, \qquad y_n-y_0=b_1+b_2+\cdots+b_n$$

だから，

$$\sqrt{(a_1+\cdots+a_n)^2+(b_1+\cdots+b_n)^2}\le\sqrt{a_1^2+b_1^2}+\cdots+\sqrt{a_n^2+b_n^2} \tag{2.66}$$

が示したい不等式である．ここでa_i, b_iは任意の実数である．まず$a_i\ge0, b_i\ge0$の仮定のもとで示す．両辺の2乗を考えることにより，

$$a_ia_j+b_ib_j\le\sqrt{a_i^2+b_i^2}\sqrt{a_j^2+b_j^2} \qquad (i\neq j)$$

がなりたつことを示せば十分である．両辺をさらに２乗して，右辺と左辺との差をとると，

$$a_i^2b_j^2+a_j^2b_i^2-2a_ia_jb_ib_j=(a_ib_j-a_jb_i)^2\geq 0$$

がなりたつ．ゆえに (2.66) は正しい．等号がなりたつのは $a_ib_j-a_jb_i=0\ (i,j=1,2,\cdots,n)$ がなりたつ場合にかぎる．したがって $a_1=\cdots=a_n=0$ の場合か，そうでなければ，$b_i=ta_i\,(i=1,2,\cdots,n)$ という t が存在する場合である．

a_i,b_i が一般符号の場合は，$|a_i|,|b_i|$ を前の a_i,b_i の式に入れて考えてみるとよい．もちろん

$$\sqrt{(a_1+\cdots+a_n)^2+(b_1+\cdots+b_n)^2}\leq\sqrt{(|a_1|+\cdots+|a_n|)^2+(|b_1|+\cdots+|b_n|)^2}$$

がなりたつことを考慮した上である．ここで等号がおこるのは，

$$|a_1+\cdots+a_n|=|a_1|+\cdots+|a_n|,\qquad |b_1+\cdots+b_n|=|b_1|+\cdots+|b_n|$$

が同時になりたつ場合である．すなわち，a_i, b_i 同士の間で，２つとも異符号のものがない場合である．すなわちひろい意味で同符号の場合である．以上を総合すると，(2.66) において等号がおこるのは，$a_1,\cdots,a_n$ が同符号，すなわち，一せいに $a_i\geq 0$ か，さもなければ $a_i\leq 0$ かであって，かつ

$$a_i=tb_i\qquad(i=1,2,\cdots,n)$$

となるような t が存在する場合である．

(2.66) から積分に関する不等式を導くことができる．$f(x)$，$g(x)$ を $[a,b]$ で定義された連続関数とする $[a,b]$ を n 等分して，

$$\sum_{i=1}^{n}f(x_i)(x_i-x_{i-1})=\frac{b-a}{n}\sum_{i=1}^{n}f(x_i),$$

$$\sum_{i=1}^{n}g(x_i)(x_i-x_{i-1})=\frac{b-a}{n}\sum_{i=1}^{n}g(x_i),$$

$$\sum_{i=1}^{n}\sqrt{f(x_i)^2+g(x_i)^2}(x_i-x_{i-1})=\frac{b-a}{n}\sum_{i=1}^{n}\sqrt{f(x_i)^2+g(x_i)^2}$$

に (2.66) を適用すると,

$$\left\{\left(\sum_{i=1}^{n} f(x_i)(x_i-x_{i-1})\right)^2+\left(\sum_{i=1}^{n} g(x_i)(x_i-x_{i-1})\right)^2\right\}^{1/2}$$
$$\leq\sum_{i=1}^{n}\sqrt{f(x_i)^2+g(x_i)^2}(x_i-x_{i-1}).$$

$n\to\infty$ としたときの極限を考えれば,

$$\text{(2.67)}\qquad \sqrt{\left(\int_a^b f(x)\,dx\right)^2+\left(\int_a^b g(x)\,dx\right)^2}\leq\int_a^b\sqrt{f(x)^2+g(x)^2}\,dx$$

をえる. この不等式は次章で示される Minkowski (ミンコフスキー)の不等式の特別の場合である.

$y=f(x)$ $(a\leq x\leq b)$ のグラフで示される曲線 C の長さを考えよう. $f(x)$ は $f'(x)$ とともに連続であるとする. § 1.2 例 3 で, 曲線 C の長さ L の定義は与えられている. $[a,b]$ の分割 $\varDelta$: $a=x_0<x_1<\cdots<x_n=b$ に対応する内接折線の長さは,

$$L_\varDelta=\sum_{i=1}^{n}\sqrt{(x_i-x_{i-1})^2+(f(x_i)-f(x_{i-1}))^2}$$

であり, 平均値定理(定理 2.3)より,

$$\frac{f(x_i)-f(x_{i-1})}{x_i-x_{i-1}}=f'(\xi_i),\qquad x_{i-1}<\xi_i<x_i$$

だから,

$$L_\varDelta=\sum_{i=1}^{n}\sqrt{1+f'(\xi_i)^2}\,(x_i-x_{i-1})$$

となる. 以上の準備のもとに,

定理 2.17 (曲線の長さ)

$$L=\int_a^b\sqrt{1+f'(x)^2}\,dx$$

がなりたつ．

証明

$$L=\sup_{\Delta} L_\Delta$$

で定義されることを思い起そう．うえの L_Δ の表現式と，積分の定義から，任意の $\varepsilon(>0)$ に対して，δ があって $h(\Delta)<\delta$ であれば

$$\left|L_\Delta-\int_a^b \sqrt{1+f'(x)^2}dx\right|<\varepsilon$$

がなりたつ．ゆえに証明すべきことは，

$$L_\Delta\leq\int_a^b \sqrt{1+f'(x)^2}dx$$

という関係式である．

(2.67) において，$f(x)\equiv 1$, $g(x)=|f'(x)|$ とおくと，

$$\left\{(b-a)^2+\left(\int_a^b |f'(x)|dx\right)^2\right\}^{1/2}\leq\int_a^b \sqrt{1+f'(x)^2}dx$$

をえるが，$f(b)-f(a)=\displaystyle\int_a^b f'(x)dx$ より，

$$|f(b)-f(a)|\leq\int_a^b |f'(x)|dx$$

だから

$$\sqrt{(b-a)^2+(f(b)-f(a))^2}\leq\int_a^b \sqrt{1+f'(x)^2}dx$$

をえる．この不等式を L_Δ にあらわれる各項に適用し，

$$\sqrt{(x_i-x_{i-1})^2+(f(x_i)-f(x_{i-1}))^2}\leq\int_{x_{i-1}}^{x_i} \sqrt{1+f'(x)^2}dx$$

をえるが，i について $1,2,\cdots,n$ の和をとると，

$$L_\Delta \leq \int_a^b \sqrt{1+f'(x)^2}dx$$

がえられる.　　　　　　　　　　　　　（証明おわり）

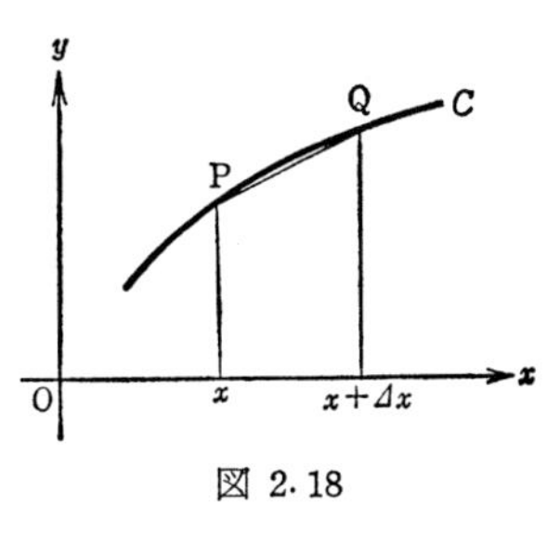

図 2.18

前と同一条件のもとで考える. P を曲線 C の1点とする. その座標を $(x, f(x))$ とし, Q を P に近い点とし, その座標を $(x+\Delta x, f(x+\Delta x))$ とする. 弧 PQ の長さを Δs, 弦 PQ の長さを Δl とする(図 2.18 参照).

定理 2.18

(2.68)
$$\lim_{\Delta l \to 0} \frac{\Delta s}{\Delta l} = \lim_{Q \to P} \frac{\widehat{\mathrm{PQ}}}{\overline{\mathrm{PQ}}} = 1$$

がなりたつ.

証明　平均値定理より,

$$\Delta l = \sqrt{(\Delta x)^2 + (f(x+\Delta x) - f(x))^2} = \sqrt{1+f'(x+\theta\Delta x)^2}\Delta x \qquad (0<\theta<1).$$

ゆえに,

$$\lim_{\Delta x \to 0} \frac{\Delta s}{\Delta l} = \lim_{\Delta x \to 0} \frac{1}{\Delta x} \int_x^{x+\Delta x} \sqrt{1+f'(\xi)^2}d\xi \times \frac{1}{\sqrt{1+f'(x+\theta\Delta x)^2}}$$
$$=1.$$
（証明おわり）

注意　(2.68) は, しばしば微積分法の出発点に使われる重要な事実であって, $\Delta s \fallingdotseq \Delta l$ の記号のもとで用いられる. このことは関孝和が「弦は限りなく弧に親しむ」という言葉で説明している事実の正確な数学的表現である(小堀憲著, 数学史(朝倉書店) p. 132 参照).　　　　（注意おわり）

円周の長さについてのべよう. 円周率 π は単位円の半円周の長さとして定義された. 単位円の半円周は, $f(x)=\sqrt{1-x^2}$ $(-1 \leq x \leq 1)$ であるから,

$f'(x)=\dfrac{-x}{\sqrt{1-x^2}}$ であり，$1+f'(x)^2=\dfrac{1}{1-x^2}$ であるからしたがって例えば，

$$\frac{\pi}{2}=\int_{-\frac{1}{\sqrt{2}}}^{+\frac{1}{\sqrt{2}}}\frac{dx}{\sqrt{1-x^2}}$$

をえる．積分の定義を拡張して考えれば，もちろん

$$\pi=\int_{-1}^{+1}\frac{dx}{\sqrt{1-x^2}}$$

である．この積分の中にあらわれる関数は，$x=-1,+1$ の近くでいくらでも大きくなるから，いままでの意味の積分ではない．

有名な事実を定理としてのべよう．

定理 2.19 $$\lim_{x\to 0}\frac{\sin x}{x}=1,$$

ただし x は弧度法(radian)で測られたものである．

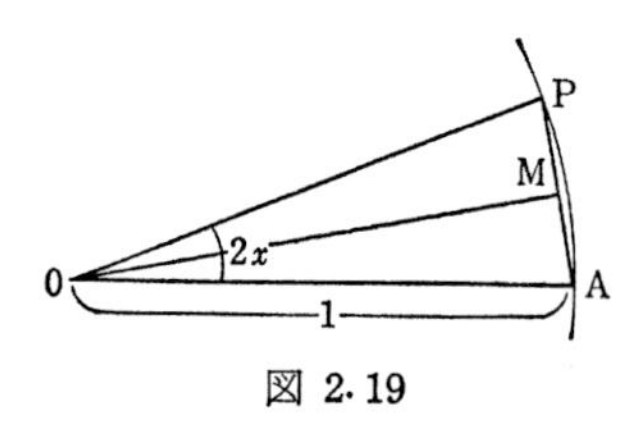

図 2.19

証明 図 2.19 において，すなわち単位円の弧において，$\widehat{\mathrm{AP}}=2x$ $(x>0)$ とする．$\overline{\mathrm{AP}}=2\overline{\mathrm{AM}}=2\sin x$ である．定理 2.18 より

$$\lim_{P\to A}\frac{\overline{\mathrm{AP}}}{\widehat{\mathrm{AP}}}=1$$

であるから，x が正で 0 に近づいたとき，うえの式が示された．$x<0$ のときには，$\sin x=-\sin(-x)$ であり，

$$\frac{\sin x}{x}=\frac{\sin(-x)}{-x}\qquad(-x>0)$$

より，うえの場合に帰着せられる． (証明おわり)

2.14　3 角関数の導関数

一般角に対する 3 角関数の定義を思い起そう．$(\cos\theta, \sin\theta)$ は，原点を中心とする単位円周上において，x の正の軸から測って，正の向きに θ ラディアン回転した位置における点の (x, y) 座標である．すなわち点 $(1,0)$ から単位円周にそって正の向きに測って弧長 θ に対応する点の (x, y) 座標である．また $\tan\theta$ は，線分 OP の延長線が y 軸に平行な直線 $x=1$ と交わる点の y 座標である．

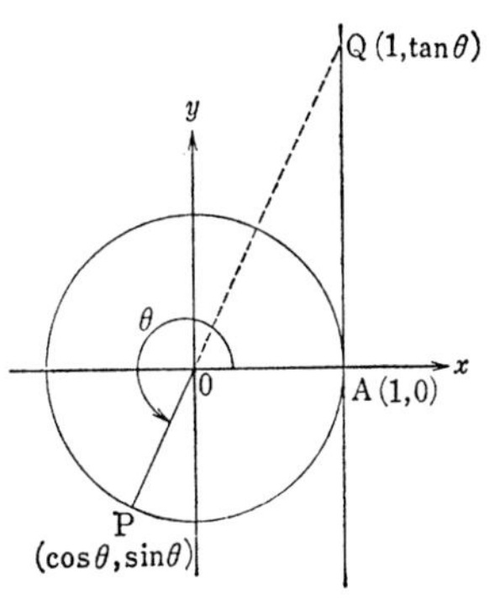

図 2.20

つぎの公式は有名である．

$$(2.69)\qquad (\sin x)'=\cos x,\qquad (\cos x)'=-\sin x,\qquad (\tan x)'=\frac{1}{\cos^2 x}.$$

第 1 式を示そう．

$$\frac{1}{h}\{\sin(x+h)-\sin x\}=\frac{2}{h}\cos\left(x+\frac{h}{2}\right)\sin\frac{h}{2}$$

であり，定理 2.19 より，$\dfrac{2}{h}\sin\dfrac{h}{2}\to 1\ (h\to 0)$，また $\cos\left(x+\dfrac{h}{2}\right)\to\cos x\ (h\to 0)$ であるから．第 3 式は

$$(\tan x)'=\left(\frac{\sin x}{\cos x}\right)'=\frac{\cos x\cdot\cos x-\sin x(-\sin x)}{\cos^2 x}=\frac{1}{\cos^2 x}$$

だからである．

例 1　$f(x)=\sin(x^2)$,　　$f'(x)=2x\cos(x^2)$.

例 2　$f(x)=x^n\sin\dfrac{1}{x}\ (x\neq 0)$，$f(0)=0$ (n は正の整数)．$x\neq 0$ のとき，

$$f'(x)=nx^{n-1}\sin\frac{1}{x}+x^n\left(-\frac{1}{x^2}\right)\cos\frac{1}{x}=nx^{n-1}\sin\frac{1}{x}-x^{n-2}\cos\frac{1}{x}.$$

$f'(0)=\lim_{h\to 0}\frac{f(h)}{h}=\lim_{h\to 0}h^{n-1}\sin\frac{1}{h}=0\ (n\geq 2)$．なお $n=1$ の場合には $\sin\frac{1}{h}$ は極限値をもたないから，$f'(0)$ は存在しない．

3角関数の逆関数について考える．3角関数はいわゆる単調関数ではない．例として $\tan x$ をとろう．$\tan x$ は周期 π の関数であり，

$$(\tan x)'=\frac{1}{\cos^2 x}\geq 1,\quad \lim_{x\to\frac{\pi}{2}-0}\tan x=+\infty,\quad \lim_{x\to-\frac{\pi}{2}+0}\tan x=-\infty$$

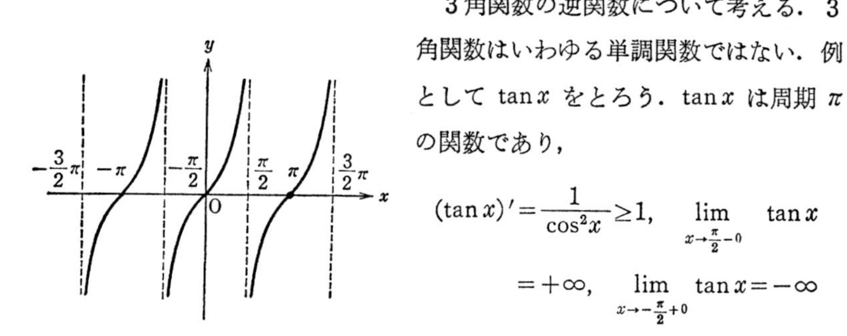

図 2.21

がなりたつ．したがって $\tan x$ の定義域を $-\frac{\pi}{2}<x<+\frac{\pi}{2}$ にかぎると，任意の実数 y に対して

$$\tan x=y$$

となるような x が一意的に定まる．この逆関数を

$$x=\tan^{-1}y \quad \text{または} \quad x=\mathrm{Arctan}\,y$$

とかく．逆関数の微分法により

$$\frac{dx}{dy}=\frac{1}{(\tan x)'}=\cos^2 x=\frac{1}{1+\tan^2 x}=\frac{1}{1+y^2}.$$

ゆえに $f(x)=\tan^{-1}x$ とかけば，$-\infty<x<+\infty$ で定義され，$-\frac{\pi}{2}<f(x)<+\frac{\pi}{2}$ であって，

$$(2.70)\qquad (\tan^{-1}x)'=\frac{1}{1+x^2}$$

がなりたつ．

$\sin x$ の逆関数を考えるときは，$-\frac{\pi}{2}\leq x\leq+\frac{\pi}{2}$ で $\sin x$ は単調増大であっ

て，$y \in [-1, +1]$ に対して

$$\sin x = y$$

となるような $x \in \left[-\frac{\pi}{2}, +\frac{\pi}{2}\right]$ を $x = \sin^{-1} y$ とかく．

$$\frac{dx}{dy} = \frac{1}{(\sin x)'} = \frac{1}{\cos x} = \frac{1}{\sqrt{1-y^2}}.$$

ゆえに

$$(\sin^{-1} x)' = \frac{1}{\sqrt{1-x^2}}. \tag{2.71}$$

最後に $\cos^{-1} x$ を，$x \in [-1, +1]$ に対して $\cos y = x$, $0 \leq y \leq \pi$ となるような y として定義する．$\sin^{-1} x$ と同様にして，

$$(\cos^{-1} x)' = -\frac{1}{\sqrt{1-x^2}}$$

を示すことができる．

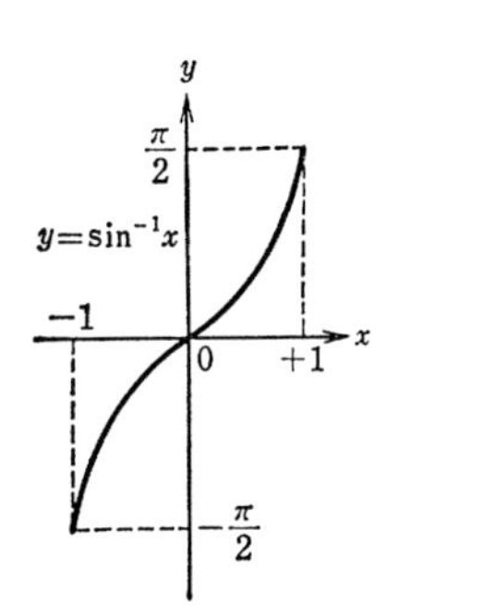

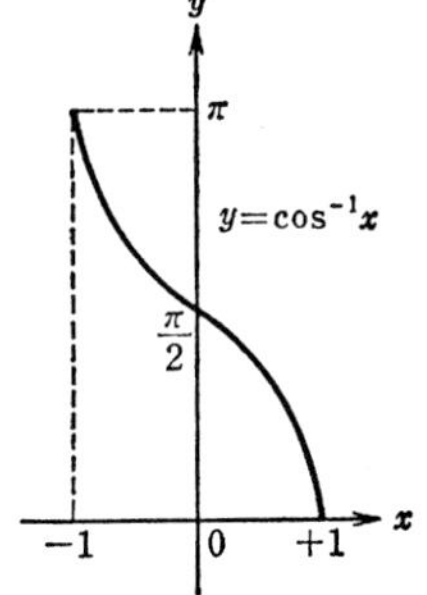

図 2.22

例 3　$f(x) = \sin^{-1} \dfrac{x}{a}$　$(a > 0)$,　$f'(x) = \dfrac{1}{\sqrt{1-\left(\dfrac{x}{a}\right)^2}} \times \dfrac{1}{a} = \dfrac{1}{\sqrt{a^2-x^2}}$.

例 4　$f(x) = \sin^{-1}(\cos x)$,　$f'(x) = \dfrac{1}{\sqrt{1-\cos^2 x}} (\cos x)' = \dfrac{-\sin x}{\sqrt{1-\cos^2 x}}$

$$=-\frac{\sin x}{|\sin x|}.$$

例 5 $f(x)=\tan^{-1}\dfrac{x}{a}$, $f'(x)=\dfrac{1}{1+\left(\dfrac{x}{a}\right)^2}\times\dfrac{1}{a}=\dfrac{a}{a^2+x^2}$.

注意 例えば $\tan^{-1}x$ の定義は, $y=\tan^{-1}x$ とすると, $x=\tan y$ となるような $y\in\left(-\dfrac{\pi}{2}, +\dfrac{\pi}{2}\right)$ であったが, このとき考察する y の定義域をかえると, 例えば $y\in\left(\dfrac{\pi}{2}, \dfrac{3}{2}\pi\right)$ とすると, $\tan y$ は周期 π をもつから, $\tan^{-1}x+\pi$ が求める逆関数になる. このような事情を考慮して, いままで定義したものを, **主値**(principal value) とよび, $\mathrm{Sin}^{-1}x, \mathrm{Cos}^{-1}x, \mathrm{Tan}^{-1}x$ などとかく場合がある. しかし本書では主値ばかりを考えるので, うえのように簡単に $\sin^{-1}x$, $\cos^{-1}x$, $\tan^{-1}x$ とかくことにする. (注意おわり)

例 6 (**調和振動**) 力学において最も簡単なものの1つとして,

$$\frac{d^2}{dt^2}x(t)=-kx(t) \qquad (k>0)$$

をみたすものがある. Newton の運動法則の方からみれば, 原点からの変位 x に比例し, かつその向きが原点に向って働くので, 右辺を**復元力**ということも多い. 両辺に dx/dt をかけた式は,

$$\frac{d}{dt}\left\{\frac{1}{2}\left(\frac{dx}{dt}\right)^2+\frac{1}{2}kx^2\right\}=0$$

とかかれるから,

$$\frac{1}{2}\left(\frac{dx}{dt}\right)^2+\frac{1}{2}kx^2=E$$

とかかれる E は定数である. そこで簡単のために, $t=0$ のとき, $x(0)=0$, $x'(0)>0$ とすると, $E=\dfrac{1}{2}x'(0)^2$ である.

$$\frac{dx}{dt}=\sqrt{2E-kx^2}$$

となるから，§ 2.12 でのべた方法をそのまま用いると，

$$\int_0^x \frac{du}{\sqrt{2E-ku^2}}=t.$$

ゆえに，

$$\int_0^x \frac{du}{\sqrt{a^2-u^2}}=\sqrt{k}\,t \qquad \left(a=\sqrt{\frac{2E}{k}}\right).$$

例3の結果より，$\sin^{-1}\dfrac{x}{a}=\sqrt{k}\,t$ をえる．ゆえに，

$$x=a\sin(\sqrt{k}\,t)$$

が求める解である．このとき，$x(t)$ は**調和振動**(harmonic oscillation)または**単振動**であるとよばれる．この種の問題については § 4.9 を参照されたい．

問　$x(0)=0,\ x'(0)<0$ のときは解はどうなるかをしらべよ．また $x(0)=x'(0)=0$ のときはどうか．

$e^{i\theta}$ について　$(\cos\theta, \sin\theta)$ の幾何学的意味を思い起そう．このとき，この点を複素平面の1点だと思えば，

$$z=\cos\theta+i\sin\theta$$

という複素座標が対応する．さて，一般の複素数 c に対して，その絶対値 $|c|$ を r とかけば，$r\fallingdotseq 0$ のとき c/r は絶対値が1であるから，原点を中心とする単位円周上の1点が対応する．2つの複素数(0でないとする)の積に対して，次の事実は基本的である．

定理 2.20　$c=r(\cos\theta+i\sin\theta)$，$c'=r'(\cos\varphi+i\sin\varphi)$ に対して，

$$cc'=rr'(\cos(\theta+\varphi)+i\sin(\theta+\varphi))$$

がなりたつ．

証明　$cc'=rr'(\cos\theta+i\sin\theta)(\cos\varphi+i\sin\varphi)=rr'(\cos\theta\cos\varphi-\sin\theta\sin\varphi)$

$$+irr'(\sin\theta\cos\varphi+\cos\theta\sin\varphi)=rr'\cos(\theta+\varphi)+irr'\sin(\varphi+\varphi).$$

（証明おわり）

そこで

$$\cos\theta+i\sin\theta=e^{i\theta} \tag{2.72}$$

とかくと，うえの定理は，

$$e^{i\theta}e^{i\varphi}=e^{i(\theta+\varphi)} \tag{2.73}$$

となることを示している．さて，$e^{i\theta}$ の導関数をみよう．

$$\frac{d}{d\theta}(e^{i\theta})=\frac{d}{d\theta}(\cos\theta+i\sin\theta)=-\sin\theta+i\cos\theta=ie^{i\theta}$$

となる．これらの事情を考慮して，一般複素数 $\alpha+i\beta$ に対して，$e^{\alpha+i\beta}$ を

$$e^{\alpha+i\beta}=e^{\alpha}e^{i\beta}\quad(=e^{i\beta}e^{\alpha}) \tag{2.74}$$

で定義する．そうすれば指数法則 (2.57) と (2.73) より，一般の複素数 z, z' に対して，

$$e^{z}e^{z'}=e^{z+z'} \tag{2.75}$$

がなりたつ．また

$$\frac{d}{dx}e^{(\alpha+i\beta)x}=\frac{d}{dx}(e^{\alpha x}e^{i\beta x})=\frac{d}{dx}(e^{\alpha x})e^{i\beta x}+e^{\alpha x}\frac{d}{dx}(e^{i\beta x})$$

より，

$$(e^{(\alpha+i\beta)x})'=(\alpha+i\beta)e^{(\alpha+i\beta)x} \tag{2.76}$$

がなりたつことがわかる．

例 7　$$\cos\theta=\frac{e^{i\theta}+e^{-i\theta}}{2},\qquad \sin\theta=\frac{e^{i\theta}-e^{-i\theta}}{2i}.$$

このことは，$e^{-i\theta}=\cos(-\theta)+i\sin(-\theta)=\cos\theta-i\sin\theta$ と $e^{i\theta}$ の表現式からし

たがう．

例 8　c を複素数とする．$f(x)=e^{cx}$ が $x\to+\infty$ のとき0に収束するための条件を求めよう．$c=\alpha+i\beta$ とおくと，$e^{cx}=e^{\alpha x}e^{i\beta x}$ であるが，定義より $|e^{i\beta x}|=1$ である．ゆえに $|f(x)|=e^{\alpha x}$ がなりたつから，$\alpha<0$ であることが必要かつ十分である．

2.15　図形の面積

1つの曲線 C でかこまれた図形 A に対して面積を定義するにはどうすればよいであろうか．面積というものは本来直観的なものであり，すでに円とか多角形の面積については，読者はなじんでおられると思う．さて図形 A が細かい方眼紙の上に画かれているとしよう．われわれはこの図形に含まれている正方形(ます目)を調べて，これらで作られる面積を図形の面積の第1近似とするであろう．ついで第2近似に移るさいには，曲線 C がのっているます目を数え上げて，適当な補正をつけ加えて，より正確な値に近づけるということをするであろう．この考えを極限の考えと結び合わせて表現したものが図形の面積である．

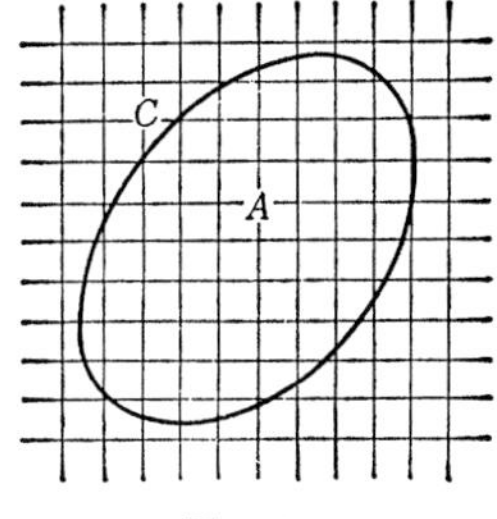

図 2.23

定義 2.3 (図形の面積)　長方形の有限個からなる図形で，かつ図形 A に含まれるものをすべて考えて，それらの面積がつくる集合の上限を $\underline{S}$，同様にして図形 A を含むものをすべて考えて，それらの面積のつくる集合の下限を $\bar{S}$ とする．一般には $\underline{S}\leq\bar{S}$ であるが，とくに $\underline{S}=\bar{S}$ のときこの共通の値 S を図形 A の面積という．

注意　うえの定義において，長方形の有限個からなる図形という条件をゆるめて，多角形の有限個からなる図形としても同一の結果になることが示される．$\bar{S}, \underline{S}$ はそれぞれ A の外面積，内面積とよばれる．　(注意おわり)

さて $f(x)$ を $[a,b]$ で定義された連続関数であって，$f(x)\geq0$ とする．曲

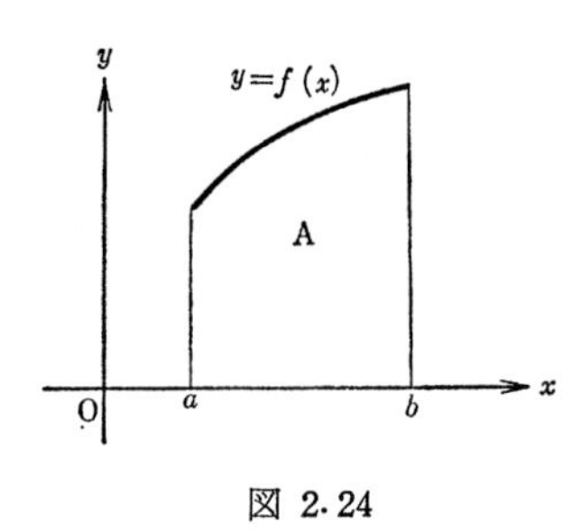

図 2.24

線 C: $y=f(x)\,(x\in[a,b])$ と x 軸ならびに $x=a$, $x=b$ で囲まれた図形 A の面積を考えよう.

まず $\bar{S}=\underline{S}$ を示す. $[a,b]$ の分割 $\varDelta$: $a=x_0<x_1<\cdots<x_n=b$ をとり, 各部分区間 $[x_{i-1},x_i]$ における $f(x)$ の最大値, 最小値を M_i, m_i とする.

$$\sum_{i=1}^{n} m_i(x_i-x_{i-1}), \qquad \sum_{i=1}^{n} M_i(x_i-x_{i-1})$$

はそれぞれ, 図形 A に含まれる(含む) n 個の長方形からなる図形の面積をあらわすから, 上限, 下限の定義より,

$$\underline{S}\geq\sum_{i=1}^{n} m_i(x_i-x_{i-1}), \quad \bar{S}\leq\sum_{i=1}^{n} M_i(x_i-x_{i-1})$$

である. ところで,

$$\sum_{i=1}^{n} M_i(x_i-x_{i-1})-\sum_{i=1}^{n} m_i(x_i-x_{i-1})=\sum_{i=1}^{n}(M_i-m_i)(x_i-x_{i-1})$$

であり, 定積分の存在を示すときに用いた $\varphi(\delta)=\sup_{|x-x'|\leq\delta}|f(x)-f(x')|$ を用いれば, 右辺は, $\varphi(\delta)(b-a)$ をこえない. ここで $\delta=h(\varDelta)=\max(x_i-x_{i-1})$ である. $\varphi(\delta)$ は δ とともに 0 に近づくから, $\varepsilon(>0)$ に対して, δ を小にとれば, $\varphi(\delta)(b-a)<\varepsilon$ がなりたつ. ゆえに,

$$\bar{S}-\underline{S}<\varepsilon$$

がなりたつ. ε は任意であったから, $\bar{S}=\underline{S}$ が示された. この共通の値を S としよう.

さて, $\varepsilon(>0)$ が与えられたとき, $\varphi(\delta)(b-a)<\varepsilon$ となるような δ があるが, $h(\varDelta)<\delta$ なる分割をとると,

$$\sum_{i=1}^{n} M_i(x_i-x_{i-1})-S\leq\sum_{i=1}^{n}(M_i-m_i)(x_i-x_{i-1})<\varepsilon$$

であり，他方，

$$\sum_{i=1}^{n} M_i(x_i-x_{i-1})-\int_a^b f(x)\,dx=\sum_{i=1}^{n}\int_{x_{i-1}}^{x_i}\{M_i-f(x)\}\,dx\leq\varphi(\delta)(b-a)<\varepsilon$$

だから，

$$\left|S-\int_a^b f(x)\,dx\right|\leq\left|S-\sum_{i=1}^{n} M_i(x_i-x_{i-1})\right|+\left|\sum_{i=1}^{n} M_i(x_i-x_{i-1})-\int_a^b f(x)\,dx\right|$$
$$<\varepsilon+\varepsilon=2\varepsilon$$

がなりたつ．$\varepsilon(>0)$ はいくらでも小にとれるから，左辺は 0 である．ゆえに

定理 2.21 $$S=\int_a^b f(x)\,dx$$

がなりたつ．

単位円において角のひらきが θ である扇形の面積は $\frac{1}{2}\theta$ であることはよく知られたことであるが，定理 2.21 から，この事実を示そう．図において，P の座標を $(x,\sqrt{1-x^2})$ とし，角 AOP を θ とする．扇形 AOP の面積を $S(x)$ とおくと，明らかに

$$S(x)=\int_0^x \sqrt{1-t^2}\,dt-\frac{1}{2}x\sqrt{1-x^2}.$$

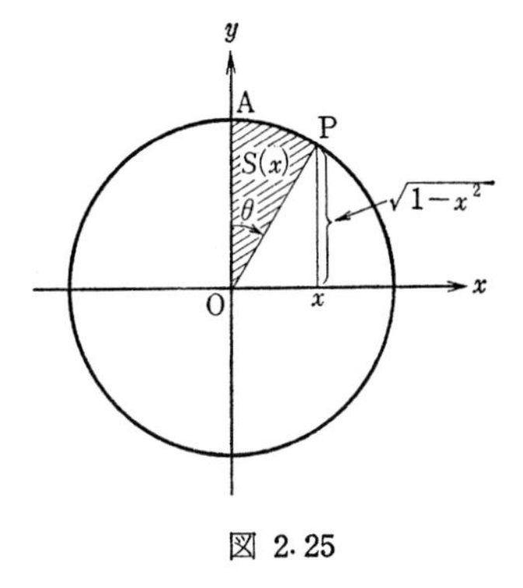

図 2.25

なおこの式は $0\leq x\leq 1$ で考えたものであるが，$-1\leq x\leq 0$ では $S(x)$ は扇形面積の符号をかえたもの（したがって，負）と解釈すれば正しいことがわかる．したがって

$$x=\sin\theta \Longleftrightarrow \theta=\sin^{-1}x$$

である．$S'(x)=\sqrt{1-x^2}-\dfrac{1}{2}\left(\sqrt{1-x^2}-\dfrac{x^2}{\sqrt{1-x^2}}\right)=\dfrac{1}{2\sqrt{1-x^2}}$ $(-1<x<1)$

より，$\varphi(\theta)=S(\sin\theta)$ とおくと，

$$\varphi'(\theta)=S'(\sin\theta)\frac{d}{d\theta}\sin\theta=\frac{1}{2\cos\theta}\cos\theta=\frac{1}{2}.$$

ゆえに，

$$\varphi(\theta)=\frac{1}{2}\theta \tag{2.77}$$

が示された．これより，

$$\int_0^x \sqrt{1-t^2}\,dt=\frac{1}{2}(\sin^{-1}x+x\sqrt{1-x^2})\qquad(-1<x<1) \tag{2.78}$$

が導かれる．

2.16 双曲関数(hyperbolic function)

$\cos\theta, \sin\theta$ は指数関数を用いれば

$$\cos\theta=\frac{e^{i\theta}+e^{-i\theta}}{2},\qquad \sin\theta=\frac{e^{i\theta}-e^{-i\theta}}{2i}$$

とかきあらわされる(§ 2.14 例 7)．この類似をたどって，幾分天下り的であるが，

$$\cosh\theta=\frac{e^{\theta}+e^{-\theta}}{2},\qquad \sinh\theta=\frac{e^{\theta}-e^{-\theta}}{2}$$

を定義し，hyperbolic cosine, hyperbolic sine とよぶ．書物によっては Chθ, Shθ などとかかれる．

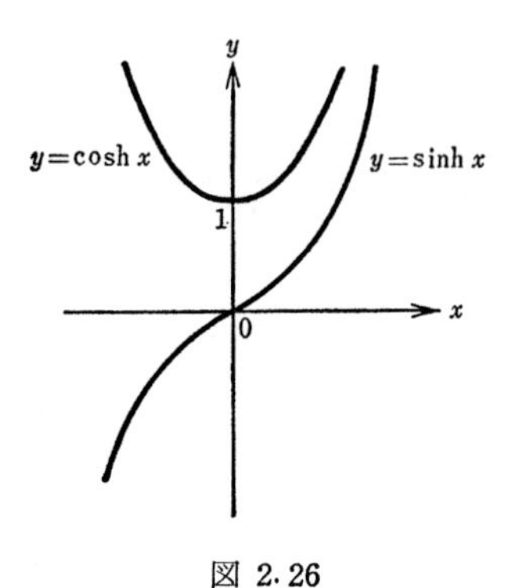

図 2.26

$$\left\{\begin{aligned}&\cosh^2\theta-\sinh^2\theta=1,\\&(\sinh\theta)'=\cosh\theta,\quad(\cosh\theta)'=\sinh\theta,\\&\sinh(\theta+\varphi)=\sinh\theta\cosh\varphi+\cosh\theta\sinh\varphi,\\&\cosh(\theta+\varphi)=\cosh\theta\cosh\varphi+\sinh\theta\sinh\varphi\end{aligned}\right. \tag{2.79}$$

は容易にたしかめられる．

$\sinh\theta$ は奇関数で単調増大，$\lim_{\theta\to\pm\infty}\sinh\theta=\pm\infty$ がなりたつ．したがって逆関数を考えることができる．

$$\sinh\theta=x \Longleftrightarrow \theta=\sinh^{-1}x \qquad (-\infty<x<+\infty).$$

実際にうえの式から θ を求めてみると，$e^{\theta}=u$ とおけば，$u-\dfrac{1}{u}=2x$，したがって $u^2-2xu-1=0$．$u=x\pm\sqrt{x^2+1}$ をえるが，$u=e^{\theta}>0$ であるから，複号のうち「＋」のみが許される．ゆえに，

$$\sinh^{-1}x=\log(x+\sqrt{x^2+1}) \qquad (-\infty<x<+\infty). \tag{2.80}$$

同様に，$\cosh\theta$ の逆関数 $\cosh^{-1}x$ を考えることができる．ただし，$\cosh\theta$ は偶関数であって，$-\infty<\theta\leq 0$，$0\leq\theta<+\infty$ の 2 つの定義域に対応する部分の逆関数が存在する．

$$\cosh^{-1}x=\log(x\pm\sqrt{x^2-1}) \qquad (1\leq x<+\infty) \tag{2.81}$$

となり，複号の $\pm$ に応じて，$\theta=\cosh^{-1}x$ は $\pm$ になる．そして当然ながら，

$$\log(x+\sqrt{x^2-1})+\log(x-\sqrt{x^2-1})=0$$

がなりたつ．

(2.80)，(2.81) より

$$(\sinh^{-1}x)'=\frac{1}{\sqrt{x^2+1}}, \qquad (\cosh^{-1}x)'=\pm\frac{1}{\sqrt{x^2-1}} \quad (\text{複号同順}) \tag{2.82}$$

をえる．

$\cosh\theta$, $\sinh\theta$ の幾何学的解釈

いままでの説明だけでは，たんに記号の問題だけであって，何故双曲(hyperbolic)という言葉が使われているのか，はっきりしなかったので説明を加える．(2.79) より，

$$\begin{cases} x=\cosh\theta, \\ y=\sinh\theta \end{cases}$$

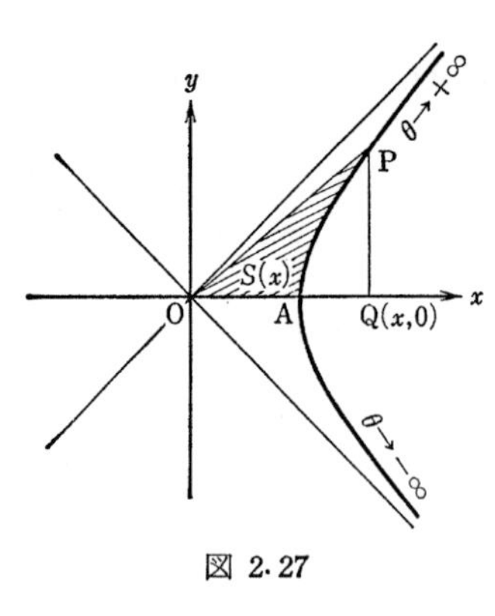

図 2.27

とおくと，双曲線 $x^2-y^2=1$ $(x\geq 1)$ のパラメータ表示になっている．のみならず前節で説明した扇形の面積についての結果が形式的にはそのままなりたつことを示そう．図 2.27 において曲3角形 OAP の面積を $S(x)$ であらわそう．x は点 P の x 座標であり，A は $(1,0)$ の点である．明らかに，

$$S(x)=\frac{1}{2}x\sqrt{x^2-1}-\int_1^x\sqrt{t^2-1}dt$$

である．ゆえに

$$S'(x)=\frac{1}{2}\left(\sqrt{x^2-1}+\frac{x^2}{\sqrt{x^2-1}}\right)-\sqrt{x^2-1}=\frac{1}{2\sqrt{x^2-1}}.$$

他方 $x=\cosh\theta$ $(\theta>0)$，したがって $\theta=\cosh^{-1}x=\log(x+\sqrt{x^2-1})$ であるから，$S(\cosh\theta)=\varphi(\theta)$ とおくと，

$$\varphi'(\theta)=S'(x)\sinh\theta=\frac{\sinh\theta}{2\sqrt{\cosh^2\theta-1}}=\frac{1}{2}.$$

ゆえに，

$$\varphi(\theta)=\frac{1}{2}\theta$$

となり前と同じ結果である．これより，

$$\begin{aligned}\int_1^x\sqrt{t^2-1}dt&=-\frac{1}{2}\cosh^{-1}x+\frac{1}{2}x\sqrt{x^2-1}\\&=\frac{1}{2}\left[-\log(x+\sqrt{x^2-1})+x\sqrt{x^2-1}\right]\end{aligned}\tag{2.83}$$

もえられた.

問 1 うえと同様な推論によって

$$(2.84)\quad \begin{cases} \displaystyle\int_0^x \sqrt{t^2+1}dt=\frac{1}{2}\sinh^{-1}x+\frac{1}{2}x\sqrt{x^2+1} \\ \displaystyle\qquad\qquad =\frac{1}{2}[\log(x+\sqrt{x^2+1})+x\sqrt{x^2+1}] \end{cases}$$

を示せ.

問 2 $\tanh\theta=\dfrac{\sinh\theta}{\cosh\theta}$ と定義する.

$$(\tanh\theta)'=\frac{1}{\cosh^2\theta},\qquad \lim_{\theta\to\pm\infty}\tanh\theta=\pm 1 \text{ (複号同順)}.$$

$$\tanh^{-1}x=\frac{1}{2}\log\frac{1+x}{1-x}\qquad (-1<x<+1)$$

を示せ.

2.17 Taylor 展開

$f(x)$ は $[a,b]$ で定義されていて, 以下の演算に必要なだけの階数の導関数が存在して連続であるとする.

c を $[a,b]$ の任意の1点とし, c の近傍における $f(x)$ のくわしい挙動をしらべるのに重要な役割を果す Taylor 展開について説明しよう. まず微積分の基本公式から出発する.

$$f(x)-f(c)=\int_c^x f'(\xi)d\xi.$$

ついでこの右辺に部分積分の公式を適用する. すなわち (2.24) において, $f(\xi)$ を1, $F(\xi)=-(x-\xi)$, $g(\xi)$ を $f'(\xi)$ とおくと,

$$f(x)-f(c)=-\Big[(x-\xi)f'(\xi)\Big]_{\xi=c}^{\xi=x}+\int_c^x (x-\xi)f''(\xi)d\xi.$$

さらに右辺の積分に部分積分の公式を使うと,

$$\int_c^x (x-\xi)f''(\xi)\,d\xi = -\left[\frac{(x-\xi)^2}{2!}f''(\xi)\right]_{\xi=c}^{\xi=x} + \int_c^x \frac{(x-\xi)^2}{2!}f'''(\xi)\,d\xi.$$

以下この操作をくり返すと,

$$\begin{aligned} f(x)-f(c) = -\Bigg[&(x-\xi)f'(\xi)+\frac{(x-\xi)^2}{2!}f''(\xi)+\cdots+\frac{(x-\xi)^p}{p!}f^{(p)}(\xi) \\ &+\cdots+\frac{(x-\xi)^n}{n!}f^{(n)}(\xi)\Bigg]_{\xi=c}^{\xi=x} + \int_c^x \frac{(x-\xi)^n}{n!}f^{(n+1)}(\xi)\,d\xi \end{aligned}$$

がえられる. ところで右辺の第1項において, ξ を x とおくと消えるから, 結局,

$$(2.85)\quad \begin{cases} f(x)=f(c)+f'(c)(x-c)+f''(c)\dfrac{(x-c)^2}{2!}+\cdots+f^{(p)}(c)\dfrac{(x-c)^p}{p!} \\ \qquad +\cdots+f^{(n)}(c)\dfrac{(x-c)^n}{n!}+R_n(x) \quad (a\leq x\leq b), \\ R_n(x)=\displaystyle\int_c^x \frac{(x-\xi)^n}{n!}f^{(n+1)}(\xi)\,d\xi \end{cases}$$

をえる. ここで $f(x)$ は $(n+1)$ 階の導関数まで連続であると仮定した.

(2.85) を $f(x)$ の c を中心とする **Taylor (テイラー) 展開**といい $R_n(x)$ を**剰余項** (remainder) という. くわしくいえば, $f(x)$ を多項式 $f(c)+f'(c)(x-c)+\cdots$ でおきかえたときの剰余項という. このとき, $R_n(x)$ は $(n+1)$-階までの導関数まで連続であって, $R_n(c)=R_n'(c)=\cdots=R_n^{(n)}(c)=0$, すなわち n 階までの導関数が $x=c$ で0になる.

さて § 2.5 例3でのべた拡張された平均値定理

$$\int_a^b p(x)f(x)\,dx = f(a+\theta(b-a))\int_a^b p(x)\,dx \qquad (0<\theta<1)$$

を $R_n(x)$ に適用しよう. まず $p(x)=\dfrac{(x-\xi)^n}{n!}$ とおけば,

$\displaystyle\int_c^x \frac{(x-\xi)^n}{n!}d\xi=\frac{(x-c)^{n+1}}{(n+1)!}$ を考慮すれば,

$$R_n(x)=f^{(n+1)}(c+\theta(x-c))\frac{(x-c)^{n+1}}{(n+1)!}\qquad(0<\theta<1)\tag{2.86}$$

をえる．これは **Lagrange (ラグランジュ)の剰余公式**とよばれている．つぎに $R_n(x)$ に平均値定理そのものを使えば(すなわち $p(x)=1$),

$$R_n(x)=f^{(n+1)}(c+\theta(x-c))\frac{(x-c)^{n+1}(1-\theta)^n}{n!}\qquad(0<\theta<1)$$

をえる．これらの剰余公式において θ は一般には一意的に定まるとはいえず，θ は x とともに一般には変わるものであって，その挙動は一般には不明である．最後に $f^{(n+1)}(x)$ の連続性を考慮すれば，(2.86) より

$$R_n(x)=[f^{(n+1)}(c)+\varepsilon]\frac{(x-c)^{n+1}}{(n+1)!}\tag{2.87}$$

がえられることを注意しよう．ここで ε は $|x-c|$ とともに 0 に近づく量である．

以後簡単な関数について，原点を中心とする Taylor 展開を調べる．原点を中心とする Taylor 展開は **Maclaurin (マクローリン)展開**ともよばれている．

1) $e^x(-\infty<x<+\infty)$. e^x の導関数は e^x であるから，$e^0=1$ を考慮すれば，

$$e^x=1+x+\frac{1}{2!}x^2+\cdots+\frac{1}{n!}x^n+R_n(x)\qquad(-\infty<x<+\infty),$$

$$R_n(x)=\int_0^x\frac{(x-\xi)^n}{n!}e^\xi d\xi=\frac{x^{n+1}}{(n+1)!}e^{\theta x}\qquad(0<\theta<1).$$

2) $\cos x, \sin x(-\infty<x<+\infty)$ の Taylor 展開は直接計算してもよいが，$e^{ix}=\cos x+i\sin x$ であることに着目して，$f(x)=e^{ix}$ の Taylor 展開を考えよう．$f^{(n)}(x)=i^ne^{ix}$ であるから，

$$e^{ix}=1+\frac{i}{1!}x+\frac{i^2}{2!}x^2+\cdots+\frac{i^n}{n!}x^n+R_n(x)\qquad(-\infty<x<+\infty),$$

$$R_n(x)=i^{n+1}\int_0^x\frac{(x-\xi)^n}{n!}e^{i\xi}d\xi$$

をえる. $n=2m$ とおいて, 実部をとり, $i^2=-1$ を考慮すれば,

$$\cos x=1-\frac{1}{2!}x^2+\frac{1}{4!}x^4-\cdots+(-1)^m\frac{x^{2m}}{(2m)!}+R_{2m}(x),$$

$$R_{2m}(x)=(-1)^{m+1}\int_0^x\frac{(x-\xi)^{2m}}{(2m)!}\sin\xi d\xi=(-1)^{m+1}\frac{x^{2m+1}}{(2m+1)!}\sin(\theta x)$$
$$(0<\theta<1).$$

ついで, $n=2m+1$ とおいて虚部をとれば,

$$\sin x=x-\frac{1}{3!}x^3+\frac{1}{5!}x^5-\cdots+(-1)^m\frac{1}{(2m+1)!}x^{2m+1}+R_{2m+1}(x),$$

$$R_{2m+1}(x)=(-1)^{m+1}\int_0^x\frac{(x-\xi)^{2m+1}}{(2m+1)!}\sin\xi d\xi=(-1)^{m+1}\frac{x^{2m+2}}{(2m+2)!}\sin(\theta x)$$
$$(0<\theta<1).$$

をえる.

3)　$(1+x)^\alpha$ $(x>-1)$ の Taylor 展開を考えよう. ここで α は任意の実数である. $f(x)=(1+x)^\alpha$ とおくと,

$$f^{(n)}(x)=\alpha(\alpha-1)\cdots(\alpha-n+1)(1+x)^{\alpha-n}$$

であるから,

$$(1+x)^\alpha=1+\alpha x+\frac{\alpha(\alpha-1)}{2!}x^2+\frac{\alpha(\alpha-1)(\alpha-2)}{3!}x^3$$
$$+\cdots+\frac{\alpha(\alpha-1)\cdots(\alpha-n+1)}{n!}x^n+R_n(x),$$

$$(2.88)\quad\left\{\begin{aligned}R_n(x)&=\frac{\alpha(\alpha-1)\cdots(\alpha-n)}{n!}\int_0^x(x-\xi)^n(1+\xi)^{\alpha-n-1}d\xi\\&=\frac{\alpha(\alpha-1)\cdots(\alpha-n)}{(n+1)!}(1+\theta x)^{\alpha-n-1}x^{n+1}\qquad(0<\theta<1)\end{aligned}\right.$$

をえる. これは2項展開とよばれている.

$\varphi(x)=f(x)/x^p$ の微分可能性　例として $\sin x/x$ をとろう. この関数は

$x \neq 0$ では何階までも微分可能である．ところで $\lim_{x\to 0}\frac{\sin x}{x}=1$ だから $x=0$ では1と定義すると $\sin x/x$ は $-\infty<x<+\infty$ で定義された連続関数になる．この関数の原点の近傍での状態は，Taylor 展開を用いると，

$$\frac{\sin x}{x}=1-\frac{1}{3!}x^2+\frac{1}{5!}x^4+\cdots+(-1)^m\frac{1}{(2m+1)!}x^{2m}+\frac{1}{x}R_{2m+1}(x) \tag{2.89}$$

であるから，$|R_{2m+1}(x)|\leq K|x|^{2m+2}$ より，$\sin x/x$ の $x=0$ での微係数は0であることが，微係数の定義から出発すればわかる．この方法を一般的に考えよう．

定理 2.22 $f(x)$ は原点を内部に含むある区間 $[a,b]$ で定義され，その m 階までの導関数が連続であるとする．もし，$f(0)=f'(0)=\cdots=f^{(p-1)}(0)=0$ ならば($f^{(p)}(0)=0$ であっても構わない)，

$$\varphi(x)=\frac{f(x)}{x^p}$$

は $(m-p)$ 階の導関数まで $[a,b]$ で連続である．$(1\leq p\leq m)$.

証明 Taylor の公式 (2.85) において，$c=0$, $n=p-1$ ととれば，

$$f(x)=R_{p-1}(x)=\int_0^x\frac{(x-\xi)^{p-1}}{(p-1)!}f^{(p)}(\xi)\,d\xi.$$

次章で示すように((3.2)参照)，積分変数 ξ を $\xi=xt$ によって t にとりかえると，$d\xi=xdt$ より，

$$f(x)=\frac{x^p}{(p-1)!}\int_0^1(1-t)^{p-1}f^{(p)}(tx)\,dt$$

をえる．ゆえに，

$$\varphi(x)=\frac{1}{(p-1)!}\int_0^1(1-t)^{p-1}f^{(p)}(tx)\,dt$$

である．$\varphi(x)$ は連続関数であって(読者はその証明を自身で考えられたい)，

かつその k 階の導関数 $(k\leq m-p)$ については，

$$\varphi^{(k)}(x)=\frac{1}{(p-1)!}\int_0^1(1-t)^{p-1}t^k f^{(p+k)}(tx)\,dt$$

がなりたつ(定理 3.14，p.197 参照)．　　　　　　　　　　(証明おわり)

漸近展開(asymptotic expansion)の一意性

うえにのべたことより，$f(x)=\sin x/x$ は $-\infty<x<+\infty$ で何階までも導関数が存在して連続であること，すなわち**無限回微分可能** (infinitely differentiable)であることがわかった．したがって $f(x)$ は Taylor 展開をもつが，それが (2.89) で与えられること，くわしくいえば

$$f^{(n)}(0)=\begin{cases}0 & (n:\text{奇数}),\\ \dfrac{(-1)^m}{2m+1} & (n=2m)\end{cases}$$

であることは推察されることである．実際そうであることを示すには，Taylor 展開を一応離れて，漸近展開という範囲で考えるのが自然であろう．

$f(x)$ が $(0,a)$ または $(-a,0)$ を定義されており(その他で定義されていてももちろんよい)，そこで

$$f(x)=c_0+c_1x+c_2x^2+\cdots+c_nx^n+r_{n+1}(x) \tag{2.90}$$

とあらわされるとき，$f(x)$ は Taylor 式漸近展開をもつとよぼう．ここで $r_{n+1}(x)$ は，$r_{n+1}(x)/x^n\to 0$ $(x\to 0)$ をみたすものとする．このことを記号で

$$r_{n+1}(x)=o(x^n)$$

とかく．

定理 2.23　漸近展開は一意的である．すなわち，(2.90) に対して，他の漸近展開

$$f(x)=c_0'+c_1'x+c_2'x^2+\cdots+c_n'x^n+s_{n+1}(x),$$

$s_{n+1}(x)=o(x^n)$ があったとすれば，$c_0=c_0', c_1=c_1', \cdots, c_n=c_n'$ がなりたつ．

証明 一般性を失なうことなく，定義域は $(0,a)$ と仮定できる．仮定より，

$$g(x)=(c_0-c_0')+(c_1-c_1')x+\cdots+(c_n-c_n')x^n+t_{n+1}(x)$$

が $(0,a)$ で恒等的に 0 である．まず $x\to+0$ の極限を考えて，$c_0-c_0'=0$ をえる．ついで $g(x)=x\{(c_1-c_1')+(c_2-x_2')x+\cdots+(c_n-c_n')x^{n-1}+o(x^{n-1})\}$ であり，かつこの中の関数がまた恒等的に 0 であることより，$c_1-c_1'=0$. 以下，この操作をくり返せばよい． （証明おわり）

注意 1 漸近展開は，応用上では $x\to+\infty$ のとき，

$$f(x)=c_0+\frac{c_1}{x}+\frac{c_2}{x^2}+\cdots+\frac{c_n}{x^n}+o\left(\frac{1}{x^n}\right)^{*)}$$

の形であらわれる場合が多いが，$1/x=t$ とおけば原理的には，うえの場合と全く同じである．また Taylor 式漸近展開ではなくて，例えば

$$f(x)=c_0+\frac{c_1}{x^{1/2}}+\frac{c_2}{x}+\cdots+\frac{c_n}{x^{n/2}}+o\left(\frac{1}{x^{n/2}}\right)$$

などの形であらわれる場合も多い．

注意 2 漸近展開は Taylor 展開よりはるかに一般なものであって，Taylor 展開と違い，導関数に対する性質までも主張しているものではない．(2.90) より，$f(0)=c_0$ とおくと，$f(x)$ は $[0,a)$ で連続になり，$f_+'(0)=c_1$ まではしたがうが，一般には第 2 次導関数の $x=0$ における存在すら保証しない．

（注意おわり）

以下，Taylor 展開の応用を 2, 3 の例によってのべよう．

例 1 $f(x)=\dfrac{1}{\sin x}-\dfrac{1}{x}$ の Maclaurin 展開を x^3 の項まで求めること．

$$f(x)=\frac{x-\sin x}{x\sin x}=\left(\frac{x-\sin x}{x^2}\right)\bigg/\left(\frac{\sin x}{x}\right)$$

---

*) $1/x=t$ とおけば，$o(t^n)$ を意味する．すなわち $f(x)=o(1/x^n)$ とは，$x^nf(x)\to0$ $(x\to+\infty)$ を意味する．

とすると，分子，分母は定理 2.22 によって $-\infty<x<+\infty$ で無限回微分可能であり，また分母は $-\pi<x<\pi$ で0にならないから，結局 $f(x)$は，$f(0)=0$ と定義すると $-\pi<x<\pi$ で無限回微分可能である．$f(x)$ の Maclaurin 展開を求めるには，前定理より，$f(x)$ の Taylor 式漸近展開を求めればよい．計算の便宜のために記号を導入する．$g(x)$ が $x=0$ の近傍で，適当な K がとれて，$|g(x)|\leq K|x|^m$ がなりたつとき，

$$g(x)=O(x^m)$$

とかくことにする．さて，$\sin x$ の展開式より，

$$\frac{x-\sin x}{x^2}=\frac{1}{3!}x-\frac{1}{5!}x^3+O(x^5),\qquad \frac{\sin x}{x}=1-\frac{1}{3!}x^2+O(x^4)$$

であり，他方，$1/(1+\xi)=1-\xi+O(\xi^2)$ であるから，

$$\begin{aligned}f(x)&=\left\{\frac{1}{3!}x-\frac{1}{5!}x^3+O(x^5)\right\}\left\{1+\frac{1}{3!}x^2+O(x^4)\right\}\\&=\frac{1}{6}x+\frac{7}{360}x^3+O(x^5)\end{aligned}$$

をえる．

例 2　$f(x)=\log(1+x)$ $(x>-1)$ の Taylor 展開を求める．$f'(x)=1/(1+x)$，一般に $f^{(n)}(x)=\dfrac{(-1)^{n-1}(n-1)!}{(1+x)^n}$ である．ゆえに，

$$\log(1+x)=x-\frac{1}{2}x^2+\frac{1}{3}x^3-\cdots+(-1)^{n-1}\frac{1}{n}x^n+R_n(x)\quad (x>-1),$$

$$R_n(x)=(-1)^n\int_0^x(x-\xi)^n(1+\xi)^{-n-1}d\xi=(-1)^n\frac{x^{n+1}}{n+1}(1+\theta x)^{-n-1}$$

$$(0<\theta<1)$$

である．この展開式の応用をのべよう．$n=1$ のとき，

$$\log(1+x)=x-\frac{x^2}{2(1+\theta x)^2}\qquad (0<\theta<1)$$

となる．p を正の整数として，$x=1/p$ とおくと，

$$\log\left(1+\frac{1}{p}\right)=\frac{1}{p}-\frac{1}{2\left(1+\theta_p\frac{1}{p}\right)^2}\frac{1}{p^2}.$$

ゆえに，

$$\frac{1}{p}-\log\left(1+\frac{1}{p}\right)=\frac{\delta_p}{2p^2}\qquad(0<\delta_p<1)$$

をえる．p について，1から n まで加えると，

$$\gamma_n=1+\frac{1}{2}+\frac{1}{3}+\cdots+\frac{1}{n}-\log n=\sum_{p=1}^{n}\frac{\delta_p}{2p^2}+\log\left(1+\frac{1}{n}\right)$$

をえる．$\log\left(1+\frac{1}{n}\right)\to 0\ (n\to\infty)$ であり，かつ $\frac{\delta_p}{2p^2}<\frac{1}{2p^2}$ より，γ_n は $n\to\infty$ のとき有限の値 γ に収束する．γ は **Euler（オイラー）の定数**とよばれており，$\gamma=0.5772\cdots$ となることが，知られている．

例 3 $-\infty<x<+\infty$ で定義された $f(x)$ が $f'(x), f''(x)$ とともに連続であるとする．もし $f(x)$，$f''(x)$ が実軸上でともに有界ならば，$f'(x)$ もまた有界である．

解 Taylor 展開より，任意の $x, L\ (>0)$ に対して，

$$f(x+L)-f(x)=f'(x)L+\frac{f''(x+\theta L)}{2}L^2\qquad(0<\theta<1)$$

がなりたつ．ゆえに

$$f'(x)=\frac{f(x+L)-f(x)}{L}-\frac{f''(x+\theta L)}{2}L$$

とみれば，L を固定して（例えば1とおいて）x を動かして考えれば，$f'(x)$ の有界性がしたがう．

さて，$\sup|f(x)|=M_0$，$\sup|f''(x)|=M_2$ としたとき，$\sup|f'(x)|=M_1$ はどのように評価されるかを見よう．うえの式より，まず

$$|f'(x)| \leq \frac{2M_0}{L} + \frac{M_2}{2}L$$

がしたがう．右辺は x には無関係であるから，左辺の（x を動かしたときの）上限をとり，

$$M_1 \leq \frac{2M_0}{L} + \frac{M_2}{2}L.$$

ところで，M_0, M_2 のうちの１つが０のときには $M_1=0$ がしたがう．M_0, M_2 がともに正のときは，$L(>0)$ は任意であったから，上式の右辺が最小値になる $L\left(=2\sqrt{\dfrac{M_0}{M_2}}\right)$ をとると，$2\sqrt{M_0M_1}$. ゆえに，

$$M_1 \leq 2\sqrt{M_0M_2}.$$

2.18 級　　数

級数という言葉は日常生活に溶けこんでいないので，初めて学ぶものに困惑を感じさせるものの一つであろう．しかし読者はすでに等比級数を知っている．例えば

$$\frac{1}{2} + \frac{1}{2^2} + \frac{1}{2^3} + \cdots + \frac{1}{2^n} + \cdots = 1$$

とかかれる意味を思い起そう．これは，かいてある順序にしたがって**限りなく**たし算を行なってゆくと，限りなく１に近づくことをいっている．数学的に表現すればつぎのようになる：任意の $\varepsilon(>0)$ に対して N がとれて，$p>N$ でありさえすれば，

$$\left|\frac{1}{2} + \frac{1}{2^2} + \cdots + \frac{1}{2^p} - 1\right| < \varepsilon$$

とできることである．極限の記号を用いれば，

$$\lim_{n\to\infty}\left(\frac{1}{2} + \frac{1}{2^2} + \cdots + \frac{1}{2^n}\right) = 1$$

とかかれる．これと同様な考えは

$$0.9999\cdots=1$$

にも当てはまる．これは，0.9，0.99，0.999，… という数列が 1 に収束するということである．この内容は，

$$\frac{9}{10}+\frac{9}{10^2}+\frac{9}{10^3}+\cdots+\frac{9}{10^n}+\cdots=1$$

と表現できる．

一般に数列 $a_1, a_2, \cdots, a_n, \cdots$ に対して

$$a_1+a_2+\cdots+a_n+\cdots=S$$

とかかれているのは，第 n 項までの和 $a_1+a_2+\cdots+a_n$ を s_n とかくとき，

$$\lim_{n\to\infty} s_n=S$$

ということである．あるいは同等な条件として，

$$\lim_{n\to\infty} |s_n-S|=0$$

ということである．

一般には，つぎのような導入が行なわれている．

1)　$a_1+a_2+\cdots+a_n+\cdots$，あるいは　$\sum_{n=1}^{\infty} a_n$ と形式的にかかれたものを**級数** (series) または無限級数という．

2)　$s_n=a_1+\cdots+a_n$ とするとき，$n\to\infty$ のとき数列 s_n が有限な極限値をもつとき，うえの級数は**収束** (convergent) であるといい，その極限値 S をうえの**級数の和**であるという．

3)　$n\to\infty$ のとき s_n が有限な極限値をもたないとき，うえの級数は**発散** (divergent) であるという．

さて，前節にもどって，e^x の Taylor 展開を思い起そう．

$$e^x-\left(1+x+\frac{1}{2!}x^2+\cdots+\frac{1}{n!}x^n\right)=R_n(x) \qquad (-\infty<x<+\infty)$$

で，$R_n(x)=\dfrac{x^{n+1}}{(n+1)!}e^{\theta x}$ $(0<\theta<1)$ と表現された．ここで x を任意に1つ固定して考え，$n\to\infty$ とすると $R_n(x)\to 0$ となることを以下に示そう．これができれば，うえにのべた級数の和の定義より，

$$(2.91) \qquad e^x=1+x+\frac{1}{2!}x^2+\cdots+\frac{1}{n!}x^n+\cdots \qquad (-\infty<x<+\infty)$$

とかかれることになる．このことを e^x は **Taylor** 級数に展開できるという．

さて，$e^{\theta x}<e^{|x|}$ だから，つぎの事実を示せば十分である．

定理 2.24 任意の正数 A に対して，

$$\frac{A^n}{n!}\to 0 \qquad (n\to\infty)$$

がなりたつ．

証明 $n>2A$ となるような n を1つとり，これを N とかく．そうすれば $p>N$ であれば，$p>2A$ である．ゆえに，$n>N$ として，

$$\frac{A^n}{n!}=\frac{A}{n}\cdot\frac{A}{n-1}\cdot\cdots\cdot\frac{A}{N+1}\cdot\frac{A^N}{N!}<\left(\frac{1}{2}\right)^{n-N}\frac{A^N}{N!}$$

である．N を固定して，$n\to\infty$ とすると右辺は0に収束する．（証明おわり）

全く同様な理由によって，$\sin x, \cos x$ も $(-\infty<x<+\infty)$ で **Taylor 級数であらわせる**ことがわかる．

ついで，(2.88) であらわされる2項展開を考えよう．$R_n(x)$ の積分表示において，積分変数 ξ を $\xi=tx$ によって，t にかえると（次章でその正当性は示される），

$$R_n(x)=\frac{\alpha(\alpha-1)\cdots(\alpha-n)}{n!}x^{n+1}\int_0^1(1-t)^n(1+tx)^{\alpha-n-1}dt$$

であらわされる．$\alpha=0,1,2,\cdots$ のときには，n を大きくすると，$R_n(x)\equiv 0$ と

なることは明らかだから，そうでない場合を考える．$|x|<1$ をみたす x を1つ固定し，$R_n(x)\to 0$ $(n\to\infty)$ を以下に示す．まず積分記号下の関数を $\left(\dfrac{1-t}{1+tx}\right)^n(1+tx)^{\alpha-1}$ と積に分け，

$$0\leq\frac{1-t}{1+tx}\leq 1 \qquad (0\leq t\leq 1)$$

を考慮すれば，$\int_0^1(1-t)^n(1+tx)^{\alpha-n-1}dt\leq\int_0^1(1+tx)^{\alpha-1}dt$ がなりたつ．ここで右辺は n には無関係であることを注意しておこう．ついで

$$\rho_n=\left|\frac{\alpha(\alpha-1)\cdots(\alpha-n)}{n!}x^n\right|=|\alpha||\alpha-1|\left|\frac{\alpha-2}{2}\right|\cdots\left|\frac{\alpha-n}{n}\right|\cdot|x|^n$$

とすれば，$\left|\dfrac{\alpha-p}{p}\right|\to 1$ $(p\to\infty)$ であるから，$|x|<1$ を考慮すれば，ある $\sigma(<1)$ がとれて，N を十分大きくとると，$p>N$ に対して，$\left|\dfrac{\alpha-p}{p}\right||x|<\sigma$ がなりたつ．ゆえに，

$$\rho_n\leq\rho_N\sigma^{n-N}\to 0 \qquad (n\to\infty)$$

が示された．以上より $|x|<1$ に対して $\lim_{n\to\infty}R_n(x)=0$ が示されたことになる．以上より，

$$(2.92)\quad (1+x)^\alpha=1+\alpha x+\frac{\alpha(\alpha-1)}{2!}x^2+\cdots+\frac{\alpha(\alpha-1)\cdots(\alpha-n+1)}{n!}x^n+\cdots \qquad (-1<x<+1)$$

が証明された．ここで α は任意の実数であった．右辺を2項級数とよぶ．

正項級数の収束条件　級数のうちでその収束がとくに簡単なものは，$a_n\geq 0$ の場合であって正項級数とよばれている．このときには $s_1\leq s_2\leq\cdots\leq s_n\leq\cdots$ となるから，$\{s_n\}$ が**有界にとどまる**ならば，級数は有限の和をもつ．これに反して，$s_n\to+\infty$ ならば級数は発散であり，級数の和は $+\infty$ であるともよばれる．

収束級数の代表的なものは $\sum_{n=1}^{\infty}\dfrac{1}{n^\sigma}(\sigma>1)$ であろう．これが収束級数であることは以下の推論による．$f(x)=x^{-\sigma}$ は $x>0$ で単調減少であるから，

$x\in[p,p+1]$ で

$$\frac{1}{(p+1)^\sigma}\le x^{-\sigma}.$$

両辺の積分をとると，$\dfrac{1}{(p+1)^\sigma}<\displaystyle\int_p^{p+1}\frac{1}{x^\sigma}dx$ である．p について，1 から $(n-1)$ までこの不等式を加えると，

$$1+\frac{1}{2^\sigma}+\cdots+\frac{1}{n^\sigma}<1+\int_1^n\frac{dx}{x^\sigma}=1+\frac{1-n^{-\sigma+1}}{\sigma-1}<\frac{\sigma}{\sigma-1}$$

である．右辺は n に無関係な定数であるから，$\sum\dfrac{1}{p^\sigma}$ は収束である．

発散する正項級数の代表例として $\displaystyle\sum_{n=1}^{\infty}\frac{1}{n}$ がある．このことは，うえのようにして直接証明される．また前節の例2でもっとくわしい結果が示されていることを注意しよう．ただし，そのさい $\sum\dfrac{1}{p^2}$ の収束性を証明なしに認めた．

以上をまとめると，

定理 2.25 正項級数 $a_1+a_2+\cdots+a_n+\cdots$ に対し，

1) $a_n\le C/n^\sigma$ がなりたつような定数 C と $\sigma(>1)$ が存在するならば，級数は収束である．

2) $a_n\ge C/n$ が十分大きい n に対してなりたつならば級数は発散である ($C>0$ とする)．

3) $\sqrt[n]{a_n}\le q(<1)$ が十分大きい n に対してなりたつならば，級数は収束である．

証明 1) $s_n=\displaystyle\sum_{p=1}^{n}a_p\le C\sum_{p=1}^{n}\frac{1}{p^\sigma}<C\sum_{p=1}^{\infty}\frac{1}{p^\sigma}$ より，$\{s_n\}$ は有界にとどまるから，収束である．

2) $n\ge N$ より，条件の不等式がなりたつとすれば，

$$s_n=a_1+\cdots+a_n=s_N+\sum_{p=N+1}^{n}a_p\ge C\sum_{p=N+1}^{n}\frac{1}{p}$$

がなりたち，右辺は $n\to\infty$ のとき $+\infty$ に発散する．

3) $a_n\le q^n$ $(q<1)$ が $n>N$ でなりたつが，$1+q+q^2+\cdots$ が収束級数である

から，級数は収束である．　　　　(証明おわり)

2.19 無　限　小

無限小(infinitesimal)とは 0 に近づく変量をいう．これは何も難かしいことではなく，例えば $f(x)$ が $x=a$ で連続であるとは，$f(a+h)-f(a)=\varepsilon(h)$ とかいたとき $\varepsilon(h)$ が，h が0に近づくとき，0に近づくことであるから，$\varepsilon(h)$ が無限小であることに他ならない．無限小は微小量であるともよばれるが，それが小さいという言葉でいわれるのは説明不十分であって，いくらでも小さくなる変量というのが正しい．

同等な無限小　2つの無限小 α,β とがあって，α/β が1に近づくとき α と β とは**同等な**(equivalent)無限小であるという．同等な無限小の例をあげる．

1)　x と $\sin x$ ($x\to 0$ のとき)．

2)　弦の長さと弧の長さ(弦の長さが0に近づくとき)．

3)　x と $\tan x$ ($x\to 0$ のとき)．

4)　x と $x+\alpha(x)x^2$，ここで $\alpha(x)$ は x が0に近づくとき有界にとどまるものとする．

無限小の主要部分

2つの無限小 α,β があって，α が0に近づくとき，ある $m(>0)$ とある定数 $K(\neq 0)$ があって，

$$\beta=\alpha^m(K+\varepsilon)$$

とかけるとき，β は α の**位数**(order) m の無限小であるという．ここで ε は α とともに0に近づく量(すなわち無限小)である．いいかえれば，$\alpha^m K$ と β とが同等な無限小であるときである．このとき $\alpha^m K$ を β の**主要部分**(principal part)とよぶ．とくに $m=1$ のとき，α と β とは**同位の無限小**とよぶ．

つぎの事実がなりたつ．

定理 2.26　β,γ の主要部分をそれぞれ $K_1\alpha^m, K_2\alpha^n$ とする．このとき，

1)　積 $\beta\gamma$ の主要部分は $K_1K_2\alpha^{m+n}$ である．

2) 商 β/γ の主要部分は $K_1/K_2\alpha^{m-n}$ である．ただし $m>n$ とする．

証明 $\beta=\alpha^m(K_1+\varepsilon_1)$，$\gamma=\alpha^n(K_2+\varepsilon_2)$ とおく．

1) $\beta\gamma=\alpha^m(K_1+\varepsilon_1)\alpha^n(K_2+\varepsilon_2)=\alpha^{m+n}(K_1K_2+K_1\varepsilon_2+K_2\varepsilon_1+\varepsilon_1\varepsilon_2)$ であるが，$K_1\varepsilon_2$，$K_2\varepsilon_1$，$\varepsilon_1\varepsilon_2$ はともに無限小であり，この和を ε とおけば，$\beta\gamma=\alpha^{m+n}(K_1K_2+\varepsilon)$ とかける．

2) $\dfrac{\beta}{\gamma}=\alpha^{m-n}\dfrac{K_1+\varepsilon_1}{K_2+\varepsilon_2}$ であるが，$\dfrac{K_1+\varepsilon_1}{K_2+\varepsilon_2}-\dfrac{K_1}{K_2}=\dfrac{K_2\varepsilon_1-K_1\varepsilon_2}{K_2(K_2+\varepsilon_2)}$ であり，ε_2 は無限小であるから，$|\varepsilon_2|<\dfrac{1}{2}|K_2|$ と考えてよい．それゆえ，分母は絶対値において $\dfrac{1}{2}K_2{}^2$ より大であり，したがって自身は無限小である．これを ε とおけば，もとにもどって

$$\frac{\beta}{\gamma}=\alpha^{m-n}\left(\frac{K_1}{K_2}+\varepsilon\right)$$

とかかれる．　　　　(証明おわり)

無限小を考察する具体例をあげよう．

例 1 半径 a の円における扇形部分の面積はすでに § 2.15 で求められている．しかしそれは相当やっかいなものであった．つぎにのべる方法は最も感覚的で直接的である．ここでは 3 角形の面積は 1/2×(底辺)×(高さ) であることを使う．角の開きを $\Delta\theta\,(>0)$ とし，これを無限小の規準量としたときの扇形の面積(無限小)を ΔS とする．内接および外接 2 等辺 3 角形を考えることにより，

$$\frac{1}{2}a^2\sin\Delta\theta<\Delta S<a^2\tan\frac{\Delta\theta}{2}$$

をえる．ここで $\dfrac{1}{2}\sin\Delta\theta$，$\tan\dfrac{\Delta\theta}{2}$ の主要部分(principal part) はともに $\Delta\theta/2$ である．具体的には，

$$\frac{\Delta\theta}{2}a^2(1+\varepsilon_1)<\Delta S<\frac{\Delta\theta}{2}a^2(1+\varepsilon_2)$$

であって，$\varepsilon_1(\Delta\theta),\varepsilon_2(\Delta\theta)$ はともに無限小である．ゆえに

$$\Delta S=\Delta\theta\frac{a^2}{2}(1+\varepsilon(\Delta\theta)).$$

これは $\Delta\theta\dfrac{a^2}{2}$ が ΔS の主要部分であることに他ならない．この事実はまた，$\Delta S \fallingdotseq \dfrac{a^2}{2}\Delta\theta$ または，$dS=\dfrac{a^2}{2}d\theta$ という形で表現される場合も多い．ゆえに角の開きが θ である半径 a の扇形の面積を $S(\theta)$ とすると，

$$S'(\theta)=\frac{a^2}{2}.$$

実際にはこれでは不十分で，$\Delta\theta<0$ であって 0 に近づくときも考慮しなければならないが，いまの場合は容易にたしかめられる．

以上より，角の開きが θ_0 である扇形部分の面積は，

$$S(\theta_0)=\int_0^{\theta_0} S'(\theta)\,d\theta=\int_0^{\theta_0}\frac{a^2}{2}d\theta=\frac{a^2}{2}\theta_0$$

である．

例 2　平面曲線 C が極座標表示によって，$r=f(\theta)$ $(0\leq\theta\leq\theta_0)$ であらわされるとする．$f(\theta)$ は連続関数であるとする．曲線 C と 2 つの動径 $\theta=0, \theta=\theta$ とで囲まれる面積を $S(\theta)$ とする．$\Delta\theta$ を無限小の規準量として，$\Delta S=S(\theta+\Delta\theta)-S(\theta)$ の主要部分を考えよう．例 1 の結果より，

$$\frac{1}{2}r_{\min}{}^2\Delta\theta\leq\Delta S\leq\frac{1}{2}r_{\max}{}^2\Delta\theta$$

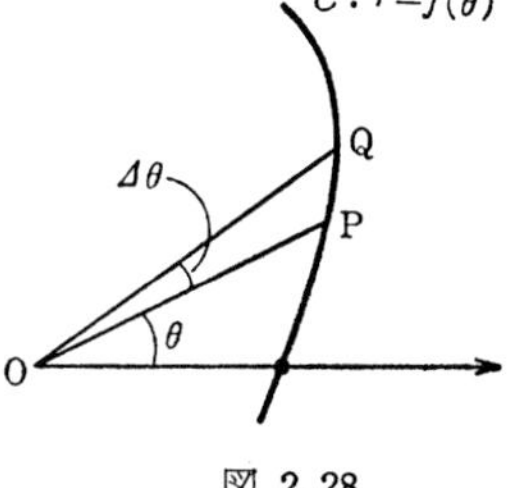

図 2.28

である．ここで $r_{\max}(r_{\min})$ は φ が θ から $\theta+\Delta\theta$ まで動いたときの $r=f(\theta)$ の最大値（最小値）である．したがって中間値定理より，ある θ' $(\theta\leq\theta'\leq\theta+\Delta\theta)$ があって，

$$\Delta S=\frac{1}{2}\Delta\theta f(\theta')^2=\frac{1}{2}\Delta\theta(f(\theta)^2+\varepsilon)$$

がなりたつ．ここで ε は無限小である．すなわち ΔS の主要部分は $\dfrac{1}{2}f(\theta)^2\Delta\theta$ である．このことは $dS=\dfrac{1}{2}f(\theta)^2d\theta$ あるいは，$\Delta S\fallingdotseq\dfrac{1}{2}f(\theta)^2\Delta\theta$ ともかかれる．ゆえに，$S'(\theta)=\dfrac{1}{2}f(\theta)^2$ であり，

$$S(\theta_0)=\frac{1}{2}\int_0^{\theta_0} f(\theta)^2 d\theta \tag{2.93}$$

がなりたつ.

例 3 連続関数 $f(x)$ は原点の近傍で定義されており, $f'(x), f''(x)$ も連続であって, $f(0)=f'(0)=0$, $f''(0)>0$ と仮定する. 点 P は x 軸上の点で座標を $(h,0)$, 点 Q は $x=h$ に対応するグラフ $y=f(x)$ 上の点, すなわち $\mathrm{Q}=(h,f(h))$ とする.

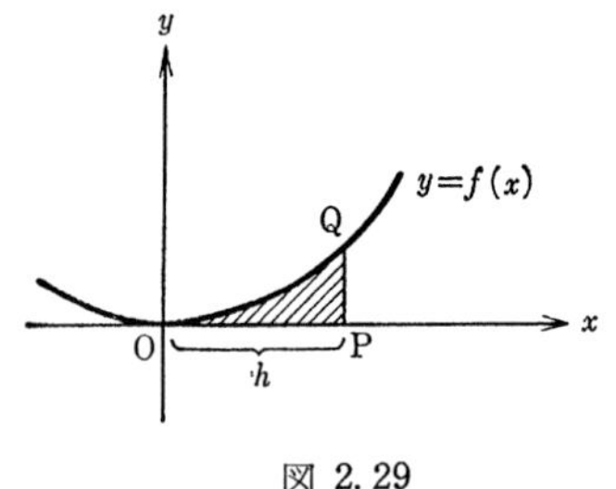

図 2.29

曲 3 角形 OPQ の面積を $S(h)$ とする. すなわち,

$$S(h)=\int_0^h f(x)\,dx.$$

まず $\overline{\mathrm{PQ}}=f(h)=\frac{h^2}{2}\{f''(0)+\varepsilon\}$, となる. ε は無限小である. したがって $\overline{\mathrm{PQ}}$ の主要部分は $\frac{h^2}{2}f''(0)$ となり, 位数 2 の無限小である. これより, 3 角形 OPQ の面積の主要部分は $\frac{h^3}{4}f''(0)$ となる. ところで, 3 角形 OPQ の面積と, 曲 3 角形 OPQ の面積は同等な無限小となるであろうか? 実際はそうでなく, この点を精密に考えてみよう. まず $f(x)=\frac{1}{2}\{f''(0)+\varepsilon(x)\}x^2$ であるから,

$$S(h)=\int_0^h f(x)\,dx=\frac{1}{2}f''(0)\int_0^h x^2dx+\frac{1}{2}\int_0^h \varepsilon(x)x^2dx$$

とかける. (第 1 式) $=\frac{1}{6}f''(0)h^3$ であり, 第 2 式は絶対値において,

$$\max_{0\leq x\leq h}|\varepsilon(x)|\int_0^h x^2dx$$

をこえない. ゆえに, $S(h)=\frac{1}{6}h^3(f''(0)+\varepsilon'(h))$ となり (ε' は無限小), $S(h)$ の主要部分は $\frac{1}{6}f''(0)h^3$ であり, 3 角形 OPQ の面積の主要部分 $\frac{1}{4}f''(0)h^3$

の 2/3 倍である．　(例3おわり)

問題によっては，うえのような精密な考察は必要ではなく，高位の無限小，あるいは同程度の無限小という考えで推論を早く進めることが多い．

α と β とがともに無限小であって，α が 0 に近づくとき，$\beta/\alpha \to 0$ がなりたてば，β は α より**高位の無限小**であるといい，記号で

$$\beta = o(\alpha)$$

とかかれる．ついで，β/α が有界にとどまる場合，すなわち，ある有限な K がとれて，$|\beta/\alpha| \leq K$，いいかえれば，$|\beta| \leq K|\alpha|$ がなりたつとき，

$$\beta = O(\alpha)$$

とかき，β は α の **1 位以上**の無限小であるという．

さらに一般に，ある $m>0$ があって，

$$\beta/\alpha^m \to 0 \qquad (\alpha \to 0)$$

のとき，$\beta = o(\alpha^m)$ とかき，β は α の m より高位の無限小であるという．また β/α^m が有界にとどまるとき，$\beta = O(\alpha^m)$ とかく．

例 4　例3において，$f''(x)$ の存在を仮定しない場合はどうなるかをみよう．すなわち，$f(x)$，$f'(x)$ は連続で，$f(0)=f'(0)=0$，$f(x) \geq 0$ を仮定した場合である．まず $\overline{\mathrm{PQ}} = f(h) = \varepsilon(h)h$ とかける．$\varepsilon(h)$ は無限小である．ゆえに $\overline{\mathrm{PQ}}$ は h の1位より高位の無限小である．記号で $\overline{\mathrm{PQ}} = o(h)$．ついで，

$$S(h) = \int_0^h f(x)\,dx = \int_0^h \varepsilon(x)\,x\,dx \leq \max_{0 \leq x \leq h} \varepsilon(x) \int_0^h x\,dx$$

だから，$S(h) = \varepsilon_1(h)h^2$ (ε_1 は無限小)．ゆえに $S(h) = o(h^2)$ をえる．すなわち h^2 より高位の無限小であることが示された．これと例3とを比べると，例3の方がはるかに精密な結果であることがわかる．すなわち例3では，

$$\overline{\mathrm{PQ}} = O(h^2), \qquad S(h) = O(h^3)$$

がえられている.

2.20　2次曲線の性質

微積分法の適用例として2次曲線がしばしば登場するので，簡単にこれらの性質をのべておこう．2次曲線は**円錐曲線**(conic section)ともよばれている.

一般に2次曲線とは，$|a|+|b|+|h|\neq 0$ として，方程式

$$ax^2+2hxy+by^2+2px+2qy+c=0$$

をみたす点 $P(x,y)$ の点集合である. この中には集合が1つまたは2つの直線，あるいは点のみからなる場合，いわゆる特異2次曲線の場合もあるが，これらを除外すると，放物線，楕円，双曲線に分類される．以下これらの曲線の主要な性質についてのべる.

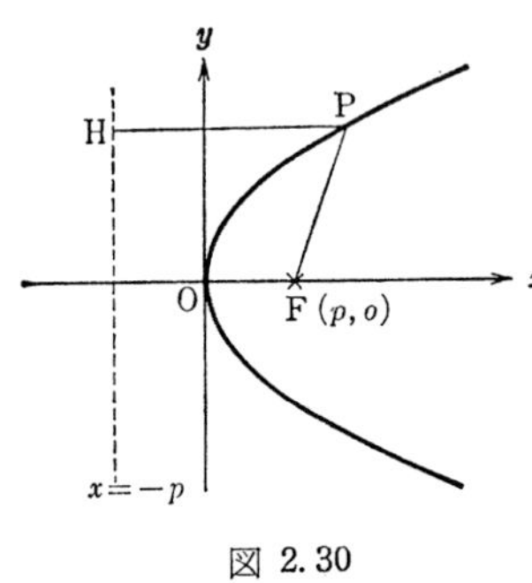

図 2.30

1)　**放物線**(parabola)

定点Fと F を通らない1直線 d が与えられたとき，F への距離と，d への距離とが等しい点 P の軌跡を放物線という．そして，F を**焦点**(focus)，直線 d を**準線**(directrix)とよぶ.

Fから準線に下した垂線を x 軸に，y 軸をその垂線の中点を通り準線に平行な直線にとると，焦点Fは $(p,0)$，準線 d は $x=-p$ $(p>0)$ と仮定できる(図2.30 参照)．曲線上の1点 $P(x,y)$ から準線に下した垂線の足を Hとすると，

$$\text{(2.94)}\qquad \begin{cases} \overline{PF}=\overline{PH}, \\ \sqrt{(x-p)^2+y^2}=x+p. \end{cases}$$

両辺を2乗することによって，**放物線の方程式**

$$\text{(2.95)}\qquad y^2=4px$$

をえる．なお $\overline{PF}$ は**焦点半径**とよばれている.

2)　**楕円**(ellipse)

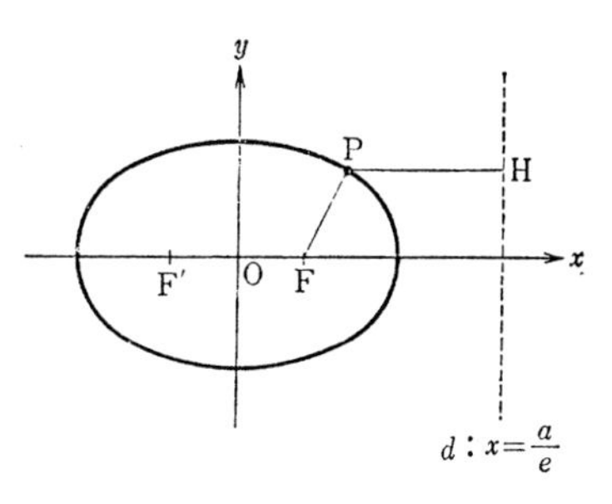

図 2.31

2 定点 F, F′ からの距離の和が一定であるような点 P の軌跡を楕円とよぶ．そして F, F′ を**焦点**，F, F′ を通る直線を**焦軸**とよぶ．とくに F, F′ が一致した場合が円である．

$F(c,0), F'(-c,0)$　$(c>0)$ となるように直交軸をえらぶ(図 2.31 参照)．うえの条件は，

$$\begin{cases}\overline{\mathrm{PF}}+\overline{\mathrm{PF}'}=2a \quad (>2c), \\ \sqrt{(x-c)^2+y^2}+\sqrt{(x+c)^2+y^2}=2a\end{cases} \tag{2.96}$$

となる．$\sqrt{(x+c)^2+y^2}=2a-\sqrt{(x-c)^2+y^2}$ の 2 乗をとり，整とんすれば，

$$\overline{\mathrm{PF}}=\sqrt{(x-c)^2+y^2}=e\left(\frac{a}{e}-x\right), \tag{2.97}$$

ここで，

$$e=\frac{c}{a} \qquad (<1) \tag{2.98}$$

とおいた．e は**離心率**(eccentricity)とよばれている(自然対数の底と混同しないよう注意されたい)．直線 $x=a/e$ は焦点 F に対応する**準線**とよばれる．P から準線に下した垂線の足を H とすると，(2.97) は

$$\overline{\mathrm{PF}}=e\,\overline{\mathrm{PH}} \tag{2.99}$$

となる．すなわち焦点半径が準線への距離の e 倍にひとしい．なお上の計算で，$\sqrt{(x-c)^2+y^2}=2a-\sqrt{(x+c)^2+y^2}$ から出発すれば，直線 d' を $x=-a/e$ とすれば，P から d' に下した垂線の足を H′ として，$\overline{\mathrm{PF}'}=e\,\overline{\mathrm{PH}'}$ をえる．d' は F′ に対応する準線とよばれる．最後に (2.97) から，

$$\frac{x^2}{a^2}+\frac{y^2}{b^2}=1, \qquad b^2=a^2-c^2, \qquad b>0 \tag{2.100}$$

をえる．これが**楕円の方程式**である．なお

$$b=a\sqrt{1-e^2}$$

であることを注意しておこう．

3)　**双曲線**(hyperbola)

異なる2定点 F, F′ が与えられたとき，

$$|\overline{\mathrm{PF}}-\overline{\mathrm{PF}'}|=2a$$

をみたす点 P の軌跡を双曲線とよび，F, F′ をその焦点という．F$(c,0)$, F′$(-c,0)$ となるように直交軸をとる(図 2.32 参照)．$c>0$ とする．$c>a$ であることを注意しよう．考えを定めるために，

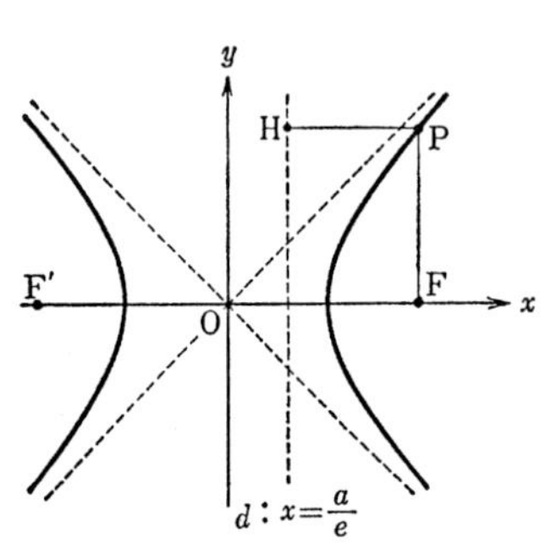

図 2.32

$$\overline{\mathrm{PF}'}-\overline{\mathrm{PF}}=2a$$

の軌跡を考えよう．この関係式は，

$$\sqrt{(x+c)^2+y^2}=2a+\sqrt{(x-c)^2+y^2}$$

となり，楕円の場合と同様にして，

$$\overline{\mathrm{PF}}=\sqrt{(x-c)^2+y^2}=e\left(x-\frac{a}{e}\right) \tag{2.101}$$

となる．ここで

$$e=\frac{c}{a} \qquad (>1) \tag{2.102}$$

とおいた．e は**離心率**とよばれる．直線 $d:x=a/e$ を焦点 F に対応する**準線**とよぶ．P から d に下した垂線の足を H とすれば，うえの式は，

$$\overline{\mathrm{PF}}=e\,\overline{\mathrm{PH}} \tag{2.103}$$

となる．また (2.101) より，

$$\frac{x^2}{a^2}-\frac{y^2}{b^2}=1, \qquad b^2=c^2-a^2, \qquad b>0 \tag{2.104}$$

をえる．これが**双曲線の方程式**である．うえの式で $x>0$ の範囲であることを注意しよう．

$\overline{\mathrm{PF}}-\overline{\mathrm{PF}'}=2a$ の場合は (2.104) と同じ式をえる．ただし，$x<0$ であるとする．なお $x=-a/e$ を焦点 F′ に対応する準線とよぶ．P が曲線の $x<0$ の部分にあるときには，$\overline{\mathrm{PF}'}=e\overline{\mathrm{PH}'}$ をえる．H′ は P から準線 d' に下した垂線の足である．

2次曲線の極座標による表示

以上3つの場合を総合してみるとつぎのことがわかる．焦点を $\mathrm{F}(c,0)$ とし $(c>0)$，F に対応する準線の方程式を $x=d$，ただし $d<c$ とする．曲線上の1点 P から準線への垂線の足を H とすれば(図 2.33 参照)，

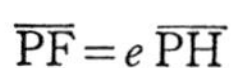

$$\overline{\mathrm{PF}}=e\,\overline{\mathrm{PH}}$$

がなりたつ．ただし，$e=1$，$0<e<1$，$e>1$ に応じて曲線は放物線，楕円，双曲線とそれぞれなる．

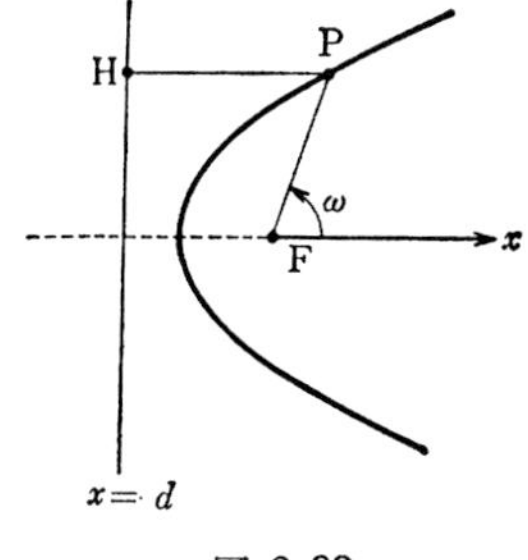

図 2.33

焦点 F を極とし，x 軸の正の向きを始線とする極座標をとる．焦点半径 $\overline{\mathrm{PF}}=r$ とし，PF が始線となす角を ω とすれば，

$$\overline{\mathrm{PH}}=c-d+r\cos\omega$$

であるから，うえの関係式は

$$r=e(c-d+r\cos\omega)$$

となる．これより，$r=e(c-d)/1-e\cos\omega$ とかけるが，$e(c-d)$ は $\omega=\pi/2$ の場合，すなわち PF が準線に平行なときの焦点半径である．$e(c-d)=l$ とか

けば,

$$r=\frac{l}{1-e\cos\omega} \tag{2.105}$$

となる．これは2次曲線の極座標による表示である．l の2倍 $2l$ は**通径**とよばれている．なお l は (2.95), (2.100), (2.104) に応じて,

$$l=\begin{cases} 2p & \text{(放物線)}, \\ \dfrac{b^2}{a} & \text{(楕円, 双曲線)} \end{cases} \tag{2.106}$$

とかかれる.

離心角による楕円のパラメータ表示

楕円の方程式を

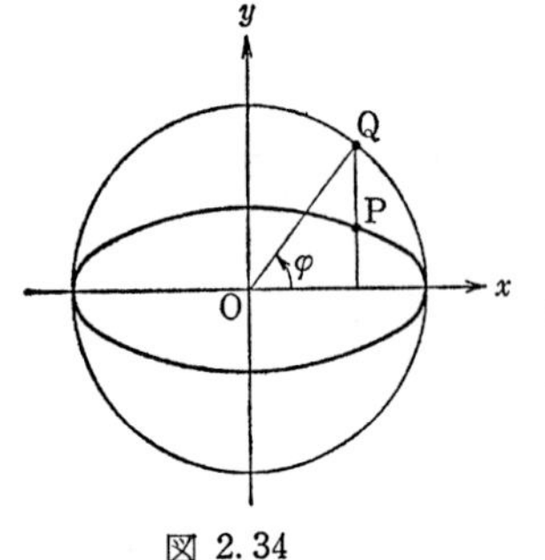

図 2.34

$$\frac{x^2}{a^2}+\frac{y^2}{b^2}=1$$

とし，$a>b(>0)$ とする．原点を中心とする半径 a の円 $x^2+y^2=a^2$ をうえの楕円の**補助円**という．うえの式から

$$y=\pm\frac{b}{a}\sqrt{a^2-x^2}$$

をえる．他方円は $x=a\cos\varphi$, $y=a\sin\varphi$ とパラメータ φ であらわされるから，うえの楕円上の点 $\mathrm{P}(x,y)$ は

$$\begin{cases} x=a\cos\varphi, \\ y=b\sin\varphi \end{cases} \quad (0\leq\varphi\leq 2\pi) \tag{2.107}$$

とあらわされる．図 2.34 において，Q の座標が $(a\cos\varphi, a\sin\varphi)$ である．φ は点 P の**離心角** (eccentric angle) とよばれている.

注意　(2.107) において離心角 φ を，OP が x 軸となす角と思いこんでい

る人もあるが，これは間違いである．楕円板 $\dfrac{x^2}{a^2}+\dfrac{y^2}{b^2}\leq 1$ と円板 $\dfrac{x^2}{a^2}+\dfrac{y^2}{a^2}\leq 1$ とを考え，円板の点 (x,y) に楕円板の点 $\left(x,\dfrac{b}{a}y\right)$ を対応させる*)．これは逆も含めて1対1かつ連続な写像である．このことは，楕円板 $\dfrac{x^2}{a^2}+\dfrac{y^2}{b^2}\leq 1$ は円板 $x^2+y^2\leq a^2$を，x 軸のまわりに角 $\theta\left(=\cos^{-1}\dfrac{b}{a}\right)$ だけ回転させて，それを xy-平面の垂直方向から xy-平面に正射影した図形とみなしうることを示している．　(注意おわり)

例 1　離心角が0から $\varphi_0(\leq 2\pi)$ までに対応する部分の楕円の扇形の面積を求める．面積を求める公式

$$S=\int_{x_1}^{x_2}\frac{b}{a}\sqrt{a^2-x^2}\,dx$$

より推論される事実として，楕円的扇形の面積は対応する補助円板上の扇形の面積の b/a 倍にひとしい(証明は読者に委せよう)．したがって，求める面積は，

$$S=\frac{b}{a}\times\frac{1}{2}a^2\varphi_0=\frac{1}{2}ab\varphi_0.$$

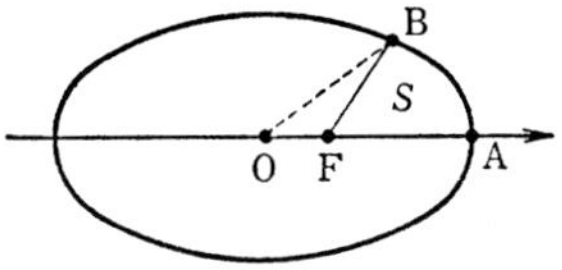

例 2　楕円 $\dfrac{x^2}{a^2}+\dfrac{y^2}{b^2}=1$ の焦点 $\mathrm{F}=(ae,0)$ を中心とする楕円的扇形 FAB (図 2.35 参照) の面積 S を B の離心角 $\varphi(0\leq\varphi\leq\pi)$ を使ってあらわす，問題を考える．まず扇形 OAB は例1より $\dfrac{1}{2}ab\varphi$ である．ついで，3角形 OFB の面積は，$\overline{\mathrm{OF}}=ae$，B から底辺への高さが $b\sin\varphi$ であるから，$\dfrac{1}{2}ae\times b\sin\varphi$ である．ゆえに，

図 2.35

$$S=\frac{1}{2}ab(\varphi-e\sin\varphi).$$

*)　図 2.34 においてQに対応する点がPである．

第2章　演習問題

1. $\varphi(x)=g(ax)/f(ax)$ とする. $\varphi'(x), \varphi''(x)$ を計算せよ $(a \neq 0)$.

2. (**Leibniz** (ライプニッツ)の公式)

$$(f(x)g(x))^{(n)}=f^{(n)}(x)g(x)+nf^{(n-1)}(x)g'(x)+\frac{n(n-1)}{2!}f^{(n-2)}(x)g''(x)+\cdots$$

$$\cdots+C_p^n f^{(n-p)}(x)g^{(p)}(x)+\cdots+f(x)g^{(n)}(x),$$

$$\left(C_p^n=\frac{n(n-1)\cdots(n-p+1)}{p!}\right)$$

を n に関する数学的帰納法で証明せよ.

3. $f(x)$ は $[a,b]$ で連続, かつ (a,b) の各点で微分可能で $f'(x) \neq 0$ とする. $f'(x)$ はつねに正か, そうでなければつねに負であることを証明せよ.

ヒント : $\varphi(x,h)=(f(x+h)-f(x))/h$ を考えよ.

4. $[a,b]$ で $f(x), g(x)$ はともに連続で, $f'(x)$, $g'(x)$ が (a,b) の各点で有限確定であるとする. $f'(x)g(x)-f(x)g'(x)\equiv 0$ で, かつ $x\in[a,b]$ で $f(x)\neq 0$ ならば, $g(x)=cf(x)$ (c: 定数)とかけることを示せ.

5.

$$f(x)=\begin{cases} e^{-\frac{1}{x}} & (x>0), \\ 0 & (x\leq 0) \end{cases}$$

は $x\in(-\infty,+\infty)$ で無限回微分可能であることを証明せよ.

6. つぎの数列 S_n の $n\to\infty$ の極限を求めよ.

a) $S_n=\dfrac{1}{n}+\dfrac{1}{n+1}+\cdots+\dfrac{1}{2n}$,

b) $S_n=\dfrac{n}{n^2+1^2}+\dfrac{n}{n^2+2^2}+\cdots+\dfrac{n}{n^2+(n-1)^2}$,

c) $S_n=\dfrac{1^\alpha+2^\alpha+\cdots+n^\alpha}{n^{\alpha+1}}$ $(\alpha\geq 0)$,

d) 一般に $\psi(x,y)$ を (-1)-次の斉次関数，すなわち任意の $k>0$ に対して $\psi(kx,ky)=\dfrac{1}{k}\psi(x,y)$ がなりたつものとし，かつ原点を除いて連続とする．

$$S_n=\psi(n,0)+\psi(n,1)+\cdots+\psi(n,n-1)$$

の $n\to\infty$ の極限を求めよ．

7. $f(x)$ を $(-\infty,+\infty)$ で定義された連続関数とし

$$F(x)=\frac{1}{2\delta}\int_{x-\delta}^{x+\delta}f(\xi)\,d\xi$$

とする．$F(x)$ は $F'(x)$ とともに連続であり，かつ任意の有限区間 $[a,b]$ を固定すれば，$\varepsilon(>0)$ に対して δ_0 が定まり，$\delta\leq\delta_0$ ならば，

$$|F(x)-f(x)|<\varepsilon \qquad (x\in[a,b])$$

がなりたつことを示せ．

8. $f(x)$ を $f'(x)$ とともに連続とする．

$$f(x)=f(a)+\int_a^x f'(\xi)\,d\xi$$

を用いて，$f(x)$ は2つの単調増大関数の差としてあらわされることを示せ．

ヒント：一般に $g(x)$ に対して，$g^+(x)=\max(g(x),0)$，$g^-(x)=-\min(g(x),0)$ が定義される．$g(x)=g^+(x)-g^-(x)$ がなりたつ．この分解を $f'(x)$ に適用せよ．

9. $\varepsilon_n\to 0\,(n\to\infty)$ のとき，$\lim\limits_{n\to\infty}\left(1+\varepsilon_n\dfrac{x}{n}\right)^n=1$.

10. $F(x)=\displaystyle\int_0^x\frac{t}{(t+1)(t+3)}dt$ に対し，$\lim\limits_{x\to+\infty}(F(x)-\log x)$ を計算せよ．

11. $\lim\limits_{n\to\infty}\dfrac{n!}{n^n}=0$ を示せ．

12. つぎの関数を微分せよ．

a) $x^m\sin(1/x^n)$ (m,n は正の整数)，　b) $\sin^{-1}(x^3+3)$,

c) $x^{\sqrt{2}}-x^{-\sqrt{2}}$,　d) $\sin^{-1}(a\cos x+b)$,　e) $\dfrac{1}{x+\sqrt{x^2-1}}$, f）$x^{\sin x}$,　　　　g）$\log_{v(x)} u(x)$　$(v(x)>0)$.

13. 図 2.36 においてAは半径 r の円周上の点で正の向きに角速度 ω で回転しているとする．他方，線分 AB は定長 $l(>r)$ であって，Bは x 軸上をうごくものとする．動点Bの速度，加速度を求めよ．

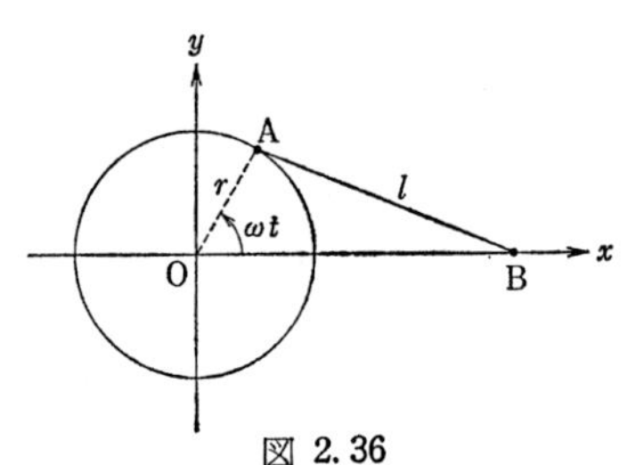

図 2.36

14. 本文 (2.73) を用いることによって，

$$\frac{1}{2}+\sum_{k=1}^{n}\cos k\theta=\sin\left(n+\frac{1}{2}\right)\theta\Big/2\sin\frac{\theta}{2}$$

を示せ．

15.
$$\varepsilon=\cos\frac{2\pi}{n}+i\sin\frac{2\pi}{n}\qquad(n=2,3,\cdots)$$

とする．

$$\varepsilon^{\nu}+\varepsilon^{2\nu}+\cdots+\varepsilon^{n\nu}=\begin{cases}0 & (\nu\text{ が }n\text{ の倍数でないとき}),\\ n & (\nu\text{ が }n\text{ の倍数のとき})\end{cases}$$

を示せ．

16. 級数 $\sum_{n=1}^{\infty}\left(\frac{1}{n}-\sin\frac{1}{n}\right)$ は収束級数であることを示せ．

17. $x\to\infty$ のとき，$a>0$ として

$$\sqrt[3]{ax^3+bx^2+cx+d}==\sqrt[3]{a}\,x+\frac{b}{3a^{2/3}}+O\left(\frac{1}{x}\right)$$

となることを示せ．

ヒント：$H=bx^2+cx+d$ とおき 2 項展開を用いよ．

18. $a>0$ とする．$n<t<n+1$ $(n=1,2,3,\cdots)$，で $\tan\pi t=at$ をみたす t_n が一意的に存在することを確かめ，$n\to\infty$ のとき，

$$t_n=\left(n+\frac{1}{2}\right)-\frac{1}{a\pi n}+O\left(\frac{1}{n^2}\right)$$

とかけることを示せ．

19. $\sum_{n=1}^{\infty}\frac{n+c}{n^2+an+b}$ は発散であるが，

$$\lim_{p\to\infty}\left(\sum_{n=1}^{p}\frac{n+c}{n^2+an+b}-\log p\right)$$

は収束であることを示せ.

20. $a_n>0$ とし $\sum_{n=1}^{\infty}a_n$ は収束級数であるとする. 任意の $\alpha\geq 1$ に対して $\sum_{n=1}^{\infty}a_n{}^{\alpha}$ もまた収束級数であることを示せ.

21. (**Cauchy の定理**) $u_1+u_2+\cdots+u_n+\cdots$ を正項級数とし,

$$\overline{\lim_{n\to\infty}}\sqrt[n]{u_n}=\sigma$$

とする. $\sigma>1$ であれば発散, $\sigma<1$ ならば収束であることを証明せよ.

22. $$f(x)=\begin{vmatrix} a_{11}(x) & a_{12}(x) & a_{13}(x) \\ a_{21}(x) & a_{22}(x) & a_{23}(x) \\ a_{31}(x) & a_{32}(x) & a_{33}(x) \end{vmatrix}$$ とする.

$$f'(x)=\begin{vmatrix} a_{11}'(x) & a_{12}(x) & a_{13}(x) \\ a_{21}'(x) & a_{22}(x) & a_{23}(x) \\ a_{31}'(x) & a_{32}(x) & a_{33}(x) \end{vmatrix}+\begin{vmatrix} a_{11}(x) & a_{12}'(x) & a_{13}(x) \\ a_{21}(x) & a_{22}'(x) & a_{23}(x) \\ a_{31}(x) & a_{32}'(x) & a_{33}(x) \end{vmatrix}+\begin{vmatrix} a_{11}(x) & a_{12}(x) & a_{13}'(x) \\ a_{21}(x) & a_{22}(x) & a_{23}'(x) \\ a_{31}(x) & a_{32}(x) & a_{33}'(x) \end{vmatrix}$$

を示せ.

一般に,

$$f(x)=\begin{vmatrix} a_{11}(x) & \cdots a_{1j}(x) & \cdots a_{1n}(x) \\ \cdots & \cdots & \cdots \\ a_{i1}(x) & \cdots a_{ij}(x) & \cdots a_{in}(x) \\ \cdots & \cdots & \cdots \\ a_{n1}(x) & \cdots a_{nj}(x) & \cdots a_{nn}(x) \end{vmatrix}$$ に対して,

$$f'(x)=\sum_{j=1}^{n}\begin{vmatrix} a_{11}(x) & \cdots a_{1j}'(x) & \cdots a_{1n}(x) \\ \vdots & \vdots & \vdots \\ a_{n1}(x) & a_{nj}'(x) & a_{nn}(x) \end{vmatrix}=\sum_{i=1}^{n}\begin{vmatrix} a_{11}(x) & \cdots & a_{1n}(x) \\ \cdots & \cdots & \cdots \\ a_{i1}'(x) & \cdots & a_{in}'(x) \\ \cdots & \cdots & \cdots \\ a_{n1}(x) & \cdots & a_{nn}(x) \end{vmatrix}$$

となることを証明せよ.

B

1. (**一般化された平均値定理**) $F(x), G(x)$ は $[a, b]$ で連続, $F'(x), G'(x)$ が (a, b) で存在し, $G'(x)\neq 0$ とする. このとき

$$\frac{F(b)-F(a)}{G(b)-G(a)}=\frac{F'(\xi)}{G'(\xi)} \qquad (a<\xi<b)$$

となるようなξが少なくとも1つ存在する．この証明をつぎの線に沿って示せ．

1)　$G'(x)>0$，または　$G'(x)<0$　の何れかである（第2章 演習問題 A 問 3 参照）．したがって　$u=G(x)$　の逆関数を　$x=\Phi(u)$　とし，$f(u)=F(\Phi(u))$　とする．このとき

$$f'(u)=\frac{F'(\Phi(u))}{G'(\Phi(u))}$$

がなりたつ．

2)　$f(u)$　に平均値定理を適用する．

2.　(**l'Hôpital**（ロピタル）の定理）　1)　$F(x), G(x)$　に対し前問の仮定の他に，$F(a)=G(a)=0$　の仮定をおく．

$$\lim_{x\to a+0}\frac{F(x)}{G(x)}=\lim_{x\to a+0}\frac{F'(x)}{G'(x)}$$

がなりたつ．すなわち，右辺が存在すれば左辺も存在して等号がなりたつ．

2)　$F(x), G(x)$　は　$[a,+\infty)$　で連続で，$x\to+\infty$　のとき　$F(x), G(x)$　はともに$\pm\infty$のいずれかに発散するとする．さらに　$F'(x), G'(x)$　が存在して，かつ$G'(x)\neq 0$　とする．このとき

$$\lim_{x\to+\infty}\frac{F(x)}{G(x)}=\lim_{x\to+\infty}\frac{F'(x)}{G'(x)}$$

がなりたつ．すなわち右辺が存在すれば左辺も存在して両者はひとしい．

3.　$F(x)=\int_a^x f(t)\,dt$　とおく．$f(t)$　は　$[a, +\infty)$　で連続で，$f(t)/t^\alpha\to A\,(t\to+\infty)$　とする．$\alpha>-1$　として，

$$F(x)\sim\frac{A}{\alpha+1}x^{\alpha+1} \qquad (x\to+\infty)$$

がなりたつことを示せ．ここで　$A\neq 0$　とする．

注意　一般に　$f(x)/g(x)\to 1\ (x\to\pm\infty)$　のとき，$f(x)\sim g(x)\ (x\to\pm\infty)$　とかく．

4.　つぎのことは正しいか？　$f(x)$　は　$f'(x)$　とともに　$[-1,+1]$　で連続で，$x=0$の近傍で　$f(x)=O(x^3)$，すなわち　$|f(x)|\leq C|x|^3$　がなりたつとする，このとき$f''(0)$　は存在し，$f''(0)=0$　である．

第3章　微積分法の運用

3.1　序

第2章では微積分の基礎的な事項をのべたが，この章ではこれらの事項から導かれる種々の事柄を説明すると同時にそれらの運用をなるべく具体的な例にもとづいて説明することにする．また第2章では第1次導関数に対する考察がほとんどであったが，この章では第2次導関数が介在する重要な幾何学的概念ならびにその活用についてのべる．最後に関数項の級数として定義される関数に対する種々の演算について考察する．

3.2　原始関数を求める手法

$f(x)$ を $[a,b]$ で定義された連続関数とし，$F(x)$ を $f(x)$ の1つの原始関数とする．このことを示すのに，以後しばしば

$$F(x)=\int f(x)\,dx$$

とかく．この記号は，右辺が $f(x)$ の原始関数の全体を示すという意味から，左辺を $F(x)+C$ とかくと正しいのであるが，C を省略した．

さて $\varphi(t)$ を $t\in[\alpha,\beta]$ で定義された，$\varphi'(t)$ とともに連続な関数で，$a\leq\varphi(t)\leq b$ をみたすとする．このとき合成関数の微分法から，

$$\frac{d}{dt}F(\varphi(t))=f(\varphi(t))\varphi'(t)$$

がなりたつ．右辺は $t\in[\alpha,\beta]$ で連続であるから，上式は

$$F(\varphi(t))=\int f(\varphi(t))\varphi'(t)\,dt$$

と同等である．

つぎの定理は理論的に重要である.

定理 3.1　**(積分変数の変換公式)**　$\varphi(t)$ はうえにのべた条件をみたすとする. t_1, t_2 を $[\alpha,\beta]$ に含まれる任意の2点とし, $\varphi(t_1)=x_1$, $\varphi(t_2)=x_2$ とする.

$$\int_{x_1}^{x_2} f(x)\,dx=\int_{t_1}^{t_2} f(\varphi(t))\varphi'(t)\,dt \tag{3.1}$$

がなりたつ.

証明　左辺は $F(x_2)-F(x_1)$ にひとしい(微積分の基本公式より). ところで,

$$F(x_2)-F(x_1)=F(\varphi(t_2))-F(\varphi(t_1))=\int_{t_1}^{t_2} f(\varphi(t))\varphi'(t)\,dt.$$

ゆえに定理が示された.　(証明おわり)

注意　(3.1) の右辺は, $\varphi(t)$ を $x(t)$ とかくと,

$$\int_{t_1}^{t_2} f(x(t))\frac{dx}{dt}dt.$$

ゆえに積分変数 x を $dx=\dfrac{dx}{dt}dt$ という式によって, 新しい積分変数 t におきかえる法則を示している. このさい, 積分範囲を示す上限, 下限も対応するものでおきかえることを忘れないようにされたい.

定理の系　$c\neq 0$ (正, 負いずれでもよい)として,

$$\int_a^b f(x)\,dx=c\int_{a/c}^{b/c} f(ct)\,dt \tag{3.2}$$

がなりたつ.

証明　$x=ct$ によって新しい積分変数 t を導入する. $dx=cdt$ だから, 積分範囲を示す上限, 下限の変更も考慮して, 上式が正しいことがわかる.

(証明おわり)

例 1 $\displaystyle\int_0^x (x-\xi)^n f(\xi)\,d\xi = x^{n+1}\int_0^1 (1-t)^n f(xt)\,dt \qquad (n=0,1,2,\cdots).$

解 $x\neq 0$ とし，$\xi=xt$，すなわち $t=\xi/x$ によって新しい積分変数 t を導入する．$d\xi=xdt$ であり，$(x-\xi)^n=x^n(1-t)^n$ だから，うえの変換公式をえる．なお $x=0$ のときは，両辺はともに 0 になり正しいことがわかる．

例 2 $\displaystyle\int_0^1 (ax+b)^n dx.$ まず $a\neq 0$ とし，$ax+b=t$ によって新しい積分変数 t を導入する．$x=\dfrac{1}{a}(t-b)$ より，$dx=\dfrac{1}{a}dt$ であり，したがってうえの定積分は

$$\frac{1}{a}\int_b^{a+b} t^n dt=\frac{1}{a}\left[\frac{t^{n+1}}{n+1}\right]_b^{a+b}=\frac{(a+b)^{n+1}-b^{n+1}}{(n+1)a}.$$

ただし，n は実数で ≥ 0 と仮定した．ここで $a\neq 0$ は当然の仮定であって，$a=0$ のときは，積分記号下の関数は b^n という定数となり，積分の値は b^n である．なおこの値は，上式最後の式において，$a\to 0$ の極限としてえられることを注意しておこう．

例 3 $\log x=\displaystyle\int_1^x \frac{1}{t}dt\ (x>0)$ において，$s=1/t$ によって新しい積分変数 s を導入する．$t=\dfrac{1}{s}$ だから，$dt=-\dfrac{1}{s^2}ds$ であるから，

$$\log x=-\int_1^{1/x}\frac{1}{s}ds=-\log\left(\frac{1}{x}\right)$$

をえる．

原始関数に関することに話をもどそう．記号を少しかえて考える．この節の最初にのべたことにより，$f(\varphi(x))\varphi'(x)$ の 1 つの原始関数は $F(\varphi(x))$ である．ただし，このとき x が考察している範囲，くわしくは区間，を動くとき，原始関数 $F(u)$ の定義されている u の区間内に，$\varphi(x)$ がいつもはいっていることが必要である．

例によって，説明する．

例 4 $\displaystyle\int \varphi(x)^p\varphi'(x)\,dx$ を求めること．

解　$f(u)=u^p$, $u=\varphi(x)$ と考える.

$$\int f(u)\,du=\int u^p du=\begin{cases}\dfrac{1}{p+1}u^{p+1} & (p\neq -1),\\ \log|u| & (p=-1)\end{cases}$$

である. ゆえに

$$\int \varphi(x)^p\varphi'(x)\,dx=\begin{cases}\dfrac{1}{p+1}\varphi(x)^{p+1} & (p\neq -1),\\ \log|\varphi(x)| & (p=-1)\end{cases} \tag{3.3}$$

をえる. このとき注意が肝要である. $p=0,1,2,\cdots$ のときには, x の範囲は自由であるが, $p=-1,-2,\cdots$ のときには, 考える区間で $\varphi(x)$ **は定符号であることが必要である**. すなわち0にならないことが必要である. また p を実数と考えた場合は, $\varphi(x)>0$ であることが必要である.

なお (3.3) はつぎの記号で計算される場合が多い.

$$\int \varphi(x)^p\varphi'(x)\,dx=\int \varphi(x)^p d\varphi(x)=\begin{cases}\dfrac{1}{p+1}\varphi(x)^{p+1} & (p\neq -1),\\ \log|\varphi(x)| & (p=-1).\end{cases}$$

$\varphi(x)$ として例えば $\log x$, $\sin x$, $\cos x$ とおくと, つぎの公式がえられる.

$$\int \frac{(\log x)^p}{x}dx=\int (\log x)^p d(\log x)=\begin{cases}\dfrac{1}{p+1}(\log x)^{p+1} & (p\neq -1),\\ \log|\log x| & (p=-1),\end{cases}$$

$$\int \sin^n x\cos x\,dx=\int (\sin x)^n d(\sin x)=\frac{1}{n+1}\sin^{n+1}x \quad (n=0,1,2,\cdots),$$

$$\int \tan x\,dx=-\int \frac{1}{\cos x}d(\cos x)=-\log|\cos x|.$$

この最初の式, 最後の式において, この公式が適用される x の区間は無条件ではないことを注意しておこう. 例えば最後の場合では考える区間を通じて $\cos x\neq 0$ であることが必要である.

さて，原始関数を求めるさいの積分変数の変換は，やや別の形で行なわれる．$f(x)$ の原始関数を求めるのに，**新しい変数** t を導入し，$x=\varphi(t)$ とおいて，

$$G(t)=\int f(\varphi(t))\varphi'(t)dt \tag{3.4}$$

を算出し，t のところに，これに対応する x を代入するという手法である．いままでの論法だと，$\varphi(t)$ に対して**単調性を仮定していないので** $x=\varphi(t)$ を逆に解くことは一般には不可能である． そこで仮定として，$\varphi'(t)>0$，または $\varphi'(t)<0$ の何れかがなりたつことを要請しよう．そうすれば，逆関数があるので，$t=\psi(x)$ とおく．すなわち，

$$x=\varphi(t) \Longleftrightarrow t=\psi(x)$$

とする．そうすれば，

$$\int f(x)dx=G(\psi(x)) \tag{3.5}$$

をえる．

念のために (3.5) を検証しておく． $\dfrac{d}{dx}G(\psi(x))=G'(\psi(x))\cdot\psi'(x)$ $=f(\varphi(t))\varphi'(t)\psi'(x)=f(x)\varphi'(t)\psi'(x)$ であるが，$\varphi(t)$，$\psi(x)$ は互いに逆関数であるから，(2.41) より $\varphi'(t)\psi'(x)=1$ である．

例 5 $\displaystyle\int\frac{dx}{\sqrt{a^2-x^2}}$ を求めること．(2.71) より $\displaystyle\int\frac{dx}{\sqrt{1-x^2}}=\sin^{-1}x$ であるから，これに帰着させることを考える．$\dfrac{1}{\sqrt{a^2-x^2}}=\dfrac{1}{a\sqrt{1-\left(\dfrac{x}{a}\right)^2}}$ だから $(a>0)$，$x/a=t$，すなわち $x=at$ とおく．

$dx=adt$ だから，

$$\int\frac{dx}{\sqrt{a^2-x^2}}=\frac{1}{a}\int\frac{adt}{\sqrt{1-t^2}}=\sin^{-1}t=\sin^{-1}\frac{x}{a}.$$

同様にして，(2.80)，(2.82) より，$a>0$ として，

$$\int \frac{dx}{\sqrt{a^2+x^2}}=\sinh^{-1}\frac{x}{a}=\log\frac{x+\sqrt{a^2+x^2}}{a}.$$

例 6　$\displaystyle\int\frac{dx}{(ax+b)^2+c^2}$ $(a\neq0)$ を求めること．$ax+b=t$ とおく．$dx=\dfrac{1}{a}dt$ だから，$=\dfrac{1}{a}\displaystyle\int\frac{1}{t^2+c^2}dt$．(2.70) に帰着させるために，$\dfrac{1}{c^2+t^2}=\dfrac{1}{c^2\left\{1+\left(\dfrac{t}{c}\right)^2\right\}}$ とおく．ただし $c\neq0$ とする．$t/c=u$ とおくと，

$$\int\frac{1}{c^2+t^2}dt=\frac{1}{c}\int\frac{du}{1+u^2}=\frac{1}{c}\tan^{-1}u=\frac{1}{c}\tan^{-1}\frac{t}{c}.$$

ゆえに

$$\int\frac{dx}{(ax+b)^2+c^2}=\frac{1}{ac}\tan^{-1}\frac{ax+b}{c}$$

となる．

また $c=0$ のときは，$\dfrac{1}{a}\displaystyle\int\frac{1}{t^2}dt=-\frac{1}{a}t^{-1}=-\frac{1}{a(ax+b)}$ となる．

例 7　$\displaystyle\int\frac{1}{x\sqrt{x^2-a^2}}dx$ を求めること．$\dfrac{1}{x\sqrt{x^2-a^2}}=\dfrac{1}{x^2\sqrt{1-(a/x)^2}}$ と考えて，$\dfrac{a}{x}=t$ とおく．すなわち $x=\dfrac{a}{t}$ とおく．$dx=-\dfrac{a}{t^2}dt$ であり，$\dfrac{1}{x^2}=\dfrac{1}{a^2}t^2$ であることより，

$$\int\frac{1}{x\sqrt{x^2-a^2}}dx=-\frac{1}{a}\int\frac{dt}{\sqrt{1-t^2}}=-\frac{1}{a}\sin^{-1}t=-\frac{1}{a}\sin^{-1}\frac{a}{x}$$

をえる．ただし $x>|a|$ を仮定した．

同様にして，

$$\int\frac{dx}{x\sqrt{x^2+a^2}}=-\frac{1}{a}\sinh^{-1}\frac{a}{x},$$

$$\int\frac{dx}{x\sqrt{a^2-x^2}}=-\frac{1}{a}\cosh^{-1}\frac{a}{x}$$

をえる．

部分積分法 すでに第2章で定積分に対して部分積分法を導入し((2.24) 参照)，この方法を Taylor の公式を導く場合などに適用してきた. 原始関数を算出するさいにもこの原理は重要な働きをする.

$f(x)$, $g(x)$ を連続関数とし，その原始関数をそれぞれ $F(x), G(x)$ とする. $(F(x)G(x))'=f(x)G(x)+F(x)g(x)$ であるから,

$$\int f(x)G(x)dx=F(x)G(x)-\int F(x)g(x)dx \tag{3.6}$$

がえられる.

例 8 $\int \sin^{-1}x dx$ を求める. 公式を適用するに当って，$f(x)=1$, $G(x)=\sin^{-1}x$ とおけば,

$$\int \sin^{-1}x dx = x\sin^{-1}x-\int x\cdot\frac{1}{\sqrt{1-x^2}}dx$$
$$=x\sin^{-1}x+\sqrt{1-x^2}$$

をえる. 同様にして,

$$\int \tan^{-1}x dx = x\tan^{-1}x-\frac{1}{2}\log(1+x^2).$$

例 9 $\int (\log x)^2 dx$ を求める. $\log x=t$ とおくと，$x=e^t$ だから，$dx=e^t dt$ である. ゆえに,

$$\int e^t t^2 dt=e^t t^2-\int e^t\cdot 2t dt=e^t t^2-e^t\cdot 2t+2\int e^t dt$$
$$=e^t(t^2-2t+2)=x\{(\log x)^2-2\log x+2\}.$$

ここで部分積分法をくり返して用いた. 一般に $p(x)$ を x の多項式とすると,

$$\int e^x p(x)dx=e^x\{p(x)-p'(x)+p''(x)-\cdots\},$$

という公式がえられることを注意しておこう.

$f(\sin\theta, \cos\theta)$ の積分　$\tan\frac{\theta}{2}=t$ とおくと，$\sin\theta=\frac{2t}{1+t^2}$，$\cos\theta=\frac{1-t^2}{1+t^2}$，$\frac{d\theta}{dt}=\frac{2}{1+t^2}$ となるから，

$$\int f(\sin\theta, \cos\theta)\,d\theta=\int f\left(\frac{2t}{1+t^2}, \frac{1-t^2}{1+t^2}\right)\frac{2}{1+t^2}dt$$

となる．

例 10　$\int\frac{dx}{\sin x}$ を求める．うえの公式より，$\tan\frac{x}{2}=t$ とおけば，

$$\int\frac{dx}{\sin x}=\int\frac{dt}{t}=\log|t|+C=\log\left|\tan\frac{x}{2}\right|+C.$$

例 11　$\int\frac{dx}{2+\sin x}$ を求める．うえの式より，

$$\int\frac{dt}{t^2+t+1}=\frac{2}{\sqrt{3}}\tan^{-1}\frac{2}{\sqrt{3}}\left(t+\frac{1}{2}\right)+C=\frac{2}{\sqrt{3}}\tan^{-1}\left(\frac{2\tan\frac{x}{2}+1}{\sqrt{3}}\right)+C.$$

有理関数の不定積分　一般的に考察する場合には複素変数関数の範囲で考える方が便利である．　以後その考えを必要なときには用いる．　一般に多項式 $Q(x)$ は，

$$Q(x)=a(x-\alpha_1)^{m_1}(x-\alpha_2)^{m_2}\cdots(x-\alpha_s)^{m_s}$$

と因数分解される．　ここで $\alpha_i\neq\alpha_j\ (i\neq j)$ で，α_i は複素数も許すとする．$m_1=m_2=\cdots=m_s=1$ としよう．一般に $P(x)$ を多項式とするとき，

$$\frac{P(x)}{Q(x)}=E(x)+\frac{P_1(x)}{Q(x)}\quad(E(x)：多項式；\mathrm{degree}\,P_1<\mathrm{degree}\,Q)$$

と分解される．右辺の第２項を問題にするので，一般性を失うことなく，以後 $P(x)$ の次数は $Q(x)$ のそれより小であると仮定する．この仮定のもとで

$$\frac{P(x)}{Q(x)}=\sum_{i=1}^{s}\frac{P(\alpha_i)}{Q'(\alpha_i)(x-\alpha_i)}$$

がなりたつ．実際，右辺を $\sum\frac{c_i}{x-\alpha_i}$ とおいて両辺に Q をかけると，

$$P(x)=a\sum_{i=1}^{s}c_i(x-\alpha_1)\cdots(x-\alpha_{i-1})(x-\alpha_{i+1})\cdots(x-\alpha_s)$$

であるが，$x=\alpha_i$ とおくと，$P(\alpha_i)=c_iQ'(\alpha_i)$ がなりたつ．以上より，

$$\int\frac{P(x)}{Q(x)}dx=\sum_{i=1}^{s}\frac{P(\alpha_i)}{Q'(\alpha_i)}\log(x-\alpha_i)+C.$$

ここで α_i が実数の場合は $\log(x-\alpha_i)$ は $\log|x-\alpha_i|$ でおきかえてよい．

さて α_i が複素数——実数でない場合——のときは，

$$\log(x-\alpha_i)=\log|x-\alpha_i|+i\arg(x-\alpha_i)$$

である．arg は偏角(argument)の略記号である．$P(x), Q(x)$ がともに実係数の多項式の場合を考えると，α が $Q(x)=0$ の根であれば α の共役数 $\bar{\alpha}$ もまた $Q(x)=0$ の根であり，かつ $P(\bar{\alpha})/Q'(\bar{\alpha})=\overline{P(\alpha)}/\overline{Q'(\alpha)}$ であるから，うえの分解において，

$$\frac{c}{x-\alpha}+\frac{\bar{c}}{x-\bar{\alpha}}=\frac{(c+\bar{c})x-(c\bar{\alpha}+\bar{c}\alpha)}{(x-\alpha)(x-\bar{\alpha})}=\frac{px+q}{(x-a)^2+b^2}$$

という形となる．ここで $\alpha=a+ib$ であり，p, q は実数である．ゆえにこの積分は，

$$\frac{p}{2}\log[(x-a)^2+b^2]+q'\tan^{-1}\frac{x-a}{b}$$

の形をとる．

例 12 $\int\frac{dx}{x^3+1}$ の計算．

$$x^3+1=(x+1)(x-\omega)(x-\bar{\omega})\qquad\left(\omega=\frac{1+\sqrt{3}\,i}{2}\right).$$

$$\frac{1}{x^3+1}=\frac{1}{3(x+1)}+\frac{1}{3\omega^2(x-\omega)}+\frac{1}{3\bar{\omega}^2(x-\bar{\omega})},$$

$\omega^2=-\bar{\omega},\ \bar{\omega}^2=-\omega$ を考慮すれば，

$$3\times(\text{最後の 2 項})=\frac{-1}{\bar{\omega}(x-\omega)}+\frac{-1}{\omega(x-\bar{\omega})}=-\frac{x-2}{\left(x-\frac{1}{2}\right)^2+\frac{3}{4}},$$

$$\int\frac{dx}{x^3+1}=\frac{1}{3}\log|x+1|-\frac{1}{6}\log\left|\left(x-\frac{1}{2}\right)^2+\frac{3}{4}\right|$$

$$+\frac{1}{\sqrt{3}}\tan^{-1}\frac{2\left(x-\frac{1}{2}\right)}{\sqrt{3}}+C.$$

一般の場合に移ろう．後にのべる定理 8.18 の証明を考慮すれば，

$$\frac{P(x)}{Q(x)}=E(x)+\sum_{i=1}^{s}\left[\frac{A_i^{(m_i)}}{(x-\alpha_i)^{m_i}}+\frac{A_i^{(m_i-1)}}{(x-\alpha_i)^{m_i-1}}+\cdots+\frac{A_i^{(1)}}{x-\alpha_i}\right]$$

の形をとる*)．ここで $E(x)$ は多項式である．

$$\int\frac{dx}{(x-\alpha)^m}=\begin{cases}\dfrac{1}{1-m}\cdot\dfrac{1}{(x-\alpha)^{m-1}} & (m=2,3,\cdots),\\ \log(x-\alpha) & (m=1)\end{cases}$$

であるから，上式の右辺の積分は，

$$\int\frac{P(x)}{Q(x)}dx=\frac{p(x)}{q(x)}+\sum_i A_i^{(1)}\log(x-\alpha)+C$$

の形となることがわかる．ここで $p(x)$，$q(x)$ は多項式であるが，
$q(x)=(x-\alpha_1)^{m_1-1}(x-\alpha_2)^{m_2-1}\cdots(x-\alpha_s)^{m_s-1}$ である．ただし $m_i=1$ のときには，$(x-\alpha_i)^0\equiv1$ として考える．

ゆえに問題は多項式 $p(x)$ を

$$\frac{P(x)}{Q(x)}-\frac{d}{dx}\left(\frac{p(x)}{q(x)}\right)=\sum_i\frac{A_i^{(1)}}{x-\alpha_i}$$

---

*) α が実数でないとき，$Q(x)$ が実係数の多項式だと，$\bar{\alpha}$ も根であり，それらの根の重複度もひとしい．さらに $P(x)$ も実係数だと，うえの表現式で，$\bar{\alpha}_j=\alpha_i$ とすれば，$\bar{A}_i^{(m_k)}=A_j^{(m_k)}$ $(k=1,2,\cdots,i)$．

の形のもとで求めることに帰着される.

例 13 $\displaystyle\int\frac{dx}{x^2(x+1)}$ の計算.

$$\frac{1}{x^2(x+1)}=\frac{d}{dx}\left(\frac{C}{x}\right)+\frac{A}{x}+\frac{B}{x+1}.$$

これより, $A=-1$, $B=1$, $C=-1$ をえる. ゆえに,

$$\int\frac{dx}{x^2(x+1)}=-\frac{1}{x}-\log|x|+\log|x+1|+C.$$

3.3 異常積分(積分の拡張)

第2章で原点を中心とする単位円の弧の長さを求めたさい, 上半円周上の, x 座標が0から x $(0\leq x\leq 1)$ までに対応する部分の弧の長さは,

$$s=\int_0^x\frac{1}{\sqrt{1-t^2}}dt$$

であった. 他方, 円周の長さの幾何学的意味から, $x\to 1$ のとき, この極限は存在して $\pi/2$ になることをわれわれは知っている. 式でかけば,

$$\lim_{x\to 1-0}\int_0^x\frac{dt}{\sqrt{1-t^2}}=\lim_{x\to 1-0}\sin^{-1}x=\frac{\pi}{2}.$$

しかし, $\displaystyle\int_0^1\frac{dt}{\sqrt{1-t^2}}$ は, いままでの連続関数に対する定積分のわくからはみ出ている. それゆえ積分の定義を拡張して,

$$\int_0^1\frac{dx}{\sqrt{1-x^2}}=\lim_{\varepsilon\to 0}\int_0^{1-\varepsilon}\frac{dx}{\sqrt{1-x^2}}$$

と定義したい. この定義を一般的に考えたものが**異常積分**(improper integral)とよばれるものである.

定義 3.1 $f(x)$ は有限な開区間 (a,b) で連続であって, ε,ε' がともに(独立に) 0 に近づくとき,

$$\int_{a+\varepsilon}^{b-\varepsilon'} f(x)\,dx$$

が有限な極限値をもてば，この値をもって $f(x)$ の $[a,b]$ における積分と定義する．ゆえに

$$\int_a^b f(x)\,dx = \lim_{\varepsilon,\varepsilon'\to 0}\int_{a+\varepsilon}^{b-\varepsilon'} f(x)\,dx$$

である．なおこのとき異常積分は収束であるという．

この定義を微積分の基本公式の拡張という見地からながめてみよう．定義にある仮定は，$f(x)$ の (a,b) における1つの原始関数を $F(x)$ とするとき，$\lim_{x\to a+0} F(x)$，$\lim_{x\to b-0} F(x)$ がともに有限値として存在することと同等である．実際，(a,b) の1点を c とすると，

$$F(x)-F(c)=\int_c^x f(t)\,dt \qquad (a<x<b)$$

がなりたつからである．ゆえに，うえの極限をそれぞれ $F(a), F(b)$ と定義すれば，$F(x)$ は $[a,b]$ で連続であり，(a,b) で微分可能であって，うえの定義の意味で，

$$F(b)-F(a)=\int_a^b f(x)\,dx$$

がなりたつ．

異常積分を考察するさいに基本になるのは，$(0,1]$ で定義された連続関数 $1/x^\alpha$ $(\alpha>0)$ である．

$$(3.7)\qquad \int_\varepsilon^1 \frac{dx}{x^\alpha} = \begin{cases} \dfrac{1}{1-\alpha}(1-\varepsilon^{1-\alpha}) & (\alpha<1), \\[2mm] \log\dfrac{1}{\varepsilon} & (\alpha=1), \\[2mm] \dfrac{1}{\alpha-1}\left(\dfrac{1}{\varepsilon^{\alpha-1}}-1\right) & (\alpha>1) \end{cases}$$

であるから，$\alpha<1$ のときにのみ異常積分は存在し，

$$\int_0^1 \frac{dx}{x^\alpha}=\frac{1}{1-\alpha} \qquad (\alpha<1)$$

となる．

つぎに積分区間が無限にひろがっている場合を考えよう．

$$\int_0^A \frac{1}{1+x^2}dx=\tan^{-1}A$$

であるから，$A\to+\infty$ のとき積分は $\pi/2$ に近づく．したがって，$\int_0^{+\infty}\frac{1}{1+x^2}dx$ を $\lim_{A\to+\infty}\int_0^A\frac{1}{1+x^2}dx$ でもって定義すれば，この値は $\pi/2$ である．この拡張を一般的に定義すると，

定義 3.2 $f(x)$ は $[a,+\infty)$ で連続で，$\lim_{A\to+\infty}\int_0^A f(x)dx$ が有限値として存在するならば，その極限値でもって，$f(x)$ の $[a,+\infty)$ での積分と定義する．すなわち

$$\int_a^{+\infty} f(x)dx=\lim_{A\to+\infty}\int_a^A f(x)dx$$

である．同様にして，

$$\int_{-\infty}^a f(x)dx=\lim_{A\to-\infty}\int_A^a f(x)dx$$

が定義される． (定義おわり)

定義 3.1 の場合と同様に，$F(x)$ を $f(x)$ の1つの原始関数とすれば，うえの仮定は，$\lim_{A\to+\infty} F(A)$ が有限な極限値をもつことであり，この値を $F(+\infty)$ とかくことにすれば，

$$F(+\infty)-F(a)=\int_a^{+\infty} f(x)dx$$

がなりたつ．つぎの式は基本的である．$a>0$ として，

$$(3.8)\qquad \int_a^A \frac{dx}{x^\alpha}=\begin{cases} \dfrac{1}{\alpha-1}\left(\dfrac{1}{a^{\alpha-1}}-\dfrac{1}{A^{\alpha-1}}\right) & (\alpha>1), \\ \log\dfrac{A}{a} & (\alpha=1), \\ \dfrac{1}{1-\alpha}(A^{1-\alpha}-a^{1-\alpha}) & (\alpha<1). \end{cases}$$

したがって，$\alpha>1$ のときにのみ，異常積分は存在して，

$$\int_a^{+\infty}\frac{dx}{x^\alpha}=\frac{1}{(\alpha-1)a^{\alpha-1}}$$

となる．

注意 1　(3.7) と (3.8) は当然ながら，内容としては同一のことなのである．実際，$1/x=t$ という積分変数の変換によって，$dx=-\dfrac{1}{t^2}dt$ を考慮すれば，

$$\int_\varepsilon^1 \frac{1}{x^\alpha}dx=-\int_{1/\varepsilon}^1 t^{\alpha-2}dt=\int_1^{1/\varepsilon}\frac{1}{t^{2-\alpha}}dt$$

がなりたつ．

注意 2　うえの結果を精密化することができる．$[a,+\infty)$ において，$f(x)=1/x$ が異常積分の収束，発散の境目の関数であったが，$\dfrac{1}{x}\times\dfrac{1}{(\log x)^\alpha}$ $(\alpha>0)$ を考えてみよう．$a>1$ として，

$$\int_a^A \frac{1}{x(\log x)^\alpha}dx=\begin{cases} \dfrac{1}{1-\alpha}\{(\log A)^{1-\alpha}-(\log a)^{1-\alpha}\} & (\alpha\neq 1), \\ \log(\log A)-\log(\log a) & (\alpha=1) \end{cases}$$

であるから(§ 3.2 例 4 参照)，$A\to+\infty$ のとき，$\alpha>1$ のときに限り有限な極限をもつ．ゆえに，

$$(3.9)\qquad \int_a^{+\infty}\frac{1}{x(\log x)^\alpha}dx=\frac{1}{(\alpha-1)(\log a)^{\alpha-1}}\qquad (\alpha>1,\ a>1).$$

$x=1/t$ という積分変数の変換により，

$$\int_0^{1/a}\frac{1}{t\left(\log\frac{1}{t}\right)^{\alpha}}dt=\frac{1}{(\alpha-1)(\log a)^{\alpha-1}} \qquad (\alpha>1,\ a>1) \tag{3.10}$$

をえる．　　(注意おわり)

異常積分の存在，いいかえれば積分の収束のための判定条件をのべる前に，念のためにつぎの命題を示しておこう．

命題 3.1 **(Cauchy の収束条件)**　$F(x)$ を $[a,+\infty)$ で定義された関数とする．$\lim_{x\to+\infty}F(x)$ が有限確定であるための必要十分条件は，任意の $\varepsilon(>0)$ に対して L がとれて，

$$x, x'>L \quad \text{であれば，} \ |F(x)-F(x')|<\varepsilon$$

がなりたつことである．

証明

1)　**必要性**　$\lim_{x\to+\infty}F(x)=A$ とする．このことより，任意の ε に対して，L がとれて，$x>L$ でありさえすれば，

$$|f(x)-A|<\frac{\varepsilon}{2}$$

がなりたつ．$x, x'>L$ とすれば，$|f(x)-f(x')|\leq|f(x)-A|+|f(x')-A|<\frac{\varepsilon}{2}+\frac{\varepsilon}{2}=\varepsilon$ がなりたつ．

2)　**十分性**　$x_1, x_2, \cdots, x_n, \cdots$ を $[a,+\infty)$ の点で $+\infty$ に近づく数列とする．くわしくいえば，任意の L に対して，N がとれて，$n>N$ であれば，$x_n>L$ をみたすということである．さて，仮定から数列 $F(x_1), F(x_2), \cdots, F(x_n), \cdots$ は Cauchy の収束条件をみたす(定理 1.8)．ゆえに，一意的な有限な極限値をもつ．これを A とおこう：$\lim_{n\to\infty}F(x_n)=A$.

さて，定理の仮定にもどろう．そこにおいて，$n>N$ であれば $x_n>L$ だから，x' のところに x_n を入れた不等式がなりたつ：

$$|F(x)-F(x_n)|<\varepsilon \qquad (x>L,\ n>N).$$

ゆえに,

$$|F(x)-A|\leq|F(x)-F(x_n)|+|F(x_n)-A|<\varepsilon+|F(x_n)-A|.$$

ここで真中の式を忘れてしまうと,

$$|F(x)-A|<\varepsilon+|F(x_n)-A| \qquad (n>N)$$

となるが, 左辺は n には無関係な数であり, 他方右辺において, n を大きくすれば $|F(x_n)-A|$ はいくらでも小にとれる. ゆえに $|F(x)-A|\leq\varepsilon$ でなくてはならない. ε は任意であったから, $\lim_{x\to\infty} F(x)=A$ が示された. (証明おわり)

注意　うえの命題は, 有限な点 a の近傍での場合でも全く同様になりたつ. 推論は全く同様なので繰り返さない. あるいは, $F(x)$ が $(a,b]$ で定義されていて, 任意の $\varepsilon(>0)$ に対して, δ がとれて, $0<x-a<\delta$, $0<x'-a<\delta$ であれば $|F(x)-F(x')|<\varepsilon$ がなりたつという条件は, $1/(x-a)=t$ とおくことによって, ただちにうえの場合に帰着されると考えてもよい. (注意おわり)

つぎの定理は応用上重要である.

定理 3.2　$[a,+\infty)$ において $(a>0)$ $f(x)$ は連続で, $f(x)=\psi(x)/x^\alpha$ とする.

1)　$\alpha>1$ でかつ $\psi(x)$ が有界関数ならば $[a,+\infty)$ で $f(x)$ の積分は存在する.

2)　$\alpha\leq 1$ であって, かつ x が十分大きいとき $\psi(x)$ は定符号となり, $|\psi(x)|\geq\delta_0(>0)$ となるような δ_0 がとれるときには $f(x)$ の積分は存在しない.

証明

1)
$$F(x)=\int_a^x \frac{\psi(t)}{t^\alpha}dt$$

とおくと, $\lim_{x\to+\infty} F(x)$ が有限値として存在することを示すことになるが, 命題 3.1 を用いよう. $x, x'>L$ とする. $x'>x$ としよう.

$$|F(x)-F(x')|=\left|\int_x^{x'}\frac{\psi(t)}{t^\alpha}dt\right|\leq M\int_x^{x'}\frac{1}{t^\alpha}dt$$
$$=M\frac{1}{\alpha-1}\left(\frac{1}{x^{\alpha-1}}-\frac{1}{x'^{\alpha-1}}\right)<\frac{M}{\alpha-1}\frac{1}{x^{\alpha-1}}$$

がなりたつ．ここで M は $|\psi(t)|\leq M$ をみたす数であり，また (3.8) を用いた．最後の量は，$\dfrac{M}{\alpha-1}\dfrac{1}{L^{\alpha-1}}$ より小であり，これは L を大きくとれば ε より小にできる．実際

$$\frac{M}{\alpha-1}\frac{1}{L^{\alpha-1}}<\varepsilon$$

をみたす L は，$L^{\alpha-1}>M/(\alpha-1)\varepsilon$ であればよく，ε が小なときが問題であるから，この右辺は1より大であるとしてよい．この場合には，
$L>\{M/(\alpha-1)\varepsilon\}^{1/(\alpha-1)}$ ととればよい．

2) 考えを定めるために $\psi(x)\geq\delta_0(x\geq L)$ としよう．$x>L$ のとき

$$F(x)-F(L)=\int_L^x\frac{\psi(t)}{t^\alpha}dt\geq\delta_0\int_L^x\frac{dt}{t^\alpha}$$
$$=\begin{cases}\delta_0\dfrac{1}{1-\alpha}(x^{1-\alpha}-L^{1-\alpha}) & (\alpha<1)\\ \delta_0(\log x-\log L) & (\alpha=1)\end{cases}$$

であり((3.8)参照)，$x\to+\infty$ のとき最後の量は $+\infty$ に近づく．

(証明おわり)

うえの定理より直ちにつぎの事実が示される．

系 $f(x)$ は $(a,b]$ で連続であって，$f(x)=\psi(x)/(x-a)^\alpha$ とする．

1) $\alpha<1$ かつ $\psi(x)$ が有界ならば，$(a,b]$ での $f(x)$ の積分は存在する．

2) $\alpha\geq1$ かつ x が a に十分近ければ $\psi(x)$ は定符号であって，$|\psi(x)|\geq\delta_0(>0)$ となるような δ_0 が存在するときは，$f(x)$ の $(a,b]$ における積分は存在しない．

証明 $\dfrac{1}{\xi-a}=t$ とおく．$\xi=a+\dfrac{1}{t}$，$d\xi=-\dfrac{1}{t^2}dt$ だから，

$$F(x)=\int_x^b f(\xi)\,d\xi=\int_c^{\frac{1}{x-a}}\frac{f\left(a+\frac{1}{t}\right)}{t^2}dt=\int_c^{\frac{1}{x-a}}\frac{\psi\left(a+\frac{1}{t}\right)}{t^{2-\alpha}}dt$$

$$\left(c=\frac{1}{b-a}\right)$$

をえる．$x\to a+0$ のとき，$1/(x-a)\to+\infty$ であるから，前定理において，α のところを $2-\alpha$ でおきかえたものがなりたつ．　　　（証明おわり）

積分の存在を実例によって調べる前に，§ 2.19 でのべた無限小と同等である無限大に対する若干の考え方と記号についてのべよう．

2つの関数 $f(x)$，$g(x)$ がともに $x=a$ の近傍で定義されており，$x\to a$ のとき，ともに $\pm\infty$ になり，かつ

$$\frac{f(x)}{g(x)}\to K\,(\neq 0)\qquad (x\to a)$$

がなりたつならば，すなわち，$f(x)=g(x)(K+\varepsilon)$，ε は無限小，となるとき，

$$f(x)\sim Kg(x)\qquad (x\to a)\tag{3.11}$$

とかき，$f(x)$ は $Kg(x)$ に**漸近的にひとしくなる**という．また，$f(x)/g(x)\to 0$ $(x\to a)$ のとき，

$$f(x)=o(g(x))\tag{3.12}$$

とかき，$f(x)$ は $g(x)$ より低位の無限大であるという．最後に，$f(x)/g(x)$ が有界にとどまるとき，

$$f(x)=O(g(x))\tag{3.13}$$

とかき，$f(x)$ は $g(x)$ にくらべて，同程度以下の無限大であるという．

例 1　$I=\int_{-1}^{+1}\frac{g(x)}{\sqrt{1-x^2}}dx$，ここで $g(x)$ は $(-1,+1)$ で連続かつ有界であるとする．この積分は異常積分として意味をもつ，いいかえれば積分は収束す

る．実際，積分記号下の関数は $x=+1,\ -1$ の近傍で一般には無限大になるが，例えば $x=1$ の近傍では，

$$\frac{1}{\sqrt{1-x^2}}=\frac{1}{\sqrt{1+x}\sqrt{1-x}}\sim\frac{1}{\sqrt{2}\,(1-x)^{1/2}}\qquad(x\to1-0)$$

となり，$\alpha=1/2$ として定理 3.2 の系が適用される．$x=-1$ でも全く同様である．

さて，$x=\cos\theta\,(0\leq\theta\leq\pi)$ によって新しい積分変数 θ を導入しよう．$dx=-\sin\theta d\theta$ であり，$\sqrt{1-x^2}=\sin\theta$ であることを考慮し，積分範囲を $[-1+\varepsilon,1-\varepsilon]$ として，定理 3.1 を用いると，

$$\int_{-1+\varepsilon}^{1-\varepsilon}\frac{g(x)}{\sqrt{1-x^2}}dx=-\int_{\pi-\varepsilon'}^{\varepsilon'}g(\cos\theta)\,d\theta$$

である．ここで ε' は $1-\varepsilon=\cos\varepsilon'\ (0<\varepsilon'<\pi/2)$ で定義されるものである．ここで $\varepsilon\to0$ とすると，$\varepsilon'\to0$ となるから，

$$I=\int_0^{\pi}g(\cos\theta)\,d\theta$$

をえる．とくに $g(x)$ が $x\in[-1,+1]$ で連続であるときには，$g(\cos\theta)$ は θ の連続関数となり，右辺はいままでの意味の積分である．とくに $g(x)\equiv1$ のときには，$I=\pi$ となる：

$$\int_{-1}^{+1}\frac{dx}{\sqrt{1-x^2}}=\int_0^{\pi}d\theta=\pi.$$

うえの例からわかるように，異常積分も積分変数の変換によって，いままでの連続関数の積分に帰着される場合がある．また逆の場合もありうる．ただしうえの場合のように $x=\varphi(t)$ とすると，$\varphi'(t)$ は区間のはしで 0 になる場合であり，したがって逆関数 $t=\psi(x)$ は区間の端点で $\pm\infty$ の微係数をもつことになる．このような事情も考慮にいれて，つぎの形でまとめておく．

命題 3.2 (異常積分に対する積分変数の変換公式)　1)　$\varphi(t)\ (\alpha\leq t\leq\beta)$ は

せまい意味の単調連続関数であって，$\varphi(\alpha)=a$，$\varphi(\beta)=b$ とし，$t\in(\alpha,\beta)$ で $\varphi'(t)$ は連続とする．そのとき，

$$\int_a^b f(x)\,dx=\int_\alpha^\beta f(\varphi(t))\varphi'(t)\,dt$$

がなりたつ．ただし，左辺または右辺のいずれかの積分が意味をもてば，他の積分も意味をもち，両者はひとしいという意味である．

2)　$\varphi(t)$ $(\alpha\leq t<\beta)$ はせまい意味の単調連続関数で，$\varphi(\alpha)=a$，$\lim_{t\to\beta}\varphi(t)=+\infty$ とし，$t\in(\alpha,\beta)$ で $\varphi'(t)$ は連続とする．このとき，

$$\int_a^{+\infty} f(x)\,dx=\int_\alpha^\beta f(\varphi(t))\varphi'(t)\,dt$$

がなりたつ．ただし意味は 1) にのべた通りである．また $\beta=+\infty$ の場合も許す．

証明　1) の場合のみを示す．$F(x)=\int_c^x f(x)\,dx$ $(c\in(a,b))$ とする．

$$\int_{a+\varepsilon}^{b-\varepsilon'} f(x)\,dx=F(b-\varepsilon')-F(a+\varepsilon)$$
$$=\int_{\alpha+\delta}^{\beta-\delta'} f(\varphi(t))\varphi'(t)\,dt$$

がなりたつ．ただし，$\alpha+\delta=\varphi^{-1}(a+\varepsilon)$，$\beta-\delta'=\varphi^{-1}(b-\varepsilon')$ である．ここで，$\varepsilon\to0$ $(\varepsilon'\to0)$ のとき，$\delta\to0$ $(\delta'\to0)$ であり，この逆も正しいから，命題の正しいことが示された．　　　　（証明おわり）

例 2　$I=\int_0^\infty \frac{dx}{(1+x)\sqrt{x}}$．　$x=t^2$ によって積分変数を t に変換する．$dx=2tdt$ より，

$$I=2\int_0^\infty \frac{1}{1+t^2}dt=2\Big[\tan^{-1}t\Big]_0^{+\infty}=2\cdot\frac{\pi}{2}=\pi.$$

これで完全な解答になっているのであって，この演算の正当さは，命題 3.2 の示すところである．これを使わなくて，$x=0,+\infty$ の近傍での関数の状態を

しらべて，積分の収束をたしかめてから出発するのもよいが，命題3.2は，そうしなくても，適当な積分変数の変更を行なった後で調べてもよいことを示している．

例 3 $g(x)$ を $[0, A]$ で定義された，$g'(x)$ とともに連続な関数とする．$s<1$ として，

$$I(s)=\int_0^A \frac{g(x)}{x^s}dx$$

を考える．この積分は定理 3.2 の系より，収束である．$I(s)$ は $s<1$ で s の連続関数であり，かつ $s\to 1$ のとき

$$\int_0^A \frac{g(x)}{x^s}dx \to \int_0^A \frac{g(x)}{x}dx$$

がなんらかの条件のもとでなりたつことを期待するのは根拠があることなのであって，これを解明してみよう．

$g(x)-g(0)=x\psi(x)$ とおくと，$\psi(x)$ は $[0, A]$ で連続である(定理 2.22 参照)．ゆえに，

$$I(s)=g(0)\int_0^A \frac{dx}{x^s}+\int_0^A x^{1-s}\psi(x)dx$$

である．第2項は $s=1$ まで含めて，$s\leq 1$ で s の連続関数であることを簡単に示す．まず ε を小にとり，

$$\left|\int_0^\varepsilon x^{1-s}\psi(x)dx\right|\leq \max|\psi(x)|\int_0^\varepsilon x^{1-s}dx$$

より，右辺は，$M\varepsilon$ より小である$(M=\max|\psi|)$．ついで，$\varepsilon\leq x\leq A$ で，$x^{1-s}=e^{(1-s)\log x}$ を考慮すれば，$s'\to s$ のとき，$x^{1-s'}\to x^{1-s}$ が $\varepsilon\leq x\leq A$ で一様になりたつことがわかる．ゆえに

$$J(s)=\int_0^A x^{1-s}\psi(x)dx \qquad (s\leq 1)$$

は s の連続関数である．ついで，$I(s)$ の表現式の第1項は，

$$\frac{A^{1-s}}{1-s}g(0)$$

となる．$s\to 1$ のとき，$A^{1-s}=1+o(s-1)$ であるから，つぎの結論をえる：$s\to 1-0$ のとき，$g(0)=0$ のときに限り，$I(s)$ は $J(1)$ に近づく．$g(0)\neq 0$ のときは，$\pm\infty$ に発散するが，その無限大の主要部分 (principal part) は $\frac{1}{1-s}g(0)$ である．式でかけば，

$$I(s)\sim\frac{1}{1-s}g(0) \qquad (s\to 1)$$

とかける．

積分の収束，発散　積分の収束，発散を調べるさいには，定理3.2およびその系による場合が多いが，その判定条件では何もいえなくて，しかも応用上非常に重要な場合がある．以下その1例を示そう．

$$F(x)=\frac{1}{x^\alpha}\cos(x^m) \qquad (\alpha>0,\ m>0)$$

を例えば $x\in[1,+\infty)$ で考える．$|\cos(x^m)|\leq 1$ だから，$x\to+\infty$ のとき $F(x)\to 0$，すなわち $F(+\infty)=0$ である．他方，

$$F'(x)=\frac{-\alpha}{x^{\alpha+1}}\cos(x^m)-mx^{m-1-\alpha}\sin(x^m)$$

であるから，積分

$$m\int_1^{+\infty}x^{m-1-\alpha}\sin(x^m)\,dx=F(1)-\alpha\int_1^{+\infty}\frac{\cos(x^m)}{x^{\alpha+1}}dx$$

は，右辺の第2項が定理3.2により収束であるから，収束である．ここで例えば，$\alpha=1$，$m=4$ とでもおいてみると，左辺は，$4\int_1^{+\infty}x^2\sin(x^4)\,dx$ となり，積分記号下の関数は有界ではなく，粗い感覚では当然発散すると速断したくな

る．また，

$$\int_0^{+\infty}\frac{\sin x}{x}dx, \qquad \int_0^{+\infty}\sin(x^2)\,dx$$

も，$\alpha=1$，$m=1$ および $\alpha=1$，$m=2$ の場合としてえられるもので，ともに収束である．後者の積分は **Fresnel (フレネル) 積分**とよばれ，理論光学などにあらわれる重要な積分である．

つぎに $x=0$ の近傍で収束について考えよう．$x=1/t$ とおくことによって，うえの積分は(t を x にかきかえて)，

$$\int_0^1 \frac{1}{x^{m+1-\alpha}}\sin\left(\frac{1}{x^m}\right)dx \qquad (\alpha>0,\ m>0)$$

となり，収束である．しかしながら，$m=1$，$\alpha=0$ の場合は，

$$\int_\varepsilon^1 \frac{1}{x^2}\sin\left(\frac{1}{x}\right)dx=\int_1^{1/\varepsilon}\sin x dx$$

となり，$\varepsilon\to 0$ のとき発散する．

積分の絶対収束　$f(x)$ を $[a,+\infty)$ で定義された連続関数とするとき，積分，

$$\int_a^{+\infty}|f(x)|dx$$

が収束のとき，積分は**絶対収束**であるという．絶対収束であれば，もちろん収束である．実際，

$$F(x)=\int_a^x f(t)\,dt, \qquad G(x)=\int_a^x |f(t)|dt$$

とおくと，$x'>x(\geq a)$ として，$|F(x')-F(x)|\leq G(x')-G(x)$ がなりたち，命題 3.1 を考慮すれば $F(\infty)$ の有限値としての存在がわかるからである．

例として，$\displaystyle\int_1^\infty \frac{|\sin x|}{x^\alpha}dx$ の収束をしらべよう．答は簡単で，$\alpha\leq 1$のとき発

散で，$\alpha>1$ のとき収束である．実際，$\alpha>1$ のときの収束は定理 3.2 より明らかであるが，$\alpha\leq 1$ のとき

$$\int_{n\pi}^{(n+1)\pi}\frac{|\sin x|}{x^\alpha}dx\geq\frac{1}{\{(n+1)\pi\}^\alpha}\int_0^\pi \sin x dx=\frac{2}{\{(n+1)\pi\}^\alpha}$$

であり，定理 2.25 を考慮すればよい．ところで，絶対収束を問題にしなければ前に調べたことによって($m=1$ とおく)，任意の $\alpha>0$ に対して

$$\int_1^{+\infty}\frac{\sin x}{x^\alpha}dx$$

は収束である．

3.4 片側微係数に対する定理

以後数節にわたって平面曲線に対するやや細かい性質についてのべることにする．考察の基礎は第2章の微分法でのべたものである．その際，微係数の定義に忠実にしたがったが，以下にのべる事実によって，ある条件のもとでは片側微係数(例えば右側微係数)を求めさえすればよいことがわかっているので，この事実を説明しよう．

命題 3.3 $f(x)$ は $[a,b]$ で連続で，(a,b) で $f_+'(x)\geq 0$ ($+\infty$ も許す)ならば，$f(a)\leq f(b)$ である．

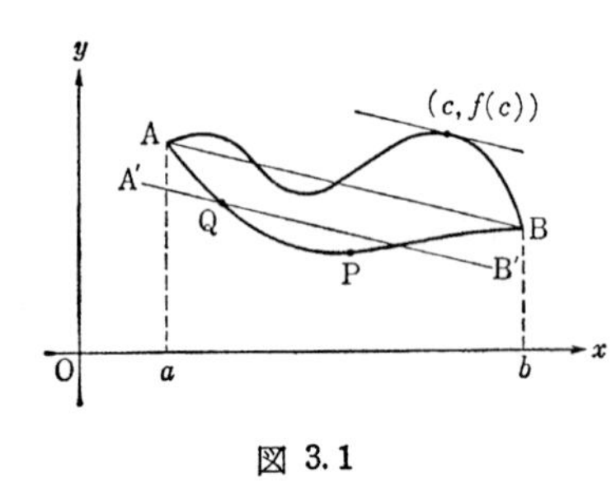

図 3.1

証明 証明の原理は本質的には定理 2.2 と同じである．$f(a)>f(b)$ と仮定すれば矛盾であることを示す．傾き

$$d=\frac{f(b)-f(a)}{b-a}<0$$

であると仮定しよう．$\mathrm{A}=(a,f(a))$，$\mathrm{B}=(b,f(b))$ とし，AB に平行な直線族を考える．まず $y=f(x)$ のグラフがどこかで線分 AB より上の方にでる場合を

考える．このとき AB に平行な直線族のうち上からみていって初めてグラフと交わる直線があるが，それとグラフの交点の１つを $(c,f(c))$ とする．このとき，$\dfrac{f(c+h)-f(c)}{h}\leq d\ (h>0)$ がなりたつから，$f_+'(c)\leq d$ である．これは仮定 $f_+'(x)\geq 0$ と矛盾する．グラフが線分 AB と一致すると，$f'(x)<0$ であるから，残るのは，グラフが線分 AB の下側にある場合である．P を線分 AB 上にない１点とする．P より上側にあって，AB より下側になるような，AB に平行線 A′B′ を考え(図 3.1 参照)，P からグラフにそって左側にみて初めて A′B′ と交わる点を $\mathrm{Q}(c',f(c'))$ とする．まえと同様な理由で $f_+'(c')<0$ であるから，これも矛盾である．（証明おわり）

これより，

系 $f(x)$ は $[a,b]$ で連続で，$x\in(a,b)$ で $f_+'(x)\equiv 0$ ならば，$f(x)$ は定数値関数である．

証明 x_0 を $[a,b]$ の任意の点とする．$f(x)$ を $[a,x_0]$ で考えると，$f_+'(x)\geq 0$ だから $f(x_0)\geq f(a)$．ついで $-f_+'(x)\geq 0$ だから $-f(x_0)\geq -f(a)$，すなわち，$f(a)\geq f(x_0)$．ゆえに $f(x_0)=f(a)$．（証明おわり）

これより目的であったつぎの定理が示される．

定理 3.3 $f(x)$ は $[a,b]$ で連続で，$f_+'(x)$ が $[a,b)$ で存在してかつ連続であれば，$f'(x)$ が存在して $f'(x)=f_+'(x)$ がなりたつ．

証明

$$F(x)=\int_a^x f_+'(\xi)\,d\xi$$

とおこう．$f_+'(x)$ が連続という仮定から $F'(x)=f_+'(x)$ である．ゆえにもちろん，$(F(x)-f(x))_+'\equiv 0,\ x\in[a,b)$ がなりたつ．前命題の系より，$F(x)-f(x)=$ 定数 である．$F(a)=0$ であるから，$F(x)=f(x)-f(a)$．すなわち，

$$f(x)-f(a)=\int_a^x f_+'(\xi)\,d\xi.$$

これより $f'(x)$ が $[a,b)$ で存在して，$f'(x)=f_+'(x)$ がなりたつ．（証明おわり）

3.5 曲線の長さ，接線

第2章では便宜上 $y=f(x)$ $(a\leq x\leq b)$ という形であらわされた曲線の長さを求めた(§ 2.13 参照)．ここでは

$$C:\begin{cases} x=x(t), \\ y=y(t) \end{cases} \qquad (a\leq t\leq b)$$

という形であらわされた一般の場合を考える．$x(t), y(t)$ は $[a,b]$ で定義された連続関数であって，うえのようなとき，曲線 C のパラメータ t による表示という．曲線の長さの定義は前の場合と同様で，C に内接する折線の長さの上限でもって定義する．くわしくいえば，$[a,b]$ の分割 $\Delta: a=t_0<t_1<\cdots<t_n=b$ に対応する内接折線の長さは，

$$L_\Delta=\sum_{i=1}^{n}\sqrt{\{x(t_i)-x(t_{i-1})\}^2+\{y(t_i)-y(t_{i-1})\}^2}$$

であり，曲線 C の長さは，

$$L=\sup_\Delta L_\Delta$$

である．さて $x'(t), y'(t)$ が連続である場合を考えよう．うえの L_Δ の表現に有限増分の公式を使うと，

$$x(t_i)-x(t_{i-1})=x'(\tau_i)(t_i-t_{i-1}), \qquad y(t_i)-y(t_{i-1})=y'(\sigma_i)(t_i-t_{i-1})$$
$$(t_{i-1}<\tau_i, \sigma_i<t_i)$$

だから，

$$L_\Delta=\sum_{i=1}^{n}\sqrt{x'(\tau_i)^2+y'(\sigma_i)^2}\,(t_i-t_{i-1}) \tag{3.14}$$

とかける．このことを準備しておいて，つぎの定理を示す．

定理 3.4
$$L=\int_a^b \sqrt{x'(t)^2+y'(t)^2}dt$$

がなりたつ．

証明 (3.14) より，分割さえ細かければ，L_Δ は定理にいう積分に近いことは，ほとんど自明であるが念のために示しておく．まず，τ_i, σ_i は一般には異なるので，

$$L_\Delta=\sum_{i=1}^n \sqrt{x'(t_i)^2+y'(t_i)^2}\,(t_i-t_{i-1})+\sum_{i=1}^n \varepsilon_i(t_i-t_{i-1})$$

とおいてみよう．第1項は積分の定義から，$\int_a^b \sqrt{x'(t)^2+y'(t)^2}dt$ に近い(分割さえ細かければ)．ゆえに第2項が小さいことを示そう．

まず (2.66) より，任意の a, a', b, b' に対して，

$$\sqrt{a^2+b^2}\le\sqrt{a'^2+b'^2}+\sqrt{(a-a')^2+(b-b')^2}$$

がなりたつ．この式で，a を a' に，b を b' にとりかえた式もなりたつので，結局，

$$|\sqrt{a^2+b^2}-\sqrt{a'^2+b'^2}|\le\sqrt{(a-a')^2+(b-b')^2}\le|a-a'|+|b-b'|$$

がなりたつ．ゆえに，L_Δ における ε_i に対して，

$$|\varepsilon_i|\le|x'(t_i)-x'(\tau_i)|+|y'(t_i)-y'(\sigma_i)|$$

がなりたつ．$x'(t), y'(t)$ の一様連続性によって，分割 Δ の最大幅 $h(\Delta)$ を小にすれば，$\varepsilon_i(i=1,2,\cdots,n)$ はすべて一様に小にとれる．以上より，つぎの結論をえる：与えられた $\varepsilon(>0)$ に対して，δ がとれて，$h(\Delta)<\delta$ であれば，

$$\left|L_\Delta-\int_a^b \sqrt{x'(t)^2+y'(t)^2}dt\right|<\varepsilon$$

がなりたつ．ゆえに，L の定義をみれば，任意の Δ に対して，

$$L_\Delta \leq \int_a^b \sqrt{x'(t)^2+y'(t)^2}dt \tag{3.15}$$

を示せば，定理の証明はすむ.

まず (2.67) より，

$$\left\{\left(\int_{t_{i-1}}^{t_i} |x'(t)|dt\right)^2+\left(\int_{t_{i-1}}^{t_i} |y'(t)|dt\right)^2\right\}^{1/2} \leq \int_{t_{i-1}}^{t_i} \sqrt{x'(t)^2+y'(t)^2}dt$$

がなりたつが，$|x(t_i)-x(t_{i-1})| \leq \int_{t_{i-1}}^{t_i} |x'(t)|dt$，$y(t)$についても同様な式がなりたつので，

$$\sqrt{\{x(t_i)-x(t_{i-1})\}^2+\{y(t_i)-y(t_{i-1})\}^2} \leq \int_{t_{i-1}}^{t_i} \sqrt{x'(t)^2+y'(t)^2}dt \tag{3.16}$$

をえる. i について1から n までの和をとれば (3.15) をえる.

（証明おわり）

うえの定理より，パラメータ t の $[a, t]$ に応ずる曲線の長さを $s(t)$ とかくと，

$$s(t)=\int_a^t \sqrt{x'(t)^2+y'(t)^2}\,dt$$

より，

$$\frac{ds}{dt}=\sqrt{x'(t)^2+y'(t)^2} \tag{3.17}$$

がなりたつ.

例 1　アステロイド(asteroid)　$x=a\cos^3\theta$，$y=a\sin^3\theta\,(a>0)$ の $0\leq\theta\leq\pi/2$ に対応する部分の曲線の長さを求める.

$$x'(\theta)^2+y'(\theta)^2=9a^2\sin^2\theta\cos^2\theta$$

より，

$$L=\int_0^{\pi/2}3a\sin\theta\cos\theta d\theta=\frac{3}{2}a\int_0^{\pi/2}\sin 2\theta d\theta=\frac{3}{2}a.$$

接線 曲線 C が

$$\begin{cases} x=f(t), \\ y=g(t) \end{cases}$$

の形であらわされている場合のその曲線上の1点における**接線** (tangent) または**接ベクトル**を説明しよう．そのためには，$f'(t)$，$g'(t)$ のうち少なくとも1つは0でない場合が興味のある場合であって，そのとき曲線はその点で正則 (regular) であるという．

少し一般的に考えよう．t_0 を (a,b) の1点とし，それに対応する曲線の点を P_0 とする．$\{t_n\}$ を t_0 より大で t_0 に近づく任意の列とし，t_n に応ずる C 上の点を P_n とするとき，ベクトル

$$\frac{1}{t_n-t_0}\overrightarrow{\mathrm{P}_0\mathrm{P}_n}$$

は成分にわけてかけば，$(f(t_n)-f(t_0))/(t_n-t_0)$，$(g(t_n)-g(t_0))/(t_n-t_0)$ であるから，$(f_+'(t_0), g_+'(t_0))$ に近づく（もし存在するならば）．同様にして，$(f_-'(t_0)$, $g_-'(t_0))$ が考えられる．とくに t_0 で $f(t)$，$g(t)$ が微分可能であれば，$(f'(t_0)$, $g'(t_0))$ に近づく．この極限を点 P_0 における1つの**接ベクトル**という．しかし接ベクトルという場合には0ベクトルは許さない場合が多い．また $(f_+'(t_0), g_+'(t_0))=\vec{t}_+$，$(f_-'(t_0), g_-'(t_0))=\vec{t}_-$ がともに0ベクトルでなく，かつその方向比が異なる場合は，その点は**角点** (angular point) であるという．また一般的な慣習として，P_0 を通り，方向比が $f'(t_0):g'(t_0)$ である直線を，点 P_0 における**接線**とよぶ．t の向きを尊重して，$\vec{t}=(f'(t_0), g'(t_0))$ と同じ向きをもつベクトルを**正の向き**の接ベクトル，反対の向きの場合を，**負の向き**の接ベクトルとよぶ．

曲線 C をあらわす t を時間をあらわすパラメータとみるとき，$\vec{v}=(f'(t)$,

$g'(t)$) は**速度ベクトル**とよばれる．また曲線 C の長さは，時刻 a から b までの間に動点 P が通過した**距離**を示している．したがって定理 3.4 は

$$L=\int_a^b |\vec{v}(t)|dt \quad \left(\frac{ds}{dt}=|\vec{v}(t)|\right)$$

とかける．ここで $|\vec{v}(t)|$ は速度ベクトルの大きさ，すなわち**速度**をあらわしている．

法線ベクトルは接ベクトルに直交するベクトルである．すなわち，P_0 を起点として，方向比が $g'(t_0):-f'(t_0)$ であるベクトルである．

極座標による接ベクトルの表現 $r=f(\theta)$ を曲線 C の極座標による表現式とする．ここで $f(\theta)$ は $f'(\theta)$ とともに連続とする．

$$\begin{cases} x(\theta)=r\cos\theta=f(\theta)\cos\theta, \\ y(\theta)=r\sin\theta=f(\theta)\sin\theta \end{cases}$$

より，$(x'(\theta), y'(\theta))=(f'(\theta)\cos\theta-f(\theta)\sin\theta,\ f'(\theta)\sin\theta+f(\theta)\cos\theta)$ である．あるいは簡単に，

$$\vec{t}=(r'\cos\theta-r\sin\theta,\ r'\sin\theta+r\cos\theta)$$

となる．(3.17) より，曲線 C の長さ $s(\theta)$ に対して，

$$\frac{ds}{d\theta}=\sqrt{r^2+r'^2}=\sqrt{f(\theta)^2+f'(\theta)^2} \tag{3.18}$$

がなりたつ．

例 2 Archimedes (アルキメデス) の渦線 (spiral) の弧の長さ．$r=a\theta$ の $0\leq\theta\leq\theta_0$ に対応する部分は，$\sqrt{r^2+r'^2}=a\sqrt{\theta^2+1}$ だから

$$L=a\int_0^{\theta_0}\sqrt{\theta^2+1}\,d\theta=\frac{a}{2}\left[\theta_0\sqrt{\theta_0^2+1}+\log(\theta_0+\sqrt{\theta_0^2+1})\right].$$

例 3 放物線の焦点の転跡線．放物線 $y=\dfrac{1}{2p}x^2$ がすべることなく x 軸上を転るとき，焦点の画く軌跡を求める．$y=\dfrac{1}{2p}x^2$ の弧の長さは，$y'=\dfrac{x}{p}$ である

から，

$$S(x)=\int_0^x \frac{\sqrt{p^2+x^2}}{p}dx=\frac{1}{2p}\left\{x\sqrt{x^2+p^2}+p^2\log\frac{x+\sqrt{x^2+p^2}}{p}\right\}.$$

ところで $M(x,y)$ における接線の方向比は $(1,y'(x))=(1,x/p)$ であるから，接線の方程式は，

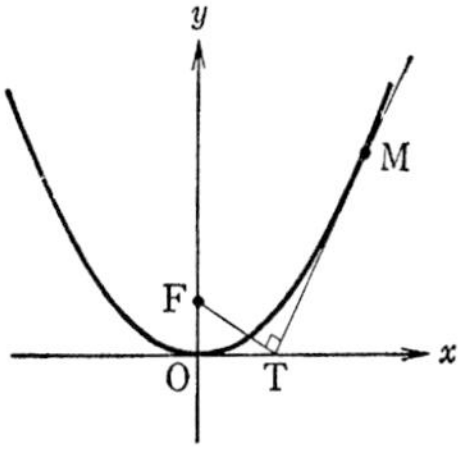

$$Y-y=\frac{x}{p}(X-x)$$

である．$y=\dfrac{1}{2p}x^2$, $Y=0$ とおくと，$X=\dfrac{x}{2}$ である．

図 3.2

ゆえに，図 3.2 において，T の座標は $(x/2,0)$ である．

$$\overline{\mathrm{MT}}^2=y^2+\left(\frac{x}{2}\right)^2=\frac{x^2(x^2+p^2)}{4p^2}\ \text{より，}\quad \overline{\mathrm{MT}}=\frac{x\sqrt{x^2+p^2}}{2p}.$$

また F の座標は $\left(0,\dfrac{p}{2}\right)$ であるから，$\overline{\mathrm{FT}}=\dfrac{\sqrt{x^2+p^2}}{2}$ である．まとめると，

$$\begin{cases}(\mathrm{arc\ OM})-\overline{\mathrm{MT}}=\dfrac{p}{2}\log\dfrac{x+\sqrt{x^2+p^2}}{p},\\ \overline{\mathrm{FT}}=\dfrac{\sqrt{x^2+p^2}}{2}\end{cases}$$

をえる．放物線の性質より，$\mathrm{MT}\perp\mathrm{FT}$ であるから，放物線がすべることなく転って，M が x 軸上にきたときの焦点 F′ の座標を (X,Y) とおくと，

$$\begin{cases}X=(\mathrm{arc\ OM})-\overline{\mathrm{MT}}=\dfrac{1}{2}p\log\dfrac{x+\sqrt{x^2+p^2}}{p},\\ Y=\overline{\mathrm{FT}}=\dfrac{1}{2}\sqrt{x^2+p^2}.\end{cases}$$

これから x を消去するために，まず第1式を $\dfrac{x+\sqrt{x^2+p^2}}{p}=e^{2X/p}$ と変形し，この左辺と $\dfrac{\sqrt{x^2+p^2}-x}{p}$ との積は1であることを考慮すれば，

$$\frac{\sqrt{x^2+p^2}+x}{p}=e^{\frac{2X}{p}},\qquad \frac{\sqrt{x^2+p^2}-x}{p}=e^{-\frac{2X}{p}}$$

をえるから，両辺を加え，かつ上の関数式を考慮して，

$$Y=\frac{p}{4}(e^{\frac{2X}{p}}+e^{-\frac{2X}{p}})=\frac{p}{2}\cosh\frac{2X}{p}$$

をえる．

パラメータ t の変換　曲線のパラメータ t をとりかえるさい，何も断らなければ，$\tau=\varphi(t)$ はせまい意味の単調増大連続関数であるのが普通である．なお $\varphi(t)$ がせまい意味の単調減少関数であるときには，曲線の向きをかえるということもある．

さて $\varphi(t)$ が $\varphi'(t)>0$ と共に連続であるとしよう．$\tau=\varphi(t)$ の逆関数を $t=\varphi^{-1}(\tau)$ とかくと，$x(t), y(t)$ は $x(\varphi^{-1}(\tau)), y(\varphi^{-1}(\tau))$ とかかれるが，

$$\frac{d}{d\tau}x(\varphi^{-1}(\tau))=x'(t)\frac{d}{d\tau}\varphi^{-1}(\tau)=\frac{x'(t)}{\varphi'(t)}$$

となる．$x(\varphi^{-1}(\tau))$ を**簡単のために** $\boldsymbol{x(\tau)}$ **とかく**．

$$x'(\tau)=\frac{x'(t)}{\varphi'(t)},\qquad y'(\tau)=\frac{y'(t)}{\varphi'(t)} \tag{3.19}$$

である．とくに $\varphi(t)$ として，$[a,t]$ に対応する曲線の長さをとれば，

$$s=\varphi(t)=\int_a^t\sqrt{x'(t)^2+y'(t)^2}dt$$

であるから，

$$x'(t)^2+y'(t)^2\neq 0\qquad (a\leq t\leq b) \tag{3.20}$$

を仮定すれば，$\varphi'(t)=\sqrt{x'(t)^2+y'(t)^2}>0$ であるから，条件がみたされて，

$$x'(s)=\frac{x'(t)}{\sqrt{x'(t)^2+y'(t)^2}},\qquad y'(s)=\frac{y'(t)}{\sqrt{x'(t)^2+y'(t)^2}} \tag{3.21}$$

となる．$(x'(s), y'(s))$ は**正の向きの単位接ベクトル**の成分である．すなわち

$$(3.22) \qquad x'(s)^2+y'(s)^2=1.$$

以下の考察ではパラメータを s にとって考える場合が多い．しかし上記の考察で大事な点は (3.20) を仮定したことであった．以下 (3.20) を仮定しない場合を考える．

$s=\varphi(t)$ はひろい意味の単調増加関数であるので逆関数は必ずしも存在しない．そのことは，$t_1<t_2$ に対して $\varphi(t_1)=\varphi(t_2)$ となる場合である．このとき定理 3.4 より，$x'(t)\equiv y'(t)\equiv 0$ $(t_1\leq t\leq t_2)$ がしたがう．ゆえに $t\in[t_1,t_2]$ では $(x(t),\,y(t))$ は全然変化しない．このことを考慮すると，$s\in[0,L]$ を指定すると，$s=\varphi(t)$ となる t の集合は 1 点か，さもなければ 1 つの区間をなすが，後者の場合，区間のどの点をとっても $(x(t),y(t))$ は同じである．ゆえにこのとき記号を乱用して $x(\varphi^{-1}(s)),y(\varphi^{-1}(s))$ とかいても確定した値をもつ．これを $x(s),y(s)$ とかく．$(x(s),y(s))$ は s の連続関数である．そして $s_1<s_2$ のとき，それに応ずる t_1,t_2 は一意性の問題はあるが，とにかく $t_1<t_2$ がなりたつ．しかし $x'(s),y'(s)$ の存在は，対応する点で $x'(t)^2+y'(t)^2\neq 0$ がなりたっていなければ，一般にはなりたたない．以下その一例を示す．

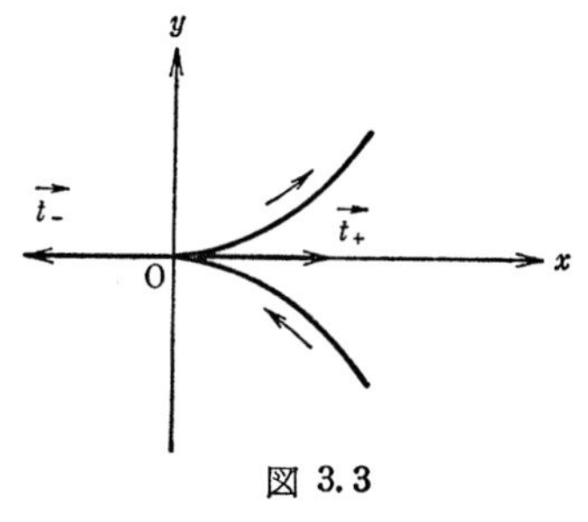

図 3.3

例 4

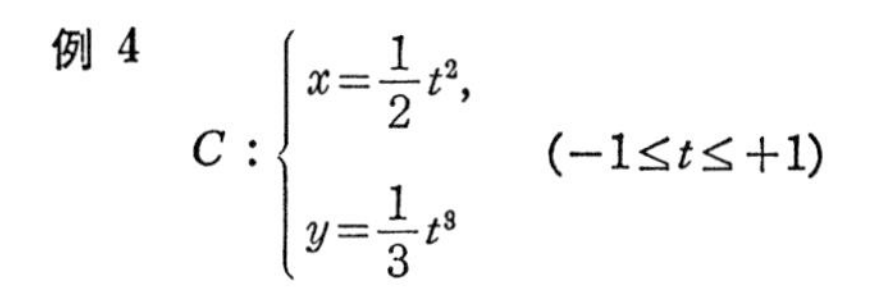

$$C:\begin{cases} x=\dfrac{1}{2}t^2, \\ y=\dfrac{1}{3}t^3 \end{cases} \qquad (-1\leq t\leq +1)$$

を考える．$x'(t)=t$，$y'(t)=t^2$ より，

$$\varphi'(t)=\sqrt{x'(t)^2+y'(t)^2}=|t|\sqrt{1+t^2}\sim|t| \qquad (t\to 0).$$

ゆえに，曲線の $t\in[-1,0]$ に応ずる部分の長さを s_0 とすると，

$$\begin{cases} x_\pm'(s_0)=\displaystyle\lim_{t\to\pm 0}\frac{x'(t)}{\varphi'(t)}=\pm 1 \quad (\text{複号同順}), \\ y_\pm'(s_0)=\displaystyle\lim_{t\to\pm 0}\frac{y'(t)}{\varphi'(t)}=0 \end{cases}$$

となり，$(x'(s_0), y'(s_0))$ は存在しない．このことは原点，すなわち $t=0$ で曲線の向きが 180° 変ることを示している(図 3.3 参照)．このような点を尖点(cusp)または**ひきかえし点**とよぶ．

問　例1でとりあつかったアステロイド $x=a\cos^3\theta$，$y=a\sin^3\theta$ は，$\theta\neq 0, \dfrac{\pi}{2}, \pi, \dfrac{3}{2}\pi$ で連続的に変る接ベクトルをもつが，$\theta=0, \dfrac{\pi}{2}, \pi, \dfrac{3}{2}\pi$ は尖点であることを示せ．

3.6 曲　　率

曲率(curvature)とは曲線の曲り具合を数量的にあらわしたもので，曲線の正の向きに考えて Δs だけ移動したときに，正の向きの接線の向きが $\Delta\varphi$ だけ変ったとすると(正，負を入れて考える)，

$$\lim_{\Delta s\to 0}\frac{\Delta\varphi}{\Delta s}$$

で定義される量である．

うえの定義から，接線の正の向きに対して左側に曲っている場合は曲率は正で，右側に曲っている場合は負である．また曲線の向きをかえると，接線の正の向きが反対になるために，曲率も符号をかえる．最後に半径 a の円周の場合，それを正の方向づけを与えると，$a\Delta\varphi=\Delta s$ がなりたつから，曲率は $1/a$ であることがわかる．

以後 (3.20) を仮定する．すなわち $x'(t)^2+y'(t)^2\neq 0$ とする．接ベクトルは $\vec{t}=(x'(t), y'(t))$ であり，$x'(t)\neq 0$ のとき，$\vec{t}$ が x 軸の正の向きとなす角を φ とすると，

$$\tan\varphi=\frac{y'(t)}{x'(t)}.$$

ゆえに，$\varphi=\tan^{-1}\dfrac{y'(t)}{x'(t)}$ である．$x'(t)=0$ のときは $y'(t)\neq 0$ だから，$\varphi=\cot^{-1}\dfrac{x'(t)}{y'(x)}$ がなりたつ．$\dfrac{ds}{dt}=\sqrt{x'(t)^2+y'(t)^2}$ を考慮すれば，

$$\frac{d\varphi}{ds}=\frac{d\varphi}{dt}\cdot\frac{dt}{ds}=\frac{d}{dt}\left(\tan^{-1}\frac{y'(t)}{x'(t)}\right)\frac{dt}{ds}=\frac{x'(t)y''(t)-x''(t)y'(t)}{x'(t)^2+y'(t)^2}$$
$$\times\frac{1}{\{x'(t)^2+y'(t)^2\}^{1/2}}$$

であるから，

$$\frac{d\varphi}{ds}=\frac{x'(t)y''(t)-x''(t)y'(t)}{\{x'(t)^2+y'(t)^2\}^{3/2}} \tag{3.23}$$

をえる．$x'(t)=0$ のときは，$(\cot^{-1}x)'=\dfrac{-1}{1+x^2}$ より同一の式をえる．とくに t として，弧長 s をとると，(3.22) より，

$$\frac{d\varphi}{ds}=x'(s)y''(s)-x''(s)y'(s) \tag{3.24}$$

となる[*]．$d\varphi/ds$ を $\boldsymbol{k}$ または $\boldsymbol{1/\rho}$ **とかくことにしよう．**

(3.24) の別の表現はつぎの通りである．$x'(s)^2+y'(s)^2=1$ を s に関して導関数をとった式と，(3.24) とをならべると，

$$x'x''+y'y''=0,$$
$$-y'x''+x'y''=k(s)$$

となる．これより，

$$\begin{cases} x''(s)=-k(s)y'(s), \\ y''(s)=k(s)x'(s) \end{cases} \tag{3.25}$$

がえられる．逆に (3.25) をみたす $k(s)$ は，$x'^2+y'^2=1$ より (3.24) の右辺で与えられるから，曲率に他ならない．

曲率円，曲率中心

$(x(t),y(t))$ を曲線上の1点とし，曲率 $k(t)=d\varphi/ds\neq0$ とする．このとき $(x(t),y(t))$ を通る法線上に，向きとして，$d\varphi/ds>0$ ならば，接線の正の向き

*) $s=s_0$ で $d\varphi/ds=0$ であり，かつ s_0 の前後で $d\varphi/ds$ の符号が変るとき，$s=s_0$ に応ずる点は変曲点とよばれる．

を $+\pi/2$ だけ回転させ，$d\varphi/ds<0$ ならば $-\pi/2$ 回転させたものをえらぶ．この向きにそって $(x(t), y(t))$ から距離 $|\rho|=1\Big/\left|\dfrac{d\varphi}{ds}\right|$ の点をとり，その点を中心とする半径 $|\rho|$ の円を考える．この円を**曲率円**，中心を**曲率中心**，半径 $|\rho|$ を**曲率半径**という．式で表現しよう．単位法線の方向余弦を

$$\vec{n}=\left(\frac{-y'(t)}{\sqrt{x'(t)^2+y'(t)^2}}, \frac{x'(t)}{\sqrt{x'(t)^2+y'(t)^2}}\right)$$

とえらべば，上記の定義より，曲率中心 (ξ, η) は，

$$\xi(t)=x(t)-\rho(t)\frac{y'(t)}{\sqrt{x'(t)^2+y'(t)^2}}, \qquad \eta(t)=y(t)+\rho(t)\frac{x'(t)}{\sqrt{x'(t)^2+y'(t)^2}}$$

とかける．とくに t として，曲線の弧長 s をとれば，

$$\begin{cases} \xi(s)=x(s)-\rho(s)y'(s), \\ \eta(s)=y(s)+\rho(s)x'(s) \end{cases} \tag{3.26}$$

となる．

いうまでもないことであるが，曲率円の曲率半径は $|\rho|$ である．ここでは証明しないが，点 $(x(t), y(t))$ を通る円弧で，その点の近傍で曲線 C のある意味での最良近似を与えるものが曲率円なのである．

例 1　放物線 $y=x^2$ の曲率半径を求める．一般に $y=f(x)$ であらわされる曲線は x をパラメータとするものであって，x の増加の方向に対応するのが曲線の正の向きである．(3.23) より

$$k=\frac{d\varphi}{ds}=\frac{f''(x)}{\{1+f'(x)^2\}^{3/2}} \tag{3.27}$$

である．この式に代入すると，

$$k=\frac{2}{(1+4x^2)^{3/2}} \qquad (>0)$$

がえられる．この逆数が曲率半径である．なお曲率半径が最小になる(曲率が

最大になる)点は $x=0$ に対応する点で，そのとき $\rho(0)=1/2$ である．

例 2 楕円の曲率を求める．$x=a\cos\varphi$，$y=b\sin\varphi$ $(a>b)$ とする．(3.23) より

$$k(\varphi)=\frac{ab}{(a^2\sin^2\varphi+b^2\cos^2\varphi)^{3/2}} \qquad (>0)$$

をえる．なお曲率が最大になる点は $\varphi=0,\ \pi$ であり，$k(0)=k(\pi)=a/b^2$，最小になるのは $\varphi=\dfrac{\pi}{2},\dfrac{3}{2}\pi$ であり，$k\left(\dfrac{\pi}{2}\right)=k\left(\dfrac{3}{2}\pi\right)=b/a^2$ である．

例 3 曲率 $k(\neq 0)$ が一定な曲線 C は半径 $1/|k|$ の円にかぎることを示す．まずとり扱いを簡単にするために，$(x(s),y(s))$ を C の弧長 s による表示としたとき，直交座標を選びかえて，$s=0$ で，

$$(3.28)\qquad \begin{cases} x(0)=y(0)=0, \\ x'(0)=1,\ \ y'(0)=0 \end{cases}$$

と仮定できる．(3.25) より，

$$(3.29)\qquad \begin{cases} x''(s)=-ky'(s), \\ y''(s)=kx'(s). \end{cases}$$

まず，第1式を微分して，第2式を代入すれば，$x'''(s)=-k^2x'(s)$．すなわち，$(x''(s)+k^2x(s))'=0$，よって $x''(s)+k^2x(s)=C$ をえるが，$s=0$ とおいてみると，$x''(0)=-ky'(0)=0$，$x(0)=0$ より $C=0$ である．

$$x''(s)=-k^2x(s)$$

は § 2.14 の例6と同じ形の方程式である．ゆえに (3.28) を考慮しながら同じ推論を適用しよう．まず

$$x'(s)^2+k^2x(s)^2=1$$

をえる．ゆえに $k\gtrless 0$ に応じて，

$$\pm\int_0^x \frac{du}{\sqrt{a^2-u^2}}=ks \quad \left(a=\frac{1}{k}\right) \qquad (\text{複号同順})$$

となり，結局，

$$x(s)=\frac{1}{k}\sin(ks)$$

をえる．これを (3.29) の第2式に代入し，$y''(s)=k\cos(ks)$ となるが，(3.28) を考慮して，$y'(s)=\sin(ks)$,

$$y(s)=\int_0^s \sin(k\xi)\,d\xi=\frac{1}{k}\{1-\cos(ks)\}$$

をえる．これより，s を消去して

$$x^2+\left(y-\frac{1}{k}\right)^2=\frac{1}{k^2}.$$

加速度ベクトルの表現

前節で曲線 $C:(x(t),y(t))$ の t を時間とみれば，$\vec{v}(t)=(x'(t),y'(t))$ は速度ベクトルであることを注意したが，力学的に重要である加速度ベクトル

$$\frac{d}{dt}\vec{v}(t)=(x''(t),y''(t))$$

の別の表現を考えよう．今考えている点の近傍で $\vec{v}(t)\neq 0$ と仮定する．そうすれば，弧長 s(＝軌道の長さ) と t との間に1対1の対応がなりたち，$x'(s)$, $y'(s)$ は連続であり，

$$\vec{v}(t)=\left(x'(s)\frac{ds}{dt},\ y'(s)\frac{ds}{dt}\right)$$

とかける．$(x'(s),y'(s))=\vec{t}(s)$ とかこう．$\vec{t}(s)$ は軌道 C の正の向きの**単位接線ベクトル**である．ゆえに，

$$\vec{v}(t)=\frac{ds}{dt}\vec{t}(s)$$

とかける．さらに，$\vec{n}(s)=(-y'(s),\ x'(s))$ という**単位法線ベクトル**を導入すれば，(3.25) は

$$\frac{d}{ds}\vec{t}(s)=k(s)\vec{n}(s) \qquad (k：曲率) \tag{3.30}$$

とかける．これより，

$$\frac{d}{dt}\vec{v}(t)=\frac{d^2s}{dt^2}\vec{t}(s)+k(s)\left(\frac{ds}{dt}\right)^2\vec{n}(s) \tag{3.31}$$

と表現できる．この式は加速度ベクトルを接線方向と法線方向に直交分解した式であって，力学的に興味深いものである．

極座標の場合の曲率の表現式

動径方向から測って，接線の正の向きがなす角を ω とし，接線が始線となす角を φ とすると，

$$\varphi=\theta+\omega$$

がなりたつ(図 3.4 参照)．$d\omega/d\theta$ を直接計算してみよう．まず，$\Delta\theta>0$ として，図 3.5 より，($\overline{\mathrm{OP}}=f(\theta)$，$\overline{\mathrm{OM}}=f(\theta+\Delta\theta)$ として)　　cot(∠MPH)

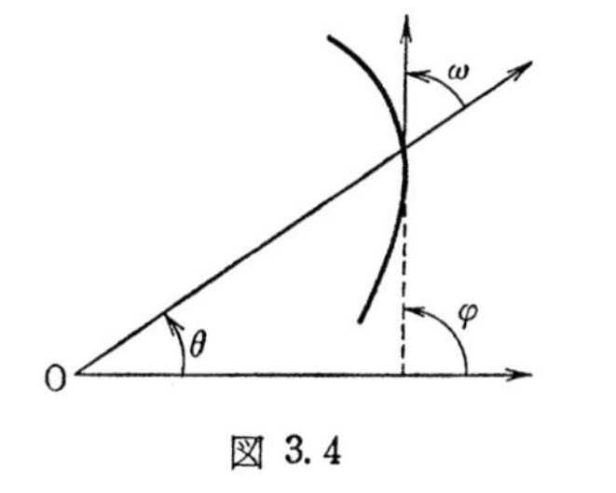

図 3.4

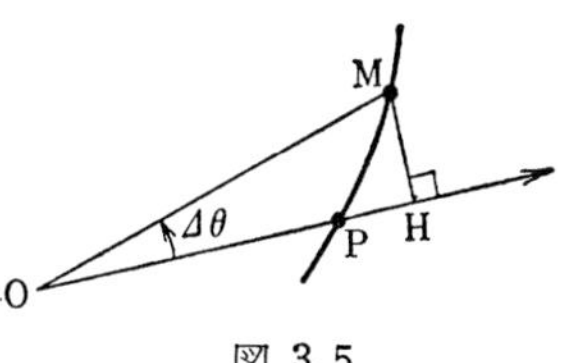

図 3.5

$=\overrightarrow{\mathrm{PH}}/\overline{\mathrm{MH}}$ である．ここで $\overrightarrow{\mathrm{PH}}$ とかいたのは，ベクトル $\overline{\mathrm{PH}}$ が動径方向を向いているか，反対方向であるかにしたがって $\pm\overline{\mathrm{PH}}$ とあらわすこととしたからである．

$$\overline{\mathrm{MH}}=\overline{\mathrm{OM}}\sin\Delta\theta=f(\theta+\Delta\theta)\sin\Delta\theta,$$

$$\overrightarrow{\mathrm{PH}}=\overline{\mathrm{OH}}-\overline{\mathrm{OP}}=f(\theta+\Delta\theta)\cos\Delta\theta-f(\theta)$$

である．ゆえに，$\overline{\mathrm{MH}}$，$\overrightarrow{\mathrm{PH}}$ のそれぞれの主要部分は，$f(\theta)\Delta\theta$，$f'(\theta)\Delta\theta$ である．ゆえに，$\cot(\angle\mathrm{MPH})=f'(\theta)/f(\theta)\ (1+\varepsilon)$，ここで ε は $\Delta\theta\to 0$ のとき0に近づく．$\Delta\theta\to 0$ とすると，$\angle\mathrm{MPH}$ は ω に近づくから，

$$\cot\omega=\frac{f'(\theta)}{f(\theta)}=\frac{r'}{r} \tag{3.32}$$

がなりたつ．$\omega=\cot^{-1}\dfrac{r'}{r}$ より，

$$\frac{d\omega}{d\theta}=\frac{r'^2-rr''}{r^2+r'^2} \tag{3.33}$$

がなりたつ．

ゆえに，

$$\frac{d\varphi}{d\theta}=1+\frac{d\omega}{d\theta}=\frac{2r'^2-rr''+r^2}{r^2+r'^2},$$

また (3.18) を考慮すれば，曲率 $k=d\varphi/ds$ は，

$$k=\frac{2r'^2-rr''+r^2}{\{r^2+r'^2\}^{3/2}} \qquad (r'=f'(\theta),\ r''=f''(\theta))$$

がなりたつ．

3.7 平行曲線

いままでの考察の応用例として平行曲線の性質をのべる．身近な例としては，カーブしている2本の軌道レールなどがある．

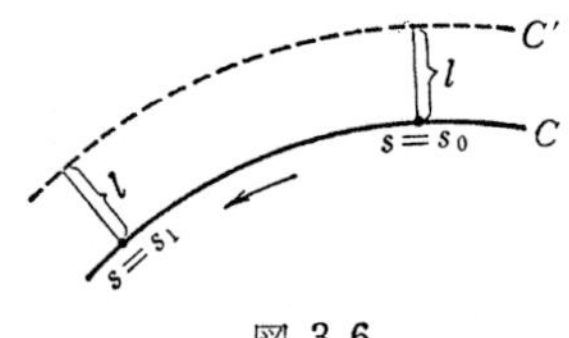

図 3.6

曲線 C は $x'(s), y'(s), x''(s), y''(s)$ が連続であって，かつ曲率 $k(s)\neq 0$ と仮定する．C の各点から法線にそって定長 l の点をとってできる点の軌跡 C' を考えよう．C' を C の**平行曲線**という．法線の正の向きを，

接線ベクトルの正の向きを $-\pi/2$ 回転させたものとえらぶと，C' の点 (ξ,η) は，

$$\begin{cases} \xi(s)=x(s)+ly'(s), \\ \eta(s)=y(s)-lx'(s) \end{cases}$$

とかける．ゆえに，$\xi'(s)=x'(s)+ly''(s)$，$\eta'(s)=y'(s)-lx''(s)$ に (3.25) を用いると，

$$\begin{cases} \xi'(s)=\{1+lk(s)\}x'(s), \\ \eta'(s)=\{1+lk(s)\}y'(s) \end{cases} \tag{3.34}$$

をえる．これより，$\xi'(s):\eta'(s)=x'(s):y'(s)$．すなわち，**対応する点における接線の方向は平行である**．この性質があるので平行曲線とよぶのである．

つぎに C' の曲線の長さを見よう．$x'(s)^2+y'(s)^2=1$ を考慮すれば，

$$\sqrt{\xi'^2+\eta'^2}=1+lk(s) \tag{3.35}$$

をえる．ただし，$1+lk(s)>0$ を仮定した．

ゆえに，$s=s_0$ から $s=s_1$ までに対応する C' の曲線の長さ L' は，

$$\begin{aligned} L'&=\int_{s_0}^{s_1}\{1+lk(s)\}ds=\int_{s_0}^{s_1}ds+l\int_{s_0}^{s_1}\frac{d\varphi}{ds}ds \\ &=(s_1-s_0)+l\int_{\varphi_0}^{\varphi_1}d\varphi=L+l(\varphi_1-\varphi_0). \end{aligned}$$

すなわち C' の弧の長さは，もとの C の弧の長さに，正の接ベクトルの角変動量 $(\varphi_1-\varphi_0)$ と l との積を加えたものである．とくに C が閉曲線の場合は，角変動量は 2π であるから，

$$L'=L+2\pi l$$

となる．

つぎに C' の曲率を考える．(3.34) を微分すれば，

$$\xi''=(1+lk)x''+lk'x',$$

$$\eta''=(1+lk)y''+lk'y',$$
$$\xi'\eta''-\xi''\eta'=(1+lk)^2(x'y''-x''y')$$

がしたがう．これと (3.35) を考慮すれば，曲率の公式 (3.23) より，

$$k_1(s)=\frac{\xi'\eta''-\xi''\eta'}{\{\xi'^2+\eta'^2\}^{3/2}}=\frac{x'y''-x''y'}{1+lk(s)}=\frac{k(s)}{1+lk(s)}.$$

$k(s), k_1(s)$ の逆数をそれぞれ $\rho(s), \rho_1(s)$ とかけば，

$$\rho_1(s)=l+\rho(s)$$

がなりたつ．

最後に C と C' で囲まれた部分の面積を求めておく．これは後にのべる一般的考察から導かれるが，大抵の場合面積に関しては無限小の考えを用いれば直接求められる．s_0 から s までに対応する部分の面積を $S(s)$ とする．$\varDelta s>0$ として，

$$\varDelta S=S(s+\varDelta s)-S(s)$$

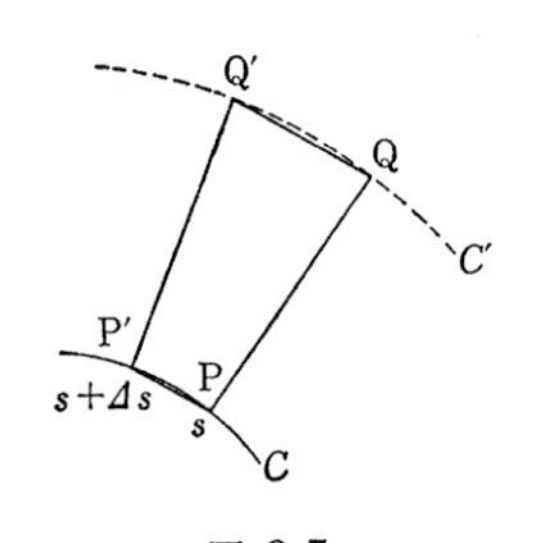

図 3.7

を考える．図 3.7 において，曲 4 辺形 PQQ′P′ の面積が $\varDelta S$ である．$\varDelta s$ を基準としたときの $\varDelta S$ の主要部分を考えよう．まず，曲 4 辺形の面積と等脚台形 PQQ′P′ の面積との主要部分は同じであること，いいかえれば同等の無限小であることを見るのは容易である．例えば $\widehat{\mathrm{QQ'}}$ と QQ′ で囲まれた面積は $\varDelta s$ の 2 位以上の無限小である(§ 2.19 例 4 参照)．平行線 PP′, QQ′ の距離 h は $l\cos\dfrac{\varDelta\varphi}{2}$ で与えられるから ($\varDelta\varphi$ は PQ と P′Q′ とのなす角)，台形の面積

$$\frac{1}{2}(\overline{\mathrm{PP'}}+\overline{\mathrm{QQ'}})\times h$$

において，$\overline{\mathrm{PP'}}, \overline{\mathrm{QQ'}}$ をその主要部分としてはひとしい $\widehat{\mathrm{PP'}}, \widehat{\mathrm{QQ'}}$ でおきかえ，

(3.35) より $\widehat{QQ'}$ の主要部分は $(1+lk(s))\Delta s$ であることを考慮すると，結局主要部分は，

$$\left(1+\frac{1}{2}lk(s)\right)l\Delta s$$

であることがしたがう．このとき定理 2.26 を使った．

以上より，

$$\Delta S=\left\{l+\frac{1}{2}l^2k(s)\right\}\Delta s+\varepsilon\Delta s$$

である．ε は無限小である．ゆえに，

$$S'(s)=l+\frac{1}{2}l^2k(s)$$

がしたがう．いままでの推論だと，$S_+'(s)$ を求めたことになるが，定理 3.3 を使えば，$k(s)$ が連続であることから，$S_+'(s)=S'(s)$ となる．

ゆえに，

$$\begin{aligned}S(s_1)&=\int_{s_0}^{s_1}\frac{dS}{ds}ds=\int_{s_0}^{s_1}\left\{l+\frac{1}{2}l^2k(s)\right\}ds\\&=l(s_1-s_0)+\frac{1}{2}l^2\int_{s_0}^{s_1}\frac{d\varphi}{ds}ds=l(s_1-s_0)+\frac{1}{2}l^2\{\varphi(s_1)-\varphi(s_0)\}.\end{aligned}$$

ここで，$\varphi(s_1)-\varphi(s_0)$ は C の正の接ベクトルの角の変動量である．

とくに C が閉曲線のときには，$\varphi(s_1)-\varphi(s_0)=2\pi$ となり，

$$S'=lL+\frac{1}{2}l^2\times 2\pi=lL+\pi l^2$$

となる．ここで L は C の周の長さである．右辺の第2項は半径 l の円の面積にひとしいことを注意しておこう．

3.8 伸　開　線

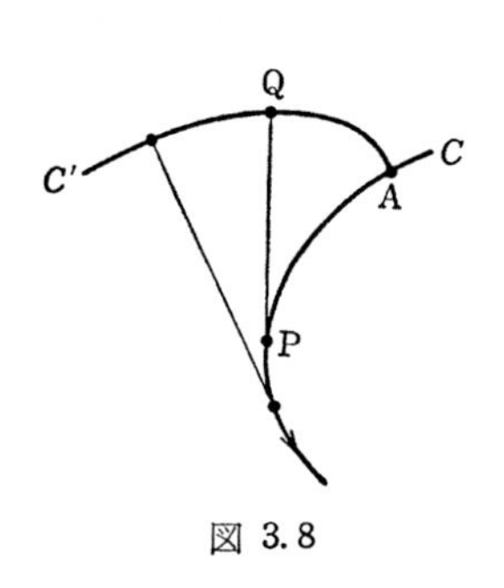

図 3.8

曲率が介在する１例として**伸開線**(involute) がある．曲線 C に対して曲率 $d\varphi/ds>0$ を仮定する．C に巻きつけた糸を張りながらほぐしてゆくときの糸の先端の画く軌跡 C' を C の伸開線という(図 3.8 参照)．

伸開線の点 (ξ, η) は

$$\begin{cases} \xi(s)=x(s)-sx'(s), \\ \eta(s)=y(s)-sy'(s) \end{cases}$$

で定義される．図から推察されるように，Q における接線は PQ に垂直である．解析的には，まず前式から，$\xi'(s)=-sx''(s)$，$\eta'(s)=-sy''(s)$ が微分によって導かれ，(3.25) を使えば，

$$\begin{cases} \xi'(s)=\quad sk(s)y'(s), \\ \eta'(s)=-sk(s)x'(s) \end{cases}$$

となり，$\xi' : \eta'=y' : -x'$ となる．$k(s)>0$ を考慮すれば，点 Q における正の接ベクトルの向きは，点 P における C の正の接ベクトルを $-\pi/2$ だけ回転したものであることがわかる．

つぎに C' の曲率 k_1 を求めよう．前式を微分し，(3.25) を用いれば，

$$\begin{cases} \xi''(s)=(k+sk')y'+sk^2x', \\ \eta''(s)=-(k+sk')x'+sk^2y' \end{cases}$$

がなりたつ．ゆえに，$\xi'\eta''-\xi''\eta'=s^2k^3$ であり，また $\xi'^2+\eta'^2=s^2k^2$ より，

$$k_1(s)=\frac{1}{s}$$

がしたがう．ゆえに，点 Q における C' の曲率中心は P に他ならない．こ

れは，C' から C をみれば，C は曲率中心の軌跡である．曲率中心の軌跡を**縮閉線**(evolute)という．C は C' の縮閉線である．

C' の弧の長さを s_1 としよう．$\xi'^2+\eta'^2=s^2k(s)^2$ だから，

$$\frac{ds_1}{ds}=s\frac{d\varphi}{ds}$$

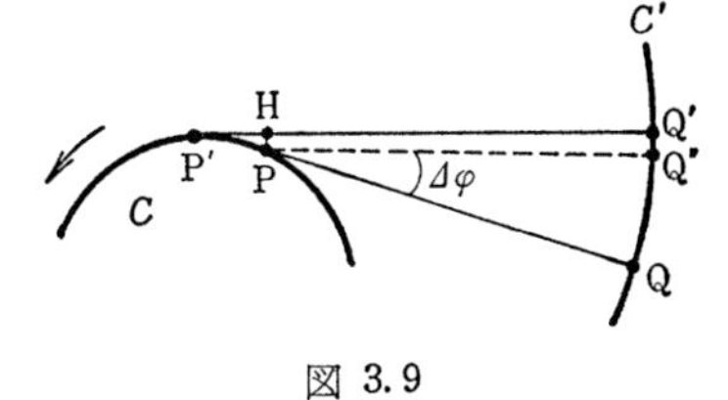

図 3.9

である．記号的に，

$$ds_1=sd\varphi,\quad \text{または}\quad \varDelta s_1\fallingdotseq s\varDelta\varphi$$

である．なおこのことは直接たしかめることができる．図 3.9 において，$\overline{\mathrm{QQ''}}$ と $\overline{\mathrm{QQ'}}$ とが同等の無限小であることをいえばよい．ここで PQ'' は P'Q' と平行である．

最後に図 3.9 における曲 4 辺形 PP'Q'Q の面積 $\varDelta S$ の $\varDelta s(=\widehat{\mathrm{PP'}})$ に対する無限小の主要部分を算出してみよう．まず曲 4 辺形 PP'Q'Q'' の面積は $\varDelta s$ に関して第 2 位の無限小である．それは P'Q' と PQ'' との距離 $\overline{\mathrm{PH}}$ が第 2 位の無限小であることを考慮すればよい(§ 2.19 例 3,4 参照)．さて曲 3 角形 PQ''Q の面積の主要部分は $\frac{1}{2}s^2\varDelta\varphi$ であり($\overline{\mathrm{PQ}}=s$ より)，これより，

$$\frac{1}{2}s^2\frac{d\varphi}{ds}\varDelta s$$

が $\varDelta S$ の主要部分であることがしたがう．ゆえに，図 3.8 において曲 3 角形 APQ の面積を $S(s)$ とおけば，

$$S'(s)=\frac{1}{2}s^2\frac{d\varphi}{ds}=\frac{1}{2}s^2k(s)$$

がなりたつ．ここでも定理 3.3 を使った．

例 曲線 C を半径 a の円とする．このとき P が円を 1 周してできる伸開線を C' とすると，その長さは

$$L'=\int_0^{2\pi a}\frac{ds'}{ds}ds=\int_0^{2\pi a}s\frac{d\varphi}{ds}ds=\frac{1}{a}\int_0^{2\pi a}sds=2\pi^2 a.$$

ここで $d\varphi/ds=1/a$ をつかった.

ついで, P が円を1周したときの C' の端点 P_1 と A とを結ぶ線分 P_1A と C' ならびに円でできる曲3角形の面積は

$$S=\int_0^{2\pi a}S'(s)\,ds=\frac{1}{2}\int_0^{2\pi a}s^2\frac{d\varphi}{ds}ds=\frac{1}{2a}\int_0^{2\pi a}s^2ds=\frac{4\pi^3}{3}a^2.$$

3.9　凸　関　数

凸集合という考えは数学において重要なものである. 凸集合とは何か? 例えば図 3.10 の左側の斜線の部分は, $y\geq 1/x$ $(x>0)$ をみたす (x,y) の集合をあらわしたものであって, 凸集合である. 一般に集合 D が凸であるとは, D にぞくする任意の2点 P, Q に対して, 線分 PQ が D にぞくするときをいう.

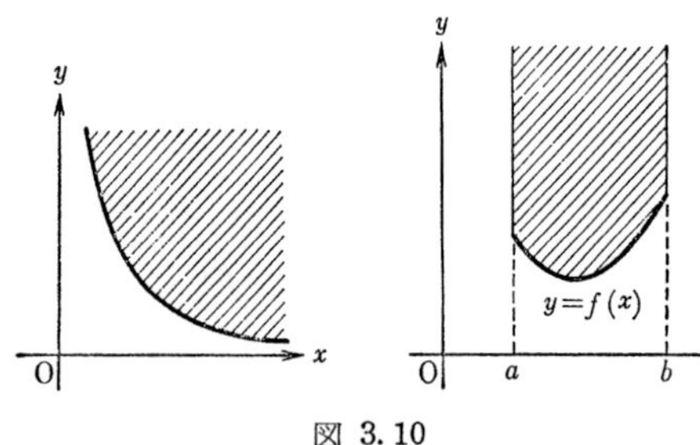

図 3.10

つぎに $a\leq x\leq b$ で定義された連続関数 $f(x)$ が**凸関数**であるとは, 集合 $D=\{(x,y)\,|\,y\geq f(x),\ a\leq x\leq b\}$ が凸集合であるときをいう. この同等な条件として, 集合の境界の部分である曲線 $y=f(x)$ に関して, x_1, x_2 を任意の $[a,b]$ の2点としたとき, 2点 $(x_1, f(x_1))$, $(x_2, f(x_2))$ を結ぶ線分が D にぞくする, という性質でいってもよい. 解析的には, $x_1<x_2$ とすると, 任意の $\xi\in[x_1,x_2]$ に対して,

$$f(\xi)\leq f(x_1)+\frac{f(x_2)-f(x_1)}{x_2-x_1}(\xi-x_1) \tag{3.36}$$

という条件であらわせる. 実際, 右辺はグラフとしては $(x_1, f(x_1))$, $(x_2, f(x_2))$ を結ぶ線分をあらわしており, ξ をとめたときの y 座標が右辺の示す式である.

うえの式は，パラメータ $\lambda\,(0\leq\lambda\leq1)$ を導入して，$\xi-x_1=\lambda(x_2-x_1)$ とおけば

$$(3.37)\qquad f((1-\lambda)x_1+\lambda x_2)\leq(1-\lambda)f(x_1)+\lambda f(x_2)$$

とあらわせる．

注意 1　うえの場合は，くわしく $f(x)$ は下に凸とよばれる場合も多い．また，集合 $D=\{(x,y)\,|\,y\leq f(x),\,a\leq x\leq b\}$ が凸集合のとき，$f(x)$ は上に凸とよばれる場合もある．このときは，(3.36), (3.37) において不等号を逆にしたものがなりたつことが必要十分条件となる．　　（注意おわり）

定理 3.5　$f'(x)$ が (a,b) で存在するとする．$f(x)$ が $[a,b]$ で凸関数であるための必要かつ十分条件は，$f'(x)$ が非減少関数であることである．すなわち $x_1<x_2$ ならば $f'(x_1)\leq f'(x_2)$ がなりたつことである．

証明　以下の証明は式で進められるが読者は幾何学的なイメージでおきかえて理解されたい．

1)　必要性　(3.36) において $\xi=x_1+h\,(h>0)$ とおけば，

$$\frac{f(x_1+h)-f(x_1)}{h}\leq\frac{f(x_2)-f(x_1)}{x_2-x_1}.$$

$h\to+0$ とすると，左辺は $f'(x_1)$ に近づく．ゆえに，$f'(x_1)\leq\dfrac{f(x_2)-f(x_1)}{x_2-x_1}$.

ついで $\xi=x_2-h$ とおくと $(h>0)$，

$$\frac{f(x_2)-f(x_1)}{x_2-x_1}\leq\frac{f(x_2)-f(x_2-h)}{h}.$$

$h\to+0$ の極限移行により，右辺を $f'(x_2)$ とおいた式がなりたつ．ゆえに，

$$f'(x_1)\leq\frac{f(x_2)-f(x_1)}{x_2-x_1}\leq f'(x_2).$$

2)　十分性　(3.36) は，

$$\varphi(x)=f(x)-\left(f(x_1)+\frac{f(x_2)-f(x_1)}{x_2-x_1}(x-x_1)\right)\qquad (x_1\le x\le x_2)$$

とおいたとき，$x\in[x_1, x_2]$ で $\varphi(x)\le 0$ であることを主張している．さて，これがなりたたなかったら矛盾が生ずることを示そう．そこで $\varphi(x_1)=\varphi(x_2)=0$ であることを注意し，ある $\xi\in(x_1, x_2)$ で $\varphi(\xi)>0$ としよう．$x=c$ で $\varphi(x)$ が最大値をとるとすると，$\varphi'(c)=0$ になるであろうが，

$$\varphi'(x)=f'(x)-\frac{f(x_2)-f(x_1)}{x_2-x_1}\qquad (=f'(x)-d)$$

より，仮定を考慮すれば，$\varphi'(x)$は非減少であるから，$\varphi'(x)\ge 0, x\in(c, x_2)$ である．ところで有限増分の公式より，

$$\varphi(x_2)-\varphi(c)=\varphi'(c+\theta(x_2-c))(x_2-c)\qquad (0<\theta<1)$$

がなりたつが，左辺は負であるのに，右辺は≥ 0 となり不合理である．ゆえに $\varphi(x)\le 0$.

（証明おわり）

注意 2　$f(x)$ は開区間 (a, b) で定義されていて，$f'(x)$ が存在する場合，定理 3.5 はなりたつ．ところでこの場合は $\lim_{x\to a+0} f(x)$，$\lim_{x\to b-0} f(x)$ はともに $+\infty$ も許せば一意的に定まる．実際，c を (a, b) の 1 点とし，

$$\varphi(x)=f(x)-f(c)-f'(c)(x-c) \tag{3.38}$$

を考えると，$\varphi(c)=\varphi'(c)=0$ であり，$\varphi'(x)=f'(x)-f'(c)$ より，$\varphi'(x)$ は $f'(x)$ と同時に非減少関数であることから，

$$\varphi'(x)\ge 0\quad (c\le x<b);\qquad \varphi'(x)\le 0\quad (a<x\le c) \tag{3.39}$$

がなりたつ．ゆえに，$x\ge c$ では $\varphi(x)$ はゆるい意味の単調増大関数であり，$x\to b$ のとき，有限値に収束するか，さもなければ $+\infty$ に発散する(定理 1.2 参照)．ゆえに，$f(x)$ に対しても同じ結論をえる．$x\to a+0$ についても同様である．また $a=-\infty$，$b=+\infty$ の場合も $\pm\infty$ を許せば結論は同じである．

(注意おわり)

うえの注意に関連してつぎの定理を示しておく.

定理 3.6 $f(x)$ は (a,b) で定義され, $f'(x)$ が存在するとする. $f(x)$ が凸関数であるための必要十分条件は, 任意の接線に対して $f(x)$ のグラフが上側にあることである. すなわち,

$$f(x) \geq f(c) + f'(c)(x-c) \qquad (a<x<b)$$

が任意の $c \in (a,b)$ に対してなりたつことである.

証明 必要性は前注意から明らかであろう. 十分性を示す. $x_1 < x_2$ とし, うえの式の c にそれぞれ x_1, x_2 を代入すれば,

$$f(x_2) \geq f(x_1) + f'(x_1)(x_2 - x_1),$$
$$f(x_1) \geq f(x_2) + f'(x_2)(x_1 - x_2)$$

がえられるが, これより,

$$f'(x_1) \leq \frac{f(x_2) - f(x_1)}{x_2 - x_1} \leq f'(x_2)$$

がえられる.　(証明おわり)

注意 3 うえの定理において各点での接線とグラフとの交わりが, 接点のみからなる場合, 関数 $f(x)$ は**狭義凸**(strictly convex)という. すなわち, うえの定理で,

$$f(x) > f(c) + f'(c)(x-c) \qquad (x \neq c)$$

がなりたつ場合である. $f(x)$ が狭義凸であるための必要十分条件は, $f'(x)$ がせまい意味で単調増大関数であることである. 証明は, うえの定理の証明を参照すればよいので読者に委せる.

注意 4 いままで $f'(x)$ の存在を仮定し, その連続性については条件をつけなかったが, $f'(x)$ が非減少であるという仮定から, **連続になる**. 実際, c

を (a,b) の1点とする．命題 2.2 より，

$$f_{\pm}'(c)=\lim_{x\to c\pm 0} f'(x) \qquad (\text{複号同順})$$

がわかっているからである．　　　　　　　　　　　　（注意おわり）

実際に凸関数を判定する立場から，いままでの解析からしたがう事実をまとめておこう．

定理 3.7　$f(x)$ は (a,b) で定義されており，$f''(x)$ が存在するとする．$f''(x)\geq 0$ が $f(x)$ が凸であるための必要十分条件である．とくに $f''(x)>0$ のときには狭義凸である．

証明　$f'(x)$ が非減少関数であること，$f''(x)\geq 0$ は同等である．また $f''(x)>0$ のときには，$f(x)-f(c)-f'(c)(x-c)=f''(\xi)(x-c)^2$ によりしたがうが，そうしなくても，注意3でのべた事実をつかえばよい．　　（証明おわり）

つぎの定理は応用上重要である．

定理 3.8　$f(x)$ は $[a,b]$ で $f'(x), f''(x)$ とともに連続とする．$f''(x)>0$ であるとき，もしある1点 $x=c\in[a,b)$ で $f'(c)=0$ となれば，$f(c)$ は $f(x)$ の最小値であり，$f(x)>f(c)\ (x\neq c)$ がなりたつ．

証明　$$f(x)-f(c)=\frac{1}{2}f''(c+\theta(x-c))(x-c)^2 \qquad (0<\theta<1)$$

より明らか．　　　　　　　　　　　　　　　　　　　（証明おわり）

問　$f(x)$ は $[a,b]$ で連続であり，$f'(x)$，$f''(x)$ はともに (a,b) で連続で $f''(x)>0$ とする．$f(a)f(b)<0$ のとき $f(x)=0$ となる x はただ1つ存在することを示せ．

3.10　関数の凸性と基本不等式

(3.37) は，

$$f(\lambda_1 x_1+\lambda_2 x_2)\leq \lambda_1 f(x_1)+\lambda_2 f(x_2),$$
$$\lambda_i\geq 0, \qquad \lambda_1+\lambda_2=1, \qquad x_1, x_2\in[a,b]$$

とかける．これより，n に関する数学的帰納法により，

$$(3.40)\quad \begin{cases} f(\lambda_1 x_1+\cdots+\lambda_n x_n)\leq \lambda_1 f(x_1)+\cdots+\lambda_n f(x_n), \\ \lambda_i\geq 0, \quad \lambda_1+\cdots+\lambda_n=1, \quad x_i\in[a,b] \end{cases}$$

を示すことができる．実際，うえの不等式は $n-1$ まで正しいとする．$\lambda_1+\cdots+\lambda_{n-1}>0$，$\lambda_n>0$ として，

$$\lambda_1 x_1+\cdots+\lambda_n x_n=(\lambda_1+\cdots+\lambda_{n-1})\frac{\lambda_1 x_1+\cdots+\lambda_{n-1}x_{n-1}}{\lambda_1+\cdots+\lambda_{n-1}}+\lambda_n x_n$$

と分解すれば，最初にのべた不等式より，

$$f(\lambda_1 x_1+\cdots+\lambda_n x_n)\leq(\lambda_1+\cdots+\lambda_{n-1})f\left(\frac{\lambda_1 x_1+\cdots+\lambda_{n-1}x_{n-1}}{\lambda_1+\cdots+\lambda_{n-1}}\right)+\lambda_n f(x_n)$$

をえるが，右辺の第1式に帰納法の仮定を用いると，うえの不等式 (3.40) がなりたつことがわかる．

(3.40) はつぎのようにかける：

$$(3.41)\quad \begin{cases} f\left(\dfrac{\alpha_1 x_1+\cdots+\alpha_n x_n}{\alpha_1+\cdots+\alpha_n}\right)\leq\dfrac{\alpha_1 f(x_1)+\cdots+\alpha_n f(x_n)}{\alpha_1+\alpha_2+\cdots+\alpha_n}, \\ \alpha_i\geq 0, \quad \alpha_1+\cdots+\alpha_n>0, \quad x_i\in[a,b]. \end{cases}$$

以下，この不等式を具体的な凸関数 $f(x)$ に適用してみよう．

例 1　$f(x)=\log\dfrac{1}{x}=-\log x$ $(0<x<+\infty)$．$f''(x)=\dfrac{1}{x^2}>0$ だから，$-\log x$ は狭義凸である．ゆえに，(3.41) が適用できて，

$$-\log\left(\frac{\alpha_1 x_1+\cdots+\alpha_n x_n}{\alpha_1+\cdots+\alpha_n}\right)\leq-\frac{\alpha_1\log x_1+\cdots+\alpha_n\log x_n}{\alpha_1+\cdots+\alpha_n}.$$

ゆえに，

$$\log(x_1^{\alpha_1}x_2^{\alpha_2}\cdots x_n^{\alpha_n})\leq(\alpha_1+\cdots+\alpha_n)\{\log(\alpha_1 x_1+\cdots+\alpha_n x_n) -\log(\alpha_1+\cdots+\alpha_n)\}.$$

とくに，$\alpha_i \geq 0$，$\alpha_1+\cdots+\alpha_n=1$ とすると，

$$x_1^{\alpha_1}x_2^{\alpha_2}\cdots x_n^{\alpha_n} \leq \alpha_1x_1+\alpha_2x_2+\cdots+\alpha_nx_n$$

をえる．とくに，$\alpha_1=\alpha_2=\cdots=\alpha_n=1/n$ とおくと，

$$\sqrt[n]{x_1x_2\cdots x_n} \leq \frac{x_1+x_2+\cdots+x_n}{n}$$

をえる．相乗平均は相加平均をこえないという有名な不等式である．なお，この式は $x_i \geq 0$ という仮定で正しい．

例 2　Hölder（ヘルダー）の不等式．$f(x)=x^p$ $(p>1)$ は $(0 \leq x < +\infty)$ で凸関数である．実際，$f'(x)=px^{p-1}$ は非減少関数である．ゆえに，

$$\left(\frac{\alpha_1z_1+\cdots+\alpha_nz_n}{\alpha_1+\cdots+\alpha_n}\right)^p \leq (\alpha_1z_1^p+\cdots+\alpha_nz_n^p)/(\alpha_1+\cdots+\alpha_n)$$

がなりたつ．$\alpha_i \geq 0$，$z_i \geq 0$ である．すなわち，

$$(\alpha_1z_1+\cdots+\alpha_nz_n)^p \leq (\alpha_1z_1^p+\cdots+\alpha_nz_n^p)(\alpha_1+\cdots+\alpha_n)^{p-1}.$$

そこで，$x_1, \cdots, x_n$，$y_1, \cdots, y_n$ という任意の正数が与えられたとしよう．

$$\begin{cases} \alpha_iz_i^p=x_i^p, \\ \alpha_iz_i=x_iy_i \end{cases} \qquad (i=1, 2, \cdots, n)$$

となるように $\alpha_i(>0)$，$z_i(>0)$ を決めることができる．実際

$$\alpha_i^{p-1}=y_i^p, \qquad z_i^p=\frac{x_i^p}{\alpha_i}$$

ととればよい．$1/p+1/q=1$ とおけば，

$$\alpha_i=y_i^{\frac{p}{p-1}}=y_i^q$$

とかけるから，結局

$$(3.42) \qquad x_1y_1+\cdots+x_ny_n \leq (x_1^p+\cdots+x_n^p)^{1/p}(y_1^q+\cdots+y_n^q)^{1/q}$$

という不等式をえる．なおこの不等式は，$x_i, y_i \geq 0$ という仮定のもとで正しいこともわかる．この不等式は **Hölder の不等式**とよばれている．なお $p=2$ の場合には，**Cauchy-Schwarz（コーシー・シュワルツの不等式）**とよばれるものであって，非常に重要なものである．ただしこの場合には直接証明する方がずっと簡単である．

例 3 Minkowski の不等式．$f(x)=(1-x^{1/p})^p$ $(p>1)$ は $0\leq x\leq 1$ で凸関数である．実際，$0<x<1$ で

$$f'(x)=-\frac{(1-x^{1/p})^{p-1}}{x^{(p-1)/p}}$$

となり，単調増大である．ゆえに，(3.41) を適用すれば（両辺の p 乗根をとれば），

$$1-\left(\frac{\alpha_1 z_1+\cdots+\alpha_n z_n}{\alpha_1+\cdots+\alpha_n}\right)^{1/p}\leq\frac{\{\alpha_1(1-z_1^{1/p})^p+\cdots+\alpha_n(1-z_n^{1/p})^p\}^{1/p}}{(\alpha_1+\cdots+\alpha_n)^{1/p}}$$

をえる．

さて，$x_1,\cdots,x_n$, $y_1,\cdots,y_n\geq 0$ でかつ $x_i+y_i>0$ となるような任意の数としよう．うえの式を変形し，

$$(\alpha_1+\cdots+\alpha_n)^{1/p}\leq(\alpha_1 z_1+\cdots+\alpha_n z_n)^{1/p}+\{\alpha_1(1-z_1^{1/p})^p+\cdots$$
$$+\alpha_n(1-z_n^{1/p})^p\}^{1/p}$$

としたところに，

$$z_i=\left(\frac{y_i}{x_i+y_i}\right)^p,\qquad \alpha_i=(x_i+y_i)^p$$

を代入すれば，

$$\left(\sum_{i=1}^n (x_i+y_i)^p\right)^{1/p}\leq\left(\sum_{i=1}^n x_i^p\right)^{1/p}+\left(\sum_{i=1}^n y_i^p\right)^{1/p} \tag{3.43}$$

をえる．これは **Minkowski の不等式**とよばれており，基本的な不等式であ

る．なおこの不等式は $x_i \geq 0$, $y_i \geq 0$, $p \geq 1$ の仮定のもとで正しい．

問　$f(x)=(1+x^p)^{1/p}(p>1)$ $(x \geq 0)$ の凸関数であることを示し，これよりつぎの Minkowski の不等式

$$(3.44)\qquad (x_1+\cdots+x_n)^p+(y_1+\cdots+y_n)^p \leq \left(\sum_{i=1}^{n}(x_i{}^p+y_i{}^p)^{1/p}\right)^p$$

を導け．

注意　Hölder の不等式 (3.42) は，一見広い範囲の不等式

$$(3.45)\qquad \sum_{i=1}^{n} c_i X_i Y_i \leq \left(\sum_{i=1}^{n} c_i X_i{}^p\right)^{1/p}\left(\sum_{i=1}^{n} c_i Y_i{}^q\right)^{1/q},$$

$$c_i \geq 0,\quad X_i \geq 0,\quad Y_i \geq 0,\quad p>1,\quad \frac{1}{p}+\frac{1}{q}=1$$

の形でのべることができる．実際，(3.42) において $x_i=c_i{}^{1/p}X_i$, $y_i=c_i{}^{1/q}Y_i$ とおけばよい．　　（注意おわり）

積分不等式への移行

$f(x), g(x)$ はともに $[a,b]$ で ≥ 0 でかつ連続とする．$[a,b]$を n 等分し，その分点を $a=x_0<x_1<\cdots<x_n=b$ とし，共通の分割幅 $(b-a)/n$ を h とおこう．さて (3.45) において，$c_i=h$, $X_i=f(x_i)$, $Y_i=g(x_i)$ とおくと，$(1/p+1/q=1)$

$$h\sum_{i=1}^{n} f(x_i)g(x_i) \leq \left(h\sum_{i=1}^{n} f(x_i)^p\right)^{1/p}\left(h\sum_{i=1}^{n} g(x_i)^q\right)^{1/q}$$

をえる．ここで $n \to \infty$ とすると，積分の定義を考慮すれば，極限において，

$$(3.46)\qquad \int_a^b f(x)g(x)\,dx \leq \left(\int_a^b f(x)^p dx\right)^{1/p}\left(\int_a^b g(x)^q dx\right)^{1/q}$$

がなりたつ．$1/p+1/q=1$, $p>1$ とする．

$f(x), g(x)$ が連続で一般符号のときは，$|f(x)|, |g(x)|$ に対してうえの不等

式を適用すれば，

$$\int_a^b |f(x)g(x)|dx \leq \left(\int_a^b |f(x)|^p dx\right)^{1/p} \left(\int_a^b |g(x)|^q dx\right)^{1/q},$$

$$\frac{1}{p}+\frac{1}{q}=1, \qquad p>1$$

をえる．この不等式もまた **Hölder** の不等式とよばれている．とくに $p=2$ のときは $q=2$ となり，**Schwarz** の不等式として有名である．

さて $f(x)$，$g(x)$ が例えば $x \in (-\infty, +\infty)$ で連続であって，異常積分 (improper integral)

$$\int_{-\infty}^{+\infty} |f(x)|^p dx, \qquad \int_{-\infty}^{+\infty} |g(x)|^q dx$$

がともに収束であるとする．このとき，$\int_{-\infty}^{+\infty} |f(x)g(x)|dx$ も収束であって，

$$\int_{-\infty}^{+\infty} |f(x)g(x)|dx \leq \left(\int_{-\infty}^{+\infty} |f(x)|^p dx\right)^{1/p} \left(\int_{-\infty}^{+\infty} |g(x)|^q dx\right)^{1/q}$$

がなりたつ．検証は読者に委せよう．

同様にして，(3.43) から，

$$\left(\int_a^b |f(x)+g(x)|^p dx\right)^{1/p} \leq \left(\int_a^b |f(x)|^p dx\right)^{1/p} + \left(\int_a^b |g(x)|^p dx\right)^{1/p}$$

が，$p \geq 1$ のときなりたつことが示される．

3.11　2 変数の関数の導関数

自然科学ではとり扱われる量は一般には幾つかの変数またはパラメータの関数である場合が多い．2変数の関数について基本的な見方を説明しよう．

$f(x,y)$ を (x,y) 2変数の関数とする．$f(x,y)$ が (x_0,y_0) で連続であるとは，

$$\Delta f = f(x,y) - f(x_0,y_0)$$

が，$\Delta x=x-x_0, \Delta y=y-y_0$ とおいたとき，$\sqrt{(\Delta x)^2+(\Delta y)^2}$ とともに 0 に近づくときをいう．また $f(x,y)$ が定義範囲 D の各点 (x_0,y_0) で連続であるとき $f(x,y)$ は D で連続関数であるという．

さて $f(x,y)$ は y を固定すると x の関数とみなせる．それゆえ

$$\frac{\partial f}{\partial x}(x,y)=\lim_{h\to 0}\frac{f(x+h,y)-f(x,y)}{h}$$

が考えられる．同様にして，x を固定して y の関数とみなして，

$$\frac{\partial f}{\partial y}(x,y)=\lim_{h\to 0}\frac{f(x,y+h)-f(x,y)}{h}$$

が考えられる．このとき，$\partial f/\partial x, \partial f/\partial y$ を $f(x,y)$ の**第1次偏導関数**という．なお D_xf, D_yf，f_x', f_y'，もっと簡単に，f_x, f_y などの記号でかかれる場合も多い．

例 1

$$f(x,y)=\sin x\cos y.$$

$$\frac{\partial f}{\partial x}=\cos x\cos y,\qquad \frac{\partial f}{\partial y}=-\sin x\sin y.$$

例 2

$$f(x,y)=\sqrt{x^2+y^2}.$$

$$\frac{\partial f}{\partial x}=\frac{x}{\sqrt{x^2+y^2}},\qquad \frac{\partial f}{\partial y}=\frac{y}{\sqrt{x^2+y^2}}.$$

例 3

$$f(t,s)=e^{-t}t^{s-1}.$$

$$\frac{\partial f}{\partial t}=-e^{-t}t^{s-1}+(s-1)e^{-t}t^{s-2}=e^{-t}t^{s-2}(s-1-t),$$

$$\frac{\partial f}{\partial s}=e^{-t}t^{s-1}\log t.$$

例 4

$$f(x,t)=\frac{1}{\sqrt{t}}e^{-\frac{(x-a)^2}{4t}}.$$

$$\frac{\partial f}{\partial x}=\frac{1}{\sqrt{t}}\frac{-(x-a)}{2t}e^{-\frac{(x-a)^2}{4t}},\qquad \frac{\partial f}{\partial t}=\left(\frac{-1}{2\sqrt{t^3}}+\frac{(x-a)^2}{4\sqrt{t^5}}\right)e^{-\frac{(x-a)^2}{4t}}.$$

以後簡単のために，とくに断らなければ，f_x', f_y' はともに $(\boldsymbol{x}, \boldsymbol{y})$ **の連続関数であると**仮定する．このとき定理 2.1 はつぎのように拡張される．

定理 3.9

(3.47) $f(x+h, y+k)-f(x, y)=f_x'(x, y)h+f_y'(x, y)k+\varepsilon(h, k)\sqrt{h^2+k^2}$

がなりたつ．ここで $\varepsilon(h, k)$ は $\sqrt{h^2+k^2}$ とともに0に近づく量である．

証明 $f(x+h, y+k)-f(x, y)$

$$=[f(x+h, y+k)-f(x, y+k)]+[f(x, y+k)-f(x, y)]$$
$$=f_x'(x+\theta_1 h, y+k)h+f_y'(x, y+\theta_2 k)k, \qquad (0<\theta_1, \theta_2<1).$$

ここで平均値定理を使った．上式を $(f_x'(x, y)+\varepsilon_1)h+(f_y'(x, y)+\varepsilon_2)k$ とかく．

$$\begin{cases} \varepsilon_1=f_x'(x+\theta_1 h, y+k)-f_x'(x, y), \\ \varepsilon_2=f_y'(x, y+\theta_2 k)-f_y'(x, y) \end{cases}$$

である．ゆえに，

$$\varepsilon(h, k)=\frac{h}{\sqrt{h^2+k^2}}\varepsilon_1+\frac{k}{\sqrt{h^2+k^2}}\varepsilon_2$$

とおくと，(3.47) がえられる．実際 $\varepsilon_1, \varepsilon_2$ は f_x', f_y' の連続性の仮定から，$\sqrt{h^2+k^2}\to 0$ のとき0に近づくからである． （証明おわり）

注意 一般に $f(x, y)$ が

$$f(x_0+h, y_0+k)-f(x_0, y_0)=Ah+Bk+\varepsilon(h, k)\sqrt{h^2+k^2},$$

$\varepsilon(h, k)\to 0$ $(\sqrt{h^2+k^2}\to 0)$ とかかれるならば，$f(x, y)$ は点 (x_0, y_0) で**全微分可能**であるという．このとき A, B は当然 $f_x'(x_0, y_0)$, $f_y'(x_0, y_0)$ になるが，うえの式は f_x', f_y' の同時存在より強い条件なのである．うえの定理は，f_x', f_y' が (x_0, y_0) で連続であれば，$f(x, y)$ は (x_0, y_0) で全微分可能であることを示している．なお p. 196 の脚注を参照されたい． （注意おわり）

つぎの事実は以後の推論に基本的な役割を果す.

定理 3.10　$x(t), y(t)$ をパラメータ t の関数で $x'(t), y'(t)$ が存在するとする. このとき

$$\frac{d}{dt}f(x(t), y(t)) = f_x'\frac{dx}{dt} + f_y'\frac{dy}{dt} \tag{3.48}$$

がなりたつ.

証明　$h = x(t+\Delta t) - x(t) = \Delta x$,　$k = y(t+\Delta t) - y(t) = \Delta y$ として前定理を用いれば,

$$\frac{\Delta f}{\Delta t} = f_x'(x(t), y(t))\frac{\Delta x}{\Delta t} + f_y'(x(t), y(t))\frac{\Delta y}{\Delta t} + \varepsilon(\Delta x, \Delta y)\frac{\sqrt{(\Delta x)^2 + (\Delta y)^2}}{\Delta t}$$

をえる. $\Delta t \to 0$ とすれば, $\sqrt{(\Delta x)^2 + (\Delta y)^2}/\Delta t$ は $\sqrt{x'(t)^2 + y'(t)^2}$ に収束するが, $\varepsilon(\Delta x, \Delta y) \to 0$ であるから, (3.48) が示された.　　(証明おわり)

方向微分

$\vec{X}$ を0でないベクトルとする. その方向余弦を (α, β) とし(したがって $\alpha^2+\beta^2=1$), その長さを ρ とすると, $\vec{X} = (\alpha\rho, \beta\rho)$ である. $(x, y) = X$ とかいたとき,

$$\lim_{h\to 0}\frac{f(X+h\vec{X}) - f(X)}{h} = D_{\vec{X}}f \tag{3.49}$$

を**ベクトル $\vec{X}$ にそう $f(X)$ の微係数**とよぶ.

定理 3.10 より,

$$D_{\vec{X}}f(x, y) = \lim_{t\to 0}\frac{f(x+t\alpha\rho, y+t\beta\rho)}{t} = (f_x'\alpha + f_y'\beta)\rho \tag{3.50}$$

をえる. とくに $\vec{X}$ が単位ベクトル$(\rho=1)$のとき, **方向微分**または**方向微係数**とよぶ.

さて $f(x,y)$ より新しく定義されるベクトル

$$\text{grad}\, f=(f_x{}',f_y{}') \tag{3.51}$$

を f の**勾配ベクトル**(gradient vector)とよぶ．このベクトルを用いれば (3.50) は，

$$D_{\vec{X}}f=\langle \text{grad}\, f, \vec{X}\rangle \tag{3.52}$$

という，2つのベクトル $\text{grad}\, f, \vec{X}$ の内積の形でいいあらわせる．

勾配ベクトルという名前がどこから生じたかを考えて見よう．$z=f(x,y)$ をたとえば (x,y) における山の高さをあらわすと考えてみる．このとき，

$$f(x,y)=c$$

をみたす (x,y) の集合はいわゆる**等高線**であって，(x,y)-平面上の集合として，一般には何もいえないが，$f_x{}',f_y{}'$ のうち少なくとも1つが0でないような点の近くでは，1つの曲線と考えることができる．厳密には第5章でのべるが，その大要はつぎの通りである．$f(x_0,y_0)=c$ だから，

$$f(x,y)-f(x_0,y_0)=(f_x{}'(x_0,y_0)+\varepsilon_1)(x-x_0)+(f_y{}'(x_0,y_0)+\varepsilon_2)(y-y_0)=0$$

をみたす (x,y) を考えればよい．例えば $f_y{}'\neq 0$ とすると，

$$y-y_0=-\frac{f_x{}'(x_0,y_0)+\varepsilon_1}{f_y{}'(x_0,y_0)+\varepsilon_2}(x-x_0)=\left\{-\frac{f_x{}'(x_0,y_0)}{f_y{}'(x_0,y_0)}+\varepsilon(x,y)\right\}(x-x_0)$$

みたす (x,y) が求めるものである．ただし $\varepsilon(x,y)$ は無限小である．

これより，等高線は，(x_0,y_0) の十分近くでは，

$$f_x{}'(x_0,y_0)(x-x_0)+f_y{}'(x_0,y_0)(y-y_0)=0$$

を接線にもつ曲線であることが推察されるであろう．接線の方向余弦を (ξ,η) とすると，

$$\xi:\eta=f_y{}':-f_x{}'$$

である．

さて (x_0, y_0) を固定して，この点における平均勾配を考えよう．この勾配は勿論方向によるわけで，(x_0, y_0) を起点とする，方向余弦 (α, β)，長さ h のベクトルの端点の座標は $(x_0+\alpha h, y_0+\beta h)$ だから，その方向の平均勾配は

$$\frac{f(x_0+\alpha h, y_0+\beta h)-f(x_0, y_0)}{h}$$

であり，$h\to+0$ の極限，すなわち $f_x'(x_0, y_0)\alpha+f_y'(x_0, y_0)\beta$ が方向余弦 (α, β) に対応する方向の f の勾配になる．

ついで勾配が最大，最小になる方向はいかなるものかを考えてみよう．答は簡単で，$\alpha:\beta$ が $f_x':f_y'$ にひとしいときが，勾配の絶対値が最大になる．正確には，

$$\alpha=\pm\frac{f_x'}{\sqrt{f_x'^2+f_y'^2}}, \qquad \beta=\pm\frac{f_y'}{\sqrt{f_x'^2+f_y'^2}} \qquad (\text{複号同順})$$

である．また等高線の接線方向にそっては勾配は 0 である．このことは，われわれが山を登るときに経験するところのつぎの事実を示している：勾配が最大になる方向は等高線の接線と直交する方向である．すなわち，等高線の法線方向である．

これよりつぎの結論をえる．(x_0, y_0) を通る等高線 $f(x, y)=c$ の法線方向で f が増加する向きにとった単位ベクトル(すなわち長さ 1 のベクトル)を $\vec{n}$ とかくと，

$$D_{\vec{n}}f=|\mathrm{grad}\, f| \quad (=\sqrt{f_x'^2+f_y'^2})$$

がなりたつ．勾配ベクトルは $\vec{n}$ と同じ向きをもつ．

勾配ベクトルは，1 次元で定義された関数の導関数 $f'(x)$ の自然な拡張である．また以上の考察で，2 次元での関数の増減に対する考察が 1 次元の場合にくらべて，複雑になる様相がうかがわれる．

勾配ベクトルが 0 になる点：

$$f_x{}'=f_y{}'=0$$

では $f(x,y)$ の増加，減少はどのようになっているのであろうか？　このときは複雑でその点で $f(x,y)$ が局所的に最大，または最小になっているとは一般には結論されない．このことは丁度1変数の場合に $f'(x)=0$ となる点に相当している．うえの条件をみたす点は f の**停留点**(stationary point)とよばれている．

以上の考察の一部をまとめておこう．(x_0,y_0) を D の1点とする．δ を小にとると，$(x-x_0)^2+(y-y_0)^2\leq\delta$ をみたす (x,y) に対して，$f(x_0,y_0)\geq f(x,y)$ $(f(x_0,y_0)\leq f(x,y))$ がなりたつとき，$f(x_0,y_0)$ は $f(x,y)$ の（1つの）**極大値**(**極小値**)であるという．そして等号がおこるのは $(x,y)=(x_0,y_0)$ にかぎるとき狭義の(strict)極値であるという．

定理 3.11　(x_0,y_0) で $f(x,y)$ が極値をとるためには，$f_x{}'(x_0,y_0)=f_y{}'(x_0,y_0)=0$ であること，すなわち $\mathrm{grad}\,f=0$ であることが必要である．（しかし一般には，これだけでは十分条件ではない）．

合成関数の微分法

$\varphi(x,y)$ を第1次偏導関数とともに連続な関数とし，別に $f_1(u,v)$，$f_2(u,v)$ があって，ともに第1次導関数をもつとする．このとき，$\varphi(f_1(u,v),f_2(u,v))$ は (u,v) の関数になるが，この関数は厳密には記号をかえて，例えば $\Phi(u,v)$ とかくべきであるが，実際には，これを $\varphi(u,v)$ と略記される場合も多い．しかし，第5章でのべるように，この略記法は，しばしばわれわれを誤りに導くものである．

もとにもどって，$\varphi(u,v)\equiv\varphi(f_1(u,v),f_2(u,v))$ の導関数を求めよう．v を固定して u のみの関数とみる場合には，定理 3.10 がそのまま適用される．また u を固定して v の関数とみる場合も同様である．ゆえに，

$$\text{(3.53)}\quad\left\{\begin{aligned}\frac{\partial}{\partial u}\varphi&=\varphi_x{}'\frac{\partial f_1}{\partial u}+\varphi_y{}'\frac{\partial f_2}{\partial u},\\ \frac{\partial}{\partial v}\varphi&=\varphi_x{}'\frac{\partial f_1}{\partial v}+\varphi_y{}'\frac{\partial f_2}{\partial v}\end{aligned}\right.$$

がなりたつ.

例 5 $u(x,y)$ は第1次導関数とともに連続であるとする. (x,y)-平面に極座標を導入すれば, $x=r\cos\varphi$, $y=r\sin\varphi$ であるから, $u(r\cos\varphi, r\sin\varphi)=u(r,\varphi)$ が定義される. まえにもいったように, この記号は注意を要する. (3.53) を適用しよう.

$$\frac{\partial u}{\partial r}=u_x'\cos\varphi+u_y'\sin\varphi,$$

$$\frac{\partial u}{\partial\varphi}=-u_x'r\sin\varphi+u_y'r\cos\varphi$$

である. 逆に解くと,

$$(3.54)\qquad \begin{cases} u_x'=\cos\varphi\, u_r'-\dfrac{\sin\varphi}{r}u_\varphi', \\ u_y'=\sin\varphi\, u_r'+\dfrac{\cos\varphi}{r}u_\varphi' \end{cases}$$

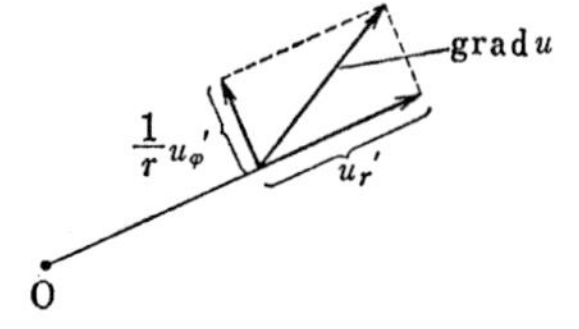

図 3.11

をえる. この式は grad u の動径成分と, それに直交する成分との分解を与える(図 3.11 参照). ゆえに

$$|\mathrm{grad}\, u|^2=u_r'^2+\frac{1}{r^2}u_\varphi'^2$$

がなりたつ. とくに, $u(x,y)$ が1点 (a,b) からの距離

$$r=\sqrt{(x-a)^2+(y-b)^2}$$

の関数であるとき, すなわち

$$u=f(r),\qquad r=\sqrt{(x-a)^2+(y-b)^2}$$

のときには (a,b) を中心とする極座標をとれば, $u_r'=f'(r), u_\varphi'=0$ であるから, $\mathrm{grad}\, f(r)=(f'(r)\cos\varphi, f'(r)\sin\varphi)$ である. すなわち u の勾配ベクトル

の大きさは $|f'(r)|$ であり，$f'(r)>0$ のときには，その向きは動径方向に向いており，$f'(r)<0$ のときには，中心 (a,b) に向いている．

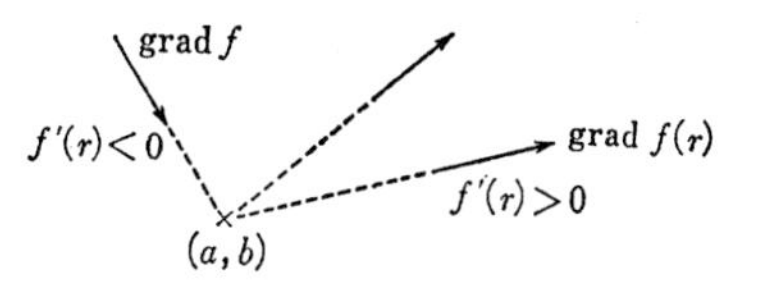

図 3.12

とくに $f(r)=r$ のときには $\mathrm{grad}\,r$ は，**動径方向の向きをもつ単位ベクトル**である．

3.12　一般多変数関数の導関数

前節では2変数関数に限ってその偏導関数(partial derivative) f_x', f_y' を考えたが，この考えは一般 n 変数関数にまでそのまま拡張される．

n 変数の関数 $f(x_1, x_2, \cdots, x_n)$ を考える．$(x_1, \cdots, x_n)$ をたんに x とかいて，$f(x)$ とかく場合も多いが，x は1変数を意味しないから，注意が肝要である．さて，

$$\frac{\partial f}{\partial x_i}(x_1, \cdots, x_n)=\lim_{h\to 0}\frac{f(x_1, \cdots, x_{i-1}, x_i+h, x_{i+1}, \cdots, x_n)-f(x_1, \cdots, x_n)}{h}$$

を $f(x_1, \cdots, x_n)$ の変数 x_i に対する偏導関数という．すなわち，変数 x_i に着目し，他の変数 $x_1, \cdots, x_{i-1}, x_{i+1}, \cdots, x_n$ を固定して導関数を考えたものである．なお $\partial f/\partial x_i$ は

$$D_{x_i}f,\ \ D_if,\ \ f_{x_i}',\ \ f_{x_i}$$

などの記号でしばしば用いられる．

例 1　　$f(x)=\sqrt{x_1^2+\cdots+x_n^2}$,　　$\dfrac{\partial f}{\partial x_i}=\dfrac{x_i}{\sqrt{x_1^2+\cdots+x_n^2}}$.

合成関数の微分法則

$\varphi(u_1, \cdots, u_m)$はその第1次偏導関数とともに連続とする．別に $f_i(x_1, \cdots, x_n)$ $(i=1, 2, \cdots, m)$ が第1次偏導関数とともに連続とする．そのとき，$\varphi(x_1, \cdots, x_n)$ $\equiv\varphi(f_1(x_1, \cdots, x_n), \cdots, f_m(x_1, \cdots, x_n))$ に対して，

$$\frac{\partial\varphi}{\partial x_i}=\frac{\partial\varphi}{\partial u_1}\cdot\frac{\partial f_1}{\partial x_i}+\frac{\partial\varphi}{\partial u_2}\cdot\frac{\partial f_2}{\partial x_i}+\cdots+\frac{\partial\varphi}{\partial u_m}\frac{\partial f_m}{\partial x_i} \tag{3.55}$$

がなりたつ．証明は2変数の場合と同様であるので読者に委せよう．

例 2　$f(u)$ は1変数 u の関数で $f'(u)$ とともに連続とする．

$$\frac{\partial}{\partial x_i}\{f(c_1x_1+c_2x_2+\cdots+c_nx_n)\}=c_if'(c_1x_1+\cdots+c_nx_n).$$

例 3　$r=\sqrt{x_1^2+\cdots+x_n^2}$ とする．α を任意の実数とするとき，

$$\frac{\partial}{\partial x_i}(r^\alpha)=\alpha r^{\alpha-1}\frac{x_i}{r}=\alpha r^{\alpha-2}x_i \qquad (i=1,2,\cdots,n).$$

高次偏導関数

$f(x,y)$ の偏導関数 $\partial f/\partial x$，$\partial f/\partial y$ に対して，さらにこれらの偏導関数を考えることができる．

$$\frac{\partial}{\partial x}\left(\frac{\partial f}{\partial x}\right)=\frac{\partial^2 f}{\partial x^2}=f_{x^2}''=f_{x^2}=f_{xx},$$

$$\frac{\partial}{\partial y}\left(\frac{\partial f}{\partial x}\right)=\frac{\partial^2 f}{\partial y\partial x}=f_{yx}''=f_{yx},$$

$$\frac{\partial}{\partial x}\left(\frac{\partial f}{\partial y}\right)=\frac{\partial^2 f}{\partial x\partial y}=f_{xy}''=f_{xy},$$

$$\frac{\partial}{\partial y}\left(\frac{\partial f}{\partial y}\right)=\frac{\partial^2 f}{\partial y^2}=f_{y^2}''=f_{y^2}=f_{yy}$$

などの記号であらわされる．これらは f の第2次(second order)偏導関数とよばれている．第5章で示されるが，もし f_{xy}'' と f_{yx}'' とが連続関数であれば，$f_{xy}''=f_{yx}''$ であることがわかっている．このような事情を考慮して，考察する偏導関数はすべて連続であるとし，偏微分の順序によらないとするのが普通である．もっと割り切って，つぎの定義を導入しよう．

定義 3.3　$f(x,y)$ が $\boldsymbol{m}$ **回連続的微分可能**であるとは，m 次までのあらゆる偏導関数が連続であるときをいう．記号で，$f(x,y)\in C^m$ とかく．

さて，$f(x, y)\in C^m$ としよう．うえにのべた事実によって偏導関数は微分の順序によらない．ゆえに，ある順序で x について総計 i 回，y について総計 j 回偏微分してえられる導関数は，$(i+j\leq m)$，

$$\frac{\partial^{i+j}}{\partial x^i \partial y^j} f(x, y) \quad \left(=\left(\frac{\partial}{\partial x}\right)^i \left(\frac{\partial}{\partial y}\right)^j f(x, y)\right)$$

にひとしいことがわかる．

いままで説明の便宜上2変数にしたが，一般 n 変数の場合についても全く同様なので，くり返してのべない．

例 4 $f(x, y)=\log(x^2+y^2)$，$(x^2+y^2>0)$ の第2次偏導関数．

$$f_x'=\frac{2x}{x^2+y^2}, \qquad f_y'=\frac{2y}{x^2+y^2}.$$

$$f_{x^2}''=2\frac{y^2-x^2}{(x^2+y^2)^2}, \qquad f_{xy}''=\frac{-4xy}{(x^2+y^2)^2}, \qquad f_{y^2}''=2\frac{x^2-y^2}{(x^2+y^2)^2}.$$

これより

$$\Delta f\equiv\left(\frac{\partial^2}{\partial x^2}+\frac{\partial^2}{\partial y^2}\right) f\equiv f_{x^2}''+f_{y^2}''=0.$$

ここで

$$\Delta f=\left(\frac{\partial^2}{\partial x^2}+\frac{\partial^2}{\partial y^2}\right) f$$

で定義される作用素は**ラプラシアン**(Laplacian) とよばれ，解析学において重要な意味をもつものである．なおこの名前は Laplace (ラプラス)に由来する．

例 5 $f(u)$ は第2次導関数まで連続で，$\varphi(x_1, \cdots, x_n)\in C^2$ とする．$g(x_1, \cdots, x_n)=f(\varphi(x_1, \cdots, x_n))$ の第2次偏導関数を求める．

$$\frac{\partial g}{\partial x_j}=f'(\varphi)\frac{\partial \varphi}{\partial x_j}, \qquad \frac{\partial^2 g}{\partial x_i \partial x_j}=f''(\varphi)\frac{\partial \varphi}{\partial x_i}\frac{\partial \varphi}{\partial x_j}+f'(\varphi)\frac{\partial^2 \varphi}{\partial x_i \partial x_j}.$$

例 6　$r=\sqrt{x_1{}^2+\cdots+x_n{}^2}$ とする．任意の実数 α に対して，

$$(3.56)\quad \Delta(r^{\alpha})\equiv\left(\frac{\partial^2}{\partial x_1{}^2}+\frac{\partial^2}{\partial x_2{}^2}+\cdots+\frac{\partial^2}{\partial x_n{}^2}\right)(r^{\alpha})=\alpha(\alpha+n-2)r^{\alpha-2}\quad (r\neq 0).$$

解　例 3を用いる．

$$\frac{\partial^2}{\partial x_i{}^2}(r^{\alpha})=\frac{\partial}{\partial x_i}\cdot\frac{\partial}{\partial x_i}r^{\alpha}=\frac{\partial}{\partial x_i}(\alpha x_i r^{\alpha-2})=\alpha\frac{\partial}{\partial x_i}(x_i r^{\alpha-2})$$
$$=\alpha\{r^{\alpha-2}+(\alpha-2)x_i{}^2r^{\alpha-4}\}.$$

ゆえに，i について 1 から n までの和をとると，

$$\Delta(r^{\alpha})=\alpha\{nr^{\alpha-2}+(\alpha-2)r^{\alpha-2}\}.$$

(3.56) において $\alpha=-(n-2)$ とおくと右辺は 0 になる：

$$(3.57)\qquad \Delta\left(\frac{1}{r^{n-2}}\right)=0\qquad (r\neq 0).$$

このことは応用上重要である．

斉次関数　$f(x_1,\cdots,x_n)$ は原点を除いたところで，すなわち，$x\neq 0$ で定義されているとする．$f(x)$ が ***m* 次の斉次関数** (homogeneous function of degree m) または**同次関数**であるとは，任意の $\lambda(>0)$ と任意の $x(\neq 0)$ に対して，

$$(3.58)\qquad f(\lambda x_1,\lambda x_2,\cdots,\lambda x_n)=\lambda^m f(x_1,x_2,\cdots,x_n)$$

がなりたつときをいう．m は実数である．上式は

$$f(\lambda x)=\lambda^m f(x)\qquad (\lambda>0,\ x\in \boldsymbol{R}^n-\{0\})$$

と略記されることも多い．ここで $\boldsymbol{R}^n-\{0\}$ は n 次元空間から原点を除いた集合をさす．斉次関数は応用上重要である．

定理 3.12　$f(x)$ は m 次の斉次関数で $\boldsymbol{R}^n-\{0\}$ で 1 回連続的微分可能と

する．

1)　$\partial f/\partial x_i$ は $(m-1)$ 次の斉次関数である．

2)　Euler の恒等式

$$x_1\frac{\partial f}{\partial x_1}(x)+x_2\frac{\partial f}{\partial x_2}(x)+\cdots+x_n\frac{\partial f}{\partial x_n}(x)=mf(x)$$

がなりたつ．

証明　(3.58) の条件をみよう．この関数式は $(\lambda, x_1, x_2, \cdots, x_n)$ の $(n+1)$ 変数の関数とみての等号だとみる．まず x_i の関数とみて，両辺の偏導関数をとると，合成関数の微分法則より，

$$\lambda\frac{\partial f}{\partial x_i}(\lambda x_1, \cdots, \lambda x_i, \cdots, \lambda x_n)=\lambda^m\frac{\partial f}{\partial x_i}(x_1, \cdots, x_n)$$

であるから，$\partial f/\partial x_i$ は $(m-1)$ 次の斉次関数である．

ついで，(3.58) を，$(x_1, \cdots, x_n)$ を固定して，λ の関数と考えて両辺の偏導関数をとると，

$$x_1\frac{\partial f}{\partial x_1}(\lambda x_1, \cdots, \lambda x_n)+x_2\frac{\partial f}{\partial x_2}(\lambda x_1, \cdots, \lambda x_n)+\cdots=m\lambda^{m-1}f(x_1, \cdots, x_n)$$

をえる．略記法を用いれば，

$$\sum_{i=1}^{n}x_i\frac{\partial f}{\partial x_i}(\lambda x)=m\lambda^{m-1}f(x)$$

である．ここで $\partial f(\lambda x)/\partial x_i$ は，$\partial\{f(\lambda x)\}/\partial x_i$ を意味するのではないことを注意しておこう．上式に $\lambda=1$ といれれば Euler の恒等式をえる．

(証明おわり)

0 次の斉次関数でよく例にあげられるものに，

$$f(x, y)=\frac{xy}{x^2+y^2}$$

がある．一般に0次の斉次関数の場合，$f(\lambda x, \lambda y)=f(x,y)$ であるから，$(\lambda x, \lambda y)$ は (x,y) を λ 倍したものであることを考慮すると，動径方向にそって定数値である．ゆえにその値は単位円周上の値で完全に決定される．うえの f では，$x=r\cos\theta, y=r\sin\theta$ とおくと，$f(r\cos\theta, r\sin\theta)=f(\cos\theta, \sin\theta)=\cos\theta\sin\theta=\dfrac{1}{2}\sin 2\theta$ である．ゆえに f は $\boldsymbol{R}^2-\{0\}$ で何回でも連続的微分可能ではあるが，原点のどんな小な近傍をとっても $-1/2$ と $+1/2$ との間の任意の値をとるから，原点の値をどう定義しても，**原点で連続にはならない．**

他方，$f(0,0)=0$ と定義すると，$f(x,0)\equiv 0$ であるから，$f(x,y)$ は y をとめるごとに x の連続関数であり，また $f(0,y)\equiv 0$ であるから，x をとめるごとに y の連続関数である．また $\dfrac{\partial f}{\partial x}(0,0)=\dfrac{\partial f}{\partial y}(0,0)=0$ として存在する*)．

つぎに2次の斉次関数でよく例にあげられるものに

$$f(x,y)=xy\frac{x^2-y^2}{x^2+y^2}$$

がある．$f(x,y)$ は原点を除いたところでは何回でも連続的微分可能である．原点の近傍ではどうか？　$f(0,0)=0$ とおくと，$f(x,y)$ は原点で連続であり，さらに，$\partial f/\partial x, \partial f/\partial y$ もまた，1次の斉次関数だから（定理3.12），原点で連続である**)．第2次導関数をみよう．

$$\frac{\partial f}{\partial x}(0,y)=\frac{\partial}{\partial x}(xy)\frac{x^2-y^2}{x^2+y^2}\bigg|_{x=0}+xy\frac{\partial}{\partial x}\left(\frac{x^2-y^2}{x^2+y^2}\right)\bigg|_{x=0}=-y,$$

$$\frac{\partial f}{\partial y}(x,0)=\frac{\partial}{\partial y}(xy)\cdot\frac{x^2-y^2}{x^2+y^2}\bigg|_{y=0}+xy\frac{\partial}{\partial y}\left(\frac{x^2-y^2}{x^2+y^2}\right)\bigg|_{y=0}=x$$

である．ゆえに，

$$\frac{\partial^2 f}{\partial y\partial x}(0,0)=-1, \qquad \frac{\partial^2 f}{\partial x\partial y}(0,0)=1$$

---

*)　この関数は，第1次偏微係数はともに存在するが，その点，すなわち原点で連続でない関数の1例になっている．いわんや f は原点で全微分可能でない．

**)　原点で0である．

となり，微分の順序交換が許されない1例を与える．

3.13 Taylor 展開

多変数の場合の Taylor 展開を考えるまえに，つぎの基本的な事項を準備する．

積分記号下でのパラメータによる微分　$f(x,\alpha)$ は $a\leq x\leq b, \alpha_0\leq\alpha\leq\alpha_1$ で定義された2変数の連続関数であるとする．

定理 3.13
$$I(\alpha)=\int_a^b f(x,\alpha)\,dx$$
はαの連続関数である．

証明
$$I(\alpha+h)-I(\alpha)=\int_a^b \{f(x,\alpha+h)-f(x,\alpha)\}\,dx$$
であるが，$h\to 0$ とすると，$\varepsilon(x,h)=|f(x,\alpha+h)-f(x,\alpha)|$ は x に関して一様に0に近づく．実際，$f(x,\alpha)$ は (x,α) の連続関数であるから，1変数の証明をよく見ればわかるように**一様連続**である．$(x,\alpha+h)$ と (x,α) との距離は $|h|$ であるから，$\varepsilon(>0)$ に対して $\delta(>0)$ がとれて，$|h|<\delta$ ならば，$\varepsilon(x,h)<\varepsilon/(b-a)$ とできる．ゆえに，
$$|I(\alpha+h)-I(\alpha)|\leq\int_a^b \varepsilon(x,h)\,dx<\varepsilon$$
がなりたつ．　　　　（証明おわり）

定理 3.14　$f(x,\alpha)$ は $f_\alpha'(x,\alpha)$ とともに，$a\leq x\leq b$, $\alpha_0\leq\alpha\leq\alpha_1$ で連続とする．
$$I'(\alpha)=\int_a^b f_\alpha'(x,\alpha)\,dx$$
がなりたつ．

証明
$$f(x,\alpha+h)-f(x,\alpha)=f_\alpha'(x,\alpha+\theta h)h \quad (0<\theta<1)$$
$$=\{f_\alpha'(x,\alpha)+\varepsilon(x,h)\}h$$

とかける．ここで $\varepsilon(x,h)=f_\alpha'(x,\alpha+\theta h)-f_\alpha'(x,\alpha)$ であって，$f_\alpha'(x,\alpha)$ の一様連続性によって，$h\to0$ のとき x に関して一様に0に近づく．ゆえに，

$$\frac{I(\alpha+h)-I(\alpha)}{h}=\int_a^b f_\alpha'(x,\alpha)dx+\int_a^b \varepsilon(x,h)dx$$

の最後の積分は前定理の証明と同じ推論によって，$h\to0$ のとき0に近づく．

（証明おわり）

定理 3.13, 3.14 はつぎのように一般化される．検証は読者に委せよう．

定理 3.15 $f(x;\alpha_1,\cdots,\alpha_p)\equiv f(x;\alpha)$ は $a\leq x\leq b, c_i\leq\alpha_i\leq d_i$ $(i=1,2,\cdots,p)$ で定義された連続関数とする．

1) $I(\alpha_1,\cdots,\alpha_p)=\int_a^b f(x;\alpha_1,\cdots,\alpha_p)dx$

は $\alpha=(\alpha_1,\cdots,\alpha_p)$ の連続関数である．

2) さらに，$\partial f(x;\alpha_1,\cdots,\alpha_p)/\partial\alpha_i$ も連続関数であれば，

$$\frac{\partial}{\partial\alpha_i}I(\alpha_1,\cdots,\alpha_p)=\int_a^b\frac{\partial f}{\partial\alpha_i}(x;\alpha_1,\cdots,\alpha_p)dx$$

がなりたつ．

Taylor 展開 考えを明らかにするために最も簡単な場合を考える．$f(x,y)$ は1回連続的微分可能とする．パラメータ $t\,(0\leq t\leq1)$ を導入し，(x,y) を固定して，

$$F(t)=f(tx,ty)$$

を考える．微積分の基本公式より，

$$f(x,y)-f(0,0)=F(1)-F(0)=\int_0^1 F'(t)dt$$

$$=x\int_0^1 f_x'(tx,ty)\,dt+y\int_0^1 f_y'(tx,ty)\,dt,$$

すなわち，

$$f(x,y)-f(0,0)=x\varphi(x,y)+y\psi(x,y) \tag{3.59}$$

という形の分解をえる．定理 3.15 を用いれば $\varphi(x,y),\psi(x,y)$ は (x,y) の連続関数であることがわかる．また $f(x,y)$ が m 回連続的微分可能であれば，φ,ψ は $(m-1)$ 回連続的微分可能である．

一般な展開を考える．$f(x,y)$ は $(n+1)$ 回連続的微分可能とする．

$$F(t)=f(x+th,y+tk)$$

とおく．$F'(t)=hf_x'(x+th,y+tk)+kf_y'(x+tk,y+tk)$ であり，以下順次に続けてゆくと，一般の p に対して，

$$\begin{aligned}F^{(p)}(t)&=\left(h\frac{\partial}{\partial x}+k\frac{\partial}{\partial y}\right)^p f(x+th,y+tk)\\&=p!\sum_{p_1+p_2=p}\frac{h^{p_1}}{p_1!}\frac{k^{p_2}}{p_2!}\frac{\partial^{p_1+p_2}}{\partial x^{p_1}\partial y^{p_2}}f(x+th,\ y+tk)\end{aligned}$$

がなりたつ．

1変数の Taylor 展開の公式 (2.85)，(2.86) を用いると，

$$F(1)-F(0)=\sum_{p=1}^{n}\frac{1}{p!}F^{(p)}(0)+\frac{1}{n!}\int_0^1(1-t)^nF^{(n+1)}(t)\,dt$$

より，

$$\begin{cases}f(x+h,y+k)=\displaystyle\sum_{0\le p_1+p_2\le n}D_x^{p_1}D_y^{p_2}f(x,y)\frac{h^{p_1}k^{p_2}}{p_1!p_2!}+R_n,\\ R_n=(n+1)\displaystyle\sum_{p_1+p_2=n+1}\frac{h^{p_1}k^{p_2}}{p_1!p_2!}\int_0^1(1-t)^nD_x^{p_1}D_y^{p_2}f(x+th,y+tk)\,dt,\end{cases} \tag{3.60}$$

または，

$$(3.61)\quad R_n=\sum_{p_1+p_2=n+1} D_x^{p_1}D_y^{p_2}f(x+\theta h, y+\theta k)\frac{h^{p_1}k^{p_2}}{p_1!p_2!}\qquad (0<\theta<1)$$

これは Lagrange (ラグランジュ)の剰余項に対応する.

一般 n 変数の場合も同様である. まず多項係数について注意をしよう.

$$(x_1+x_2+\cdots+x_n)^p=\sum C_{p_1\cdots p_n}x_1^{p_1}x_2^{p_2}\cdots x_n^{p_n}$$

とおく. x_1 について p_1 回, x_2 について p_2 回, $\cdots, x_n$ について p_n 回偏導関数をとれば,

$$p!=C_{p_1p_2\cdots p_n}p_1!p_2!\cdots p_n!$$

をえる. ゆえに, $C_{p_1\cdots p_n}=\dfrac{p!}{p_1!\cdots p_2!}\left(=\dfrac{(p_1+\cdots+p_n)!}{p_1!\cdots p_n!}\right)$ をえる.

$$\begin{aligned}&f(x_1+h_1, x_2+h_2, \cdots, x_n+h_n)-f(x_1, x_2, \cdots, x_n)\\ &=\sum_{p=1}^{m}\frac{1}{p!}\left(h_1\frac{\partial}{\partial x_1}+h_2\frac{\partial}{\partial x_2}+\cdots+h_n\frac{\partial}{\partial x_n}\right)^p f(x_1, \cdots, x_n)\\ &\quad+\frac{1}{m!}\int_0^1 (1-t)^m\left(h_1\frac{\partial}{\partial x_1}+\cdots+h_n\frac{\partial}{\partial x_n}\right)^{m+1}f(x_1+th_1, \cdots, x_n+th_n)\,dt\\ &\qquad (m=0, 1, 2, \cdots),\end{aligned}$$

となる. うえにのべたことより,

$$\frac{1}{p!}\left(h_1\frac{\partial}{\partial x_1}+\cdots+\frac{\partial}{\partial x_n}\right)^p f=\sum_{p_1+\cdots+p_n=p}\frac{h_1^{p_1}\cdots h_n^{p_p}}{p_1!\cdots p_n!}D_1^{p_1}\cdots D_n^{p_n}f$$

をえる. ただし, $D_i^{p_i}=\partial^{p_i}/\partial x_i^{p_i}$ である. 記号を簡略化しよう. 同じ文字を用いてまぎらわしいが $p_i\geq 0$ を整数としたとき, $\vec{p}=(p_1, p_2, \cdots, p_n)$ とかく. しかし, これも重苦しいので, たんに $p=(p_1, \cdots, p_n)$ とかこう. $|p|=p_1+p_2+\cdots+p_n$; $p!=p_1!p_2!\cdots p_n!$; $D^p=D_1^{p_1}D_2^{p_2}\cdots D_n^{p_n}$; $h=(h_1, h_2, \cdots, h_n)$ として,

$$h^p=h_1^{p_1}h_2^{p_2}\cdots h_n^{p_n}\,;\qquad x+h=(x_1+h_1, \cdots, x_n+h_n)$$

を意味するものとする. こうすれば一般 n 変数の場合でも形式的には 1 変数の場合と同じになる:

$$
(3.62)\quad \begin{cases} f(x+h)-f(x)=\displaystyle\sum_{1\le|p|\le m}\frac{h^p}{p!}D^pf(x)+R_m, \\ R_m=(m+1)\displaystyle\sum_{|p|=m+1}h^p\int_0^1(1-t)^m\frac{1}{p!}D^pf(x+th)\,dt, \\ R_m=\displaystyle\sum_{|p|=m+1}\frac{h^p}{p!}D^pf(x+\theta h) \qquad (0<\theta<1). \end{cases}
$$

注意 1 $R_m(x,h)$ の1つの項をみよう．積分

$$
\int_0^1(1-t)^m D_1{}^{p_1}\cdots D_n{}^{p_n}f(x_1+th_1,\cdots,x_n+th_n)\,dt
$$

は，$(x_1,\cdots,x_n,h_1,\cdots,h_n)$ の連続関数であるが，さらに $f(x)$ が $(m+1+k)$ 回連続的微分可能とする．$D_1{}^{p_1}\cdots D_n{}^{p_n}f(x)$ は k 回連続的微分可能であることを考慮すれば，定理 3.15 により，この $2n$ 変数の関数は k 回連続的微分可能である．

注意 2 うえの式で，とくに $m=1$ のときは，記号をかえてかくと，

$$
(3.63)\quad \begin{cases} f(x_1,\cdots,x_n)=f(a_1,a_2,\cdots,a_n)+\displaystyle\sum_{i=1}^n\frac{\partial f}{\partial x_i}(a)(x_i-a_i) \\ \qquad +\displaystyle\frac{1}{2}\sum_{i,j=1}^n\frac{\partial^2 f}{\partial x_i\partial x_j}(a+\theta(x-a))(x_i-a_i)(x_j-a_j) \qquad (0<\theta<1) \end{cases}
$$

となる． （注意おわり）

3.14 最大最小問題

まず具体的な例から始めよう．図 3.13 において，A, B の座標を $(0,h)$, (a,h_1) とする．x 軸上をPが動くとき，2つの線分の長さの和 $\overline{\mathrm{AP}}+\overline{\mathrm{PB}}$ が最小になる位置を求める問題である．P の座標を x とおくと，$f(x)=\overline{\mathrm{AP}}+\overline{\mathrm{PB}}$ は，

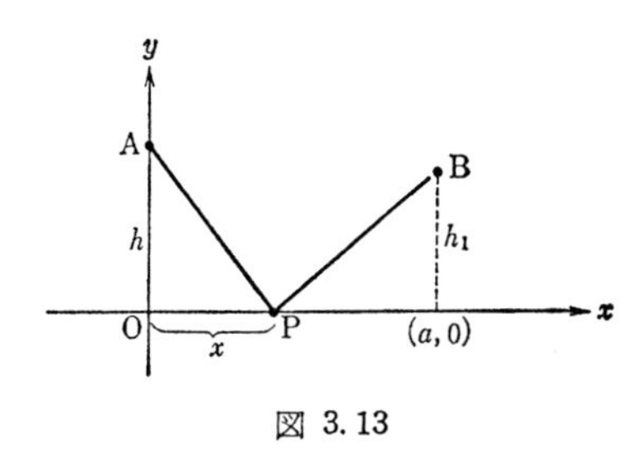

図 3.13

$$f(x)=\sqrt{x^2+h^2}+\sqrt{(x-a)^2+h_1^2}.$$

ゆえに,

$$f'(x)=\frac{x}{\sqrt{x^2+h^2}}+\frac{x-a}{\sqrt{(x-a)^2+h_1^2}},$$

$$f''(x)=\frac{h^2}{(x^2+h^2)^{3/2}}+\frac{h_1^2}{\{(x-a)^2+h_1^2\}^{3/2}}>0$$

である.

さて, A を十分大きくとり, $f(x)$ を $[-A,+A]$ で考えると, 定理 1.6 により $f(x)$ の最小値が存在するが, $\lim_{x\to\pm\infty} f(x)=+\infty$ であるから, A を大きくとってあれば, 最小値をとる点 x_0 は区間の内部の点であり, 結局 $f(x_0)$ は $x\in(-\infty,+\infty)$ での最小値である. かつ $f(x)$ は狭義凸であり, 定理 3.8 により, $f(x)>f(x_0)$ $(x\neq x_0)$ がしたがう. すなわち最小値をとる点は一意的に定まる. その点 $f'(x_0)=0$ は, 表現式より $0<x_0<a$ であって, AP, BP が x 軸とひとしい角をなす点である. これは有名な反射の法則に合致していることを注意しよう.

一般に1変数の関数 $f(x)$ に対して $f'(x)=0$ となるような x を**停留点** (stationary point) であるという. また x_0 が, 十分小さい x_0 の近傍に対して $f(x_0)\geq f(x)$ $(f(x_0)\leq f(x))$ をみたすとき, $f(x_0)$ は**極大値** (**極小値**) であるという. さらにこのとき等号がおこるのは $x=x_0$ にかぎるとき, $f(x_0)$ はせまい意味の極大値(極小値)であるという. 極大値, 極小値を**極植** (extremum) という共通の名でよぶ場合も多い. $x=x_0$ で $f(x)$ が極値をとるためには, x_0 が停留点であることが必要であるが, これだけでは十分ではない.

一般に最大, 最小問題を考えるに当って, 停留点を求めることに興味が集中する場合が多い. 1例として, うえの例をやや一般化して, P は曲線上を動くとして, $\overline{\mathrm{AP}}+\overline{\mathrm{BP}}$ が停留値であるための条件を考えよう. 曲線 C は $(x(s), y(s))$ (s は曲線の長さ) を C の点とし, $x'(s), y'(s)$ とともに連続とする. $s=s_0$ が

$$f(s)=\overline{\mathrm{AP}}+\overline{\mathrm{PB}}$$

の停留点であったとする．簡単のために，A, B は停留点 P_0 における接線と同じ側にあるとしよう．$\overline{AP}=r_1(s)$ に対して，

$$\frac{d}{ds}r_1(s)=\langle \mathrm{grad}\,r_1, \vec{t_1}\rangle$$

である．ここで $\vec{t_1}$ は P における C の正の単位接ベクトルである((3.52) 参照)．また $\mathrm{grad}\,r_1$ は P を起点とし，$\overrightarrow{AP}$ と同じ向きをもつ単位ベクトルである(§ 3.11 の最後にのべた部分参照)．

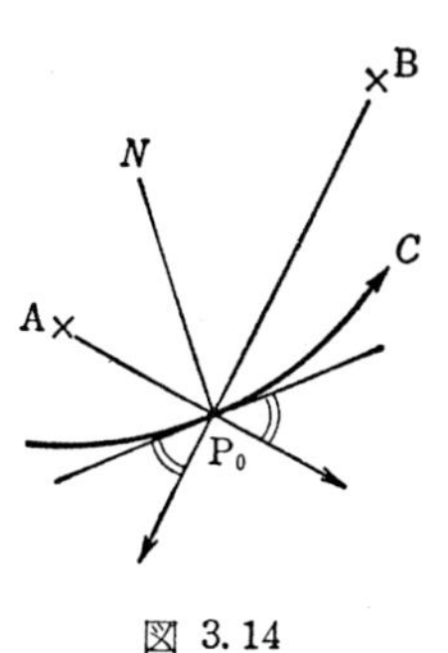

図 3.14

ゆえに $\overline{BP}=r_2$ とすると，

$$f'(s_0)=\langle \mathrm{grad}\,r_1+\mathrm{grad}\,r_2, \vec{t_1}\rangle=0$$

は，ベクトル $\mathrm{grad}\,r_1+\mathrm{grad}\,r_2$ の接ベクトル上への正射影*)が 0 であることと同等である．これは，$\angle AP_0B$ の 2 等分線が P_0 における法線と一致することと同等である(図 3.14 参照)．

例 1 (1点から平面曲線への距離) 定点を原点にとり，曲線は弧長 s をパラメータととり $(x(s), y(s))$ $(s_1\leq s\leq s_2)$ とする．原点から曲線の点までの距離 $r(s)$ の 2 乗を，

$$f(s)=x(s)^2+y(s)^2$$

とおく．$f(s)$ は連続だから最小値は存在する．ところで，もし $f(s_1), f(s_2)$ がともに最小値より大きければ，ある $s_0(s_0\in(s_1, s_2))$ があって，$f'(s_0)=0$ である．すなわち，

$$x(s)x'(s)+y(s)y'(s)=\frac{1}{2}f'(s)$$

---

*) すなわち，ベクトルを接線方向と法線方向とに直交分解したときの接線方向のベクトルを接ベクトルへの正射影という．

より，$s=s_0$ では $(x(s),y(s))$ は法線方向と一致する．これより．逆に，うえの条件のもとで，定点を通る法線の存在が示された．

立場をかえて，$f'(s_0)=0$ をみたす s_0 を1つとり，その近傍での状態を考えよう．必要があればパラメータ s の向きをかえて，

$$x'(s_0)=-y(s_0)/r, \qquad y'(s_0)=x(s_0)/r \qquad (r=\sqrt{x^2+y^2})$$

と仮定できる．一般には±の符号がつくが，いまの場合は正の接ベクトルが動径ベクトル $(x(s_0),y(s_0))$ を $+\pi/2$ 回転させた向きにとってある．

$$\frac{1}{2}f''(s)=1+x(s)x''(s)+y(s)y''(s)$$

に，(3.25) を用いると，右辺は $1-k(s)\{x(s)y'(s)-x'(s)y(s)\}$ となるが，$s=s_0$ でなりたつうえの関係式を代入すれば，

$$\frac{1}{2}f''(s_0)=1-k(s_0)r(s_0)$$

となる．これより，$1-k(s_0)r(s_0)\gtreqless 0$ にしたがって，$f(s)$ は $s=s_0$ で極小，極大となる．すなわち s_0 における曲率 $k(s_0)\lesseqgtr 1/r(s_0)$ にしたがって，極小，極大となる．

いままで1変数の場合を考えたが，多変数の場合に移ろう．そのために，1変数でなりたつことを拡張する．

定理 3.16　D を $\boldsymbol{R}^n$ の有界閉集合とし，$f(P)$ を D 上で定義された連続関数とする．このとき，$f(P)$ の D 上での最大値，最小値はともに存在する．

注意　D が $\boldsymbol{R}^n$ の閉集合であるとは，点 P_0 が D の集積点になっていれば，P_0 が D にぞくするときをいう．すなわち，$P_j(\in D)\to P_0$ $(j\to\infty)$ $(P_j\neq P_0)$ となるような点列があるとき，P_0 を集合 D の(1つの)**集積点**というが，D の集積点がすべて D にぞくするとき，D は**閉集合** (closed set) であるとよばれる．また，D が**有界集合**であるとは，原点を中心とする十分大きい球をかく

と，D の点がすべて球に含まれるときをいう．

証明　定理 1.6 の拡張であるので簡略に方針をのべる．まず定理 1.5 がいまの場合に拡張されることを示す．$\{P_j\}$ $(j=1,2,\cdots)$ を D の任意の点列とすると，$\{P_j\}$ の適当な部分列 $\{P_{j_p}\}$ $(j_1<j_2<\cdots)$ と，ある D の点 P_0 があって，$P_{j_p}\to P_0(p\to\infty)$ がなりたつことをいう．証明は，P_j の座標を $(x_1{}^{(j)}, x_2{}^{(j)},\cdots, x_n{}^{(j)})$ とすると，各 i に対してできる数列 $\{x_i{}^{(j)}\}$ $(j=1,2,\cdots)$ に定理 1.5 が適用される．ゆえに，まず $\{x_1{}^{(j)}\}$ から出発して，収束する部分列 $\{x_1{}^{(j')}\}$ をとり，ついでこの $\{j'\}$ に対応する $\{x_2{}^{(j')}\}$ に定理 1.5 を適用する．以下この操作をつづけると，すべての i に対して，$\{x_i{}^{(j_p)}\}$ $(j_1<j_2<\cdots)$ が収束列となるように部分列がとり出せる．$x_i{}^{(j_p)}\to x_i{}^{(\infty)}$ $(p\to\infty\,;\,i=1,2,\cdots,n)$ とおけば，$P_0=(x_1{}^{(\infty)},\cdots,x_n{}^{(\infty)})$ は，$\{P_{j_p}\}$ の極限点，すなわち，$P_{j_p}\to P_0$ である．D の閉集合である仮定から，$P_0\in D$.

うえのことが証明されたから，定理 1.6 の推論がそのままなりたつ．ゆえに定理は示された．　(証明おわり)

定理 3.17　$f(P)\equiv f(x_1,\cdots,x_n)$ が $\boldsymbol{R}^n$ のある集合 D で連続であるとする．D の内点*) P_0 で $f(P)$ が最大値または最小値をとるとすると，

$$\frac{\partial f}{\partial x_i}(P_0)=0 \qquad (i=1,2,\cdots,n) \tag{3.64}$$

がなりたつか，そうでなければ，これらの第1次偏導関数のうちの1つが存在しない(あるいは意味をもたない)の何れかである．

うえの証明は明らかであろうから示さない．さてうえの2定理を合わせると，最大，最小問題を考えるさいの基本方針が立てられるであろう．すなわち連続関数 $f(P)$ が，ある有界閉集合 D で定義されている場合，どの点で最大値，または最小値をとるかを考えるさいに，候補とすべき点は，(3.64) をみたす点(すなわち $f(P)$ の停留点)，

---

*)　すなわち，十分小な $\varepsilon(>0)$ をとれば，集合 $\{P;\ |P-P_0|\le\varepsilon\}$ が D に含まれるとき．

$$\operatorname{grad} f(P)=0$$

と，$f(P)$ の第 1 次偏導関数が存在しない点とである．

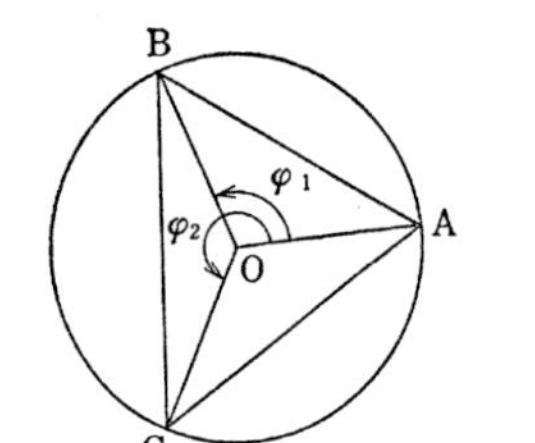

図 3.15

例 2 円に内接する 3 角形のうちで面積最大なものを求める．円を原点を中心とする単位円とし，$A(1,0)$，$B(\cos\varphi_1, \sin\varphi_1)$，$C(\cos\varphi_2, \sin\varphi_2)$ を円周上の 3 点とする(図 3.15 参照)．3 角形 ABC の面積は，

$$f(\varphi_1,\varphi_2)=\frac{1}{2}\begin{vmatrix} 1 & \cos\varphi_1 & \cos\varphi_2 \\ 0 & \sin\varphi_1 & \sin\varphi_2 \\ 1 & 1 & 1 \end{vmatrix}$$

で与えられる．ただしこれは符号のついた面積で円周を正の向きにそってみて，A, B, C の順序であれば正であり，A, C, B の順序であれば負であり，この場合は面積に符号「−」をつけたものになっている．ゆえに問題は，φ_1, φ_2 がともに $[0, 2\pi]$ を独立に動いたときの $f(\varphi_1,\varphi_2)$ の最大，最小値を求めることになる．$f(\varphi_1,\varphi_2)$ は何回でも連続的微分可能である．まず定理 3.16 より最大，最小値は存在し，ついで定理 3.17 より $\partial f/\partial\varphi_1=\partial f/\partial\varphi_2=0$ をみたす点が候補の点となる．

$$2\frac{\partial f}{\partial\varphi_1}=-\sin\varphi_1\sin\varphi_2+\cos\varphi_1(1-\cos\varphi_2)=0$$

は，幾何学的にいうと，点 B における円の接ベクトル $(-\sin\varphi_1, \cos\varphi_1)$ が AC と平行であることを示している．これより，$\overline{AB}=\overline{BC}$ がしたがう．またこのことは，うえの式から $\cos\varphi_1=\cos(\varphi_2-\varphi_1)$ がしたがうことからもわかる．

同様にして，$\partial f/\partial\varphi_2=0$ から $\overline{BC}=\overline{CA}$ がしたがう．ゆえに，正 3 角形の場合が f の最大，最小値を与える．

なお最大値は，$\varphi_1=\frac{2}{3}\pi, \varphi_2=\frac{4}{3}\pi$ のときであるが，このときは3角形OAB の面積の3倍になっており，$\left(\cos\frac{2}{3}\pi,\ \sin\frac{2}{3}\pi\right)=\left(-\frac{1}{2},\ \frac{\sqrt{3}}{2}\right)$ より，

$$S_{\max}=3\times\frac{1}{2}\begin{vmatrix}1 & -\frac{1}{2}\\ 0 & \frac{\sqrt{3}}{2}\end{vmatrix}=\frac{3\sqrt{3}}{4}.$$

例 3 平面上において与えられた3点 A, B, C に対して，平面上の点 P からこれら3点への距離の和

$$f(P)=\overline{\mathrm{PA}}+\overline{\mathrm{PB}}+\overline{\mathrm{PC}}$$

が最小になるようなPの位置を求める問題.

平面上に直角座標をとり，Pの座標を (x, y) とする．$f(P)$ が連続関数，すなわち (x, y) の連続関数であることは明らかであろう．$f(P)$ の最小値が存在することはつぎのように考えればよい．原点 O を中心とする十分大きい半径 Rの円板 $D: x^2+y^2\leq R^2$ をとろう．Rの大きさは例えば円板の周から点Aへの距離が，P が O に一致したときの値 $f(\mathrm{O})=\overline{\mathrm{OA}}+\overline{\mathrm{OB}}+\overline{\mathrm{OC}}$ より大きいようにとる($A\in D$ はもちろんなりたつようにとる)．このとき $f(P)$ の D 上での最小値があるが(定理 3.16)，この最小値は $f(P)$ の全平面での最小値に他ならない.

さて $f(P)$ は A, B, C 以外では何回でも連続的微分可能であり，かつ A, B, C では第1次偏導関数が存在しないことを考慮すると，定理 3.17 より，最小値をとる候補点としては，A, B, C と，それ以外の点であって，

$$\mathrm{grad}\, f=0$$

をみたす点である．さて $\mathrm{P}\neq\mathrm{A, B, C}$ として，$\overline{\mathrm{PA}}=r_1, \overline{\mathrm{PB}}=r_2, \overline{\mathrm{PC}}=r_3$ とおくと，うえの関係式は

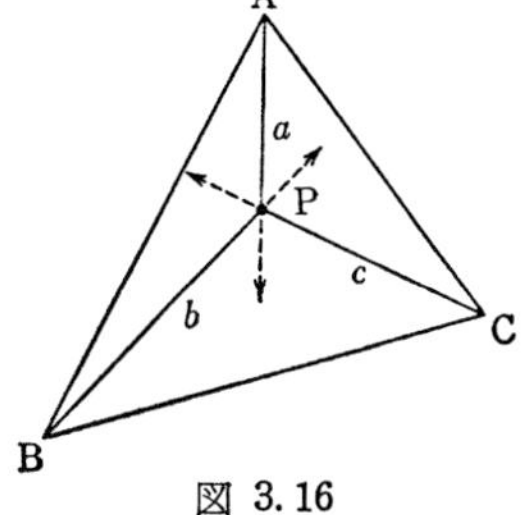

図 3.16

$$\mathrm{grad}\, r_1 + \mathrm{grad}\, r_2 + \mathrm{grad}\, r_3 = 0 \tag{3.65}$$

となる．ところで例えば $\mathrm{grad}\, r_1$ は，P を起点として，向きが $\overrightarrow{\mathrm{AP}}$ と一致する単位ベクトルである(§ 3.11 の最後の部分参照)．ゆえに (3.65) はこの 3 つの単位ベクトルの合成和が 0 であることを示しており，容易にわかるように，PA, PB, PC がともに 120° の角をなしていることと同等である (図 3.16 参照)．

さてこのような点 P が実際にあるか？　あれば一意的か？　という疑問であるが，3 角形 ABC の角がともに 120° より小であれば，しかもそのときにのみ，存在し，かつこのときには一意的に定まることが幾何学的考察からしたがう．そしてこのときの $f(P)$ の値は $f(A), f(B), f(C)$ の何れよりも小になる．実際，$\mathrm{AP}=a, \mathrm{BP}=b, \mathrm{CP}=c$ とおくと，P において角の開きが 120° であることより，$\mathrm{AB}=\sqrt{a^2+b^2+ab}$，$\mathrm{AC}=\sqrt{a^2+c^2+ac}$ であるが，これより $\mathrm{AB}+\mathrm{AC}=\sqrt{a^2+b^2+ab}+\sqrt{a^2+c^2+ac}>a+b+c$ がしたがう．他の場合も同様である．

最後に 3 角形 ABC の 3 つの角のうち 120° 以上のものがあるときには，例えば∠A が 120° 以上のときには，$\mathrm{grad}\, f=0$ となる点が存在せず，したがって最小値は $f(A)$，$f(B)$，$f(C)$ のうちの最小のものであるが，いまの場合は $f(A)$ が最小であることが容易にわかる．

3.15　関数項の級数

§2.18 において級数の基本的な見方を説明し，そのさい簡単な関数の Taylor 級数展開をのべた．ここでは，$u_1(x), u_2(x), \cdots, u_n(x), \cdots$ を実数の区間 I 上で定義された関数列とした場合，

$$u_1(x)+u_2(x)+\cdots+u_n(x)+\cdots \tag{3.66}$$

で定義される関数を考える．これを関数項の級数という．うえの級数は，$x \in I$ を固定するごとに級数であるから，もし収束級数であればその和を $S(x)$ とかく．区間 I のすべての点で収束であれば $S(x)$ は I 上で定義された関数であ

る．このとき，$f_n(x)=u_1(x)+u_2(x)+\cdots+u_n(x)$ とおくと，$S(x)$ は関数列 $\{f_n(x)\}$ の極限関数に他ならない．問題は，$\{f_n(x)\}$ のもっている性質から，$S(x)$ の性質がどの程度導けるかにある．例えば，連続性，微分可能性などである．

関数列 $f_n(x)\,(n=1,2,\cdots)\,(x\in I)$ を考える．$\{f_n(x)\}$ が収束列であるとは，I の任意の点 x に対して，**数列**として $\{f_n(x)\}$ が収束列であるときをいう．このとき極限値を $g(x)$ とかくと，$g(x)$ もまた I 上で定義された関数であって，$f_n(x)$ の**極限関数**であるとよばれる．実際上重要な概念として一様収束というものがある．

定義 3.4 （一様収束） $\{f_n(x)\}$ が I 上で $g(x)$ に一様収束するとは任意の $\varepsilon(>0)$ に対して，ある N がとれて，$n>N$ であれば，

$$|f_n(x)-g(x)|<\varepsilon$$

がすべての $x\in I$ に対して同時になりたつようにできるときをいう．なおこのとき，

$$f_n(x)\to g(x) \qquad (\text{一様})$$

などとかかれる場合も多い．

これに同等な概念を関数項の級数 (3.66) に適用しよう．そのために，

$$R_n(x)=u_n(x)+u_{n+1}(x)+\cdots \qquad (x\in I)$$

とおく．

定義 3.5 級数 $u_1(x)+u_2(x)+\cdots+u_n(x)+\cdots$ が I 上で一様収束であるとは，任意の $\varepsilon(>0)$ に対して，ある N がとれて，$n\geq N$ であれば，$|R_n(x)|<\varepsilon$ がすべての $x\in I$ に対して同時にみたされるようにできるときをいう．

一様収束でない級数の例をあげる．

$$x+x(1-x^2)+\cdots+x(1-x^2)^n+\cdots$$

を考えよう．この級数は $x\neq 0$ のとき，$|1-x^2|<1$ という範囲では公比が 1 よ

り小な等比級数であるから収束である．すなわち，$0<|x|<\sqrt{2}$ で収束級数である．$x=0$ ではすべての項が0だからもちろん収束である．ところでこの級数は $x=0$ を含むどんな小さな区間をとっても，そこで一様収束ではない．実際，$x\neq 0$ のとき

$$R_n(x)=x\{(1-x^2)^n+(1-x^2)^{n+1}+\cdots\}=\frac{x(1-x^2)^n}{1-(1-x^2)}=\frac{(1-x^2)^n}{x}$$

であるが，$x=0$ を含む区間では，如何に n を大きくとっても $|R_n(x)|<\varepsilon$ が同時にはなりたたない．実際，$x\to 0$ のとき，$|R_n(x)|\to+\infty$ となるからである．なお

$$S(x)=\begin{cases}\dfrac{1}{x}, & 0<|x|<\sqrt{2},\\ 0\ , & x=0\end{cases}$$

であることを注意しよう．なおこの例からわかるように，各項 $u_n(x)=x(1-x^2)^{n-1}$ は連続であるのみならず何回でも微分可能であるが，$S(x)$ は原点で連続性さえも破れていることは注意すべきことである．

以後一様収束関数列についてなりたつ基本的性質をのべる．

I.　**(連続性)**　少し一般的に考えよう．D を $\boldsymbol{R}^n$ のある点集合とし，$f_n(x_1, x_2, \cdots, x_n)\equiv f_n(x)$ はすべて D 上で定義された関数とする．このようなとき，関数の**連続性の定義**を念のためにのべておく．点 $x_0\in D$ で $f(x)$ が連続であるとは，任意の $\varepsilon(>0)$ に対して，ある $\delta(>0)$ がとれて，$|x-x_0|<\delta$, $x\in D$ に対して，$|f(x)-f(x_0)|<\varepsilon$ がなりたつときをいう．ここで $|x-x_0|$ は $\boldsymbol{R}^n$ における2点 x, x_0 間の距離 $\sqrt{(x_1-x_{0,1})^2+\cdots+(x_n-x_{0,n})^2}$ をさす．また D の各点で連続のとき $f(x)$ は D 上で連続関数であるという．この定義より，$f(x)$ が D 上で連続であれば，D_1 を D の任意の部分集合：$D_1\subset D$ とするとき，$f(x)$ を D_1 上に制限して考えた関数 $f(x)|_{D_1}$ もまた D_1 で連続である．

定理 3.18　$\{f_n(x)\}\,(x\in D)$ がすべて $x_0\in D$ で連続であって，かつ x_0 の

ある近傍：$|x-x_0|<\delta$, $x\in D$, がとれて，そこで $f_n(x)$ が $f(x)$ に一様収束であれば，$f(x)$ もまた点 x_0 で連続である．

証明 任意の $\varepsilon(>0)$ に対して，N がとれて，$n\geq N$ であれば，

$$|f_n(x)-f(x)|<\frac{\varepsilon}{3} \qquad (|x-x_0|<\delta, x\in D)$$

がなりたつ．このような n を1つ固定しよう．$f_n(x)$ は点 x_0 で連続であるから，$\delta'(<\delta)$ を小にとれば，$|x-x_0|<\delta'$, $x\in D$ に対して，$|f_n(x)-f_n(x_0)|<\varepsilon/3$ がなりたつ．ゆえに，$|x-x_0|<\delta', x\in D$ に対して，

$$|f(x)-f(x_0)|\leq|f(x)-f_n(x)|+|f_n(x)-f_n(x_0)|+|f_n(x_0)-f(x_0)|$$

$$<\frac{\varepsilon}{3}+\frac{\varepsilon}{3}+\frac{\varepsilon}{3}=\varepsilon$$

がなりたつ．ε は任意であったから，$f(x)$ は点 x_0 で連続である．

（証明おわり）

この定理より直ちに，

定理 3.19 $\{f_n(x)\}$ が D 上で定義された連続関数列であり D 上で一様に $f(x)$ に収束すれば，$f(x)$ もまた D 上で連続関数である．

定義 3.5 を考慮すれば，この定理よりただちに，

定理 3.20 級数 $u_1(x)+u_2(x)+\cdots+u_n(x)+\cdots(x\in D)$において，各 $u_n(x)$ が D 上で連続関数であり，かつ一様収束級数であれば $S(x)=u_1(x)+u_2(x)+\cdots+u_n(x)+\cdots$ もまた D 上で連続関数である．

II.（項別積分） a, b を有限とする．つぎの定理がなりたつ．

定理 3.21 各 $f_n(x)$ は $[a, b]$ で定義された連続関数であって，$n\to\infty$ のとき一様に $f(x)$ に収束するとする．このとき，

$$\int_a^b f(x)\,dx=\lim_{n\to\infty}\int_a^b f_n(x)\,dx$$

がなりたつ．

証明　定理 3.19 により $f(x)$ は $[a,b]$ で連続である.

$$\left|\int_a^b f(x)\,dx-\int_a^b f_n(x)\,dx\right|=\left|\int_a^b \{f(x)-f_n(x)\}\,dx\right|$$
$$\leq\int_a^b |f(x)-f_n(x)|\,dx$$

がなりたつ. さて, 一様収束の仮定から, 任意の $\varepsilon(>0)$ に対して, Nがとれて, $n>N$ であれば, $|f_n(x)-f(x)|<\varepsilon/(b-a)$ が, すべての $x\in[a,b]$ に対して同時になりたつ. ゆえに,

$$\int_a^b |f_n(x)-f(x)|\,dx<\int_a^b \frac{\varepsilon}{b-a}\,dx=\varepsilon$$

がなりたつ.　(証明おわり)

これよりただちに,

定理 3.22 (項別積分の定理)　a,b を有限とし,

$$S(x)=u_1(x)+u_2(x)+\cdots+u_n(x)+\cdots,\qquad x\in[a,b]$$

を $[a,b]$ で一様収束級数とする. 各 $u_n(x)$ が連続関数とすれば,

$$\int_a^b S(x)\,dx=\int_a^b u_1(x)\,dx+\int_a^b u_2(x)\,dx+\cdots+\int_a^b u_n(x)\,dx+\cdots$$

がなりたつ.

証明　$f_n(x)=u_1(x)+u_2(x)+\cdots+u_n(x)$ とすれば, $f_n(x)\to S(x)$ (一様)であるから, 前定理より,

$$\int_a^b S(x)\,dx=\lim_{n\to\infty}\int_a^b f_n(x)\,dx=\lim_{n\to\infty}\left(\sum_{i=1}^n\int_a^b u_i(x)\,dx\right)$$

がなりたつ.　(証明おわり)

Ⅲ. (項別微分)

定理 3.23　$f_n(x)$ $(n=1,2,\cdots)$ は $f_n'(x)$ とともに区間 $[a,b]$ で連続であ

って，$n\to\infty$ のとき $f_n(x)\to g(x)$ (一様)*)，かつ $f_n'(x)\to h(x)$ (一様) であれば，$g(x)$ は微分可能であって，$g'(x)=h(x)$ がなりたつ．

証明 簡単である．c を $[a,b]$ の1点とし，

$$f_n(x)-f_n(c)=\int_c^x f_n'(\xi)\,d\xi$$

がなりたつ．定理 3.21 により，$n\to\infty$ の極限移行によって，

$$g(x)-g(c)=\int_c^x h(\xi)\,d\xi$$

がなりたつ．$h(x)$ はもちろん連続関数であるから，$g'(x)=h(x)$ がなりたつ．

(証明おわり)

注意 1 うえの証明から明らかなように，$[a,b]$ のある1点 c で $f_n(x)$ が収束であれば，すなわち数列 $\{f_n(c)\}$ が収束であれば，$f_n'(x)$ の一様収束であることより，$f_n(x)$ 自身も一様収束列になる．

うえの定理よりただちに，

定理 3.24 (項別微分の定理) 各 $u_i(x)$ は $u_i'(x)$ とともに $[a,b]$ で連続関数であって，

$$S(x)=u_1(x)+u_2(x)+\cdots+u_n(x)+\cdots$$

が任意の $x\in[a,b]$ に対して収束級数であるとする．もし，

$$u_1'(x)+u_2'(x)+\cdots+u_n'(x)+\cdots$$

が $[a,b]$ で一様収束級数であれば，これは $S'(x)$ にひとしい．

注意 2 うえの定理は，各項を微分してえられる級数が一様収束であれば，すなわち**形式的に**微分してえられる級数が一様収束であれば，それが真の導関数であることを示している．

(注意おわり)

---

*) この条件に関しては，定理の証明の後の注意1参照．

うえの諸定理に対する注意と補足

うえにのべた諸定理はいままでのものと若干その性格を異にし，理論的な考察のさいに主として用いられる場合が多い．そのような意味で，初学者は理解に苦しむものと思われる．適切であるかどうかは別として，外国語の学習にたとえれば，いままでのものを初等文法だとすれば，ここにのべたものは中等ないし高等文法にぞくするものといえよう．うえの諸定理は微積分法の運用というよりも，広く**解析学の基礎原理**としてとらえた方がすっきりすると思われる．関数項の級数に関する演習問題も沢山あるようであるが，初学者にその重要さと面白さを肌に感じさせるものが少ない理由もここにあると思われる．

いままで級数という考えはなるべくさけてきたが，ここで，実際にうえの定理を用いるさいに便利な定理をのべよう．**級数の収束**にさいして，つぎの見方は定石である．

$$u_1(x)+u_2(x)+\cdots+u_n(x)+\cdots \tag{3.67}$$

が収束であるための（1つの）十分条件は，

$$|u_1(x)|+|u_2(x)|+\cdots+|u_n(x)|+\cdots<+\infty \tag{3.68}$$

であることである．このとき (3.67) は**絶対収束**(absolutely convergent)であるといわれる．以下その証明をのべる．xを固定しよう．収束の定義から，任意の $\varepsilon(>0)$ に対して N がとれて，

$$R_N(x)=|u_{N+1}(x)|+|u_{N+2}(x)|+\cdots<\varepsilon$$

がなりたつ．ゆえに，$S_n(x)=u_1(x)+\cdots+u_n(x)$ とかけば，$n,\ m>N$ として ($m>n$ として)，

$$|S_m(x)-S_n(x)|\leq|u_{n+1}(x)|+|u_{n+2}(x)|+\cdots+|u_m(x)|<\varepsilon$$

である．ε は任意であったから，このことは数列 $\{S_n(x)\}$ が Cauchy の条件をみたすことを示しており，定理 1.8 により，$\{S_n(x)\}$は収束列である．ゆえに

(3.67) は x で収束級数である.

定理の形でまとめておく.

定理 3.25 $x\in[a,b]$ で (3.68) がなりたてば, (3.67) は収束級数である. さらに, 任意の $\varepsilon(>0)$ に対して, ある N がとれて,

$$R_N(x)=|u_{N+1}(x)|+|u_{N+2}(x)|+\cdots<\varepsilon$$

がすべての $x\in[a,b]$ に対してなりたつときには, (3.67) は一様収束級数である.

以下に一様収束に関連する考察の例をあげる.

例 1 $f_n(x)$ $(n=1,2,\cdots)$ は有限区間 $[a,b]$ で定義された連続関数列で, $n\to\infty$ のとき $f(x)$ に収束するとする. もしある M がとれて,

$$|f_n(x)-f_n(x')|\leq M|x-x'|$$

が, n,x,x' の如何に拘らずなりたつならば, このとき $f_n(x)$ は $f(x)$ に一様収束している.

解 $\varepsilon(>0)$ を任意に与えよう. $[a,b]$ 内に点 $a=x_0<x_1<x_2<\cdots<x_m=b$ を細かくとり, $|x_{i+1}-x_i|<\delta$, ただし $\delta=\varepsilon/(3M)$ がなりたつとする. $\{f_n(x)\}$ を $x=x_0,x_1,\cdots,x_m$ でみれば収束列であるから, ある共通の N がとれて, $n>N$ であれば,

$$|f_n(x_i)-f(x_i)|<\frac{\varepsilon}{3}$$

が, $i=0,1,2,\cdots,m$ でなりたつようにできる.

さて $x\in[a,b]$ を任意にとろう. ある x_i があって, $|x-x_i|<\delta$ と仮定できる. ゆえに $n>N$ に対して,

$$f_n(x)-f(x)=(f_n(x)-f_n(x_i))+(f_n(x_i)-f(x_i))+(f(x_i)-f(x))$$

と分解して考えれば,

$$|f_n(x)-f(x)|\leq M\delta+\frac{\varepsilon}{3}+M\delta=\frac{\varepsilon}{3}+\frac{\varepsilon}{3}+\frac{\varepsilon}{3}=\varepsilon$$

がなりたつ．ここで条件より $n\to\infty$ の極限を考えて，$|f(x)-f(x')|\leq M|x-x'|$ がなりたつことを考慮した．以上より，$f_n(x)$ は $[a,b]$ 上で $f(x)$ に一様収束する．

例 2 $f_n(x)\,(n=0,1,2,\cdots)$ は $[a,b]$ で連続関数列であって，かつある $\mu<1$ があって，

$$\max|f_{n+1}(x)-f_n(x)|\leq\mu\cdot\max|f_n(x)-f_{n-1}(x)| \qquad (n=1,2,3,\cdots)$$

がなりたつものとする．ここで max は x が $[a,b]$ を動いたときの最大値をさす．このとき $\{f_n(x)\}$ はある連続関数 $f(x)$ に一様収束することを示す．

簡単のために，$\|f\|=\max|f(x)|$ とかく．

$$\begin{aligned}f_n(x)&=f_0(x)+(f_1(x)-f_0(x))+\cdots+(f_n(x)-f_{n-1}(x))\\&=f_0(x)+\sum_{i=1}^{n}(f_i(x)-f_{i-1}(x))\end{aligned}$$

とかける．$M=\|f_1-f_0\|$ とおくと，

$$\begin{aligned}\|f_n-f_{n-1}\|&\leq\mu\|f_{n-1}-f_{n-2}\|\leq\mu^2\|f_{n-2}-f_{n-3}\|\\&\leq\cdots\leq\mu^{n-1}\|f_1-f_0\|=\mu^{n-1}M.\end{aligned}$$

したがって，

$$\begin{aligned}&|f_0(x)|+|f_1(x)-f_0(x)|+\cdots+|f_n(x)-f_{n-1}(x)|+\cdots\\&\leq|f_0(x)|+M+M\mu+\cdots+M\mu^{n-1}+\cdots<+\infty.\end{aligned}$$

ゆえに級数

$$f(x)=\lim_{n\to\infty}f_n(x)=f_0(x)+\sum_{i=1}^{\infty}(f_i(x)-f_{i-1}(x))$$

は一様収束級数である（定理 3.25 参照）．

例 3
$$\frac{1}{1+x}=1-x+x^2-\cdots+(-1)^n x^n+\cdots$$

は，任意の $\rho(<1)$ に対して，$|x|\leq\rho$ で一様収束級数である．ゆえに定理 3.22 が適用されて，

$$\log(1+x)=x-\frac{1}{2}x^2+\frac{1}{3}x^3-\cdots+(-1)^n\frac{1}{n+1}x^{n+1}+\cdots$$

が $|x|<1$ でなりたつ．

例 4 3角級数

$$f(x)=a_0+(a_1\cos x+b_1\sin x)+\cdots+(a_n\cos nx+b_n\sin nx)+\cdots$$

を考えよう．もし $|a_n|, |b_n|\leq C/n^3$ $(n=0,1,2,\cdots)$ となるような定数 C がとれるならば，級数は一様収束である．実際，$|\cos nx|, |\sin nx|\leq 1$ であり，

$$R_N(x)=\sum_{n=N+1}^{\infty}|a_n\cos nx+b_n\sin nx|\leq C\sum_{n=N+1}^{\infty}\frac{1}{n^3}$$

より，定理 3.25 が適用できるからである．うえの式を形式的に微分すれば，

$$\begin{aligned}f'(x)=&(b_1\cos x-a_1\sin x)+(2b_2\cos 2x-2a_2\sin 2x)+\cdots\\&+(nb_n\cos nx-na_n\sin nx)+\cdots\end{aligned}$$

をえるが，うえとおなじ理由によって，右辺の級数は一様収束であるから，この式は正しい(定理 3.24).

注意 定理 3.23 において，最後の仮定 $f_n'(x)\to h(x)$ (一様)を，たんに $f_n'(x)\to h(x)$ でおきかえると定理は正しくない．すなわち，$g'(x)=h(x)$ は一般にはなりたたない．その実例を示そう．

$\alpha(x)$ を $\alpha'(x)$ とともに連続で，$\alpha(0)=1$，かつ $|x|\geq 1$ では恒等的に 0 である関数とする．例えば $(1-x^2)^2$ を，$|x|\geq 1$ では恒等的に 0 でおきかえたものとする．

$$f_n(x)=\alpha(nx)x \qquad (n=1,2,\cdots)$$

を考えると，$\{f_n(x)\}$ は0に一様収束する．実際，$\alpha(nx)$ は，$|x|\geq 1/n$ では恒等的に0であり，したがって，

$$|f_n(x)|\leq|\alpha(nx)|\times\frac{1}{n}\leq\max|\alpha(x)|\cdot\frac{1}{n}$$

であるからである．ゆえに定理では $g(x)\equiv 0$．ところで

$$f_n'(x)=\alpha(nx)+\alpha'(nx)nx$$

となるが，$x_0(\neq 0)$ を固定して $n\to\infty$ とすると，$|nx_0|>1$ となるから，$\alpha(nx_0),\alpha'(nx_0)$ は0となり，したがって，$f_n'(x_0)=0$ が n が十分大きいところでなりたつ．他方 $x=0$ では $f_n'(0)=\alpha(0)=1$ であるから，結局，

$$\lim_{n\to\infty}f_n'(x)=\begin{cases}0 & (x\neq 0),\\ 1 & (x=0)\end{cases}$$

がなりたち，明らかに原点 $x=0$ で定理の結論はなりたっていない．

3.16 条件収束

前節の後半でのべたように，級数 $u_1+u_2+\cdots+u_n+\cdots$ の収束をしらべるさいに，粗いけれども実際的な見方として，$|u_1|+|u_2|+\cdots+|u_n|+\cdots<+\infty$ をしらべればよいことを注意した．この節では，この判定にはかからないような収束級数，すなわち $\sum|u_n|=+\infty$ であるが，収束であるような級数を考えよう．このとき級数は**条件収束**(conditionally convergent) または**半収束** (semi-convergent) しているといわれる．条件収束級数は，その性質が微妙であるのでとり扱いに注意を要することは推察されることであろうが，この級数をとくにとり上げたのは，たんに論理的興味からではなく，多くの重要な実例を見出すことができるからである．

絶対収束を別の立場からながめてみよう．

定理 3.26 級数 $u_1+u_2+\cdots+u_n+\cdots$ が，どんなに項の順序をいれかえて新しい級数をつくっても収束級数であるための必要十分条件は，級数が絶対収束であることである．なおこのとき級数の和は項の順序の如何に拘らず一定になる．

証明 段階を設けて説明してゆく．

(第1段) 正項級数は項の順序の如何に拘らず一定の和をもつ．

$$S=u_1+u_2+\cdots+u_n+\cdots<+\infty$$

としよう．他方，u_i の順序をかえてとったものを，

$$\Sigma=u_1'+u_2'+\cdots+u_n'+\cdots$$

とする．まず，任意の n に対して，$u_1'+\cdots+u_n'\leq S$ だから，$n\to\infty$ の極限をとり，$\Sigma\leq S$．逆に，$u_1+\cdots+u_n\leq\Sigma$ だから，$S\leq\Sigma$．ゆえに $S=\Sigma$．

ついで，$S=+\infty$ のときを考える．M を任意の1つの正数とする．このとき，$S=+\infty$ の意味から，n を十分大きくとると，$u_1+u_2+\cdots+u_n\geq M$ である．他方，m を十分大きくとると，集合として，$\{u_1, u_2, \cdots, u_n\}\subset\{u_1', u_2', \cdots, u_m'\}$ であるから，$u_1'+u_2'+\cdots+u_m'\geq u_1+u_2+\cdots+u_n(\geq M)$，ゆえに，$\Sigma=+\infty$ である．

(第2段) 絶対収束の必要性．$\{u_i\}$ のうちで，≥ 0 のものを項の順序にしたがってならべたものを，

$$S_+=u_1'+u_2'+\cdots+u_n'+\cdots$$

とし，負の項を，**符号をかえて**正項として，順序にしたがってならべたものを，

$$S_-=u_1''+u_2''+\cdots+u_n''+\cdots$$

とする．このとき，

$$|u_1|+|u_2|+\cdots+|u_n|+\cdots=S_++S_-$$

がなりたつことが，第1段と同じ推論で示される．さて，級数が絶対収束でないとしよう．このとき S_+, S_- のうち少なくとも1つは $+\infty$ であるから，一般性を失うことなく，$S_+=+\infty$ とする．このとき，u_1'' に対して，n_1 があって，

$$(u_1'+u_2'+\cdots+u_{n_1}')-u_1''>1$$

がなりたつ．同様に n_2 がとれて，

$$(u'_{n_1+1}+\cdots+u_{n_2}')-u_2''>1.$$

以下この操作を順次つづけてゆき，この順序に $\{u_i\}$ の項をならべたものをとると，収束級数ではない．

（第3段）　絶対収束が十分条件であること．$a_1+a_2+\cdots+a_n+\cdots$ を $u_1+u_2+\cdots+u_n+\cdots$ の項の順序をかえたものとする．仮定より，$S_+<+\infty, S_-<+\infty$ であるから，任意の $\varepsilon(>0)$ に対して，ある N がとれて

$$u'_{N+1}+u'_{N+2}+\cdots<\varepsilon\,; \qquad u''_{N+1}+u''_{N+2}+\cdots<\varepsilon$$

が同時になりたつ．他方，N_1 がとれて，

$$\{a_{N1}, a_{N1+1}, \cdots\}\subset\{u'_{N+1}, u'_{N+2}, \cdots, -u''_{N+1}, -u''_{N+2}, \cdots\}$$

がなりたつ．このとき，$n, m\geq N_1$ であれば，

$$|a_m+a_{m+1}+\cdots+a_n|<\varepsilon$$

がなりたつことは明らかであろう．ゆえに Cauchy の条件より，級数 $a_1+a_2+\cdots+a_n+\cdots$ は収束である．

（第4段）　級数の和がつねに一定であること．$a_1+a_2+\cdots+a_n+\cdots$ を1つのならびかえた級数とする．このとき，

$$S=a_1+a_2+\cdots+a_n+\cdots=S_+-S_- \tag{3.69}$$

であることを示せばよい．さて，$\varepsilon(>0)$ を任意に与えよう．ある N がとれ

て,

$$S_+ \geq u_1' + u_2' + \cdots + u_N' > S_+ - \varepsilon,$$
$$S_- \geq u_1'' + u_2'' + \cdots + u_N'' > S_- - \varepsilon$$

が同時になりたつ．さて，N_1 がとれて，$n \geq N_1$ であれば,

$$\{a_1, a_2, \cdots, a_n\} \supset \{u_1', u_2', \cdots, u_N', -u_1'', -u_2'', \cdots, -u_N''\}$$

がなりたつ．ゆえに $n \geq N_1$ に対して,

$$a_1 + a_2 + \cdots + a_n = (u_1' + u_2' + \cdots + u_k') - (u_1'' + u_2'' + \cdots + u_l'')$$

と分解して考えれば,

$$S_+ - S_- - \varepsilon < a_1 + a_2 + \cdots + a_n < S_+ - S_- + \varepsilon$$

がなりたつことがわかる．ゆえに，$S = a_1 + a_2 + \cdots + a_n + \cdots$ は,

$$S_+ - S_- - \varepsilon < S < S_+ - S_- + \varepsilon$$

をみたす．$\varepsilon (>0)$ は任意であったから，$S = S_+ - S_-$. （証明おわり）

条件収束に移ろう．これに対する基本的な見方はつぎの定理から出発している場合が多い．

定理 3.27 (Abel の変換)　2組の数列 $\{u_0, u_1, \cdots, u_n\}$, $\{v_0, v_1, \cdots, v_n\}$ があり，$u_0 \geq u_1 \geq u_2 \geq \cdots \geq u_n \geq 0$ とする．$\sigma_p = v_0 + v_1 + \cdots + v_p$ ($p = 0, 1, 2, \cdots, n$) とすれば,

$$\left(\min_{p=0,\cdots,n} \sigma_p\right) u_0 \leq u_0 v_0 + u_1 v_1 + \cdots + u_n v_n \leq \left(\max_{p=0,\cdots,n} \sigma_p\right) u_0$$

がなりたつ．

証明

$$\begin{aligned} S &= u_0 v_0 + \cdots + u_n v_n = u_0 \sigma_0 + u_1(\sigma_1 - \sigma_0) + u_2(\sigma_2 - \sigma_1) + \cdots + u_n(\sigma_n - \sigma_{n-1}) \\ &= \sigma_0(u_0 - u_1) + \sigma_1(u_1 - u_2) + \cdots + \sigma_{n-1}(u_{n-1} - u_n) + \sigma_n u_n. \end{aligned}$$

$u_0-u_1\geq 0, u_1-u_2\geq 0, \cdots, u_n\geq 0$ より，

$$\min(\sigma_0, \sigma_1, \cdots, \sigma_p)u_0\leq S\leq \max(\sigma_0, \sigma_1, \cdots, \sigma_p)u_0$$

がなりたつ．　（証明おわり）

以後この定理の有用性を例によって説明しよう．

例 1（交項級数の定理）　$u_0\geq u_1\geq u_2\geq\cdots\geq u_n\geq\cdots\to 0$ のとき，

$$S=u_0-u_1+u_2-u_3+\cdots=\sum_{n=0}^{\infty}(-1)^n u_n$$

は収束級数である．以下その証明をする．前定理において $v_n=(-1)^n$ とおくと，$q>p$ として

$$-u_p\leq\sum_{n=p}^{q}u_n v_n\leq u_p$$

がなりたつ．このことは $u_p\to 0$ $(p\to\infty)$ を考慮すれば，級数に対する Cauchy の収束条件をみたしていることを示している．

例 2（Abel の連続定理）

$$f(x)=a_0+a_1x+\cdots+a_nx^n+\cdots$$

が $x=R$ で収束級数であるとする．このとき，$0\leq x\leq R$ で級数は収束であるのみならず，一様収束である．したがって $f(x)$ は $[0, R]$ で**連続関数**である．以下その証明．$x=R$ で収束であるから $\varepsilon(>0)$ に対して N がとれて，$p, q>N$ であれば，

$$\left|\sum_{n=p}^{q}a_nR^n\right|<\varepsilon$$

がなりたつ．さて，$a_nx^n=(x/R)^n a_nR^n$ と考えて，前定理において，$(x/R)^n=u_n$，$a_nR^n=v_n$ とおけば，

$$\left(\frac{x}{R}\right)^p\min_s\left(\sum_{n=p}^{s}a_nR^n\right)\leq\sum_{n=p}^{q}a_nx^n\leq\left(\frac{x}{R}\right)^p\max_s\left(\sum_{n=p}^{s}a_nR^n\right)$$

がなりたつ．ここで s は $p, p+1, \cdots, q$ の値を動くものとする．ゆえに $p, q>N$ であれば，

$$-\varepsilon \leq \sum_{n=p}^{q} a_n x^n \leq \varepsilon$$

がなりたつ．ゆえに一様収束の条件がみたされている．

1つの適用例として前節の例3をあげよう．

$$\log(1+x)=x-\frac{1}{2}x^2+\frac{1}{3}x^3-\cdots+\frac{(-1)^{n-1}}{n}x^n+\cdots \qquad (-1<x<+1)$$

において，右辺の級数は $x=1$ で収束である(例1による)．ゆえに右辺の級数であらわせる関数は $[0,1]$ で連続関数である．ゆえに

$$1-\frac{1}{2}+\frac{1}{3}-\cdots+(-1)^{n-1}\frac{1}{n}+\cdots=\lim_{x\to 1-0}\log(1+x)=\log 2$$

がなりたつ．

例 3 $S=a_0+a_1+\cdots+a_n+\cdots$ を収束とする．$\varepsilon(>0)$ に対して，

$$S_\varepsilon=a_0+a_1e^{-\varepsilon}+\cdots+a_ne^{-n\varepsilon}+\cdots$$

を定義すれば，S_ε はもちろん収束級数であるが，

$$\lim_{\varepsilon\to+0} S_\varepsilon=S$$

がなりたつ．証明は例2と全く同じである．むしろ簡単であるので読者に委せよう．

例 4
$$f(x)=\sum_{n=1}^{\infty}\frac{\sin nx}{n^\alpha} \qquad (\alpha>0)$$

は収束級数である．実際，有名な公式:

$$p_n(x)=\frac{1}{2}+\sum_{k=1}^{n}\cos kx=\sin\left(n+\frac{1}{2}\right)x\Big/2\sin\frac{x}{2}, \tag{3.70}$$

$$q_n(x)=\sum_{k=1}^{n}\sin kx=\left\{\cos\frac{x}{2}-\cos\left(n+\frac{1}{2}\right)x\right\}\Big/2\sin\frac{x}{2}$$

を考慮すれば，$x \neq 2n\pi$ $(n=0, \pm 1, \pm 2, \cdots)$ のとき，x を固定すれば $q_n(x)$ は有界数列をつくる．ゆえに $|q_n(x)| \leq K$．これより，

$$\frac{1}{p^\alpha}\min_s\left(\sum_{n=p}^{s}\sin nx\right)\leq\sum_{n=p}^{q}\frac{\sin nx}{n^\alpha}\leq\frac{1}{p^\alpha}\max_s\left(\sum_{n=p}^{s}\sin nx\right).$$

ところで，$\sum_{n=p}^{s}\sin nx=q_s(x)-q_{p-1}(x)$ であるから，

$$\left|\sum_{n=p}^{s}\frac{\sin nx}{n^\alpha}\right|\leq\frac{2K}{p^\alpha}$$

をえる．これは Cauchy の収束条件になっているから，考えている級数は収束である．$x=2n\pi$ では $f(x)=0$ であるからすべての点で収束である．またこの級数は任意の $\delta(>0)$ に対して，区間 $[\delta, 2\pi-\delta]$ で一様収束であることもうえの推論から直ちにしたがう．

ついで定理 3.27 を積分の形に拡張しよう．

定理 3.28（第2平均値定理）　区間 $[a,b]$ で $f(x)$ は連続であり，他方 $\varphi(x)$ は正であって広い意味で単調減少関数であるとする．このとき，

$$\int_a^b\varphi(x)f(x)\,dx=\varphi(a)\int_a^\xi f(x)\,dx$$

となるような $\xi\in[a,b]$ が存在する．

証明　$[a,b]$ を n 等分し，その分点を $a=x_0<x_1<\cdots<x_n=b$, $h=(b-a)/n$ としよう．定理 3.27 より，

$$\varphi(a)\min_s\left(h\sum_{i=0}^{s}f(x_i)\right)\leq h\sum_{i=0}^{n-1}\varphi(x_i)f(x_i)\leq\varphi(a)\max_s\left(h\sum_{i=0}^{s}f(x_i)\right).$$

ところで，$\psi(\delta)=\max\limits_{|x-x'|\leq\delta}|f(x)-f(x')|$ とおき，n を大きくすれば，任意の $\varepsilon(>0)$ に対して，$\psi(h)(b-a)<\varepsilon$ とできる．これより，任意の s に対して，

$$\left|h\sum_{i=0}^{s} f(x_i)-\int_a^{a+(s+1)h} f(x)\,dx\right|<\varepsilon$$

がなりたつ．ゆえに，

$$\varphi(a)\left(\min_{\xi}\int_a^{\xi} f(x)\,dx-\varepsilon\right)\leq\int_a^b \varphi(x)f(x)\,dx\leq\varphi(a)\left(\max_{\xi}\int_a^{\xi} f(x)\,dx+\varepsilon\right)$$

がなりたつ．ε は任意であったから，結局 $\varepsilon=0$ とおいた不等式がなりたつ．ゆえに，

$$\min_{\xi}\int_a^{\xi} f(x)\,dx\leq\frac{1}{\varphi(a)}\int_a^b \varphi(x)f(x)\,dx\leq\max_{\xi}\int_a^{\xi} f(x)\,dx$$

がなりたつ．最後に

$$F(\xi)=\int_a^{\xi} f(x)\,dx$$

は $[a,b]$ で定義された連続関数であるから，中間値定理によって，ある ξ があって，

$$\frac{1}{\varphi(a)}\int_a^b \varphi(x)f(x)\,dx=\int_a^{\xi} f(x)\,dx$$

がなりたつ．

（証明おわり）

例 5（異常積分の存在定理） $f(x)$ は $[a,+\infty)$ で連続で，かつ $x\to+\infty$ のとき $F(x)=\int_a^x f(x)\,dx$ は有界にとどまるとする．他方 $\varphi(x)$ は連続かつ正でゆるい意味で単調に減少し，$x\to+\infty$ のとき $\varphi(x)\to0$ とする．このとき

$$\int_a^{\infty} \varphi(x)f(x)\,dx=\lim_{A\to+\infty}\int_a^A \varphi(x)f(x)\,dx$$

は有限値として存在する．この証明は簡単である．$A<A'$ として，$|F(x)|\leq K$ とおくと，

$$\int_A^{A'} \varphi(x)f(x)\,dx = \varphi(A)\int_A^{\xi} f(x)\,dx = \varphi(A)[F(\xi)-F(A)] \qquad (\xi\in[A, A'])$$

だから,

$$\left|\int_A^{A'} \varphi(x)f(x)\,dx\right| \leq 2\varphi(A)K$$

がえられるが, $\varphi(A)\to 0\,(A\to\infty)$ より, 右辺は A が十分大きければ $A'(\geq A)$ の如何に拘らず小である. これより, うえの積分の存在が示された. 例として, $\int_0^{\infty} \sin x/x^{\alpha}dx$ $(0<\alpha<2)$ の収束がいえる.

例 6　例3を積分の形に拡張したものはつぎの通りである. $f(x)$ は $(0, +\infty)$ で連続で, $x=0$ の近傍では積分は絶対収束し, $[1, +\infty)$ で積分が収束するとする. このとき, 任意の $\varepsilon(>0)$ に対して積分 $\int_0^{+\infty} e^{-\varepsilon x}f(x)\,dx$ は存在するのみならず,

$$\lim_{\varepsilon\to+0}\int_0^{+\infty} e^{-\varepsilon x}f(x)\,dx = \int_0^{+\infty} f(x)\,dx$$

がなりたつ.

解　$$F(\varepsilon) = \int_0^{+\infty} e^{-\varepsilon x}f(x)\,dx = \int_0^{1} e^{-\varepsilon x}f(x)\,dx + \int_1^{+\infty} e^{-\varepsilon x}f(x)\,dx$$

と2つに分けて, その異常積分の存在をいう. 第2項は例5において, $\varphi(x)=e^{-\varepsilon x}$ とおいて考えればよい. 第1項に関しては, $e^{-\varepsilon x}\leq 1$ を考慮して, 命題 3.1 とその後にある注意の項をみれば, その存在(絶対収束)がわかる. $F(\varepsilon)$ は $\varepsilon\in[0, +\infty)$ で定義されるが, 証明すべきことは $F(\varepsilon)$ が $\varepsilon=0$ で連続であることである.

$$(3.71)\qquad F_n(\varepsilon) = \int_{1/n}^{n} e^{-\varepsilon x}f(x)\,dx \qquad (n=1, 2, \cdots)$$

を考える. 定理 3.13 より $F_n(\varepsilon)$ は連続である. したがって, $F(\varepsilon)$ は $n\to\infty$ のときの $F_n(\varepsilon)$ の極限であるから, $F(\varepsilon)$ が $\varepsilon=0$ で連続であることを示す

には，$F_n(\varepsilon)$ は $\varepsilon=0$ の近傍(たとえば $0\leq\varepsilon\leq1$)で**一様収束**であることを示せばよい(定理 3.18 より)．さて，n を十分大きくとり，m は n より大きい任意の整数として，

$$F_m(\varepsilon)-F_n(\varepsilon)=\int_{1/m}^{1/n} e^{-\varepsilon x}f(x)\,dx+\int_n^m e^{-\varepsilon x}f(x)\,dx$$

を考える．

第1項は絶対値において，$e^{-\varepsilon x}\leq1$ を考慮すれば，

$$\int_{1/m}^{1/n}|f(x)|\,dx$$

をこえない．ゆえに，この量は，ε に無関係に，n さえ大きければ，いくらでも小にとれる．第2項をみよう．定理 3.28 より

$$\int_n^m e^{-\varepsilon x}f(x)\,dx=e^{-\varepsilon n}\int_n^{\xi} f(x)\,dx,\qquad \xi\in[n,m]$$

であり，$e^{-\varepsilon n}\leq1$ より，この右辺は絶対値において，

$$\sup_{\xi>n}\left|\int_n^{\xi} f(x)\,dx\right|$$

をこえない．ゆえに n さえ大きければ，いくらでも小にとれる(異常積分の存在についての命題 3.1 参照)．ゆえに $F_n(\varepsilon)$ は $F(\varepsilon)$ に一様収束する．

例 7 うえの例において，

$$F(\alpha)=\int_0^{+\infty} e^{-\alpha x}f(x)\,dx$$

として，α を $\mathrm{Re}\,\alpha>0$ とおいて考える．α を実部と虚部とに分けて，$\alpha=\varepsilon+i\beta\,(\varepsilon>0)$ とおけば，$e^{-\alpha x}=e^{-\varepsilon x}\cdot e^{-i\beta x}$ とかかれる((2.74) 参照)．以後断りなしに正則関数(holomorphic function)に対する性質を使う．$F(\alpha)$ に応じて $F_n(\alpha)$ が (3.71) のようにして定義されるが，$F_n(\alpha)$ はすべての α に対して

定義され，かつ全平面で正則である．かつ $\mathrm{Re}\,\alpha>0$ のとき $n\to\infty$ とすれば $F_n(\alpha)\to F(\alpha)$ が示されるが，この収束は広義一様収束であり(部分積分を用いる)，したがって $F(\alpha)$ は $\mathrm{Re}\,\alpha>0$ で正則である．さらに $e^{-i\beta x}f(x)$ の積分が収束であるときには，前例の結果が適用される．まとめると：

$$F(\alpha)=\int_0^\infty e^{-\alpha x}f(x)\,dx \qquad (\mathrm{Re}\,\alpha>0)$$

は α の正則関数であって，$F(\varepsilon+i\beta)\to F(i\beta)$ $(\varepsilon\to+0)$ がなりたつ．

この事実を利用して **Fresnel 積分**を計算してみよう．

$$\int_0^{+\infty}\sin(t^2)\,dt=\frac{1}{2}\int_0^\infty\frac{\sin x}{\sqrt{x}}dx,$$

$$\int_0^{+\infty}\cos(t^2)\,dt=\frac{1}{2}\int_0^\infty\frac{\cos x}{\sqrt{x}}dx$$

はともに異常積分として収束する．$e^{ix}=\cos x+i\sin x$ を考慮して，

$$I(\alpha)=\int_0^\infty e^{-\alpha x}\frac{dx}{\sqrt{x}}, \qquad \mathrm{Re}\,\alpha>0$$

を考えよう．まず $I(\alpha)$ が正則関数であることが，うえにのべたことと同一の推論により示される．ところで α が実数で正のときには，変数変換 $\alpha x=t$ を用いると，

$$I(\alpha)=\frac{1}{\sqrt{\alpha}}\int_0^\infty e^{-t}\frac{dt}{\sqrt{t}}$$

であり，積分は，後でのべる Γ(ガンマ)関数を用いてかけば $\Gamma(1/2)=\sqrt{\pi}$ である．ゆえに，

$$I(\alpha)=\frac{\sqrt{\pi}}{\sqrt{\alpha}} \tag{3.72}$$

である．ところで，$I(\alpha)$, $\sqrt{\pi}/\sqrt{\alpha}$ はともに $\mathrm{Re}\,\alpha>0$ で正則関数であり，かつ $\alpha>0$ のところでは一致しているから，正則関数に関する一致の定理(定理

8.11)より，(3.72) は $\mathrm{Re}\,\alpha>0$ でなりたつ式である．他方，α が虚軸上の点(ただし原点を除く) $i\beta(\beta\neq 0)$ に近づいたとき，例6より，

$$I(i\beta)=\int_0^\infty e^{-i\beta x}\frac{dx}{\sqrt{x}}=\lim_{\varepsilon\to+0}\int_0^\infty e^{-\varepsilon x}e^{-i\beta x}\frac{dx}{\sqrt{x}}$$
$$=\lim_{\varepsilon\to+0}I(i\beta+\varepsilon)$$

が示されている．ゆえに，とくに $\beta=-1$ とおくと，

$$\int_0^\infty\frac{e^{ix}}{\sqrt{x}}dx=\lim_{\varepsilon\to+0}I(-i+\varepsilon)=\lim_{\varepsilon\to+0}\frac{\sqrt{\pi}}{\sqrt{-i+\varepsilon}}$$
$$=\frac{\sqrt{\pi}}{\sqrt{-i}}=\frac{1+i}{\sqrt{2}}\sqrt{\pi}$$

が示された．これより，実部，虚部をとり，

$$\int_0^\infty\sin(t^2)\,dt=\int_0^\infty\cos(t^2)\,dt=\frac{1}{2}\sqrt{\frac{\pi}{2}} \tag{3.73}$$

が計算されたことになる．

最後につぎの定理を示そう．

定理 3.29 $f(x,t)$ は $(x,t)\in[a,+\infty)\times(t_0,t_1)$ で連続で，任意の $t\in[t_1,t_2]$ に対して $\int_a^{+\infty}f(x,t)\,dx$ は収束するとする．さらに $f_t'(x,t)$ もまた同じ範囲で連続で，$\int_a^{+\infty}f_t'(x,t)\,dx$ は収束であるのみならず，t に関して一様収束であるとする．このとき，

$$F(t)=\int_a^{+\infty}f(x,t)\,dx$$

に対して，

$$F'(t)=\int_a^{+\infty}f_t'(x,t)\,dx$$

がなりたつ．

証明
$$F_n(t)=\int_a^n f(x,t)\,dx \qquad (n>a)$$
に対して，定理 3.14 により，$F_n{}'(t)=\int_a^n f_t{}'(x,t)\,dx$ がなりたつが，仮定より，$F_n{}'(t)$ は $\int_a^{+\infty} f_t{}'(x,t)\,dx$ に一様収束する．$F_n(t)$ は $F(t)$ に収束するから，定理 3.23 より（その後にある注意 1 も参照すれば），定理のなりたつことがわかる．　（証明おわり）

例 8
$$\int_0^{+\infty}\frac{\sin x}{x}dx=\frac{\pi}{2}.$$

これを示すために，$t\geq 0$ として
$$F(t)=\int_0^{+\infty} e^{-tx}\frac{\sin x}{x}dx$$
を考える．まず任意の $\varepsilon(>0)$ に対して，$t\in[\varepsilon,+\infty)$ で，
$$F'(t)=-\int_0^{\infty} e^{-tx}\sin x\,dx$$
が前定理によりなりたつ．ε は任意であったから，うえの式は $t>0$ で正しい．ところで右辺は $-1/(t^2+1)$ である．まず一般に，a,b を実数として
$$\int e^{(a+ib)x}dx=\frac{e^{(a+ib)x}}{a+ib}=e^{ax}\frac{(a-ib)(\cos bx+i\sin bx)}{a^2+b^2}$$
をえるが，この虚部をとると，
$$\int e^{ax}\sin bx\,dx=\frac{a\sin bx-b\cos bx}{a^2+b^2}e^{ax}$$
がなりたつ．ゆえに，
$$\int_0^{\infty} e^{-tx}\sin x\,dx=\left[\frac{-t\sin x-\cos x}{t^2+1}\,e^{-tx}\right]_{x=0}^{x=+\infty}=\frac{1}{t^2+1}$$
をえる．

これより，$F(t)=C-\tan^{-1}t$ をえるが，$t\to+\infty$ とすると積分は 0 に収束する．実際，$\sin x/x$ は $[0,+\infty)$ で連続有界であるから，$|\sin x/x|<K$ とおくと，

$$|F(t)|\leq K\int_0^{+\infty}e^{-tx}dx=\frac{K}{t}\quad(\to 0)\quad(t\to+\infty)$$

となるからである．ゆえに $F(t)=(\pi/2)-\tan^{-1}t$ である．ところで，$F(0)=\lim_{t\to+0}F(t)$ が例 6 よりなりたつから，結局

$$F(0)=\int_0^{+\infty}\frac{\sin x}{x}dx=\lim_{t\to+0}\left(\frac{\pi}{2}-\tan^{-1}t\right)=\frac{\pi}{2}$$

がなりたつ．

3.17 Stieltjes 積分 (I)

Stieltjes (スティルチェス) 積分はいままでの定積分を含む，一般な積分と考えられよう．しかしいわゆる**曲線積分** (curvilinear integral) は早くから用いられてきたものであり，かつその考えは初等的でかつ重要であるので，主としてこれに関する考察をのべる．

$$C:\begin{array}{l}x=x(t),\\ y=y(t),\end{array}\qquad a\leq t\leq b$$

を連続曲線とする．別に平面上で定義された連続関数 $f(P)\equiv f(x,y),\ g(P)\equiv g(x,y)$ があるとする．$P_t=(x(t),y(t))$ とかこう．定積分の場合と同様に $[a,b]$ の分割 $\varDelta$

$$\varDelta:a=t_0<t_1<t_2<\cdots<t_n=b$$

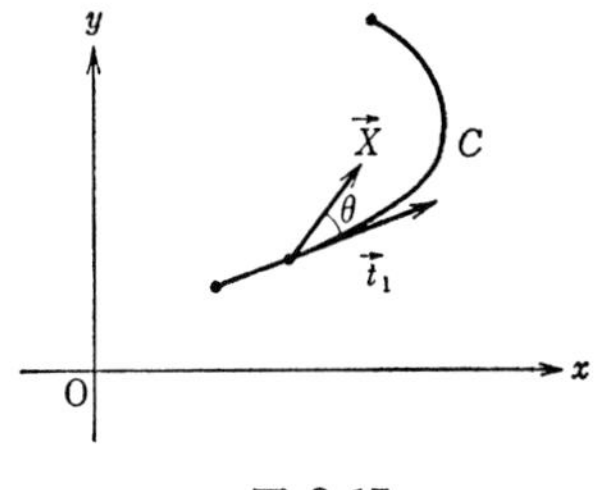

図 3.17

をとろう．$\varDelta x_i=x(t_i)-x(t_{i-1})$，$\varDelta y_i=y(t_i)-y(t_{i-1})$ とし，τ_i を $[t_{i-1},t_i]$ の 1 点として

$$f(P_{\tau_i})\Delta x_i+g(P_{\tau_i})\Delta y_i$$

を考える．このとき $(f(P),g(P))$ を力のベクトル場と解釈し，t を時間，$(x(t),\ y(t))$ を質点の軌道と解釈すれば，これは単位質量の質点に対して，$[t_{i-1},t_i]$ において，力がなした**仕事素量**にひとしい．さて，

$$\sum_{i=1}^{n}\{f(P_{\tau_i})\Delta x_i+g(P_{\tau_i})\Delta y_i\}$$

を考え，分割 Δ のとり方を一様に細かくしてゆくと，分割 Δ ならびに τ_i のえらび方によらない，1つの極限値に近づくであろう．この極限値を

$$\int_C f(P)\,dx+g(P)\,dy,\qquad \int_C f(x,y)\,dx+g(x,y)\,dy,$$
$$\int_a^b f(x(t),y(t))\,dx(t)+g(x(t),y(t))\,dy(t)$$

などとかき，曲線 C にそってとった**曲線積分**とよぶ．

ここで重要なことは，パラメータ t はうえの積分の定義には補助的な役割しか果していないことであろう．実際パラメータ t を，他のパラメータ s でとりかえても s が t のせまい意味の単調増大連続であるときには，明らかに積分の値には影響はない．曲線積分の記号にもその事実が反映されているとみるべきであろう．このことはうえにあげた解釈では，$(x(a),\ y(a))$ から $(x(b),\ y(b))$ まで動いたとき，その軌道(順序も含めて)によってのみ仕事量がきまるのであって，どのような状態(すなわち速度)で移動したかは問題ではないという事実に対応している．

つぎに重要な注意として，t の向きをかえると，積分は**符号をかえる**ことである．

極限の存在については吟味を要する．後で示されるように単に連続というだけでは不十分である．しかし，C が例えば $x'(t)$，$y'(t)$ とともに連続である場合には極限は存在し，うえの曲線積分は意味をもつ．定理としてのべておく．

定理 3.30 $f(t)$ が連続関数で，$x'(t)$ が連続のとき，

$$\int_a^b f(t)\,dx(t)=\int_a^b f(t)\,x'(t)\,dt.$$

証明 簡単である．分割 Δ : $a=t_0<t_1<t_2<\cdots<t_n=b$ に対して，$\tau_i\in[t_{i-1},t_i]$ として，

$$S_\Delta=\sum_{i=1}^{n} f(\tau_i)\{x(t_i)-x(t_{i-1})\}=\sum_{i=1}^{n} f(\tau_i)\,x'(t_{i-1}+\theta_i(t_i-t_{i-1}))(t_i-t_{i-1})$$

とかける．ここで $0<\theta_i<1$．この右辺は，分割を細かくすれば，定理の式の右辺に近づく．（証明おわり）

この定理により，曲線積分は

$$\int_C f(P)\,dx+g(P)\,dy=\int_a^b \{f\,x'(t)+g\,y'(t)\}\,dt$$

とかける．さらに曲線が正則であるとき，すなわち，$x'(t)^2+y'(t)^2\neq 0$ のときには，$t=a$ から測った弧の長さ s をパラメータととることができて，うえの式は，

$$\int_C f dx+g dy=\int_C \{f\,x'(s)+g\,y'(s)\}\,ds=\int_C \langle\vec{X}(s),\vec{t_1}(s)\rangle ds$$

という形にかける．ここで $\vec{X}=(f,g)$ であり，$\vec{t_1}(s)$ は正の単位接ベクトルであり，$\langle\,,\,\rangle$ はベクトルのスカラー積を示す．ゆえにベクトル $\vec{X}$ と正の接ベクトルのなす角を θ とすると（図 3.17 参照），

$$\int_C \langle\vec{X},\vec{t_1}\rangle ds=\int_C |\vec{X}|\cos\theta\, ds \tag{3.74}$$

とかかれる．

つぎに曲線積分をいままでの積分で表現する他の方法について考える．つぎの仮定のもとで考える：$[a,b]$ を適当な有限区間

$$a=t_0<t_1<t_2<\cdots<t_n=b$$

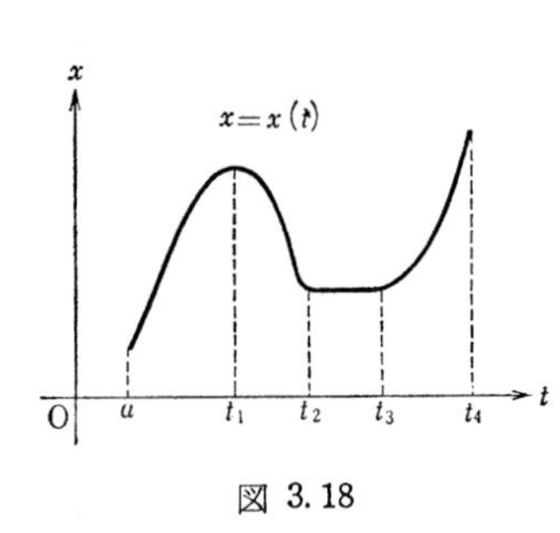

図 3.18

に分けることができて，その各部分区間 $[t_{i-1}, t_i]$ では $x(t)$ はせまい意味の単調連続関数になっているか，さもなければ定数値であるとする(図 3.18 参照).

さて，$[t_{i-1}, t_i]$ で $x=x(t)$ はせまい意味で単調増大であるとしよう．したがって $x(t_{i-1})<x(t_i)$ である．このときパラメータ t を x でおきかえても値は変らないから，$t\in[t_{i-1}, t_i]$ における $x=x(t)$ の逆関数を $t=\varphi_i(x)$，$x\in[x(t_{i-1}), x(t_i)]$ とおくと，

$$(3.75)\qquad \int_{t_{i-1}}^{t_i} f(t)\,dx(t)=\int_{x(t_{i-1})}^{x(t_i)} f(\varphi_i(x))\,dx$$

がなりたつ．つぎに $x(t)$ がせまい意味で単調減少であるときにもこの式は正しいことがわかる．最後に $[t_{i-1}, t_i]$ で $x(t)$ が定数であるときには，もちろん逆関数 $t=\varphi_i(x)$ は存在せず，したがって右辺は意味がないが，$x(t_{i-1})=x(t_i)$ であること，および左辺が0であることから，正しいと解釈もできる．ゆえに，

$$(3.76)\qquad \int_a^b f(t)\,dx(t)=\sum_{i=1}^{n}\int_{x(t_{i-1})}^{x(t_i)} f(\varphi_i(x))\,dx.$$

もとの曲線積分にうえの公式を適用しよう．応用上も考慮して，必要ではないが，曲線 C は単一閉曲線としよう．単一というのは，

$$C: x=x(t),\qquad y=y(t)\qquad (a\le t\le b)$$

としたとき，$(x(t_1), y(t_1))=(x(t_2), y(t_2))$ $(t_1\neq t_2)$ がなりたつのは，$t_1<t_2$ として，$t_1=a$，$t_2=b$ にかぎるときをい

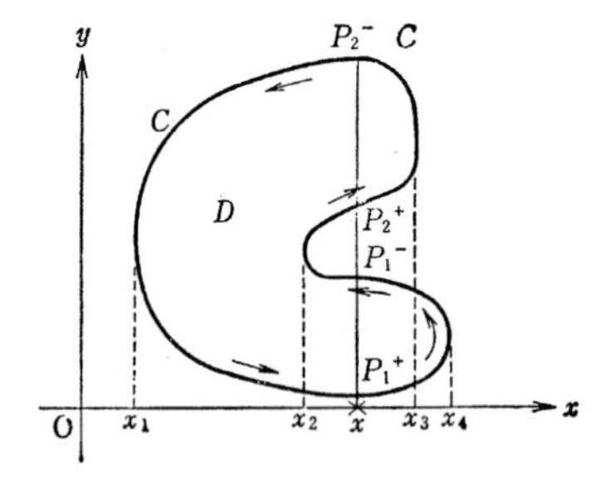

図 3.19

う．C についてさらにつぎの仮定を設ける．C は正則な弧の有限個からなり，かつ接線が存在しないか(すなわち角点)，あるいは y 軸に平行な接線をもつ点 $(x(t),y(t))$ の x 座標は有限個しかないとする．これらの点を $x_1<x_2<\cdots<x_m$ とすると，y 軸に平行な直線 $x=\xi\,(\xi\neq x_i)$ と曲線 C との交わりは有限個の点であることがわかる(図 3.19 参照)．さらに，C の向きは C のかこむ領域 D を左側にみるようにつけてあるとする(この向きを，D によってきまる C の正の向きという)．さて $f(x,y)$ を $D+C$ で連続関数とし

$$\int_C f(P)\,dx=\int_C f(x(t),y(t))\,dx(t)$$

を考えよう．うえの条件があるから(3.76)が適用される．上式の右辺を(3.76)の形にかいたものをみると，x を固定し，$(x\neq x_1,\cdots,x_m)$，y 軸に平行な直線 $x=x$ と曲線 C との交わりを考えると有限個の点からなり，y が増加してゆく方向にみていって，$P_1^+,P_1^-,P_2^+,P_2^-,\cdots$ となづけよう．ここで P_i^+ は領域 D の外から領域 D の中へ入る点であり，P_i^- はでる点である(図 3.19 参照)．これより，

$$\int_C f(P)\,dx=\int_{x_1}^{x_m}\sum_{i=1}^{k}\{f(P_i^+)-f(P_i^-)\}\,dx \tag{3.77}$$

がしたがう．ここで k は x の関数であるが，各 (x_{i-1},x_i) では一定である．積分記号下の関数は各部分区間 (x_{i-1},x_i) で x の連続関数であり，各 x_i で $\lim\limits_{x\to x_i\pm0}$ は有限値として存在するが，この極限は一般には一致しない．

さて，うえの式において，$f(P)\equiv f(x,y)=y$ とおくと，

$$y(P_i^+)-y(P_i^-)=-\overline{P_i^+P_i^-}$$

であるから，(3.77) において被積分関数は領域 D と y 軸に平行な直線 $x=x$ との切り口の長さに符号をかえたものになる．これより，

定理 3.31 D の面積を S とすれば

$$S=-\int_C y\,dx=\int_C x\,dy\ \left(=\frac{1}{2}\int_C x\,dy-y\,dx\right)$$

がなりたつ．

注意 1　この第3式

$$S=\int_C x\,dy$$

の正しいことを示すには，まえの推論において，x と y との役割をかえればよいが，当然のこととして，曲線 C の条件として，x と y とをふりかえた条件がつく．しかし，最終的にはこのような条件は不用であって，C が有限個の正則弧からなりたてば定理は正しい(定理 7.4 参照)．　　（注意おわり）

例　§3.7 でとりあつかった平行曲線がかこむ面積をうえの定理を用いて算出しよう．すなわち C を曲率 $k(s)$ が正の閉曲線とする．C の各点 $(x(s),y(s))$ から外向きの法線にそって定長 l の位置にある点を $(\xi(s),\ \eta(s))$ とする．$(x(s),y(s))$ が C を一周したとき $(\xi(s),\eta(s))$ のえがく曲線を C' とし，C' の面積を S' とする．

$$\xi(s)=x(s)+ly'(s),\qquad \eta(s)=y(s)-lx'(s)$$

であったから，

$$\xi'=x'+ly'',\qquad \eta'=y'-lx''.$$

前定理を適用しよう．

$$\begin{aligned}S'&=\frac{1}{2}\int_C \xi(s)\,d\eta(s)-\eta(s)\,d\xi(s)=\frac{1}{2}\int_C (\xi\eta'-\eta\xi')\,ds\\&=\frac{1}{2}\int_0^L (x+ly')(y'-lx'')-(y-lx')(x'+ly'')\,ds\\&=\frac{1}{2}\int_0^L (xy'-yx')\,ds+\frac{1}{2}\int_0^L l(x'^2+y'^2)\,ds\\&\quad-\frac{l}{2}\int_0^L (xx''+yy'')\,ds+\frac{1}{2}l^2\int_0^L (x'y''-x''y')\,ds\end{aligned}$$

となる．第1項は曲線 C のかこむ面積 S をあらわし，第2項は $x'^2+y'^2=1$ だから $\dfrac{1}{2}lL$ になる．第3項は，$xx''+yy''=(xx'+yy')'-(x'^2+y'^2)=(xx'+yy')'-1$ だから，

$$-\frac{l}{2}\int_0^L (xx''+yy'')\,ds=\frac{-l}{2}[x(s)x'(s)+y(s)y'(s)]_{s=0}^{s=L}+\frac{1}{2}lL$$

となるが，右辺の第1項は0になり，結局 $(1/2)lL$ となる．最後に積分の第4項は，(3.24) より $x'y''-x''y'=k(s)=d\varphi/ds$ だから，

$$\int_0^L (x'y''-x''y')\,ds=\int_0^L \frac{d\varphi}{ds}\,ds=\int_0^{2\pi} d\varphi=2\pi$$

となる．以上を集めて，

$$S'=S+lL+\pi l^2$$

をえる．

ついでに(2次元の場合の)Green（グリーン）の定理をのべておこう．この定理は微積分の基本公式の2次元への直接的な拡張とみられ，極めて重要なものである．

(3.77) において，$P_i^{\pm}=(x,y_i^{\pm})$（複号同順）として，微積分の基本公式を用いれば($y_i^+<y_i^-$ を考慮して)，

$$f(x,y_i^-)-f(x,y_i^+)=\int_{y_i^+}^{y_i^-}\frac{\partial f}{\partial y}(x,y)\,dy$$

をえる．ゆえに (3.77) は，

$$\int_C f(P)\,dx=-\int_{x_1}^{x_m}\left(\int_{D(x)}\frac{\partial f}{\partial y}(x,y)\,dy\right)dx$$

とかかれる．ここで $D(x)$ は直線 $x=x$ と D の交わりである．$D(x)$ は有限個の区間からなる．ここで2重積分の考えを導入しておかなければ厳密な証明にはならないのであるが，のちにのべる定理 6.16 を証明なしに認めよう．そ

うすれば右辺は

$$-\int\left(\int_{D(x)}\frac{\partial f}{\partial y}(x,y)\,dy\right)dx=-\iint_D\frac{\partial f}{\partial y}(x,y)\,dxdy$$

とかかれる.

同様にして,

$$\int_C g(P)\,dy=\iint_D\frac{\partial g}{\partial x}(x,y)\,dxdy$$

をえる. 以上より

定理 3.32 (Green の定理) $f(x,y)$, $g(x,y)$ は $D+C$ で定義された関数で, 第1次偏導関数とともに連続とする.

$$\int_C f(P)\,dx+g(P)\,dy=\iint_D\left\{-\frac{\partial f}{\partial y}(x,y)+\frac{\partial g}{\partial x}(x,y)\right\}dxdy$$

がなりたつ.

注意 2 ここでは証明しないが, C は長さのある曲線であればよい. また $f(x,y)$, $g(x,y)$ は, $\bar{D}$ で連続であって, かつ $\partial f/\partial y$, $\partial g/\partial x$ は D で連続でかつ D で(絶対)積分可能であれば, この定理は正しい.

注意 3 とくに, $\partial f(x,y)/\partial y\equiv\partial g(x,y)/\partial x$ がなりたつときは左辺は0である. この注意は応用上重要である. (注意おわり)

3.18 Stieltjes 積分 (II)

$f(t)$ を $[a,b]$ で連続, $g(t)$ を $[a,b]$ でゆるい意味で単調増大関数とする. $[a,b]$ の分割 Δ : $a=t_0<t_1<t_2<\cdots<t_n=b$ に応じて, $\tau_i\in[t_{i-1},t_i]$ として, 和

$$S_\Delta=\sum_{i=1}^{n}f(\tau_i)\{g(t_i)-g(t_{i-1})\} \tag{3.78}$$

を考える. 定積分の存在を示したのと全く同じ推論によってつぎのことがしたがう. 一定の数 I が存在して, 任意の $\varepsilon(>0)$ に対して $\delta(>0)$ がとれて, 分割の最大幅 $h(\Delta)$ が δ より小であれば, τ_i のとり方の如何に拘らず,

(3.79) $$|S_\Delta - I| < \varepsilon$$

がなりたつ．この I を $\int_a^b f(t)dg(t)$ とかく．この積分を Stieltjes 積分とよぶ．証明は §2.6 のそれと同様なので省略する．

さて，うえの定義において $g(t)$ はゆるい意味の単調増大であるとしたが，ゆるい意味の単調減少としても全く同様に極限の存在が示される．ゆえに $g(t)$ の条件としては，ゆるい意味の単調関数であればよい．ついで，$c<c'$ のとき，

$$\int_{c'}^{c} f(t)\,dg(t) = -\int_{c}^{c'} f(t)\,dg(t)$$

と規約する．Stieltjes 積分の性質を定理の形にまとめると，

定理 3.33 1) α, β を実数，$f_1(t)$，$f_2(t)$ を連続関数とし，$g(t)$ を単調関数とすると*)，

$$\int_a^b (\alpha f_1 + \beta f_2)\,dg = \alpha\int_a^b f_1 dg + \beta\int_a^b f_2 dg.$$

2) $f(t)$ を連続，$g(t)$ を単調関数，c_1, c_2, c_3 を任意の $[a, b]$ に含まれる数とするとき，

$$\int_{c_1}^{c_2} f dg + \int_{c_2}^{c_3} f dg = \int_{c_1}^{c_3} f dg$$

がなりたつ．

3) $f(t)$ を連続，$g_1(t)$，$g_2(t)$ をともに単調増大，または単調減少とすれば，

$$\int_a^b f(t)\,d\{g_1(t)+g_2(t)\} = \int_a^b f(t)\,dg_1(t) + \int_a^b f(t)\,dg_2(t)$$

がなりたつ．

つぎに $f(t)$ は連続とし，$g(t)$ が2つの単調増大関数 $g_1(t), g_2(t)$ の差とし

---

*) 以後，単調，または単調増大(減少)といえば，ゆるい意味をさすものとする．

てかかれているときを考えよう．定義として，

$$\int_a^b f(t)\,dg(t)=\int_a^b f(t)\,dg_1(t)-\int_a^b f(t)\,dg_2(t) \tag{3.80}$$

を採用しよう．この定義が $g(t)$ の分解によらないことはつぎのようにすればわかる：$g(t)=h_1(t)-h_2(t)$ と，2つの他の単調増大関数 h_1, h_2 の差でかかれたとしよう．

$$g_1(t)-g_2(t)=h_1(t)-h_2(t)$$

であるから，$g_1(t)+h_2(t)=g_2(t)+h_1(t)$ であるから，前定理の 3) より，

$$\int_a^b f\,dg_1+\int_a^b f\,dh_2=\int_a^b f\,dg_2+\int_a^b f\,dh_1$$

をえるが，この式は，うえの定義 (3.80) が $g(t)$ の分解に無関係であることを示している．なおこのときには，直接，定義式 (3.78) から出発しても極限の存在は示される．実際，(3.78) において，$g(t)=g_1(t)-g_2(t)$ であるから，

$$S_\Delta=\sum_{i=1}^{n} f(\tau_i)\,\{g_1(t_i)-g_1(t_{i-1})\}-\sum_{i=1}^{n} f(\tau_i)\,\{g_2(t_i)-g_2(t_{i-1})\}$$

と分解してみればよい．

上記の結果とは独立に，§2.6 で示した定積分の存在を示した同じ手法で Stieltjes 積分を考えてみよう．$[a,b]$ の2つの分割

$$\Delta_1: a=t_0<t_1<t_2<\cdots<t_m=b,$$
$$\Delta_2: a=s_0<s_1<s_2<\cdots<s_n=b$$

に対して，

$$S_{\Delta_1}=\sum_{i=1}^{m} f(t_i')\,\{g(t_i)-g(t_{i-1})\}\qquad (t_i'\in[t_{i-1},t_i]),$$

$$S_{\Delta_2}=\sum_{i=1}^{n} f(s_i')\,\{g(s_i)-g(s_{i-1})\}\qquad (s_i'\in[s_{i-1},s_i])$$

が考えられるが，Δ_1 と Δ_2 を合わせた分割を，

$$\Delta_3 : a=\tau_0<\tau_1<\tau_2<\cdots<\tau_p=b$$

とする．§2.6 の推論を用いれば，(2.26) に対応して

$$\begin{cases} |S_{\Delta_1}-S_{\Delta_2}|\leq\varphi(h_1+h_2)\sum_{i=1}^{p}|g(\tau_i)-g(\tau_{i-1})|, \\ \varphi(\delta)\to 0 \quad (\delta\to 0) \end{cases} \tag{3.81}$$

をえる．これよりつぎの定義に導かれる．

定義 3.6 (**有界変動関数**)　$g(t)$ が $[a,b]$ で有界変動であるとは，ある有限な数 M がとれて，$[a,b]$ の任意の分割 $\Delta : a=t_0<t_1<t_2<\cdots<t_n=b$ に対して，

$$\sum_{i=1}^{n}|g(t_i)-g(t_{i-1})|\leq M$$

がなりたつときをいう．このとき，

$$\sup_{\Delta}\left(\sum_{i=1}^{n}|g(t_i)-g(t_{i-1})|\right)=V \tag{3.82}$$

を $g(t)$ の $[a,b]$ における**総変動量**(total variation)という．

(3.81) において $g(t)$ を有界変動と仮定すれば，右辺はさらに $\varphi(h_1+h_2)V$ で評価されるから §2.6 における推論をそのまま行なうならば，Stieltjes 積分の存在がいえる．定理の形でまとめておく．

定理 3.34　$f(t)$ は連続，$g(t)$ は有界変動という仮定のもとで，

$$\int_a^b f(t)\,dg(t)$$

は存在する．なおこのとき定理 3.33 の結果はそのままなりたつ．そして不等式

$$\left|\int_a^b f(t)\,dg(t)\right|\leq\max_{a\leq t\leq b}|f(t)|\times V \tag{3.83}$$

がなりたつ．ここで V は (3.82) で定義される $g(t)$ の $[a,b]$ における総変動量である．

証明　定理 3.33 において，$g_1(t), g_2(t)$ がともに有界変動であれば，$g_1(t)+g_2(t)$ もまた有界変動であることを用いればよい．最後の不等式は，

$$|S_\Delta| \leq \sum_{i=1}^{n} |f(t_i')||g(t_i)-g(t_{i-1})|$$

よりしたがう．　　　　（証明おわり）

注意　ここでは証明しないが，後に(p. 246 参照)，有界変動関数は 2 つの単調増大関数の差としてあらわされることが示される．また逆も真であるから，うえの存在定理は実際には，単調増大関数を用いて定義された (3.80) ですでに示されているといえる．　　　　（注意おわり）

例　$g(t)$ を $[a,b]$ で階段関数とする．すなわち，$a=t_0<t_1<t_2<\cdots<t_n=b$ をとれば $g(t)$ は各 (t_{i-1}, t_i) で定数であるとする．このとき

$$\int_a^b f(t)\,dg(t) = f(a)[g(a+0)-g(a)] + \sum_{i=1}^{n-1} f(t_i)[g(t_i+0)-g(t_i-0)] + f(b)[g(b)-g(b-0)]$$

となる．

解　明らかに $g(t)$ は有界変動である．まず

$$\int_a^b f(t)\,dg(t) = \sum_{i=1}^{n} \int_{t_{i-1}}^{t_i} f(t)\,dg(t)$$

より，各部分区間 $[t_{i-1}, t_i]$ での値を求めればよい．

$$\int_{t_{i-1}}^{t_i} f(t)\,dg(t) = \int_{t_{i-1}}^{t_{i-1}+\delta} f(t)\,dg(t) + \int_{t_{i-1}+\delta}^{t_i-\delta} f(t)\,dg(t) + \int_{t_i-\delta}^{t_i} f(t)\,dg(t)$$

と分解すれば，$\delta(>0)$ の如何に拘らず右辺の第 2 項は 0 である(定義にもどって考えるか，(3.83) を適用する)．第 1 項と第 3 項は同じ性格をもっているので，第 3 項を考える．

$$\int_{t_i-\delta}^{t_i} f(t)\,dg(t) = f(t_i)\int_{t_i-\delta}^{t_i} dg(t) + \int_{t_i-\delta}^{t_i} \{f(t)-f(t_i)\}\,dg(t).$$

第1項は $f(t_i)[g(t_i)-g(t_i-\delta)]=f(t_i)[g(t_i)-g(t_i-0)]$ である．第2項は0であることは，まず (3.83) から

$$\left|\int_{t_i-\delta}^{t_i} \{f(t)-f(t_i)\}\,dg(t)\right| \leq \max_{t_i-\delta\leq t\leq t_i} |f(t)-f(t_i)|\cdot|g(t_i)-g(t_i-0)|$$

をえるが，左辺は $\delta(>0)$ には無関係であり，したがって $\delta\to 0$ とすると，右辺は0に近づく．

最後に曲線の長さの定義にもどって考えてみよう．

$$C: x=x(t),\quad y=y(t) \quad (a\leq t\leq b)$$

とする．

定理 3.35 曲線の長さが有限——これを求長可能(rectifiable)という——であるための必要十分条件は，$x(t)$, $y(t)$ がともに有界変動であることである．

証明 曲線の長さの定義(§ 3.5 参照)より，$a=t_0<t_1<\cdots<t_n=b$ として，

$$L_\Delta=\sum_{i=1}^{n}\sqrt{\{x(t_i)-x(t_{i-1})\}^2+\{y(t_i)-y(t_{i-1})\}^2}$$

であり，曲線の長さ $L=\sup_{\Delta} L_\Delta$ である．ところで，

$$\sum_{i=1}^{n}|x(t_i)-x(t_{i-1})|\leq L_\Delta;\qquad \sum_{i=1}^{n}|y(t_i)-y(t_{i-1})|\leq L_\Delta$$

であり，他方

$$L_\Delta\leq\sum_{i=1}^{n}|x(t_i)-x(t_{i-1})|+\sum_{i=1}^{n}|y(t_i)-y(t_{i-1})|$$

であるから，求める結果がしたがう． (証明おわり)

第3章　補　　　足

3.A.1　有界変動関数の諸性質

§3.18 で有界変動関数という考えを導入したが，くわしいことはのべなかったので，ここでややくわしくそれらについてのべる．

$f(x)$ を $[a,b]$ で定義された有界変動関数とする．$[a,b]$ の分割 $\varDelta$

$$\varDelta : a=x_0<x_1<x_2<\cdots<x_n=b$$

に対して，

$$v_\varDelta=\sum_{i=1}^{n}|f(x_i)-f(x_{i-1})|.$$

あるいは，さらにくわしく $v_\varDelta[a,b]$ とかく．$[a,b]$ における $f(x)$ の総変動量を $V[a,b]$ とかこう．

定理 3.A.1　$a\leq c\leq b$ とする．

$$V[a,c]+V[c,b]=V[a,b]$$

がなりたつ．

証明　$[a,c]$ の1つの分割を $\varDelta_1$，$[c,b]$ の1つの分割を $\varDelta_2$ とする．$\varDelta_1$ と $\varDelta_2$ とあわせれば $[a,b]$ の1つの分割 $\varDelta$ となるから，

$$v_{\varDelta_1}[a,c]+v_{\varDelta_2}[c,b]=v_\varDelta[a,b]\leq V[a,b] \tag{3.A.1}$$

がなりたつ．この式において，$\varDelta_1$ を $[a,c]$ のあらゆる分割を流し，それらに対応する $v_{\varDelta_1}[a,c]$ の上限をとれば，

$$V[a,c]+v_{\varDelta_2}[c,b]\leq V[a,b].$$

ついで，$\varDelta_2$ を流して，$v_{\varDelta_2}[c,b]$ の上限をとり，

$$V[a,c]+V[c,b]\leq V[a,b]$$

をえる.

ついで逆の不等式を示そう. 一般に $[a,b]$ の分割 Δ に対して, 分点 c をつけ加えた分割を Δ' とする. このとき定義にもどれば, $v_{\Delta'}[a,b]\geq v_{\Delta}[a,b]$ がなりたつ. 分割 Δ' の $[a,c]$, $[c,b]$ 上への制限をそれぞれ Δ_1, Δ_2 とする. (3. A. 1) において, Δ を Δ' でおきかえた式がなりたつ. ゆえに,

$$V[a,c]+V[c,b]\geq v_{\Delta_1}[a,c]+v_{\Delta_2}[c,b]\geq v_{\Delta}[a,b].$$

ここで Δ は $[a,b]$ の任意の分割であったから, 右辺の上限をとり,

$$V[a,c]+V[c,b]\geq V[a,b]$$

がなりたつ.　(証明おわり)

有界変動関数の分解

うえと同様な仮定をおく. 分割 Δ に対し,

$$f(b)-f(a)=\sum_{i=1}^{n}\{f(x_i)-f(x_{i-1})\}$$

であるが, $f(x_i)-f(x_{i-1})>0$ をみたすものをまとめて, $\sum'$ であらわし, $f(x_i)-f(x_{i-1})<0$ をみたすものを $\sum''$ であらわすと, 上式は

$$f(b)-f(a)=\sum{}'\{f(x_i)-f(x_{i-1})\}+\sum{}''\{f(x_i)-f(x_{i-1})\}$$

とかける. 右辺の第1項, 第2項をそれぞれ p_Δ, $-n_\Delta$ とかき, 分割 Δ に対する正の変動量, 負の変動量という.

(3. A. 2)　$$f(b)-f(a)=p_\Delta-n_\Delta,$$

(3. A. 3)　$$v_\Delta=p_\Delta+n_\Delta$$

である. $[a,b]$ のあらゆる分割に対する p_Δ, n_Δ の上限をそれぞれ P, N とかき, $f(x)$ の $[a,b]$ における**正の変動量** (positive variation), **負の変動量**

(negative variation)という．つぎの事実を証明しよう．

定理 3.A.2　つぎの関係式がなりたつ．

1)　$f(b)-f(a)=P-N$,

2)　$V=P+N$.

証明　2) を示す．(3.A.3) より $v_\Delta \leq P+N$ だから，$V\leq P+N$ は明らかなので，$V\geq P+N$ を示す．$\varepsilon(>0)$ を任意に与えよう．定義より，ある分割 Δ_1, Δ_2 があり

$$p_{\Delta_1}\geq P-\frac{\varepsilon}{2}, \qquad n_{\Delta_2}\geq N-\frac{\varepsilon}{2}$$

がなりたつ．Δ_1 と Δ_2 とを合わせた分割を Δ とすると，定義にもどれば容易にたしかめられるように，$p_\Delta\geq p_{\Delta_1}, n_\Delta\geq n_{\Delta_2}$ がなりたつ．ゆえに，

$$v_\Delta=p_\Delta+n_\Delta\geq p_{\Delta_1}+n_{\Delta_2}\geq P+N-\varepsilon$$

がなりたち，これより $V\geq P+N-\varepsilon$ がなりたつことがわかる．$\varepsilon(>0)$ は任意であったから，$V\geq P+N$.

最後に，$p_\Delta=n_\Delta+(f(b)-f(a))$ において，Δ をうごかしたときの上限をとることによって，$P=N+f(b)-f(a)$ をえるから 1) がなりたつ．

（証明おわり）

以上より，x を $[a,b]$ の任意の点とし，区間 $[a,x]$ における $f(x)$ の V, P, N をそれぞれ $V(x), P(x), N(x)$ とおくと，

$$(3.A.4)\qquad \begin{cases} f(x)-f(a)=P(x)-N(x), \\ V(x)=P(x)+N(x) \end{cases}$$

がなりたつ．定義にもどって考えて，$P(x)$, $N(x)$ は(ゆるい意味の)単調増大関数であり，したがって，

$$f(x)=f(a)+P(x)-N(x)$$

と考えて，2つの単調増大関数の差としてあらわされることになる．

問　$f(x)$ の単調増大関数による分解は一意的ではない．

$$f(x)=\varphi(x)-\psi(x)$$

として $[a,b]$ で単調増大関数 $\varphi(x),\psi(x)$ の差としてかかれた場合，

$$\varphi(x)-\varphi(a)\geq P(x),\quad \psi(x)-\psi(a)\geq N(x)$$

がなりたつことを示せ．

3.A.2　Stirling の公式

ガンマ関数 $\Gamma(s)$ の一般的性質については，§6.11 でのべるが，ここでは自明に近い関係式

$$n!=\Gamma(n+1)=\int_0^\infty e^{-x}x^n dx$$

から出発して，$n\to\infty$ のとき

$$n!\sim\sqrt{2\pi n}\left(\frac{n}{e}\right)^n \tag{3.A.5}$$

がなりたつことを示す．さらにくわしく，$n\to\infty$ のとき

$$n!=\sqrt{2\pi n}\left(\frac{n}{e}\right)^n\left(1+\frac{\omega_n}{\sqrt{2\pi n}}\right)\qquad(|\omega_n|<1) \tag{3.A.6}$$

がなりたつことを以下に示そう．

$e^{-x}x^n(x\geq 0)$ は x が 0 から n まで変るとき単調増大で，$x=n$ で最大値 $e^{-n}n^n$ をとり，x が n から $+\infty$ に変るとき，単調減少で 0 に近づく．このことを考慮して，関係式

$$e^{-x}x^n=e^{-n}n^ne^{-t^2} \tag{3.A.7}$$

によって，積分変数 x を t に変更する．くわしくいえば，$x\in(0,n]$ が $t\in(-\infty,0]$ に対応し，ついで $x\in[n,+\infty)$ が $t\in[0,+\infty)$ に対応する．

dx/dt を計算しよう．そのために，(3. A. 7) の両辺の対数をとり，

$$-x+n\log x=-n+n\log n-t^2.$$

両辺の微分をとり，

$$\left(\frac{n}{x}-1\right)\frac{dx}{dt}=-2t.$$

ゆえに，

$$\frac{dx}{dt}=\frac{2tx}{x-n} \tag{3. A. 8}$$

となる．t と x との対応をさらにくわしく調べる．うえの式より，

$$\begin{aligned}t^2&=x-n-n\log\left(\frac{x}{n}\right)=x-n-n\log\left(1+\frac{x-n}{n}\right)\\&=x-n-n\left[\frac{x-n}{n}-\frac{1}{2\left(1+\theta\frac{x-n}{n}\right)^2}\frac{(x-n)^2}{n^2}\right]\qquad(0<\theta<1)\end{aligned}$$

をえる．ここで $\log(1+x)$ の Taylor 展開を用いた．上式は，

$$t^2=\frac{n}{2\left(\frac{n}{x-n}+\theta\right)^2}$$

に他ならないから，符号も考慮して，

$$\frac{n}{x-n}+\theta=\sqrt{\frac{n}{2}}\frac{1}{t}$$

をえる．ゆえに，(3. A. 8) より

$$\begin{aligned}\frac{dx}{dt}&=2t\left(1+\frac{n}{x-n}\right)=2t\left(\sqrt{\frac{n}{2}}\frac{1}{t}+1-\theta\right)\\&=\sqrt{2n}+2(1-\theta)t.\end{aligned}$$

最後に (3.A.7) を $n!$ の積分表現式に代入して，

$$n!=\left(\frac{n}{e}\right)^n\int_{-\infty}^{+\infty}e^{-t^2}[\sqrt{2n}+2(1-\theta)t]dt$$
$$=\left(\frac{n}{e}\right)^n\left\{\sqrt{2\pi n}+\int_{-\infty}^{+\infty}e^{-t^2}2(1-\theta)tdt\right\}$$

をえる．ここで有名な式

$$\int_{-\infty}^{+\infty}e^{-t^2}dt=\sqrt{\pi}$$

を用いた((6.45)参照)．

最後の積分の項を見よう．積分を $\int_{-\infty}^{0}+\int_{0}^{+\infty}$ と分けて考え，$0<1-\theta<1$ を考慮すれば，第1の積分は負であり，第2の積分は正であって，ともに絶対値において1より小である．ゆえにその値を ω_n とおくと，$-1<\omega_n<+1$ であり，(3.A.6) をえる．

3.A.3　いたるところ微分可能でない連続関数

つぎの例は，Weierstrass (ワイエルシュトラス)によるものであって，いかなる点 x においても微分可能でない連続関数の1例である．

(3.A.9)　$$f(x)=\sum_{n=0}^{\infty}b^n\cos(a^n\pi x)\qquad(-\infty<x<+\infty)$$

を考える．$0<b<1$ ならば右辺の級数は一様収束であり，したがって $f(x)$ は連続関数である．

さて，a を正の数とし，$ab<1$ ならば，項別微分した級数もまた一様収束するから，$f(x)$ は $f'(x)$ とともに連続である．ところで以下に示すように，a がある程度大きくなると，様相は一変して $f(x)$ はどの点でも微分可能でなくなるのである．

以後 a は3以上の奇数とし，かつ $ab>1$ としよう．m を1つ固定し

$$\frac{f(x+h)-f(x)}{h}=S_m+R_m$$

と分解する(x もまた1つ任意に固定して考える).

$$S_m=\frac{1}{h}\sum_{n=0}^{m-1}b^n\{\cos[a^n\pi(x+h)]-\cos(a^n\pi x)\},$$

$$R_m=\frac{1}{h}\sum_{n=m}^{\infty}b^n\{\cos[a^n\pi(x+h)]-\cos(a^n\pi x)\}$$

とする.

S_m に関しては，平均値定理を用いれば，

$$|\cos[a^n\pi(x+h)]-\cos(a^n\pi x)|\leq a^n\pi|h|$$

であるから，

$$|S_m|\leq\pi\sum_{n=0}^{m-1}a^nb^n=\pi\frac{(ab)^m-1}{ab-1}<\pi\frac{(ab)^m}{ab-1}$$

がなりたつ．問題は R_m の評価である．

$$a^m x=\alpha_m+\xi_m \qquad \left(-\frac{1}{2}\leq\xi_m<+\frac{1}{2}\right)$$

とあらわそう．ここで α_m は整数である．これに応じて増分 h を

$$h=\frac{e_m-\xi_m}{a^m} \qquad (e_m=\pm1) \tag{3. A. 10}$$

とえらぶ．ここで e_m は ±1 のいずれでもよいが，h の符号が e_m のそれと一致することを注意しよう．明らかに，

$$|h|\leq\frac{3}{2a^m}$$

がなりたつ．したがって，m を増してゆくとき，それに応じてきまる h は0に近づく．

$$a^n\pi x=a^{n-m}\pi(\alpha_m+\xi_m)$$

より，

$$\cos(a^n\pi x)=\cos(a^{n-m}\pi\alpha_m)\cos(a^{n-m}\pi\xi_m)$$

であり，a は奇数であるから，上式は $(-1)^{\alpha_m}\cos(a^{n-m}\pi\xi_m)$.

$$a^n\pi(x+h)=a^{n-m}a^m(x+h)\pi=a^{n-m}(\alpha_m+e_m)\pi$$

より

$$\cos[a^n\pi(x+h)]=(-1)^{\alpha_m+1}.$$

以上より，

$$R_m=\frac{(-1)^{\alpha_m+1}}{h}\sum_{n=m}^{\infty}b^n[1+\cos(a^{n-m}\pi\xi_m)]$$

とかける．[　] の中はつねに ≥ 0 であることより，

$$|R_m|\geq\frac{1}{|h|}b^m[1+\cos(\pi\xi_m)]\geq\frac{1}{|h|}b^m\geq\frac{2}{3}(ab)^m$$

となる．ゆえに

$$\left|\frac{f(x+h)-f(x)}{h}\right|\geq|R_m|-|S_m|\geq\left(\frac{2}{3}-\frac{\pi}{ab-1}\right)(ab)^m.$$

そこで

$$ab>1+\frac{3}{2}\pi$$

がみたされているとすると，上式の右辺は $m\to\infty$ のとき $+\infty$ に近づく．このことは $f(x)$ が点 x で微分可能でないことを示している．

最後に h の符号は (3. A. 10) における e_m の符号によって任意に指定することができたから，$f(x)$ は右，左いずれの微係数も存在しないことがわかる．

3. A. 4 Ascoli-Arzelà の定理

つぎにのべる定理は，解析学の基本原理としてきわめて重要である．

1つの連続関数族(連続関数の集合) $\{f_\alpha(x)\}$ が $[a,b]$ で**同等連続**(equi-continuous)であるとは，$x_0(\in[a,b])$ を任意に固定したとき，任意の $\varepsilon(>0)$ に対して正数 $\delta(>0)$ がとれて，$|x-x_0|<\delta$ ならば，不等式

$$|f_\alpha(x)-f_\alpha(x_0)|<\varepsilon \tag{3.A.11}$$

がすべての f_α について同時になりたつときをいう．すなわち，個々の $f_\alpha(x)$ に対しては連続の定義から δ が定まるが，δ を適当に小にとると関数族に対して共通にとれる場合である．

同等連続な関数族として，$|f_n'(x)|\le M$ $(n=1,2,\cdots)$ をみたす連続関数列がある．また同等連続でない関数列として，$[0,1]$ で考えた，$\{1,x,x^2,\cdots,x^n,\cdots\}$，すなわち，$f_n(x)=x^n$ $(0\le x\le 1)$ がある．この関数族に対しては，$x_0=1$ で，条件 (3.A.11) がなりたたない．

つぎの注意も有用であろう．関数族 $\{f_\alpha(x)\}$ が有限区間 $[a,b]$ で同等連続ならば，任意の $\varepsilon(>0)$ に対して，$\delta(>0)$ がとれて，

$$|x-x'|\le\delta \quad \text{ならば,} \quad |f_\alpha(x)-f_\alpha(x')|<\varepsilon \tag{3.A.12}$$

が，任意の $x,x'(\in[a,b]),f_\alpha$ に対して同時になりたつ．このことは一様連続性の証明と全く同様なので，検証は読者に委せよう．

定理 3. A. 3 (**Ascoli-Arzelà**(**アスコリ・アルツェラ**)) $\{f_n(x)\}$ を $[a,b]$ で定義された，一様有界で*)，かつ同等連続な関数列とする．このとき，適当な部分列 $\{f_{n_p}(x)\}_{p=1,2,\cdots}$ をえらび出せば，$[a,b]$ で一様収束列になる．

証明 $[a,b]$ でいたるところ稠密になるように点列 $x_1,x_2,\cdots,x_n,\cdots$ をえらぶ．まず x_1 をとり，数列 $\{f_n(x_1)\}_{n=1,2,\cdots}$ を考えると，有界数列であるから，

---

*) ある M があって，すべての $f_n(x)$ に対して，$|f_n(x)|\le M$ が同時になりたつときをいう．

適当な部分列をとれば，収束数列になる．これを，番号をつけかえて，

$$f_{11}(x_1), f_{12}(x_1), \cdots, f_{1n}(x_1), \cdots$$

とする．つぎに関数列 $\{f_{1n}(x)\}_{n=1,2,\cdots}$ を x_2 に制限して，数列 $\{f_{1n}(x_2)\}_{n=1,2,\cdots}$ をみると，有界数列であることより，適当な部分列をとれば収束数列である．これを

$$f_{21}(x_2), f_{22}(x_2), \cdots, f_{2n}(x_2), \cdots$$

とする．以下同様に部分列をえらんでゆく．一般に，

$$f_{n1}(x), f_{n2}(x), \cdots, f_{nm}(x), \cdots$$

は $x=x_1, x_2, \cdots, x_n$ で収束する関数列である．そこで，

$$f_{11}(x), f_{22}(x), f_{33}(x), \cdots, f_{nn}(x), \cdots$$

という $\{f_n(x)\}$ の部分列を考えると，この関数列は $x=x_1, x_2, \cdots, x_n, \cdots$ で収束であることがわかる．実際，x_p をとって，その上でのうえの関数列を考えると，$f_{pp}(x), f_{p,p+1}(x), \cdots, f_{p,p+n}(x), \cdots$ が $x=x_p$ で収束列であり，他方，$f_{pp}(x), f_{p+1,p+1}(x), \cdots, f_{p+n,p+n}(x), \cdots$ はその部分列であるから，もちろん $x=x_p$ で収束する．

うえの関数列は部分列であり $\{f_{n_p}(x)\}_{p=1,2,\cdots}$, $(n_1<n_2<\cdots<n_p<\cdots)$ という形である．

つぎに重要な事実は，同等連続性の仮定を用いれば，1) $\{f_{n_p}(x)\}$ はすべての x に対して収束列であり，2) もっと強く，一様収束列になっている，ことである．これを以下に示す．

$\varepsilon(>0)$ を任意に与えよう．(3. A. 12) にいうところの δ が定まるが，これに応じて，上記の点列 $\{x_n\}$ の中から適当な有限個 $x_{i_1}, x_{i_2}, \cdots, x_{i_n}$ をとって，如何なる $x(\in[a,b])$ をとっても，ある x_{i_s} があって，$|x-x_{i_s}|\leq\delta$ となるようにできる．

さて，数列 $\{f_{n_p}(x_{i_s})\}_{p=1,2,\cdots}$ は収束列であり，したがってある N があっ

て，$n_p, n_q>N$ であれば

$$(3.\mathrm{A}.13)\qquad |f_{n_p}(x_{t_s})-f_{n_q}(x_{t_s})|<\varepsilon$$

がなりたつ．しかも点 $x_{t_1}, x_{t_2}, \cdots, x_{t_n}$ は有限個であるから，上記の N を適当に大きくとっておくと，(3. A. 13) は，$s=1,2,\cdots,n$ に対して同時になりたつ．そこで，$n_p, n_q>N$ とし，x を任意にとる．ある x_{t_s} があって $|x-x_{t_s}|\leq\delta$ がなりたち，これより

$$\begin{aligned}|f_{n_p}(x)-f_{n_q}(x)|\leq|f_{n_p}(x)-f_{n_p}(x_{t_s})|+|f_{n_p}(x_{t_s})-f_{n_q}(x_{t_s})|\\+|f_{n_q}(x)-f_{n_q}(x_{t_s})|<3\varepsilon\end{aligned}$$

がなりたつ．このことは $\{f_{n_p}(x)\}$ が $[a,b]$ で一様収束列であることを示している．　　　　(証明おわり)

いま証明した定理について若干の注意を与えることは必要であろう．この定理自身はそのままの形で有効に用いられることも多いが，やや一般的な見方を説明する．

$[a,b]$ で定義された連続関数全体の空間を $C^0[a,b]$ とかこう．その2つの要素 $f(x), g(x)$ に対し，距離を

$$d(f,g)=\max_{x\in[a,b]}|f(x)-g(x)|\equiv\|f-g\|_0$$

で定義する．$C^0[a,b]$ は距離空間になるが，しかも完備である．すなわち，列 $\{f_n\}$ が $d(f_n,f_m)\to0$ $(n,m\to\infty)$ をみたすならば，ある $f_0\in C^0[a,b]$ があって，$d(f_n,f_0)\to0$ $(n\to\infty)$ がなりたつ(定理 1.8，定理 3.19 を考慮すればよい)．

さて一般に完備な距離空間 E のある集合 A が**相対コンパクト**であるとは，A にぞくする任意の列 $\{f_n\}$ を指定したとき， その中から収束する部分列 $\{f_{n_p}\}$ がえらび出せるときをいう． これに同等な概念として， **全有界**(totally bounded)というものがある．A が全有界であるとは， 任意の $\varepsilon(>0)$ に対して，適当な A の有限個 $f_1, f_2, \cdots, f_n$ がとれて，A の任意の要素 f をとった

とき，ある f_ι があって $d(f,f_\iota)\leq\varepsilon$ がなりたつようにできるときをいう．この2つが同等であることを定理の形でのべておく．

定理 3.A.4 完備な距離空間においては集合 A が相対コンパクトであることと，全有界であることとは同等である．

証明 相対コンパクトであれば全有界であることを示す．もしそうでないとすると，相対コンパクト集合 A があり，ある $\varepsilon_0(>0)$ があって，どんなに A から有限個の点をえらんでも，それらの点の ε_0-近傍 $\bigcup_\iota\{f;\ d(f,f_\iota)\leq\varepsilon_0\}$ にぞくさない A の要素があるはずである．そこで，$f_1\in A$ をまず任意にとり，f_2 として，$d(f_2,f_1)>\varepsilon_0$ となる A の要素をとる．f_3 として，$d(f_3,f_1)>\varepsilon_0$ かつ $d(f_3,f_2)>\varepsilon_0$ となる A の要素をとる．このような操作は仮定より，無限に可能である．このようにしてえられた A の列 $\{f_n\}$ は $d(f_n,f_m)>\varepsilon_0\,(n\neq m)$ をみたし，したがってこの中から収束部分列はとり出せない．これは A が相対コンパクトであることと矛盾する．

ついで，全有界ならば相対コンパクトを示す必要があるが，これは読者に委せよう． （証明おわり）

この定理と，前定理より，

定理 3.A.5 $C^0[a,b]$ における関数族 $\{f_\alpha(x)\}$ が相対コンパクトであるための必要十分条件は，$\{f_\alpha(x)\}$ が一様有界，かつ同等連続であることである．

証明 十分性は定理 3.A.3 であるから，必要性を示せばよい．$\{f_\alpha(x)\}$ は前定理より，全有界であるから，$\varepsilon(>0)$ を任意に与えると，$\{f_\alpha(x)\}$ の有限個 $f_1(x),f_2(x),\cdots,f_p(x)$ があって，任意の $f_\alpha(x)$ に対してある f_ι があって $d(f_\alpha,f_\iota)<\varepsilon$ がなりたつ．したがって，$\max_\iota(\max|f_1(x)|,\cdots,\max|f_p(x)|)$ を M とおけば，$d(f_\alpha,f_\iota)<\varepsilon$ より，

$$|f_\alpha(x)|\leq|f_\iota(x)|+|f_\alpha(x)-f_\iota(x)|<\varepsilon+M$$

がなりたつ．ゆえに $f_\alpha(x)$ は一様に有界である．ついで各 $f_\iota(x)$ の一様連続性を用いれば，ある $\delta(>0)$ があって，

$$|x-x'|<\delta \quad \text{であれば,} \quad |f_i(x)-f_i(x')|<\varepsilon \qquad (i=1,2,\cdots,p).$$

これより, $|x-x'|<\delta$ のとき, 任意の $f_\alpha(x)$ に対し,

$$|f_\alpha(x)-f_\alpha(x')|\leq|f_\alpha(x)-f_i(x)|+|f_i(x)-f_i(x')|+|f_i(x')-f_\alpha(x')|$$
$$<\varepsilon+\varepsilon+\varepsilon=3\varepsilon$$

がなりたつ. ε は任意だから, $\{f_\alpha(x)\}$ は同等連続である.

(証明おわり)

例 $[a,b]$ で定義された連続関数の空間に, $d(f,g)=\int_a^b|f(x)-g(x)|dx$ として距離を導入したさい, 関数族 $\{f_\alpha(x)\}$ が相対コンパクトであるための必要十分条件は,

1) ある M があって,

$$\int_a^b|f_\alpha(x)|dx\leq M.$$

2) 任意の $\varepsilon(>0)$ に対して, $\delta(>0)$ がとれて, $|h|\leq\delta$ であれば

$$\int_a^b|f_\alpha(x+h)-f_\alpha(x)|dx<\varepsilon$$

がすべての $\{f_\alpha\}$ に対して同時になりたつことである.

証明 十分性を示そう. $\varphi(x)$ を $|x|\leq1$ の外では恒等的に0であって, $\varphi(x)\geq0$, $\int_{-1}^{+1}\varphi(x)dx=1$, かつ $\varphi'(x)$ とともに連続な関数とする.
$\varphi_\varepsilon(x)=\dfrac{1}{\varepsilon}\varphi\left(\dfrac{x}{\varepsilon}\right)$ とおく. $\varphi_\varepsilon(x)$ は $|x|>\varepsilon$ では0で,

$$\int_{-\varepsilon}^{+\varepsilon}\varphi_\varepsilon(x)dx=1$$

である. $f_\alpha(x)$ に対して,

$$f_\alpha^{(\varepsilon)}(x)=\varphi_\varepsilon*f_\alpha=\int f_\alpha(x-\xi)\varphi_\varepsilon(\xi)d\xi$$

とおく．これは，$\int_a^b \varphi_\varepsilon(x-\xi) f_\alpha(\xi)\,d\xi$ ともかける．

$$\frac{d}{dx} f_\alpha^{(\varepsilon)}(x) = \int_a^b \varphi_\varepsilon'(x-\xi) f_\alpha(\xi)\,d\xi$$

を考慮すれば，ε を固定すれば $\{f_\alpha^{(\varepsilon)}(x)\}$ は一様有界かつ同等連続であることが確かめられる．さらに，

$$f_\alpha^{(\varepsilon)}(x) - f_\alpha(x) = \int_{-\varepsilon}^{+\varepsilon} [f_\alpha(x-\xi) - f_\alpha(x)]\varphi_\varepsilon(\xi)\,d\xi$$

より，

$$d(f_\alpha, f_\alpha^{(\varepsilon)}) \leq \sup_{|h|\leq\varepsilon} \int_a^b |f_\alpha(x) - f_\alpha(x-h)|\,dx$$

がしたがう．これだけ準備しておいて，定理 3. A. 3 を $\{f_\alpha^{(\varepsilon)}(x)\}$ に適用できることを考慮すれば，$\{f_\alpha\}$ の相対コンパクトであることが確かめられる．

最後に条件が必要であることを示す必要があるが，容易であるので検証は読者に委せよう．　　　　　　　　　　　　　　　　（証明おわり）

問　つぎの命題は一般には正しくない．正しくない例を考えよ．『$f_n(x)$ を $[a, b]$ で定義された関数列で一様に有界，すなわち $|f_n(x)| \leq M$ $(n=1, 2, \cdots)$ とする．このとき適当な部分列 $\{f_{n_p}(x)\}$ があって，任意の $x \in [a, b]$ に対して，$f_{n_p}(x)$ は収束列，すなわち，$f_{n_p}(x) \to f(x)$ がなりたつ』．

第3章　演習問題

I　原始関数および異常積分

1.　つぎの関数の原始関数を求めよ．

1)　$\dfrac{1}{x(x^2+1)}$,　　2)　$\dfrac{1}{(x-a)(x-b)}$,　　3)　$\dfrac{1}{x(x^2-1)}$,

4)　$\dfrac{x^2}{\sqrt{1-x^2}}$,　　5)　$\dfrac{\log x}{x^n}$　$(n \neq 1)$,　　6)　$\dfrac{1}{x^2(x^2+1)}$,

7)　$\dfrac{1}{x^2(x^2+1)^2}$,　　8)　$\dfrac{3}{x(x+1)^3}$,　　9)　$\dfrac{1}{a^2\sin^2 x+b^2\cos^2 x}$　$(ab \neq 0)$,

10)　$\dfrac{x^2}{(x-1)^2(x^2+1)}$,　11)　$\dfrac{1}{1+e\cos x}$　$(|e|<1)$,　12)　$\dfrac{1}{x^4+1}$.

2.　つぎの積分は収束するか．

1)　$\displaystyle\int_0^\pi \frac{dx}{1-\cos x}$,　　2)　$\displaystyle\int_0^\infty \frac{x}{e^x-1}dx$.

3.　つぎの積分は s (実数値)の如何なる値に対して，収束，発散であるかをしらべよ．

1)　$\displaystyle\int_0^\infty \frac{x^{s-1}}{1+x}dx$,　　2)　$\displaystyle\int_0^\infty \frac{\sin x}{x^s}dx$.

4.　$f(x)$ は $[-A, +A]$ で連続とする．

$$\lim_{\delta\to+0}\int_{-A}^{A}\frac{\delta}{\delta^2+x^2}f(x)\,dx=\pi f(0)$$

がなりたつことを示せ．

ヒント：積分区間を，$\varepsilon(>0)$ を小にとり，$[-A, -\varepsilon]$, $[-\varepsilon, +\varepsilon]$, $[+\varepsilon, +A]$の3つの区間に分けて考える．そのとき

$$\lim_{\delta\to+0}\int_{-\varepsilon}^{+\varepsilon}\frac{\delta}{\delta^2+x^2}dx=\pi$$

となることに着目せよ．

5. (正項級数の収束判定条件)

a) $\sum_{n=2}^{\infty}\frac{1}{n(\log n)^{\alpha}}$ は $\alpha>1$ のとき収束し，$\alpha\leq 1$ のとき発散であることを確かめよ．ヒント：(3.9) を用いる．

b) うえの級数の第 n 項を v_n とする．

$$\frac{v_n}{v_{n+1}}=\frac{(n+1)(\log(n+1))^{\alpha}}{n(\log n)^{\alpha}}=1+\frac{1}{n}+\frac{\alpha}{n\log n}(1+\varepsilon_n)\quad(\varepsilon_n\to 0,\ n\to\infty)$$

とかけることを示せ．

ヒント：$\left(1+\log\left(1+\frac{1}{n}\right)\Big/\log n\right)^{\alpha}$ と変形し，§ 2.17 例 2 を考慮し，2 項展開を用いる．

c) とくに $\alpha=1$ のときには，

$$\frac{v_n}{v_{n+1}}>1+\frac{1}{n}+\frac{1}{n\log n}\qquad(n>N)$$

がなりたつ．ヒント：§ 2.17 例 2 を参照する．

d) うえのことを考慮して，つぎのことを示せ．正項級数 $u_1+u_2+\cdots+u_n+\cdots$ は，

1) $$\frac{u_n}{u_{n+1}}\geq 1+\frac{1}{n}+\frac{1+\delta}{n\log n}\qquad(\delta>0)$$

が n が十分大のときなりたつならば収束であり，

2) $$\frac{u_n}{u_{n+1}}\leq 1+\frac{1}{n}+\frac{1}{n\log n}$$

が n が十分大のときになりたつならば発散である．

ヒント：$u_n/u_{n+1}\geq v_n/v_{n+1}(n\geq N)$ がなりたつならば，ある C (定数)があって，$u_n\leq Cv_n(n\geq N)$ がなりたつ．

6. つぎの級数の収束，発散をしらべよ．

1) $$\frac{2}{3\cdot 5}+\frac{2\cdot 4}{3\cdot 5\cdot 7}+\cdots+\frac{2\cdot 4\cdot 6\cdots 2n}{3\cdot 5\cdot 7\cdots(2n+3)}+\cdots,$$

2) $$\left(\frac{1}{2}\right)^{p}+\left(\frac{1\cdot 3}{2\cdot 4}\right)^{p}+\cdots+\left(\frac{1\cdot 3\cdots(2n-1)}{2\cdot 4\cdots 2n}\right)^{p}+\cdots.$$

II 定積分

1.
$$\int_{-1}^{+1}\frac{dx}{(a-x)\sqrt{1-x^2}}=\frac{\pi}{\sqrt{a^2-1}}\qquad (a>1)$$

を示し，これより

$$\int_{-1}^{+1}\frac{x^{2n}}{\sqrt{1-x^2}}dx=\frac{1\cdot 3\cdot 5\cdots(2n-1)}{2\cdot 4\cdot 6\cdots 2n}\pi$$

を導け．

ヒント：上式を $1/a$ のべき級数で展開して係数を比較する(第3章Ⅶ問6参照)．

2. $A,\ AC-B^2>0$ として

$$\int_{-\infty}^{+\infty}\frac{dx}{(Ax^2+2Bx+C)^n}=\frac{1\cdot 3\cdot 5\cdots(2n-3)}{2\cdot 4\cdot 6\cdots(2n-2)}\pi\frac{A^{n-1}}{(AC-B^2)^{n-(1/2)}}$$

を示せ．

ヒント：$n=1$ のとき正しいことを確かめ，その等式を C に関して積分記号下で微分する．

3.
$$\int_{-1}^{+1}\frac{dx}{\sqrt{1-2\alpha x+\alpha^2}\sqrt{1-2\beta x+\beta^2}}=\frac{1}{\sqrt{\alpha\beta}}\log\left|\frac{1+\sqrt{\alpha\beta}}{1-\sqrt{\alpha\beta}}\right|$$

を示せ．ただし，$\alpha\beta>0$ で，$|\alpha|<1, |\beta|<1$ かあるいは，$|\alpha|>1, |\beta|>1$ の何れかであるとする．

4. $\displaystyle\int_{-1}^{+1}\frac{x^4dx}{(x^2+1)\sqrt{1-x^2}}$ を計算せよ．

5. $\displaystyle\int_0^1\frac{\log(1+x)}{1+x^2}dx=\frac{\pi}{8}\log 2$ を示せ．ヒント：$x=\tan\varphi$ とおけ．

6. $\displaystyle\int_0^\infty\frac{\log(1+k^2x^2)}{\lambda^2+\mu^2x^2}dx\quad(\lambda,\ \mu\neq 0)$ を求めよ．

ヒント：$\displaystyle I(\alpha)=\int_0^\infty\frac{\log(1+\alpha x^2)}{\lambda^2+\mu^2x^2}dx\ (\alpha>0)$ とおき，$I'(\alpha)$ を算出する．

7. 積分記号下の微分と，$\displaystyle\int_0^\infty e^{-x^2}dx=\frac{\sqrt{\pi}}{2}$ を用いて，$\displaystyle\int_0^{+\infty}\frac{1-e^{-x^2}}{x^2}dx$ を求めよ．

ヒント：$\int_0^\infty \frac{1-e^{-\alpha x^2}}{x^2}dx=I(\alpha)$ とおく.

8.
$$\int_0^\infty e^{-\alpha x^2}\cos(2\beta x)\,dx=\frac{1}{2}\sqrt{\frac{\pi}{\alpha}}e^{-\frac{\beta^2}{\alpha}} \qquad (\alpha>0)$$

をつぎの順にそって導け.

a) $\int_0^\infty e^{-\alpha x^2}dx=\alpha^{-\frac{1}{2}}\frac{\sqrt{\pi}}{2}$ より

$$\int_0^\infty x^{2p}e^{-\alpha x^2}dx=\frac{1\cdot3\cdot5\cdots(2p-1)}{2^{p+1}}\alpha^{-\frac{2p+1}{2}}\sqrt{\pi}.$$

b) $\cos(2\beta x)=\sum_{p=0}^\infty(-1)^p\frac{(2\beta)^{2p}}{(2p)!}x^{2p}$, 項別積分が許されて,

$$\int_0^\infty e^{-\alpha x^2}\cos(2\beta x)\,dx=\sum_{p=0}^\infty(-1)^p\frac{(2\beta)^{2p}}{(2p)!}\int_0^\infty e^{-\alpha x^2}x^{2p}dx.$$

9. 楕円 $(x^2/a^2)+(y^2/b^2)=1$ $(a>b)$ の x 軸と，焦点 $\mathrm{F}(ae, 0)$ より出る動径 FP とではさまれた楕円の扇形の面積は，FP と x 軸の正の向きとなす角を $\omega(0\leq\omega\leq2\pi)$ とすると，

$$S=\frac{1}{2}l^2\int_0^\omega\frac{d\omega}{(1+e\cos\omega)^2} \qquad \left(l=\frac{b^2}{a}\right)$$

であらわされることを確かめよ．e は離心率である.

ついで $\tan\frac{\omega}{2}=t$, $t=\sqrt{\frac{1+e}{1-e}}u$ とおくと上式は,

$$S=ab\left(\tan^{-1}u-e\frac{u}{1+u^2}\right)$$

とあらわされることを示せ．最後に P の離心角を φ とすれば，この式はさらに,

$$S=\frac{ab}{2}(\varphi-e\sin\varphi)$$

とかかれることを示せ．ヒント：§ 2.20 と極座標による面積の表現式を考慮せよ.

10.
$$\int_0^{\pi/2}f(\cos\theta, \sin\theta)\,d\theta=\int_0^{\pi/2}f(\sin\theta, \cos\theta)\,d\theta$$

を確かめよ．これを用いて，$\int_0^{\pi/2}\sin^4\theta\cos^2\theta\,d\theta$ を計算せよ.

III 平面曲線

1. 半径 a の円が1直線上をすべることなく転るとき，円周上の1点 M の画く軌跡を**サイクロイド**(cycloid)とよぶ(図 3.20 参照)．この軌跡はパラメータ t を用いて，

$$x=a(t-\sin t), \qquad y=a(1-\cos t)$$

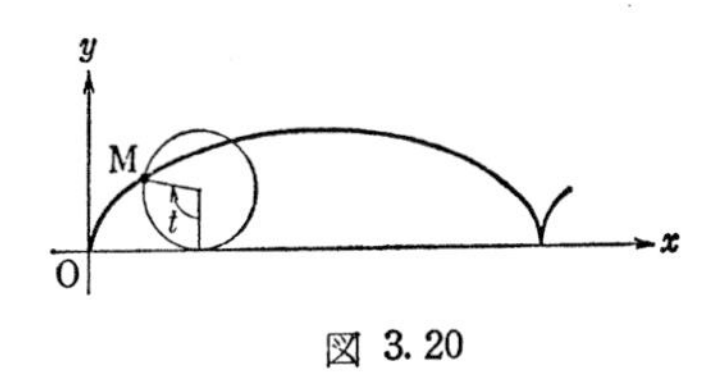

図 3.20

であらわされる．つぎのことがらを示せ．

1) M がもとの配置にもどるまでの間，すなわち $0\leq t\leq 2\pi$ に対応する部分の弧の長さは $8a$ である．

2) $t=0$ でサイクロイドは尖点(cusp)をもつ．

3) 1) にのべた弧 C と，x 軸で限られた部分の面積は $3a^2\pi$ にひとしい．

ヒント：定理 3.31 を用いる．

$$S=-\int_{C\uparrow} y\,dx=\int_0^{2\pi} y(t)\frac{dx}{dt}dt.$$

4) 曲率半径は $4a\sin\dfrac{t}{2}$ にひとしい．

2. 半径 r の円 c が，原点 O を中心とする半径 R の円 C の円周上を，外側に位置しながらすべることなく転るとき，c 上の1点 P が画く軌跡を**エピサイクロイド**(epicycloid)とよぶ(図 3.21 参照)．

$\overrightarrow{OO'}$ (O′ は c の中心)が x 軸となす角を θ とし，$\theta=0$ のとき c および P は図 3.21 の位置にあるとすると，P(x,y) は

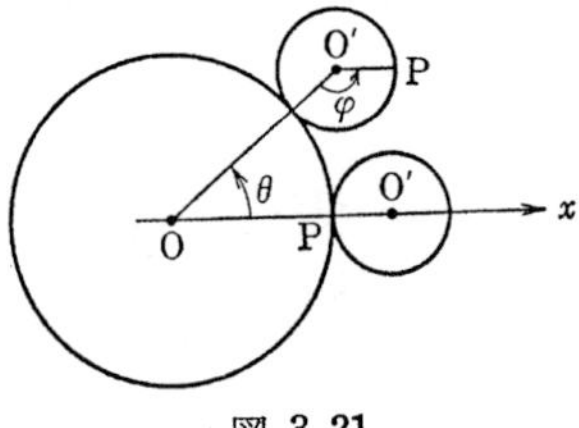

図 3.21

$$\begin{cases} x=(R+r)\cos\theta-r\cos\left(\theta+\dfrac{R}{r}\theta\right), \\ y=(R+r)\sin\theta-r\sin\left(\theta+\dfrac{R}{r}\theta\right) \end{cases}$$

であらわされることを確かめよ．ついでエピサイクロイドは動点 P が円周 C 上にあるとき，しかもそのときにのみ尖点をもち，その他の点は正則点であることを示せ．

3. 前問においてとくに $r=R$ のとき曲線は心臓形(cardioid)とよばれる(図3.22参照)．

θによるパラメータ表示

$$\begin{cases} x=2R\cos\theta-R\cos 2\theta, \\ y=2R\sin\theta-R\sin 2\theta \end{cases}$$

を用いて，つぎのことを示せ.

1) $0\leq\theta\leq 2\pi$ に応ずる弧 C の長さは $16R$ であり，

2) C がかこむ面積は $6\pi R^2$ である.

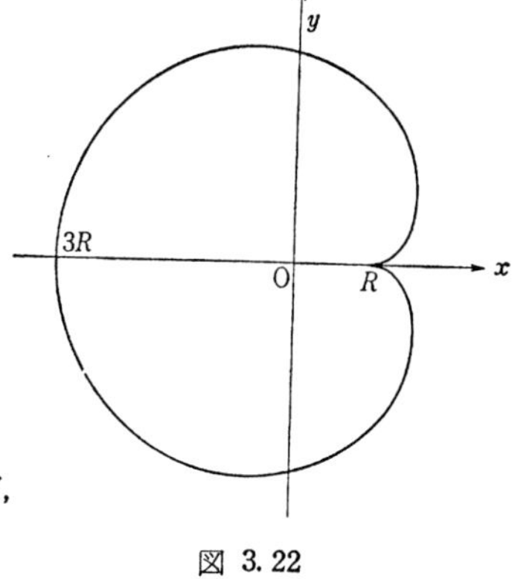

図 3.22

4. 前問において，$(R,0)$ を極に，極よりでる x 軸の正の向きを始線にとり，極座標を用いれば，

$$r=2R(1-\cos\theta)$$

とかけることを示せ.

5. 心臓形の極座標表示を用いて，心臓形の曲線の全長および，かこむ面積を求めよ.

6. 放物線上の1点における曲率半径は，その点より出した法線の準線によってきりとられる部分の長さの2倍にひとしいことを示せ.

7. C を平面上のなめらかな曲線，$\mathrm{P}(x_0, y_0)$ を平面上の1点とする．P に関する C の**垂足曲線**(pedal curve)とは，P から曲線の各点における接線に下した垂線の足の軌跡をいう．C が $x=f(t), y=g(t)$ であらわされているとき，垂足曲線のパラメータ表示は，

$$x(t)=\frac{f'(t)(f'(t)x_0+g'(t)y_0)-g'(t)(g(t)f'(t)-f(t)g'(t))}{f'(t)^2+g'(t)^2},$$

$$y(t)=\frac{g'(t)(g'(t)y_0+f'(t)x_0)+f'(t)(g(t)f'(t)-f(t)g'(t))}{f'(t)^2+g'(t)^2}$$

であることを示せ.

8. 点 $(x_0, 0)$ に関する単位円 $x^2+y^2=1$ の垂足曲線は，$(x_0, 0)$ を極とし，x 軸の正の向きを始線とする極座標を用いると，

$$r=1-x_0\cos\theta$$

であらわされることを示せ.

注意　とくに $x_0=\pm 1$ のときは心臓形になる．一般に $r=a-b\cos\theta$ を Pascal(パスカル)

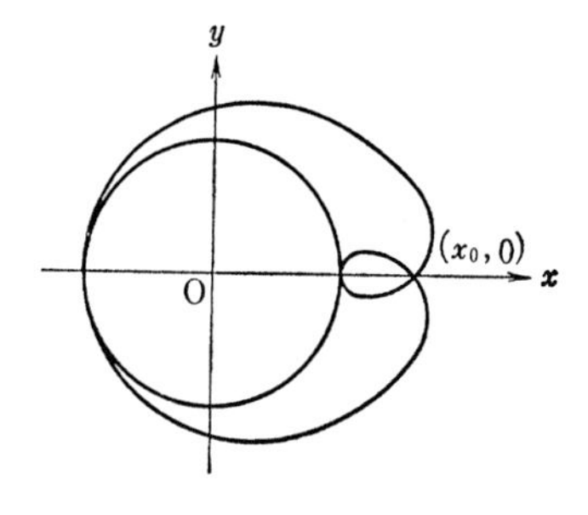

図 3.23

の**リマソン**(limaçon)という．

9. 定長 a の線分 PM が平面上をつぎのような運動をする：端点 P は $t=0$ のとき原点にあり，x 軸上を負の方向に等速度 v で動き，他方 M は $t=0$ のとき x 軸上の $(a,0)$ の位置にあり，時刻 t において $\overrightarrow{\mathrm{PM}}$ は x 軸と ωt の角をなすものとする．

$t=0$ から $t=t$ までの間に PM が掃過した面積を $S(t)$ とする．$0\leq t\leq\pi/\omega$ とする．

a）無限小の考えを用いて，

$$S'(t)=av\sin\omega t+\frac{1}{2}a^2\omega$$

を示し，

b）$\overrightarrow{\mathrm{PM}}$ が 1/2 回転するまでに PM が掃過した面積 $S(\pi/\omega)$ を求めよ．

c）最後に M の座標 $(x(t),y(t))$ を求め，$-\int_0^{\pi/\omega}y(t)\frac{dx}{dt}dt$ によって $S(\pi/\omega)$ を計算せよ．

10. C をなめらかな閉曲線で，いたるところ曲率 $k(s)$ は 0 でないとする．C の各点 P に接線を引き，接線上に点 Q を，$\overline{\mathrm{PQ}}=l$ (定長)となるようにとる．Q のえらび方は 2 通りあるが，そのどちらでもよいが Q は P とともに連続的に変るようにとるものとする．P が C を 1 周したとき Q の画く閉曲線を C' とする．C と C' とでかこまれた部分の面積を求めよ．

11. 曲率 $k(s)$ がせまい意味の単調増大関数である曲線は，互いに切り合うこともなく，また閉曲線にもなりえないことを示せ．

IV　導関数に対する性質・凸関数

1. $f(x), g(x)$ は $[a, b]$ で連続で，$f(a) \geq g(a)$ かつ $f_+'(x) \geq g_+'(x)$ が (a, b) でなりたつならば，$f(x) \geq g(x)\ (x \in [a, b])$ である．とくに $f_+'(x) \geq c$ (定数)ならば，$f(x) \geq f(a) + c(x-a)$ である．

2. D を平面上における有界な凸集合であって，原点 O は D の内部に含まれる，すなわち内点であるとする．Oを起点とする任意のベクトル $\vec{a}$ に対し，そのノルムを

$$\|\vec{a}\| = \inf\left\{\lambda;\ \frac{1}{\lambda}\vec{a} \in D,\ \lambda > 0\right\}$$

で定義する（うえの記号は，$\dfrac{1}{\lambda}\vec{a}$ が D にぞくするような正数 λ の集合の下限という意味である）．つぎの性質を示せ．

1) 任意の正数 γ に対して，$\|\gamma\vec{a}\| = \gamma\|\vec{a}\|$.

2) $\vec{a}, \vec{b}$ を任意のベクトルとするとき，

$$\|\vec{a} + \vec{b}\| \leq \|\vec{a}\| + \|\vec{b}\|.$$

ヒント：任意の $\varepsilon(>0)$ に対し，$\vec{a}' = \dfrac{\vec{a}}{\|\vec{a}\| + \varepsilon}$，$\vec{b}' = \dfrac{\vec{b}}{\|\vec{b}\| + \varepsilon}$ は，定義よりともに D にぞくする．したがって D の凸性より，任意の $0 \leq \alpha \leq 1$ に対して，$\alpha\vec{a}' + (1-\alpha)\vec{b}' \in D$. ここでとくに $\alpha = (\|\vec{a}\| + \varepsilon)/\|\vec{a}\| + \|\vec{b}\| + 2\varepsilon$ ととる．

注意　D として，単位円板：$x^2 + y^2 \leq 1$ をとれば，普通の意味のベクトルの長さである．また D として，凸性の他に，$(x, y) \in D$ のとき，$(-x, -y) \in D$ という仮定をおくと，任意の実数 γ に対して，$\|\gamma\vec{a}\| = |\gamma|\|\vec{a}\|$ がしたがう．

3. (変曲点)　$y = f(x)$ であらわされる曲線 C を考える．$f'(x), f''(x)$ は連続とする．ある点 x_0 で $f''(x_0) = 0$ であって，x_0 の前後で $f''(x)$ の符号が変るとき，グラフの点 $(x_0, f(x_0))$ は C の変曲点(point of inflexion)であるという．つぎのことを示せ．

$f(x)$ は (a, b) で定義された C^2 クラスの関数で，$f''(x) = 0$ となるような x はたかだか有限個とする．ある直線がそのグラフと丁度3点で交わるならば，変曲点が少なくとも1つ存在する．

4. $f(x)$ は $(-\infty, +\infty)$ で定義された C^2 クラスの関数で，$f(x) > 0$，かつ $\lim_{x \to \pm\infty} f(x) = 0$ とする．さらに $f''(x) = 0$ となるような x はたかだか有限個であるならば，

1)　$|x|$ が十分大きいとき，$f''(x)>0$ であり，

2)　変曲点が少なくとも2つある．

このことを示せ．

5.　$f(u)$ は $(-\infty, +\infty)$ で定義された C^2 クラスの関数で $f''(u)\geq 0$ とする．$u(t)$ を $[0, a]$ で定義された連続関数とするとき，

$$\frac{1}{a}\int_0^a f(u(t))\,dt \geq f\left(\frac{1}{a}\int_0^a u(t)\,dt\right)$$

がなりたつことを示せ．

6.　$f(x)$ は (a, b) で C^2 クラスで $f''(x)>0$(したがって狭義凸)であるとする．(3.40)

$$f(\lambda_1 x_1+\lambda_2 x_2+\cdots+\lambda_n x_n)\leq \lambda_1 f(x_1)+\lambda_2 f(x_2)+\cdots+\lambda_n f(x_n)$$

において，$\lambda_i>0$ $(i=1, 2, \cdots, n)$，$\lambda_1+\lambda_2+\cdots+\lambda_n=1$ とする．

1)　等号がなりたつのは $x_1=x_2=\cdots=x_n$ の場合に限ることを n に関する帰納法で証明せよ．

2)　§3.10 例1で示されているように，$f(x)=-\log x$ $(0<x<+\infty)$ ととることにより，

$$x_1^{\alpha_1}x_2^{\alpha_2}\cdots x_n^{\alpha_n}\leq \alpha_1 x_1+\alpha_2 x_2+\cdots+\alpha_n x_n \qquad (\alpha_1+\cdots+\alpha_n=1,\ \alpha_i\geq 0)$$

であるが，とくに，$\alpha_i>0$ の場合に等号がなりたつのは，$x_1=x_2=\cdots=x_n(\geq 0)$ の場合に限ることを確かめよ．

3)　とくに $n=2$ のとき，$x_1, x_2\geq 0$ に対して

$$x_1^{1/p}x_2^{1/q}\leq \frac{x_1}{p}+\frac{x_2}{q} \qquad \left(\frac{1}{p}+\frac{1}{q}=1,\ \ p, q>1\right)$$

であるが，等号がなりたつのは，$x_1=x_2$ の場合に限る．

7.　Hölder の不等式(本文 (3.42))

$$x_1y_1+\cdots+x_ny_n\leq (x_1^p+\cdots+x_n^p)^{1/p}(y_1^q+\cdots+y_n^q)^{1/q}$$

において等号がなりたつのは，

$$x_1^p/y_1^q=x_2^p/y_2^q=\cdots=x_n^p/y_n^q$$

がなりたつ場合に限ることを示せ．

8.　$g(x)$ を有限区間 $[a, b)$ で連続な関数とする．$[a, b)$ で連続，かつ積分 $\int_a^b |f(x)|^p dx$

が収束であるような任意の $f(x)$ に対して，$\int_a^b f(x)g(x)dx$ が異常積分として存在するならば，$\int_a^b |g(x)|^q dx$ もまた収束であることを証明せよ．ただし，$p>1$ とし，$1/p+1/q=1$ とする．

9. 1) 問6の 3) より出発して，$F(x)\geq 0, G(x)\geq 0$ を $[a, b]$ で連続としたとき

$$\int_a^b F(x)G(x)dx\leq\frac{1}{p}\int_a^b F(x)^p dx+\frac{1}{q}\int_a^b G(x)^q dx$$

がなりたつことを示せ．とくに等号がおこるのは，$F(x)^p\equiv G(x)^q$ の場合に限ることを確かめよ．

2) うえの事実より，Hölder の不等式 (3. 46)

$$\int_a^b |f(x)g(x)|dx\leq\left(\int_a^b |f(x)|^p dx\right)^{1/p}\left(\int_a^b |g(x)|^q dx\right)^{1/q}$$

で等号がおこるのは，$g(x)\not\equiv 0$ として，関係式 $|f(x)|^p=C|g(x)|^q$ (C は定数)がなりたつ場合に限ることを示せ．ヒント：Hölder の不等式の右辺を $\|f\|_p\|g\|_q$ とかく．

$$F(x)=|f(x)|/\|f\|_p,\qquad G(x)=|g(x)|/\|g\|_q$$

を定義すれば，等号がおこるのは，$\int_a^b F(x)G(x)dx=1$ の場合であり，これより 1) における不等式で等号がおこることに着目する．

10. ある駅より出発した電車が時刻 T でつぎの駅に到着した．2駅の距離を L としたとき，加速度の絶対値が $4L/T^2$ 以上である瞬間があることを示せ．ただし，出発，到着時における速度は 0 とする．

ヒント：時間 t を $[0, T/2], [T/2, T]$ に分けて考えよ．

V　多変数関数

1.　つぎの関数の第1次偏導関数を求めよ,

1)　$e^{\alpha x}\cos\beta y$,　　2)　$\sin^{-1}\dfrac{x}{y}$,　　3)　$\log\sqrt{1+x^2+y^2}$,

4)　$\sin(x^2-y)$.

2.　$f(x,y)$ は原点を除いて C^1 クラスであって, $(x,y)\neq(0,0)$ に対して,

$$x\frac{\partial f}{\partial x}(x,y)+y\frac{\partial f}{\partial y}(x,y)=mf(x,y)$$

をみたすならば, $f(x,y)$ は m 次の斉次関数であること, すなわち, 任意の $\lambda>0$ に対して,

$$f(\lambda x,\lambda y)=\lambda^m f(x,y)$$

がなりたつことを示せ.

3.　$\varphi(u)$ は C^1 クラスの関数であって, $f(x,y)=\varphi(ax+by)$ とする.

$$b\frac{\partial f}{\partial x}-a\frac{\partial f}{\partial y}=0.$$

すなわち, $\vec{h}=(b,-a)$ とすると, $\langle \mathrm{grad}\,f,\vec{h}\rangle=0$ がなりたつことを示せ. また逆も正しいことを示せ.

ヒント：例えば $a\neq0$ とすると, $ax+by=u, y=v$ とおいて, 独立変数を u, v ととって考えよ.

4.
$$\frac{\partial^2 u}{\partial x\partial y}(x,y)=0$$

をみたす関数 $u(x,y)$ は, $u(x,y)=f(x)+g(y)$ という形であることを示せ. ここで $f(x), g(y)$ はともに C^1 クラスの任意の関数とする.

5.　$z=\varphi(x,y), x=f(u,v), y=g(u,v)$ とする. $z=\varphi(f(u,v), g(u,v))$ に対して, z_{u^2}'', z_{uv}'', z_{v^2}'' を計算せよ.

6.　つぎの関数の原点を中心とする Taylor 展開を求めよ.

a）$(1-x-2y)^{-1}$,　　b）$\log(1+ax+by)$,　　c）$\sin(x+y)$.

7. （熱方程式の解）

1)
$$E(x,t)=\frac{1}{2\sqrt{\pi t}}e^{-\frac{(x-a)^2}{4t}} \qquad (t>0,\ -\infty<x<+\infty)$$

は，$\dfrac{\partial}{\partial t}E(x,t)-\dfrac{\partial^2}{\partial x^2}E(x,t)=0$ をみたす．

2) 任意の有界，連続関数 $f(x)$ に対して，$u(x,t)=\dfrac{1}{2\sqrt{\pi t}}\displaystyle\int_{-\infty}^{+\infty}e^{-\frac{(x-y)^2}{4t}}f(y)dy$ $(t>0)$ は，

$$\frac{\partial}{\partial t}u(x,t)-\frac{\partial^2}{\partial x^2}u(x,t)=0 \qquad \text{(熱方程式)}$$

をみたす．

3) $\displaystyle\int_{-\infty}^{+\infty}e^{-x^2}dx=\sqrt{\pi}$ を用いて，$\dfrac{1}{2\sqrt{\pi t}}\displaystyle\int_{-\infty}^{+\infty}e^{-\frac{x^2}{4t}}dx=1$ を確かめ，これより，$u(x,t)\to f(x)$ $(t\to+0)$ を証明せよ．

ヒント：任意の $\delta(>0)$ に対して，$\dfrac{1}{2\sqrt{\pi t}}\displaystyle\int_{|x|\le\delta}e^{-\frac{x^2}{4t}}dx\to1\,(t\to+0)$ がなりたつ．

8. （ヘシアン） $f(x_1,x_2,\cdots,x_n)$ に関して，行列

$$\mathrm{Hess}_x(f)=\begin{bmatrix} f_{x_1^2}'' & f_{x_1x_2}''\cdots & f_{x_1x_n}'' \\ f_{x_1x_2}'' & f_{x_2^2}''\ \cdots & f_{x_2x_n}'' \\ \cdots & \cdots\quad\cdots & \cdots \\ f_{x_nx_1}'' & f_{x_nx_2}''\cdots & f_{x_n^2}'' \end{bmatrix}$$

をヘシアン(hessian)とよぶ．1変数関数 $f''(x)$ の n 変数への自然な拡張である．これを $H(f;\ x_1,\cdots,x_n)$ ともかく．つぎの変換式を証明せよ．

$(x_1,\cdots,x_n)$ に正則な1次変換

$$y_i=a_{i1}x_1+a_{i2}x_2+\cdots+a_{in}x_n+b_i \qquad (i=1,2,\cdots,n)$$

をほどこす．$(a_{ij})=A$ とすると，

$$\mathrm{Hess}_x(f)={}^tA\,\mathrm{Hess}_y(f)A$$

がなりたつ．

9. （凸関数の2次元への拡張） C^2 クラスの関数 $f(x,y)$ が (x,y)-平面の凸開集合 D で定義されているとする．

1) 3次元の集合 $\{(x,y,z)\ ;\ (x,y)\in D,\ z\ge f(x,y)\}$ は，

$$f_{x^2}''>0, \qquad f_{x^2}''f_{y^2}''-f_{xy}''^2>0$$

のとき凸集合であることを示せ．なおこのとき $f(x,y)$ は狭義凸であるとよばれる．

ヒント：$(x, y) \in D$, $(x+h, y+k) \in D$ とし，$F(t)=f(x+th, y+tk)$ $(0 \leq t \leq 1)$ を考えよ．

2)　$f(x, y)$ がうえの条件をみたすとする．もし D 内の1点 (x_0, y_0) で $f_x{}'=f_y{}'=0$ がなりたつならば，$f(x_0, y_0)$ は $f(x, y)$ の D における最小値であること，また最小値をとる点はただ1つであることを示せ．

10. （凸関数の一般次元への拡張）$f(x_1, \cdots, x_n)$ は $\boldsymbol{R}^n$ の凸開集合 D で定義されているとする．f のヘシアン $\mathrm{Hess}_x(f)$ が正値2次形式のとき，すなわち任意の0でないベクトル $\vec{h}=(h_1, \cdots, h_n)$ に対して，

$$\langle \mathrm{Hess}_x(f)\vec{h}, \vec{h} \rangle = \sum_{i, j=1}^{n} \frac{\partial^2 f}{\partial x_i \partial x_j} h_i h_j > 0$$

のとき，集合 $\{(x_1, \cdots, x_n, z)\ ;\ z \geq f(x_1, \cdots, x_n),\ x \in D\}$ は凸集合であることを示せ．なおこのとき f は狭義凸であるといわれる．

11.　1)　$f(x_1, \cdots, x_n)$ が0次の斉次関数であるとき，$\boldsymbol{R}^n$ 全体で連続関数であるための必要十分条件は f が定数値関数であることである．

2)　$f(x_1, \cdots, x_n)$ を一般に m 次斉次関数とするとき，何回でも連続的微分可能であるための必要十分条件は，m が0または正の整数であって，f が m 次の斉次多項式であることである．

ヒント：$m<0$ のときは f が恒等的に0でなければ，明らかに f は原点で不連続である．また $m \geq 0$ のときには適当な階数の偏導関数をとって考える．

VI 最大・最小問題

1. 楕円 $(x^2/a^2)+(y^2/b^2)=1$ の周上に2点 M, N をとり，原点を O としたとき，3角形 OMN の面積が最大になるのはどのような場合かをしらべよ．なおこのような3角形は無数に存在することを確かめよ．

2. 放物線 $y^2=2px$ $(p>0)$ の内部の1点を $\mathrm{P}(\xi,\eta)(\eta^2<2p\xi,\ \xi>0)$ とする．放物線上の点を Q，焦点を $\mathrm{F}(p/2,0)$ として，$\overline{\mathrm{PQ}}+\overline{\mathrm{QF}}$ が最小になるのは，角 PQF が Q における法線で2等分されるときである．このような点 Q の存在および一意性を示せ(放物鏡の原理)．

3. 4m の銅像が高さ 5m の台の上にのっている．1.5m の目の高さの人がこの銅像を最大の角度でみるのは，台から何 m 離れた位置にあるときか．

4. (x,y)-平面において2点，$\mathrm{A}(0,h)$，$\mathrm{B}(a,-h_1)(h,h_1>0)$ が与えられ，v_1,v_2 を正の定数とする．x 軸上の点 P に対して定義される関数

$$f(P)=\frac{1}{v_1}\overline{\mathrm{AP}}+\frac{1}{v_2}\overline{\mathrm{PB}}$$

が最小になる点 P の位置は一意的に定まる．この点の幾何学的な特徴づけを与えよ(光の屈折の法則)．

5. 点 $\mathrm{P}(0,3)$ から双曲線 $y^2-\dfrac{1}{2}x^2=1$ $(y>0)$ に至る最短距離を与える点は $(0,1)$ であることを示せ．

6. つぎの関数の停留値，極値，最大，最小値を与える点をしらべよ．

a） $x^3+y^3+z^3+xyz$，　　b） $(x^2+2y^2)\exp(-x^2-y^2)$．

7. 原点 O と他の2点 A, B からなる3角形 OAB を考える．A, B の極座標を (r_1,ω_1)，(r_2,ω_2) とする．動点 M の極座標を (r,ω) とし，

$$S=\overline{\mathrm{MO}}+\overline{\mathrm{MA}}+\overline{\mathrm{MB}}$$

を (r,ω) の関数であらわし，$r=0$ を中心とする r に関する Taylor 展開をとることによって，角 AOB が $2\pi/3$ 以上であれば，S は $r=0$ で極小値をとることを示せ．

8.　$\boldsymbol{R}^3$ において，曲面 S の方程式を

$$z=\frac{1}{2}(ax^2+2bxy+cy^2)+\varphi_3(x, y)$$

とおく．ただし $|a|+|b|+|c|\neq 0$ であって，φ_3 は原点で第2次導関数まで含めて0であるとする．A$(0, 0, h)$ に対して，M が S 上を動いたとき，$\overline{\mathrm{AM}}$ が原点で極大値または極小値をとるのは如何なる場合であるかをしらべよ．

VII 関数項の級数

1. つぎの関数列ならびに級数の一様収束性，ならびに $f(x)$ の連続性をしらべよ．

1) $f(x)=\lim_{n\to\infty}\tan^{-1}(nx) \quad (-\infty<x<+\infty)$,

2) $f(x)=\lim_{n\to\infty}\dfrac{(nx)^2e^{nx}}{1+(nx)^2e^{nx}} \quad (-\infty<x<+\infty)$,

3) $f(x)=\sum_{n=1}^{\infty}r^n\sin(nx) \quad (0<r<1) \quad (-\infty<x<+\infty)$,

4) $f(x)=\sum_{n=1}^{\infty}\dfrac{x^n}{1+x^n}u_n \quad (0\leq x\leq 1)$，ただし $\sum u_n$ は収束級数であるとする．

2. $f(x)$ は $[a,b]$ で連続とする．

$$\|f(x)\|_{L^p}=\left(\int_a^b|f(x)|^p dx\right)^{1/p}$$

とかいたとき(これを $f(x)$ の L^p-ノルムという)，

$$\lim_{p\to+\infty}\|f(x)\|_{L^p}=\max_{x\in[a,b]}|f(x)|$$

がなりたつ．これを示せ．

3. $f(x)$ を ≥ 0 で $[a,b]$ で連続とする．$\int_a^b f(x)^n dx \ (n=1,2,\cdots)$ は $n\to\infty$ のとき $+\infty$ に発散するか，さもなければ有限な極限に近づくことを示せ．

4. (完備性) 関数の集合 E (関数空間という)に距離づけがなされているとする．すなわち，任意の $f,g\in E$ に対して，つぎの条件(距離の公理という)をみたす $\mathrm{dis}(f,g)$ が定義されているとする： 1) $\mathrm{dis}(f,g)=\mathrm{dis}(g,f)$，2) $0\leq\mathrm{dis}(f,g)<+\infty$，$\mathrm{dis}(f,g)=0$ は $f=g$ のときに限る，3) $\mathrm{dis}(f,g)+\mathrm{dis}(g,h)\geq\mathrm{dis}(f,h)$．

さて，関数列 $\{f_n\}_{n=1,2,\cdots}$ が $\mathrm{dis}(f_n,f_m)\to 0 \ (n,m\to\infty)$ をみたすとき，すなわち任意の $\varepsilon(>0)$ に対して N がとれて，$n,m>N$ であれば $\mathrm{dis}(f_n,f_m)<\varepsilon$ がなりたつとき，$\{f_n\}$ は **Cauchy** 列であるという．E の任意の Cauchy 列 $\{f_n\}$ が与えられたとき，$f_0\in E$ があって，$\mathrm{dis}(f_n,f_0)\to 0 \ (n\to\infty)$ がなりたつとき，E はこの距離に関して完備(complete)であるという．つぎの関数空間は完備であることを示せ．

1) $[a,b]$ で連続である関数 $f(x)$ の全体を E とし，

$$\mathrm{dis}(f,g)=\max_{x\in[a,b]}|f(x)-g(x)|\equiv\|f-g\|_0$$

とするとき．

2)　$[a,b]$ で定義された C^1 クラスの関数 $f(x)$ の全体を E,

$$\mathrm{dis}(f,g)=\max_{x\in[a,b]}|f(x)-g(x)|+\max_{x\in[a,b]}|f'(x)-g'(x)|\equiv\|f-g\|_1$$

とするとき.

3)　$[a,b]$ で定義された連続関数 $f(x)$ が指数 $\alpha(0<\alpha\leq 1)$ の Hölder 連続性をもつとは, x_1,x_2 が $[a,b]$ を自由に動いたとき,

$$\sup\frac{|f(x_1)-f(x_2)|}{|x_1-x_2|^\alpha}<+\infty$$

がなりたつときをいう. この左辺を $L_\alpha(f)$ とかこう. このような関数全体を E とし, 距離を

$$\mathrm{dis}(f,g)=\max_{x\in[a,b]}|f(x)-g(x)|+L_\alpha(f-g)$$

で与えたとき.

5.　**(べき級数によって定義された関数)**

$$f(x)=a_0+a_1x+a_2x^2+\cdots+a_nx^n+\cdots$$

とする*). $1/R=\overline{\lim_{n\to\infty}}\sqrt[n]{|a_n|}$ とおくと,

1)　$|x|<R$ で $f(x)$ は収束するのみならず, 何回でも ($|x|<R$ で) 項別微分できる. すなわち,

$$f'(x)=a_1+2a_2x+\cdots+na_nx^{n-1}+\cdots,$$
$$f''(x)=2a_2+3\cdot 2a_3x+\cdots+n(n-1)a_nx^{n-2}+\cdots,$$
$$\cdots\cdots\cdots\cdots\cdots\cdots\cdots\cdots\cdots\cdots\cdots\cdots$$

がなりたつ.

ヒント：第2章演習問題 A 問 21 参照, ついで形式的に項別微分したべき級数は, R' を R より小な任意の正数としたとき, $|x|\leq R'$ で一様収束であることを示す.

2)　$|x|>R$ である任意の x に対して級数は収束しない.

3)　$a_0=a_1=\cdots=a_n=\cdots=0$ の場合を除き $f(x)\not\equiv 0$.

4)　$$f(x)=f(0)+f'(0)x+\frac{f''(0)}{2!}x^2+\cdots+\frac{f^{(n)}(0)}{n!}x^n+\cdots\quad(|x|<R)$$

がなりたつ. 注意　R をべき級数の収束半径とよぶ.

6.　**(項別積分に関する Lebesgue (ルベーグ)の定理)**　この書物の範囲をこえるので本文で示さなかったが, つぎの定理(Lebesgue の定理)が知られている.

---

*)　すなわち, 右辺で定義される関数(収束する点でのみ考えて)を $f(x)$ とおくという意味である.

$u_1(x), u_2(x), \cdots, u_n(x), \cdots$ が (a, b) で定義され $(a, b$ が$-\infty, +\infty$ の場合でもよい),

$$\int_a^b |u_1(x)|dx+\int_a^b |u_2(x)|dx+\cdots+\int_a^b |u_n(x)|dx+\cdots<+\infty$$

がなりたつならば,

$$f(x)=u_1(x)+u_2(x)+\cdots+u_n(x)+\cdots$$

に対して,

$$\int_a^b f(x)dx=\int_a^b u_1(x)dx+\int_a^b u_2(x)dx+\cdots+\int_a^b u_n(x)dx+\cdots$$

がなりたつ. この定理を認めてつぎのことがらを示せ.

1) $$\int_{-1}^{+1}\frac{dx}{(a-x)\sqrt{1-x^2}}=\sum_{n=0}^{\infty}\frac{1}{a^{n+1}}\int_{-1}^{+1}\frac{x^n}{\sqrt{1-x^2}}dx \qquad (|a|>1).$$

(第3章II問1の計算にこの関係式が必要である. またこの式は, 直接証明することができる).

2) $\dfrac{1}{a^3}=\dfrac{1}{2}\displaystyle\int_0^{\infty} x^2e^{-ax}dx$ $(a>0)$ より

$$\sum_{n=1}^{\infty}\frac{1}{n^3}=\frac{1}{2}\int_0^{\infty}\frac{x^2}{e^x-1}\,dx$$

がなりたつ.

7. $$C(\lambda)=\int_{-\infty}^{+\infty}\frac{e^{i\lambda x}}{1+x^2}dx \qquad (-\infty<\lambda<+\infty)$$

とおく. つぎのことを示せ.

1) $C(\lambda)$ は連続関数で, $\lambda\to\pm\infty$ のとき $C(\lambda)\to 0$.

2) $\lambda\neq 0$ のとき,

$$C'(\lambda)=i\int_{-\infty}^{+\infty}\frac{x}{1+x^2}e^{i\lambda x}dx.$$

ヒント: 積分区間を $[-n, +n]$ でおきかえたものを $C_n(\lambda)$ とし関数列 $\{C_n'(\lambda)\}$ を考えよ.

3) $\lambda=0$ で $C(\lambda)$ は微分可能ではないが, 右側, 左側からの微係数が存在し, $C_+'(0)=-C_-'(0)$ がなりたつ. さらに,

$$C_+'(0)=-2\int_0^{\infty}\frac{\sin t}{t}dt=-\pi.$$

VIII Stieltjes 積分

1. $f(t)$ を区分的に連続関数とする．すなわち $a=t_0<t_1<\cdots<t_n=b$ があって，各 (t_{i-1}, t_i) で $f(t)$ は連続で，有限な $f(t_{i-1}+0)$，$f(t_i-0)$ をもつとする．$g(t)$ が単調増大で，かつ $t=t_0, t_1, \cdots, t_n$ で連続である場合には，Stieltjes 積分

$$\int_a^b f(t)\,dg(t)$$

が存在することを示せ．とくに $f(t)$ が各 (t_{i-1}, t_i) で定数 c_i であるときには，この積分はどのようにあらわされるか？

2. $g(t)$ を単調増大とする．つぎの関係式を示せ．

1) $$\lim_{n\to\infty}\int_0^a e^{-nt}dg(t)=g(+0)-g(0),$$

2) $$\lim_{\delta\to 0}\int_0^a e^{-\delta t}dg(t)=g(a)-g(0).$$

3. $f(t)$ を $[a, b]$ で $f'(t)$ とともに連続とする．$f(t)$ の総変動量 (total variation) は $\int_a^b |f'(t)|dt$ で与えられることを示せ．

4. A，B を y 軸上の 2 点とし，A から B に至る路を C とする．C と BA で囲まれる部分の面積を S として，

$$\int_C [\varphi(y)e^x-my]dx+[\varphi'(y)e^x-m]dy$$

を計算せよ．

ヒント：$\int_C \varphi(y)e^x dx+\varphi'(y)e^x dy$ は y 軸上の路 ANB にそってとった積分とひとしいことに着目せよ．

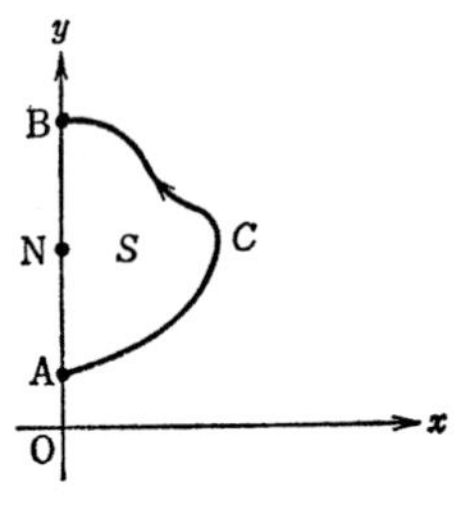

図 3.24

第4章 微分方程式

4.1 序

微分方程式は微積分法の発展の原動力であったといえよう．このような意味で今まで時々これにふれたが，この章であらためて微分方程式のとり扱いをのべる．

微分方程式のいわゆる求積法による解法は大切なものであるが，本書ではこれを系統的にのべることはしなかった．その代りに，初等力学にあらわれる微分方程式に対する考察に重点をおいた．

4.2 1階線形方程式

$f(t)$ が与えられた連続関数であるとき

$$\frac{d}{dt}u(t)+au(t)=f(t) \tag{4.1}$$

の解 $u(t)$ を求める問題を考える．ここで a は定数である*)．両辺に e^{at} をかけると，うえの式は

$$\frac{d}{dt}(e^{at}u(t))=e^{at}f(t)$$

とかけるから，

$$e^{at}u(t)-e^{at_0}u(t_0)=\int_{t_0}^{t}e^{as}f(s)\,ds$$

であることが必要である．ゆえに解 $u(t)$ は一意的に存在して，

$$u(t)=e^{-at}\left(e^{at_0}u(t_0)+\int_{t_0}^{t}e^{as}f(s)\,ds\right) \tag{4.2}$$

---

*) 複素数も許すとする．

と表現される．あるいは，

$$u(t)=e^{-a(t-t_0)}u(t_0)+\int_{t_0}^{t}e^{-a(t-s)}f(s)\,ds \tag{4.3}$$

とかける．ここで t は t_0 もより大きくても小さくてもよい（積分の規約を思い起されたい）．

うえの結果は解法が初等的であるせいもあって，なんでもないようにみえるが基本的でかつ重要なものである．右辺の第1項は

$$\frac{d}{dt}v(t)+av(t)=0 \tag{4.4}$$

をみたす解であって，$t=t_0$ であらかじめ指定された値 $u(t_0)$ をとるものである．つぎに第2項は (4.1) の解であって，$t=t_0$ のとき0となるものである．

実際のとり扱いに際しては，つぎのような見方も重要である．(4.1) の1つの解 $u_0(t)$ が見出されたとしよう．これを1つの**特殊解**(particular solution) とよぶ．このとき，$u(t)-u_0(t)=v(t)$ は (4.4) の解である．ところで (4.4) の解は，容易にわかるように，$Ce^{-a(t-t_0)}$ の形でつくされる(C は任意定数)．ゆえに (4.1) の解は

$$u_0(t)+Ce^{-a(t-t_0)}\qquad (C：任意定数)$$

の形でつくされる．それゆえ $t=t_0$ で予め指定された u_0 をとる解は，$u_0(t_0)+C=u_0$ によってきまる C をうえの式に代入してえられる．すなわち，

$$u(t)=u_0e^{-a(t-t_0)}+u_0(t)-u_0(t_0)e^{-a(t-t_0)}$$

として求められる．

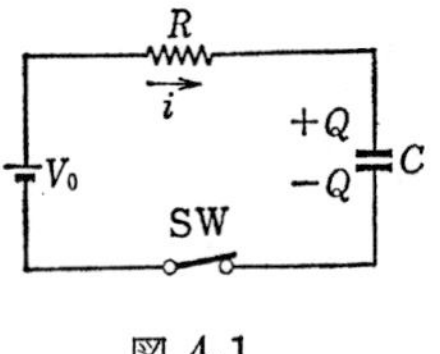

図 4.1

例 1　コンデンサーの充電回路　図4.1の回路を考える．コンデンサーの電気量をQ(クーロン)，その電圧を V とすると，$Q=CV$ である．ところでこのことは起電力の方からみれば $-V(=-Q/C)$ の

効果をもたらすものと考えられるから，結局，抵抗における電位差は V_0-V である．したがって Ohm(オーム)の法則から，

$$i=\frac{V_0-V}{R}$$

である．$i=dQ/dt$ であるから $dQ/dt=(V_0-V)/R$ がなりたつ．ゆえに，

$$\frac{d}{dt}V=\frac{1}{CR}(V_0-V)$$

がなりたつ．これは $V(t)$ に関する 1 階線形微分方程式である．$t=0$ で $V(t)$ は 0 であるとして解を求めよう．うえの公式 (4.3) から求めてもよいが，直接求めた方が容易であり，かつ誤りも少ないのでそのようにする．まず，

$$\frac{d}{dt}(V_0-V)=-\frac{1}{CR}(V_0-V)$$

とかかれることと，$t=0$ で $V_0-V=V_0$ であるから，

$$V_0-V(t)=V_0e^{-(t/CR)}.$$

ゆえに，$V(t)=V_0(1-e^{-(t/CR)})$ をえる．

例 2　共振回路 (I)　右図の電気回路を考える．$I(t)$ を電流の強さとすると，L は逆起電力 $-L\,dI/dt$ をひきおこす．したがって外部からの起電力を $E(t)$ とすると，回路における起電力は，$E(t)-L\,dI/dt$ である．したがって Ohm の法則を適用すれば，

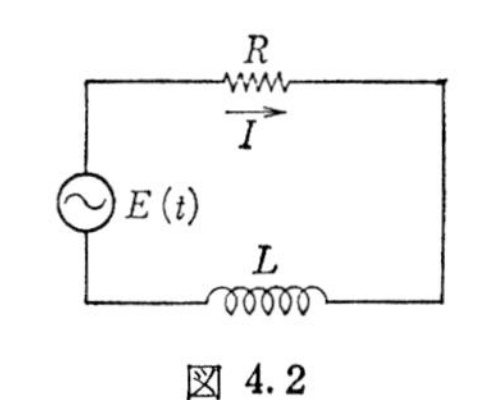

図 4.2

$$RI=E(t)-L\frac{d}{dt}I$$

をえる．I に関する微分方程式とみてかけば，

$$L\frac{d}{dt}I(t)+RI(t)=E(t) \tag{4.5}$$

となる．

ここで $E(t)$ としてはいわゆる交流起電力の場合が興味がある．すなわち，$E(t)=A\sin\omega t$，または $A\cos\omega t$ の場合である．一般にこのとき ω を**角振動数**(circular frequency)または**角周波数**とよぶ．ω は時間 2π の間における振動の数を示しており，$T=2\pi/\omega$ が**周期**である．しかし一般には $E(t)=A\cos\omega t+iA\sin\omega t=Ae^{i\omega t}$ として，複素数の形で用いられる場合が多い．この形でみれば，t が変化するとき，$Ae^{i\omega t}$ は複素平面において原点を中心とする半径 A の円周上を角速度 ω で運動する点をあらわす．そして ω は時刻 2π の間の回転数をあらわす．そこで，(4.5) を

$$L\frac{d}{dt}I+RI=Ae^{i\omega t} \tag{4.6}$$

の形に限定して考察する．このとき $I(t)$ はもちろん複素数値関数になる．まえにのべたように (4.6) の**特殊解**を求めよう．

$$I(t)=Ne^{i\omega t}$$

とおくと，これが1つの解であるための必要十分条件は，

$$(R+iL\omega)N=A$$

である．ゆえに特殊解として，

$$I(t)=\frac{A}{R+iL\omega}e^{i\omega t}=\frac{E(t)}{R+iL\omega} \tag{4.7}$$

が定まった．これは交流回路における Ohm の法則と解釈される．すなわち直流の場合は $\omega=0$ とみられ，$I(t)=A/R$ となるが，交流の場合には R の代りに $R+iL\omega$ を採用すれば，これが Ohm の法則とみられるからである．なお $R+iL\omega$ を角振動数 ω に対応する**複素抵抗**または**インピーダンス**(impedence)とよぶ．なお (4.7) は

$$I(t)=\frac{A}{\sqrt{R^2+(L\omega)^2}}e^{i(\omega t-\delta)},\quad \delta=\tan^{-1}\frac{L\omega}{R}\quad \left(0<\delta<\frac{\pi}{2}\right) \tag{4.8}$$

とかける．　δ は位相差(phase displacement)とよばれており，　くわしくは起電力 $E(t)=Ae^{i\omega t}$ との位相のずれを示す．

特殊解 (4.8) がなぜ重要であるかはつぎの事実から明らかであろう．(4.6) の一般解は

$$L\frac{d}{dt}I(t)+RI(t)=0$$

の一般解 $I_0(t)=Ce^{-(R/L)t}$ とうえの特殊解の和である．ここで C は全く任意であって，例えば $t=0$ での $I(t)$ の値を指定すれば完全に定まる．ところでこの解は t が増大するとき急速に減少してしまうから，t がある程度大になれば $I_0(t)$ の影響は無視しうる程度になる．

つぎに一般の 1 階線形方程式

$$u'(t)+a(t)u(t)=f(t),\qquad t\in[\alpha,\beta] \tag{4.9}$$

を考えよう．$a(t)$ は連続関数であり，右辺は与えられた連続関数である．

$$\int a(t)\,dt=A(t),\ \text{すなわち}\quad A'(t)=a(t)$$

とする．

$$(e^{A(t)}u(t))'=e^{A(t)}(u'(t)+a(t)u(t))$$

であることに着目して，両辺に $e^{A(t)}$ をかけると，

$$(e^{A(t)}u(t))'=e^{A(t)}f(t).$$

これより $t=t_0(\in[\alpha,\beta])$ での $u(t)$ の値を u_0 とすれば，

$$e^{A(t)}u(t)-e^{A(t_0)}u_0=\int_{t_0}^{t}e^{A(s)}f(s)\,ds.$$

両辺に $e^{-A(t)}$ をかければ，

$$u(t)=e^{A(t_0)-A(t)}u_0+e^{-A(t)}\int_{t_0}^{t}e^{A(s)}f(s)\,ds$$

が求める解である．もっと具体的にかけば，

$$u(t)=\exp\left(-\int_{t_0}^{t}a(s)\,ds\right)u_0+\int_{t_0}^{t}\exp\left(-\int_{s}^{t}a(\tau)\,d\tau\right)\cdot f(s)\,ds \tag{4.10}$$

となる．ここで第1項は，(4.9) において右辺 $f(t)$ が恒等的に0であるときの解であり，また積分でかかれた第2項は初期値 u_0 が0である (4.9) の解である．

$$\exp\left(-\int_{s}^{t}a(\tau)\,d\tau\right)=E(t,s)$$

とおこう．$E(t,s)$ は

$$\begin{cases}\dfrac{\partial}{\partial t}E(t,s)+a(t)E(t,s)=0,\\ E(t,t)=1\end{cases} \tag{4.11}$$

という性質によって特徴づけられることを注意しておこう．

4.3 微分不等式

前節の1つの応用例にもなっており，かつ応用上にも重要であるつぎの微分不等式に対する一定理を示そう．

定理 4.1 $u(t)$ は $[a,b]$ で連続で，かつ各点で有限な右側微係数 u_+' をもち，不等式

$$u_+'(t)\le ku(t)+f(t) \tag{4.12}$$

をみたすとする．ただし $f(t)$ は連続とする．このとき

$$u(t)\le u(a)e^{k(t-a)}+\int_{a}^{t}e^{k(t-s)}f(s)\,ds$$

がなりたつ.

証明 段階を設けて証明する.

(第1段) $\varepsilon(>0)$ として，補助方程式

$$\frac{d}{dt}u=ku+f(t)+\varepsilon \tag{4.13}$$

の解 $U_\varepsilon(t)$ で $U_\varepsilon(a)=u(a)+\varepsilon$ をみたすものを考える．このとき，$u(t)\leq U_\varepsilon(t)$ $(t\in[a,b])$ がなりたつことを示す．そうでないとしよう．ある $t_0(>a)$ があって，$u(t_0)>U_\varepsilon(t_0)$ がなりたつ．このとき t_0 から左に見ていって初めて $u(t)=U_\varepsilon(t)$ となる点 t_1 がある．さて $u(t_1)=U_\varepsilon(t_1)$ であって，$t_1<t<t_0$ では $u(t)>U_\varepsilon(t)$ である．ところで $t=t_1$ における右側の微係数は，

$$u_+'(t_1)=\lim_{h\to+0}\frac{u(t_1+h)-u(t_1)}{h}\geq\lim_{h\to+0}\frac{U_\varepsilon(t_1+h)-U_\varepsilon(t_1)}{h}=U_\varepsilon'(t_1)$$

をみたす．すなわち $u_+'(t_1)\geq U_\varepsilon'(t_1)$ である．他方 (4.12) と (4.13) の $u(t)$ に $U_\varepsilon(t)$ を代入したものを $t=t_1$ でくらべると，$u(t_1)=U_\varepsilon(t_1)$ より，$u_+'(t_1)+\varepsilon\leq U_\varepsilon'(t_1)$ となり，明らかに矛盾である．ゆえに $u(t)\leq U_\varepsilon(t)$.

(第2段) うえの結論において，$\varepsilon(>0)$ は任意であったから，$\varepsilon\to0$ とすると，$U_\varepsilon(t)$ は定理の不等式の右辺に近づく．ゆえにこの右辺を $U(t)$ とおけば，$u(t)\leq U(t)$ がなりたつ． (証明おわり)

4.4 定数係数2階線形方程式

$$u''(x)+au'(x)+bu(x)=f(x) \tag{4.14}$$

の解を求めよう．$f(x)$ は与えられた連続関数である．

まず**特性方程式**とよばれるもの

$$\lambda^2+a\lambda+b=0 \tag{4.15}$$

の根を λ_1,λ_2 とする．(4.14) は

$$\left(\frac{d}{dx}-\lambda_1\right)\left(\frac{d}{dx}-\lambda_2\right)u(x)=f(x) \tag{4.16}$$

となる．この方程式の１つの特殊解を求めよう．公式 (4.2) を２回くり返して適用する．まず x_0 を１つ固定し，

$$\left(\frac{d}{dx}-\lambda_2\right)u(x)=e^{\lambda_1 x}\int_{x_0}^{x} e^{-\lambda_1 x_1}f(x_1)\,dx_1,$$

$$u(x)=e^{\lambda_2 x}\int_{x_0}^{x} e^{-\lambda_2\xi}\left(e^{\lambda_1\xi}\int_{x_0}^{\xi} e^{-\lambda_1 x_1}f(x_1)\,dx_1\right)d\xi$$

$$=e^{\lambda_2 x}\int_{x_0}^{x} e^{(\lambda_1-\lambda_2)\xi}\left(\int_{x_0}^{\xi} e^{-\lambda_1 x_1}f(x_1)\,dx_1\right)d\xi$$

をえる．部分積分の公式を用いよう．このさい

$$\int e^{(\lambda_1-\lambda_2)\xi}d\xi=\begin{cases}\{e^{(\lambda_1-\lambda_2)\xi}-e^{(\lambda_1-\lambda_2)x}\}/\lambda_1-\lambda_2 & (\lambda_1\neq\lambda_2),\\ \xi-x & (\lambda_1=\lambda_2)\end{cases}$$

を用いよう．この原始関数は $\xi=x$ で０であることを考慮すれば，$\lambda_1\neq\lambda_2$ のとき，

$$=\frac{1}{\lambda_1-\lambda_2}e^{\lambda_2 x}\int_{x_0}^{x} \{e^{(\lambda_1-\lambda_2)x}-e^{(\lambda_1-\lambda_2)\xi}\}\,e^{-\lambda_1\xi}f(\xi)\,d\xi$$

となる．ゆえに結局，

$$u(x)=\begin{cases}\dfrac{1}{\lambda_1-\lambda_2}\left[\displaystyle\int_{x_0}^{x} \{e^{\lambda_1(x-\xi)}-e^{\lambda_2(x-\xi)}\}f(\xi)\,d\xi\right] & (\lambda_1\neq\lambda_2),\\ \displaystyle\int_{x_0}^{x}(x-\xi)\,e^{\lambda(x-\xi)}f(\xi)\,d\xi & (\lambda_1=\lambda_2=\lambda)\end{cases} \tag{4.17}$$

をえる．

なお第２の式は，

$$\lim_{\lambda_1\to\lambda_2}\frac{e^{\lambda_1(x-\xi)}-e^{\lambda_2(x-\xi)}}{\lambda_1-\lambda_2}=\frac{\partial}{\partial\lambda}(e^{\lambda(x-\xi)})_{\lambda=\lambda_2}=(x-\xi)\,e^{\lambda_2(x-\xi)}$$

を考慮してもえられることを注意しておこう．

さて,

$$E(x,\xi)=\begin{cases}\{e^{\lambda_1(x-\xi)}-e^{\lambda_2(x-\xi)}\}/\lambda_1-\lambda_2 & (\lambda_1\neq\lambda_2)\\(x-\xi)e^{\lambda(x-\xi)} & (\lambda_1=\lambda_2=\lambda)\end{cases}$$

とおくと,

$$(4.18)\qquad \begin{cases}\left(\dfrac{\partial}{\partial x}-\lambda_1\right)\left(\dfrac{\partial}{\partial x}-\lambda_2\right)E(x,\xi)=0,\\ E(\xi,\xi)=0,\quad \dfrac{\partial}{\partial x}E(x,\xi)\Big|_{x=\xi}=1\end{cases}$$

がなりたつ．これより，(4.17) で定義される解は

$$u(x)=\int_{x_0}^{x}E(x,\xi)f(\xi)\,d\xi$$

とかかれるが,

$$u(x_0)=u'(x_0)=0$$

がなりたつ．実際

$$u'(x)=E(x,x)f(x)+\int_{x_0}^{x}\frac{\partial}{\partial x}E(x,\xi)f(\xi)\,d\xi$$

がなりたつからである．$E(x,\xi)$ を (4.14) の基本解とよぶ．

斉次方程式の一般解

$u(x)$ を (4.14) の任意の1つの解とし，(4.17) で定義されるところの特殊解を記号をかえて $u_0(x)$ とする．このとき，$v(x)=u(x)-u_0(x)$ は,

$$(4.19)\qquad v''(x)+av'(x)+bv(x)\equiv\left(\frac{d}{dx}-\lambda_1\right)\left(\frac{d}{dx}-\lambda_2\right)v(x)=0$$

の1つの解である．逆に (4.19) の任意の1つの解を $v(x)$ とすると，$u(x)=u_0(x)+v(x)$ は (4.14) の解である．ゆえに (4.14) の一般解は $v(x)$ を (4.19) の一般解として，$u_0(x)+v(x)$ の形でえられることになる．

(4.19) において，$\lambda_1 \neq \lambda_2$ としよう．

$$\left(\frac{d}{dx}-\lambda_1\right)\left(\frac{d}{dx}-\lambda_2\right)=\left(\frac{d}{dx}-\lambda_2\right)\left(\frac{d}{dx}-\lambda_1\right)$$

であることを考慮すれば，

$$C_1 e^{\lambda_1 x}, \quad C_2 e^{\lambda_2 x}$$

は (4.19) の解であることがわかる．ここで C_1, C_2 は任意定数である．したがって，

$$v(x)=C_1 e^{\lambda_1 x}+C_2 e^{\lambda_2 x} \tag{4.20}$$

もまた (4.19) の解である．じつは (4.19) の解はこれでつくされていること，すなわち (4.20) は一般解の表現であることを以下に示す．まず恒等的関係式

$$1=\frac{1}{\lambda_1-\lambda_2}\left\{\left(\frac{d}{dx}-\lambda_2\right)-\left(\frac{d}{dx}-\lambda_1\right)\right\}$$

を一般の関数 $v(x)$ に作用させれば，

$$v(x)=\frac{1}{\lambda_1-\lambda_2}\left(\frac{d}{dx}-\lambda_2\right)v(x)-\frac{1}{\lambda_1-\lambda_2}\left(\frac{d}{dx}-\lambda_1\right)v(x)$$

をえる．これを

$$v(x)=v_1(x)+v_2(x)$$

とかこう．ここで $v(x)$ を (4.19) の解にかぎれば，$\left(\frac{d}{dx}-\lambda_1\right)v_1(x)=0$, $\left(\frac{d}{dx}-\lambda_2\right)v_2(x)=0$ がなりたつ．ゆえに，

$$v_1(x)=C_1 e^{\lambda_1 x}, \qquad v_2(x)=C_2 e^{\lambda_2 x}$$

をえる．すなわち $v(x)$ は (4.20) の表現をもつことが示された．

ついで $\lambda_1=\lambda_2=\lambda$ の場合を考えよう．

$$\left(\frac{d}{dx}-\lambda\right)\left(\frac{d}{dx}-\lambda\right)v(x)=0$$

の左辺に $e^{-\lambda x}$ をかけると,

$$\frac{d}{dx}\left\{e^{-\lambda x}\left(\frac{d}{dx}-\lambda\right)v(x)\right\}=\left(\frac{d}{dx}\right)^2\{e^{-\lambda x}v(x)\}=0$$

をえる. これより, $e^{-\lambda x}v(x)=C_0+C_1x$ (C_0, C_1 は任意定数)をえ, 結局,

$$v(x)=C_0e^{\lambda x}+C_1xe^{\lambda x} \tag{4.21}$$

が (4.19) の一般解を与える.

4.5 解の1次独立性

2階斉次線形方程式

$$u''(x)+p(x)u'(x)+q(x)u(x)=0, \qquad x\in(\alpha,\beta) \tag{4.22}$$

の解 $u(x)$ の全体を考えよう. ただし $p(x)$, $q(x)$ は連続であるとする. 線形性によって, $u_1(x)$ が解であれば, 任意の定数 c_1 に対して $c_1u_1(x)$ も解であり, また $u_1(x), u_2(x)$ が解であれば, $u_1(x)\pm u_2(x)$ もまた解である. このことは解 $u(x)$ 全体は1つのベクトル空間をなすともいわれる.

定義 4.1 (1 次独立性) $u_1(x), u_2(x)$ が (4.22) の解であって, (α, β) の1点 x_0 で.

$$\begin{vmatrix} u_1(x_0) & u_2(x_0) \\ u_1'(x_0) & u_2'(x_0) \end{vmatrix} \neq 0 \tag{4.23}$$

をみたすとき, $u_1(x), u_2(x)$ は (α,β) で **1 次独立**(linearly independent)であるという. また行列式が0のとき, **1 次従属**(linearly dependent)であるという.

この定義が意味をもつことはつぎにのべる定理の系による.

定理 4.2 1点 x_0 で $u(x_0)=u'(x_0)=0$ をみたす (4.22) の解は恒等的に

0 である場合に限る.

証明 $$\varphi(x)=|u(x)|^2+|u'(x)|^2$$

とおく.

$$\begin{aligned}\varphi'(x)&=u'(x)\overline{u(x)}+u(x)\overline{u'(x)}+u''(x)\overline{u'(x)}+u'(x)\overline{u''(x)}\\&=2\mathrm{Re}\,(u'(x)\overline{u(x)}+u''(x)\overline{u'(x)})\\&=2\mathrm{Re}\Bigl(u'(x)\overline{u(x)}+\{-p(x)u'(x)-q(x)u(x)\}\overline{u'(x)}\Bigr),\end{aligned}$$

ここで (4.22) を用いた. 基本不等式 $|\mathrm{Re}\,a|\leq|a|, 2|ab|\leq|a|^2+|b|^2$ を用いれば,

$$\begin{aligned}\varphi'(x)&\leq|u(x)|^2+|u'(x)|^2+(\max|p(x)|+\max|q(x)|)(|u(x)|^2+|u'(x)|^2)\\&=K\varphi(x)\quad(K=1+\max|p(x)|+\max|q(x)|)\end{aligned}$$

をえる. ここで定理 4.1 を適用しよう. $x\geq x_0$ ではこれでよいが, $x\leq x_0$ では $\varphi'(x)\geq-K\varphi(x)$ を用いることによって,

$$0\leq\varphi(x)\leq e^{K|x-x_0|}\varphi(x_0)$$

をえる. $\varphi(x_0)=0$ であるから, $\varphi(x)\equiv0$ となる. (証明おわり)

この定理——初期値問題に対する解の一意性——よりつぎの重要な事実が導かれる.

定理の系 $u_1(x), u_2(x)$ を (4.22) の1次独立な解とする. このとき(4.22)の任意の解 $u(x)$ は一意的に定まる定数 c_1, c_2 があって,

$$u(x)=c_1u_1(x)+c_2u_2(x)$$

とあらわされる.

証明 $u(x)$ に対して,

$$\begin{aligned}c_1u_1(x_0)+c_2u_2(x_0)&=u(x_0),\\c_1u_1'(x_0)+c_2u_2'(x_0)&=u'(x_0)\end{aligned}$$

をみたす c_1, c_2 が一意的に定まるが，この c_1, c_2 が題意に適する．なんとなれば，$u(x)-c_1u_1(x)-c_2u_2(x)$ は (4.22) の解になっており，定理が適用されて，恒等的に 0 にひとしいからである． (証明おわり)

注意 行列式 (4.23) について考える．

$$W(x)=\begin{vmatrix} u_1(x) & u_2(x) \\ u_1'(x) & u_2'(x) \end{vmatrix}$$

は解の組 $\{u_1(x), u_2(x)\}$ に関する**ロンスキーアン**(Wronskian)とよばれ，種種の考察に重要な役目をする．

$W(x)$ の導関数をとろう．行列式の導関数であるから，

$$W'(x)=\begin{vmatrix} u_1'(x) & u_2'(x) \\ u_1'(x) & u_2'(x) \end{vmatrix}+\begin{vmatrix} u_1(x) & u_2(x) \\ u_1''(x) & u_2''(x) \end{vmatrix}$$

で第 1 項は 0 である．第 2 項の最後の行に $u_1(x)$, $u_2(x)$ が微分方程式の解である条件を代入すれば，容易にわかるように，これは

$$W'(x)=\begin{vmatrix} u_1(x) & u_2(x) \\ -p(x)u_1'(x) & -p(x)u_2'(x) \end{vmatrix}=-p(x)W(x).$$

ゆえに，

$$W(x)=W(x_0)\exp\left(-\int_{x_0}^{x} p(\xi)\,d\xi\right)$$

をえる．このことは，$x=x_0$ で $W(x)=0$ であれば区間を通じて 0 となり，また $W(x_0)\neq 0$ であれば，すべての x に対して $W(x)\neq 0$ がなりたつことを示している．すなわち 1 次独立の定義は点 x_0 に無関係なのである．

4.6 Lagrange の定数変化法

以下にのべる方法は一見何でもないようにみえるが，解析学に大きな成果をもたらした．

(4.24)
$$u''(x)+p(x)u'(x)+q(x)u(x)=f(x)$$

の解 $u(x)$ で $x=x_0$ で $u(x_0)=u'(x_0)=0$ をみたすものを，斉次方程式

(4.25)
$$u''+p(x)u'+q(x)u=0$$

の1次独立な解 $u_1(x)$, $u_2(x)$ を用いて算出する1つの方法が，これからのべる Lagrange (ラグランジュ)の定数変化法である.

C_1, C_2 を任意定数としたとき，$C_1u_1(x)+C_2u_2(x)$ は (4.25) の一般解を与えるが，(4.24) の解を

(4.26)
$$u(x)=C_1(x)u_1(x)+C_2(x)u_2(x)$$

の形のもとでさがしてみよう．まず

$$u'(x)=C_1u_1'(x)+C_2u_2'(x)+C_1'(x)u_1(x)+C_2'(x)u_2(x)$$

となるが，$C_1(x), C_2(x)$ が

(4.27)
$$C_1'(x)u_1(x)+C_2'(x)u_2(x)=0$$

をみたすようにきめられたとする．この仮定のもとで，

$$u''(x)=C_1u_1''(x)+C_2u_2''(x)+C_1'u_1'(x)+C_2'u_2'(x)$$

となるが，

(4.28)
$$C_1'u_1'(x)+C_2'u_2'(x)=f(x)$$

となるようにきめられるならば，(4.26) はたしかに解になっている．そこで，$u_1(x), u_2(x)$ のロンスキーアン $\Delta(x)$

$$\Delta(x)=\begin{vmatrix} u_1(x) & u_2(x) \\ u_1'(x) & u_2'(x) \end{vmatrix}$$

は，前節の注意により，0にはならないから，(4.27)，(4.28) より，

$$C_1'(x)=\frac{-1}{\varDelta(x)}u_2(x)f(x), \qquad C_2'(x)=\frac{1}{\varDelta(x)}u_1(x)f(x)$$

となり，これを積分すれば，$C_1(x)$，$C_2(x)$ が定まる．とくに $C_1(x_0)=C_2(x_0)=0$ という条件をつけると，

$$C_1(x)u_1(x)+C_2(x)u_2(x)=\int_{x_0}^{x}\frac{u_2(x)u_1(\xi)-u_1(x)u_2(\xi)}{\varDelta(\xi)}f(\xi)\,d\xi$$

となる．

まとめると，

$$(4.29)\qquad \begin{aligned} u(x)&=\int_{x_0}^{x}R(x,\xi)f(\xi)\,d\xi,\\ R(x,\xi)&=\{u_2(x)u_1(\xi)-u_1(x)u_2(\xi)\}/\varDelta(\xi)\end{aligned}$$

という解の表現がえられた．このとき，

$$(4.30)\qquad R(\xi,\xi)=0, \qquad \frac{\partial}{\partial x}R(x,\xi)\bigg|_{x=\xi}=1$$

がなりたつことを注意しておこう．第1の性質より，

$$u(x_0)=u'(x_0)=0$$

がなりたつ．

衝撃力(impulsive force)

うえにえられた $R(x,\xi)$ の物理的解釈をのべよう．x を時間のパラメータとみる．それゆえ x を t でかきかえて，

$$u''(t)+p(t)u'(t)+q(t)u(t)=f(t)$$

とする．$t=t_0$ のとき $u(t_0)=u'(t_0)=0$ の初期条件から出発して，外力 $f(t)$ が

$$f_\varepsilon(t)=\begin{cases}\dfrac{1}{\varepsilon}, & t_0\leq t\leq t_0+\varepsilon,\\ 0, & t>t_0+\varepsilon\end{cases}$$

である場合を考える．$f_\varepsilon(t)$ は，$\displaystyle\int_{t_0}^{t_0+\varepsilon}f_\varepsilon(t)\,dt=1$ となるように考えられたものである．このときの解 $u_\varepsilon(t)$ は，

$$u_\varepsilon(t)=\frac{1}{\varepsilon}\int_{t_0}^{t_0+\varepsilon}R(t,\tau)\,d\tau \qquad (t\geq t_0)$$

となるが，$R(t,\tau)$ は連続だから，$\varepsilon\to 0$ のとき，$u_\varepsilon(t)$ は $R(t,t_0)$ に近づく．なおこの結論は，$f_\varepsilon(t)$ を，i）$f_\varepsilon(t)$ は，$t_0\leq t\leq t_0+\varepsilon$ で ≥ 0 で，かつ連続で，$t_0+\varepsilon$ より大きい所では 0 になり，ii）$\displaystyle\int_{t_0}^{t_0+\varepsilon}f_\varepsilon(t)\,dt=1$ をみたす関数でおきかえてもなりたつ．

さて，パラメータ ε に従属するこれらの性質をもつ関数族 $\{f_\varepsilon(t)\}$ の極限は，いままでの意味では考えられないが，Dirac（ディラック）はこの極限を $\delta(t_0)$ とかいて*)，量子論で大きな成果をもたらした．なおこの考えは，記号演算 (symbolic calculus)にも有効に用いられている．以上より．$R(t,t_0)$ は，

$$u''(t)+p(t)u'(t)+q(t)u(t)=\delta(t_0)$$

の解と考えられる．そして $\delta(t_0)$ をこの場合，時刻 t_0 における**単位衝撃力**とよぶ．

例 1　$m\dfrac{d^2}{dt^2}u(t)=a\delta(0)$．初期値を u_0 とすると，$u(t)-u_0$ もまた解である．ところで $R(t,\tau)=t-\tau$ である．実際，$R(t,\tau)$ は，$\dfrac{\partial^2}{\partial t^2}R(t,\tau)=0$，$R(\tau,\tau)=0$，$\dfrac{\partial}{\partial t}R(t,\tau)|_{t=\tau}=1$ をみたすからである．ゆえに，

$$u(t)-u_0=\frac{a}{m}R(t,0)=\frac{a}{m}t.$$

---

*)　δ_{t_0} または $\delta(t-t_0)$ とかかれる場合も多い．

例 2 $m\frac{d^2}{dt^2}u(t)+ku(t)=a\delta(0)$. $u(0)=0$, $(m, k>0)$. このとき

$$\frac{d^2}{dt^2}u(t)+\frac{k}{m}u(t)=0$$

に対する $R(t,\tau)$ は, $\omega=\sqrt{\frac{k}{m}}$ とおいて, $u_1(t)=\sin\omega t$, $u_2(t)=\cos\omega t$ ととり, (4.29) から求まるが, いまの場合は,

$$R(t,\tau)=\frac{1}{\omega}\sin\omega(t-\tau)$$

であることが, 視察により求まる. ゆえに

$$u(t)=\frac{a}{m}R(t,0)=\frac{a}{m\omega}\sin\omega t.$$

4.7 共振の微分方程式

例として, 図 4.3 に示されている共振電気回路を考える. コンデンサーに蓄えられている電気量を $q(t)$ とすると, 電流の強さ $i(t)$, およびコンデンサーにおける電位差を $e(t)$ とするとき,

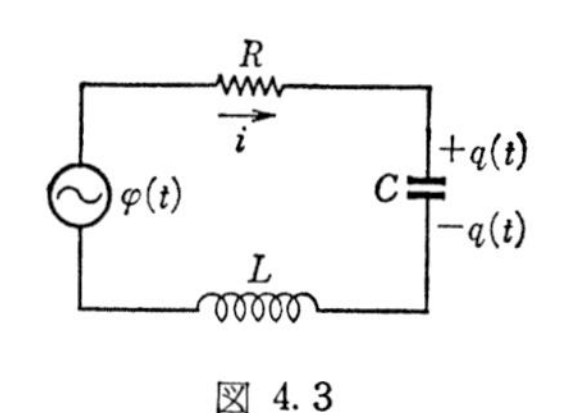

図 4.3

$$i(t)=\frac{d}{dt}q(t), \qquad e(t)=\frac{1}{C}q(t)$$

がなりたつ. R における電位差は, $\varphi(t)-L\frac{d}{dt}i(t)-e(t)$ であるから, Ohm の法則より,

$$Ri(t)=\varphi(t)-L\frac{d}{dt}i(t)-e(t) \tag{4.31}$$

がなりたつ. うえの関係式を用いてえられる

$$i(t)=C\frac{d}{dt}e(t)$$

を用いると，

$$LC\frac{d^2}{dt^2}e(t)+RC\frac{d}{dt}e(t)+e(t)=\varphi(t)$$

をえるが，あるいは，これを t で微分すると，

$$L\frac{d^2}{dt^2}i(t)+R\frac{d}{dt}i(t)+\frac{1}{C}i(t)=\varphi'(t) \tag{4.32}$$

をえる．

他方1次元における質量 m の質点の運動において，時刻 t における位置 $x(t)$ が微分方程式

$$m\frac{d^2}{dt^2}x(t)+r\frac{d}{dt}x(t)+kx(t)=e(t) \tag{4.33}$$

の解であらわされる場合も多い(Newton の運動法則より)．ここで r, k はともに正の定数であって，$-r\frac{d}{dt}x(t)$ は**抵抗力**(例えば摩擦力)，$-kx(t)$ は**復元力**(restoring force)とよばれている．また $e(t)$ は外部から働く力を示しており，$e(t)$ が0でない場合は**強制振動**の方程式とよばれる場合も多い．いまの場合とまえの電気回路での方程式 (4.32) とくらべると，$L, R, 1/C$ がそれぞれ m, r, k におきかわっていることは興味深いことである．

(4.33) の特性方程式

$$m\lambda^2+r\lambda+k=0$$

の根 $\lambda_\pm=(-r\pm\sqrt{r^2-4mk})/2$ の実部 $\mathrm{Re}(\lambda_\pm)$ はともに負である．ゆえに § 4.4 の後半でのべたことと，$|e^{\lambda t}|=e^{(\mathrm{Re}\lambda)t}$ であることを考慮すれば，(4.33) の斉次方程式に対する解はすべて $t\to+\infty$ のとき急速に0に近づく(もっと正確に指数関数的に0に近づく)．この事実を考慮して，とくに (4.33) の右辺を，

$$e(t)=Ae^{i\omega t}\quad (A：一般複素数，\neq 0\,;\ \omega>0) \tag{4.34}$$

とおいたときの特殊解に興味がある．

$$x(t)=Ne^{i\omega t}$$

とおいて方程式に代入すれば，

$$(-m\omega^2+ir\omega+k)N=A$$

すなわち，

(4.35)
$$x(t)=\frac{1}{k-m\omega^2+ir\omega}Ae^{i\omega t}$$

をえる．かきかえれば，

(4.36)
$$\begin{cases} x(t)=\dfrac{1}{\sqrt{(k-m\omega^2)^2+r^2\omega^2}}Ae^{i(\omega t-\delta)}, \\ \delta=\tan^{-1}\dfrac{r\omega}{k-m\omega^2} \quad \left(-\dfrac{\pi}{2}<\delta<+\dfrac{\pi}{2}\right). \end{cases}$$

ただし，$k-m\omega^2=0$ のときには $\delta=\pi/2$ をとるものとする．

(4.32) にこの結果を適用しよう．そのために，

(4.37)
$$\varphi(t)=Ee^{i\omega t}$$

とおき，$i(t)$ を $I(t)$ でおきかえよう．すなわち

$$L\frac{d^2}{dt^2}I(t)+R\frac{d}{dt}I(t)+\frac{1}{C}I(t)=i\omega Ee^{i\omega t}$$

を考えよう．(4.35) より，

$$I(t)=\frac{i\omega}{\dfrac{1}{C}-L\omega^2+iR\omega}Ee^{i\omega t}=\frac{E}{R+i\left(L\omega-\dfrac{1}{C\omega}\right)}e^{i\omega t}$$

となる．この最後の式を (4.7) とくらべてみると，回路にコンデンサーがあるための影響がわかる．この分母

$$R+i\left(L\omega-\frac{1}{C\omega}\right)$$

を(複素)**インピーダンス**とよぶ．これをかき直すと，

$$\sqrt{R^2+\left(L\omega-\frac{1}{C\omega}\right)^2}\,e^{i\delta}\qquad \left(\delta=\tan^{-1}\left(L\omega-\frac{1}{C\omega}\right)\Big/R,\ -\frac{\pi}{2}<\delta<\frac{\pi}{2}\right)$$

となるが，この根号のついた正数を**インピーダンス**とよぶ場合が多い．インピーダンスは角振動数 ω の交流電圧に対する抵抗のはたらきをする量である．

以上をまとめれば，

$$I(t)=\frac{E}{\sqrt{R^2+\left(L\omega-\frac{1}{C\omega}\right)^2}}e^{i(\omega t-\delta)} \tag{4.38}$$

となる．

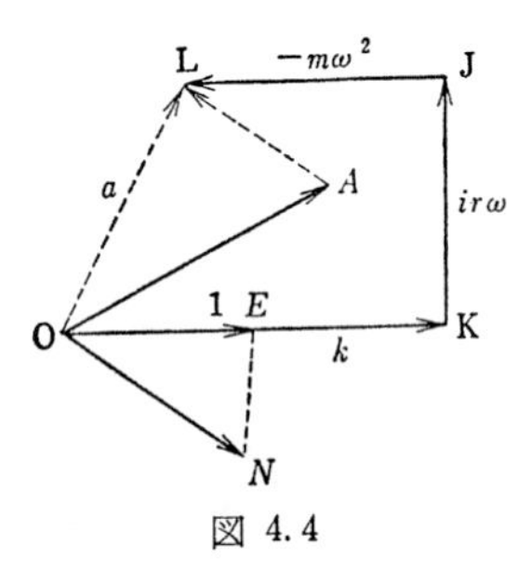

図 4.4

注意 複素数 A が与えられたとき，$(k+ir\omega-m\omega^2)N=A$ の解 N を求める実際的な方法としてつぎのものがある．まず $a=k+ir\omega-m\omega^2$ を求める．この加法は図において，$\overrightarrow{\mathrm{KJ}}$ は $\overrightarrow{\mathrm{OK}}$ を $\pi/2$ だけ回転した向きであり，さらに $\overrightarrow{\mathrm{JL}}$ は $\overrightarrow{\mathrm{KJ}}$ を $\pi/2$ だけ回転した向きであることを注意しておこう．$a=\overrightarrow{\mathrm{OL}}$ であるが，$aN=A$ は，$a/A=1/N$ であることであり，結局，2つの3角形 $\mathrm{OL}A$, $\mathrm{O}EN$ は相似である．これより，N が一意的に定まる．

共振現象 (4.33) において r が m,k にくらべて比較的小さい場合を考えよう．もし $r=0$ ならば，$e(t)=0$ のとき解は $Ce^{i\omega_0 t}\,(\omega_0=\sqrt{k/m})$ となる．ω_0 を固有角振動数とよぶ．ところで，$e(t)$ を (4.34) の形として，ω を変化させてみよう．(4.36) において，増幅因子

$$f(\omega)=\frac{1}{\sqrt{(k-m\omega^2)^2+r^2\omega^2}}$$

を問題にし，$f(\omega)$ を最大にするような ω を求めてみよう．$\varphi(\omega^2)=(m\omega^2-k)^2$

$+r^2\omega^2$ を ω^2 の関数とみて導関数をとれば $2m(m\omega^2-k)+r^2$ であることより，$2mk-r^2>0$ の仮定のもとで，φ を最小にする ω を ω_1 とすれば，そこで $f(\omega)$ は最大値をとり，

$$\begin{cases} \omega_1=\sqrt{\dfrac{k}{m}-\dfrac{r^2}{2m^2}} \quad \left(=\sqrt{\omega_0{}^2-\dfrac{r^2}{2m^2}}\right), \\ f(\omega_1)=\dfrac{1}{r\sqrt{\dfrac{k}{m}-\dfrac{r^2}{4m^2}}} \end{cases}$$

となる．ω_1 を共鳴(resonance)角振動数とよぶ．r が小である程 $f(\omega_1)$ は大となる．

ここで極限の状態として $r=0$ としよう．前式より $\omega_1=\omega_0$ となり，

$$m\frac{d^2}{dt^2}x(t)+kx(t)=Ae^{i\omega_0 t}$$

の解を考察することになる．$e^{i\omega_0 t}, e^{-i\omega_0 t}$ が斉次方程式の解であることを考慮すれば，(4.29)—(4.30) において，

$$R(t,\tau)=\frac{1}{2i\omega_0}\{e^{i\omega_0(t-\tau)}-e^{-i\omega_0(t-\tau)}\}$$

をえる．ゆえに解は，簡単な計算によって，

$$x(t)=\frac{A}{2i\sqrt{mk}}te^{i\omega_0 t}+C_1e^{i\omega_0 t}+C_2e^{-i\omega_0 t}$$

の形になる．ここで C_1, C_2 は任意定数である．これをみると $t\to+\infty$ のとき，振幅(amplitude)は t にほとんど比例して大きくなってゆくことがわかる．

4.8 解の一意性

簡単のために2階の一般な微分方程式

(4.39) $$y''=f(x,y,y')$$

を考え，この方程式の解 $y(x)$ の一意性を示したい．くわしくいえば，$x=x_0$ のとき与えられた値 $(y(x_0), y'(x_0))\equiv(y_0, y_1)$ をとる解はただ1つであるということである．

ここで $f(x, y, y')$ に関しては3変数の連続関数であることの他に，y, y' に関して **Lipschitz(リプシッツ)の条件**を仮定する．すなわち

$$|f(x,y,z)-f(x, Y, Z)|\leq K(|y-Y|+|z-Z|). \tag{4.40}$$

ここで K は定数である．

定理 4.3　うえの条件のもとで，$x=x_0$ のとき $(y(x_0), y'(x_0))=(y_0, y_1)$ となる解は(あるとすれば)ただ1つである．

証明　解が2つあったとし，それを $y(x), Y(x)$ とする．そして存在範囲は $\alpha\leq x\leq\beta$ であるとする．

$$\varphi(x)=(y(x)-Y(x))^2+(y'(x)-Y'(x))^2$$

とおくと，

$$\begin{aligned}\varphi'(x)=&2(y(x)-Y(x))(y'(x)-Y'(x))\\&+2(y'(x)-Y'(x))(y''(x)-Y''(x))\end{aligned}$$

となる．(4.39)より，$y''(x)-Y''(x)=f(x, y(x), y'(x))-f(x, Y(x), Y'(x))$，したがって (4.40) より

$$|y''(x)-Y''(x)|\leq K\{|y(x)-Y(x)|+|y'(x)-Y'(x)|\}$$

がなりたつ．ゆえに定理 4.2 の証明と全く同様に考えて，

$$\varphi'(x)\leq(1+2K)\varphi(x)$$

をえる．$x\leq x_0$ では，$\varphi'(x)\geq-(1+2K)\varphi(x)$ をえるから，定理 4.1 を適用して，

$$\varphi(x)\leq\varphi(x_0)e^{(1+2K)|x-x_0|}$$

をえる．$\varphi(x_0)=0$ だから，$\varphi(x)\equiv 0$．（証明おわり）

注意 うえの Lipschitz 条件 (4.40) において，K は (x,y,z)，(x,Y,Z) とともに変わってもよい．この場合うえの証明はつぎのように修正すればよい．例えば，$x\geq x_0$ で，2つの解 $y(x)$，$Y(x)$ があったとし，$x_1(>x_0)$ で $Y(x)\neq y(x)$ だとする．このとき $x\in[x_0,x_1]$ で $y(x)=Y(x)$ をみたす x の点集合を考えると，閉集合であり，したがって最大値 ξ がある．この ξ を x_0 でとりかえて，必要があれば，関数 f の定義範囲を小さくとってしまえば，そこでは，K は定数と考えてよい．（注意おわり）

4.9 簡単な非線形振動の微分方程式

この節では簡単な微分方程式

$$\frac{d^2}{dt^2}x(t)=f(x) \tag{4.41}$$

の解 $x(t)$ の存在ならびにその挙動をしらべる．$f(x)$ は簡単のために $f'(x)$ とともに連続とする．このときには，前節の結果によって解の一意性がなりたっている．

$f(x)$ の1つの原始関数を $F(x)$ とする．(4.41) の両辺に dx/dt をかけることによって，

$$\frac{1}{2}\left(\frac{dx}{dt}\right)^2=F(x)+C \tag{4.42}$$

をえる．ここで C は例えば $t=0$ で $(x(0),x'(0))=(x_0,y_0)$ が指定されていると完全に決定される．すなわち，

$$C=\frac{1}{2}{y_0}^2-F(x_0).$$

(4.42) より，

$$\frac{dx}{dt}=\pm\sqrt{2(F(x)+C)}\equiv\pm g(x).$$

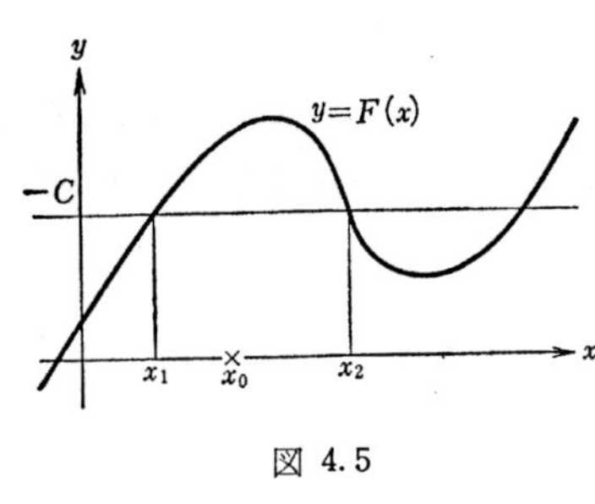

図 4.5

ここで複号のうちどれをとるかは，例えば $t=0$ での dx/dt の符号によってきまる．

簡単のために，$F(x)+C$ が初期値 x_0 を含む区間 (x_1, x_2) で正で，かつ端点 x_1, x_2 では接しないようになっているとする（図 4.5 参照）．このことは，$F'(x)=f(x)$ より，$f(x_1)>0$，$f(x_2)<0$ と同等である．

さて，$dx(0)/dt=y_0>0$ としよう．このとき，うえの式は，

$$\frac{dx}{dt}=g(x) \tag{4.43}$$

となり，§ 2.12 で考察した範囲に入るようにみえるが，かならずしもそうではない．その理由は，区間 $[x_1, x_2]$ の端点で $g'(x)$ は存在せず，

$$g_+'(x_1)=+\infty, \qquad g_-'(x_2)=-\infty$$

となること，および，異常積分

$$T=\int_{x_1}^{x_2}\frac{du}{g(u)}$$

が収束することである．

§ 2.12 の推論より，

$$\varphi(x)=\int_{x_0}^{x}\frac{du}{g(u)}$$

とおき，$\varphi(x_1)=t_-(<0)$，$\varphi(x_2)=t_+(>0)$ とおけば，(4.43) の解は，

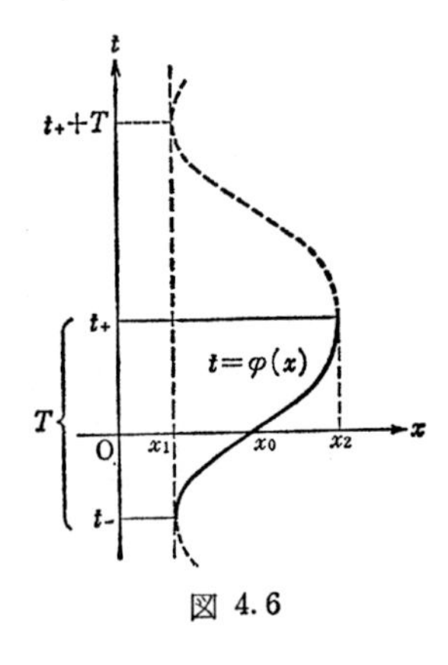

図 4.6

$$x(t)=\varphi^{-1}(t) \qquad (t_-<t<t_+) \tag{4.44}$$

とかかれる．かつ $dx/dt=g(x)\neq 0$ であるので，この解はたしかに (4.41) をみたしている．そこで問題は $t\to t_\pm$ のときの解の挙動である．

まず，$t\to t_+-0$ のとき，$x(t)\to x_2$ である．ゆえに $x(t_+)=x_2$ と定義しよう．ついで (4.43) において，$t\to t_+-0$ とすると，$g(x(t))\to g(x_2)=0$ であるから，$x_-'(t_+)=0$ であって，$x'(t)$ もまた $t=t_+$ まで含めて連続である．さらに (4.41) にもどれば，$x_-''(t_+)=f(x_2)$ がなりたっている．

大事な点は，$t=t_+$ をこえて解を考えるときである．すなわち，$t=t_+$ で $x(t_+)=x_2$，$x'(t_+)=0$ を指定して，解 $x(t)$ を求めるときである．

安易に考えると，$t\geq t_+$ では $x(t)$ が静止してしまう場合，すなわち $x(t)=x_2\ (t\geq t_+)$ が解であるようにも考えたくなるが，そうではない．このことは，(4.41) から，$dx/dt=\pm g(x)$ に移る場合に dx/dt をかけていることであって，$dx/dt\neq 0$ という保証がなければ，もとに戻れない．実際いまの場合だと，$d^2x/dt^2\equiv 0\ (t\geq t_+)$ となるが (4.41) は $d^2x/dt^2=f(x_2)<0$ であって，不合理である．このことを考慮して，

$$\frac{dx}{dt}=-g(x)$$

とし，かつ解として，

$$-\int_{x_2}^{x}\frac{du}{g(u)}=t-t_+\qquad(t\geq t_+)$$

を逆に解いてえられるものを採用する．この式は，

$$-[\varphi(x)-\varphi(x_2)]\equiv-\varphi(x)+t_+=t-t_+$$

となる(図 4.6 参照)．これより，$t\in[t_+,t_++T]$ では，

$$x(t)=\varphi^{-1}(2t_+-t)$$

を採用しよう．問題は $t\to t_++0$ のときの $x(t)$ の挙動である．まず $t\to t_++0$ のとき，$x(t)\to x_2$ は明らかであろう．ついで $dx/dt=-g(x)$ より，$x_+'(t_+)=0$ がしたがう．ゆえに $x(t)$ は，$t=t_+$ で第1次導関数まで連続につながっている．かつ $d^2x/dt^2=f(x)$ もみたされている．ゆえに $x(t)$ は $t=t_+$ の近

傍で第2次導関数まで連続であり，たしかに解である．解がこれ以外にないことは，前節の定理よりしたがう．

以下 x_1 の近傍での解の接続も同様である．ところで，時刻 $t_+ + T$ で $x(t_+ + T) = x_1$, $x'(t_+ + T) = 0$ から出発した解と，時刻 t_- から $x(t_-) = x_1$, $x'(t_-) = 0$ から出発した解とは，解の一意性から全く一致する．くわしくいえば，

$$x(t_- + t) \equiv x(t_+ + T + t)$$

がなりたつ．とくに，$t = -t_-$ とおけば，$x(2T) = x(0)$，また導関数をとったものに $t = -t_-$ をおけば，$x'(2T) = x'(0)$ をえる．ゆえに，時刻 $2T$ の後には，全く同じ初期条件をとる．以上より，**解 $\boldsymbol{x(t)}$ は周期 $\boldsymbol{2T}$ をもつことがわかった．**

以上をまとめると，$x(t)$ は x_1 と x_2 の間を往復する周期

$$2T = 2\int_{x_1}^{x_2} \frac{dx}{\sqrt{2(F(x)+C)}}$$

の運動である．図4.6はこの運動の状態をあらわす．

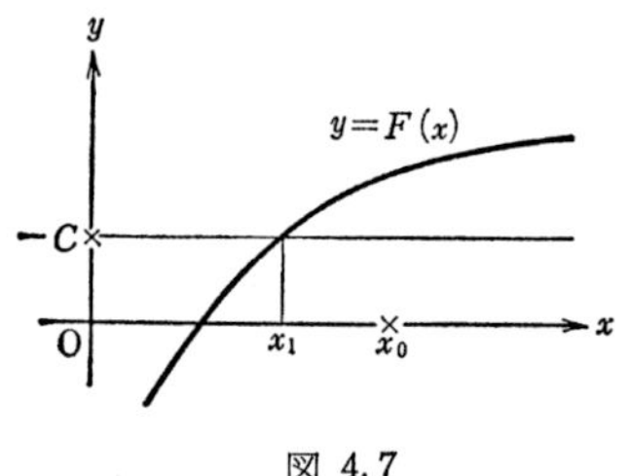

図 4.7

最後に，$x \in (x_1, +\infty)$ で $F(x)+C>0$ であって，$F(x_1)+C=0$,　かつ $F'(x_1) = f(x_1) > 0$ のとき，$x(0) = x_0 > x_1$ からでる解の挙動を見よう．もし $x'(0) < 0$ であれば $x(t)$ は減少し，x_1 でおりかえして $x'(t) > 0$ の状態となり，もとの位置 x_0 にもどったときには速度は大きさがひとしく符号(すなわち向き)をかえたものになる．ゆえに $x'(0) > 0$ と仮定しよう．このとき § 2.12 の推論がそのまま適用される．ゆえに，

i) $\displaystyle\int_{x_0}^{+\infty} \frac{du}{g(u)} = +\infty$ のときは，$t \to +\infty$ のとき $x(t) \to +\infty$ となり，

ii) $\displaystyle\int_{x_0}^{+\infty} \frac{du}{g(u)} = T < +\infty$ のときには，$t \to T-0$ のとき，$x(t) \to +\infty$ となる．なおこの分類——すなわち，有限時間のうちに無限遠にとびさるかどうか——は x_0 の位置には無関係であることを注意しておく．

例 1 地球の表面からミサイルを垂直方向に v_0 の速度で発射したとき達しうる高さを求める.

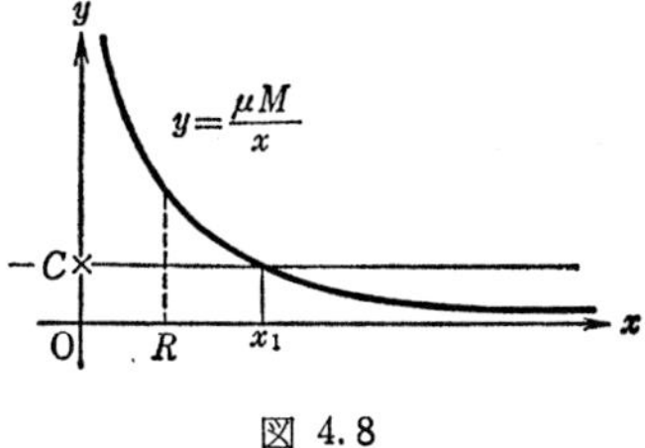

図 4.8

解 地球の中心を原点にとり，原点と発射地点を結ぶ有向半直線を x 軸にとる.

地球の質量を M とすれば，Newton の万有引力の法則と，引力はあたかも地球の全質量が中心に集中しているときと同じ作用をもつことを考慮すれば*)，

$$\frac{d^2}{dt^2}x(t)=-\mu\frac{M}{x^2} \qquad (\mu:\text{万有引力の恒数})$$

がなりたつ．そして初期条件は，

$$x(0)=R, \qquad x'(0)=v_0$$

である．ここで R は地球の半径である．まず

$$\frac{1}{2}\left(\frac{dx}{dt}\right)^2=\mu\frac{M}{x}+C$$

をえる．すなわち $F(x)=\mu(M/x)$ である(図 4.8 参照)．C は初期条件より，

$$-C=\frac{\mu M}{R}-\frac{1}{2}{v_0}^2$$

によって定められる．ゆえに場合が 2 つにわかれる．

i） $-C>0$ のとき，$F(x)=-C$ の根 x_1 は，

$$\mu M\left(\frac{1}{R}-\frac{1}{x_1}\right)=\frac{1}{2}{v_0}^2$$

すなわち，$\dfrac{1}{x_1}=\dfrac{1}{R}-\dfrac{{v_0}^2}{2\mu M}$ として定まる．この x_1 が達しうる最高の高さである.

---

*) 第6章 演習問題B問6参照.

ii）$-C\leq 0$ のとき，このときは $t\to+\infty$ のとき，$x(t)\to+\infty$ となる．すなわち，

$$v_0\geq\sqrt{\frac{2\mu M}{R}}$$

のときには，ミサイルは地球には戻ってこず，重力圏から脱出することになる．

例2に移るまえにやや一般的な注意をのべよう．平面上の予め与えられた曲線 C 上を質点が運動する場合である．$(x(s), y(s))$ を C の弧長 s をつかってあらわされた表示とし，$x(s), y(s)$ は第2次導関数まで連続とする．このとき時刻 t における位置は $s(t)$ でかけるが，(3.31) は，

$$\frac{d}{dt}\vec{v}(t)=\frac{d^2s}{dt^2}\vec{t}(s)+k(s)\left(\frac{ds}{dt}\right)^2\vec{n}(s)$$

であらわされる．Newton の運動法則を適用するにあたって，力を接線成分と法線成分とに分解し，

$$\vec{f}(s)=f_t(s)\vec{t}(s)+f_n(s)\vec{n}(s) \tag{4.45}$$

とすると，接線成分に着目して，

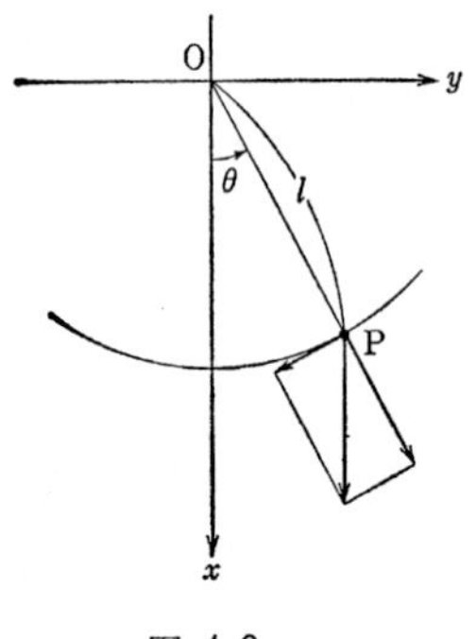

図 4.9

$$m\frac{d^2s}{dt^2}=f_t(s) \tag{4.46}$$

をえる．

例 2　振子の振動　図4.9のように，x 軸を垂直下方にとり，振子の支点を原点に，その長さを l とする．点 P の x 軸となす角を θ とする（符号もつけて考える）．(4.46) は，

$$m\frac{d^2s}{dt^2}=-mg\sin\theta$$

となるが，$s=l\theta$ であるから，

$$\frac{d^2}{dt^2}\theta(t)=-\frac{g}{l}\sin\theta \tag{4.47}$$

となる．これより，

$$\frac{d\theta}{dt}=\pm\sqrt{\frac{2g}{l}}\sqrt{\cos\theta-\cos\alpha}$$

とかける．ここで $\alpha(0<\alpha<\pi)$ は $d\theta/dt=0$ となる θ の値とする．これより振子の運動の周期を T とすれば，

$$T=2\sqrt{\frac{l}{2g}}\int_{-\alpha}^{+\alpha}\frac{d\theta}{\sqrt{\cos\theta-\cos\alpha}}=\sqrt{\frac{l}{g}}\int_{-\alpha}^{+\alpha}\frac{d\theta}{\sqrt{\sin^2\dfrac{\alpha}{2}-\sin^2\dfrac{\theta}{2}}}$$

をえる．

ここで $\sin\dfrac{\theta}{2}\Big/\sin\dfrac{\alpha}{2}=u$ とおいて積分変数を変換すれば，$\cos\dfrac{\theta}{2}d\theta\Big/2\sin\dfrac{\alpha}{2}=du$ となり，$\cos\dfrac{\theta}{2}=\sqrt{1-u^2\sin^2\dfrac{\alpha}{2}}$ であるから，

$$T=2\sqrt{\frac{l}{g}}\int_{-1}^{+1}\frac{du}{\sqrt{(1-u^2)\left(1-u^2\sin^2\dfrac{\alpha}{2}\right)}}$$

となる．とくに α が小なときには，

$$T\approx2\sqrt{\frac{l}{g}}\int_{-1}^{+1}\frac{du}{\sqrt{1-u^2}}=2\pi\sqrt{\frac{l}{g}}$$

となり，有名な公式をえる．

4.10　ポテンシャルエネルギー

いままでは本質的には１次元の運動を記述する微分方程式をあつかってきた．3次元空間での微分方程式のうち，簡単でかつ基本になるのが力場が保存系で

ある場合である.

一般に力場が時間 t に無関係の場合を考えよう. Newton の運動法則は

$$\begin{cases} m\dfrac{d^2x}{dt^2}=F_1(x,y,z), \\ m\dfrac{d^2y}{dt^2}=F_2(x,y,z), \\ m\dfrac{d^2z}{dt^2}=F_3(x,y,z) \end{cases}$$

となるが, ベクトル記号で

$$m\frac{d^2}{dt^2}\vec{r}(t)=\vec{F}(\vec{r}) \tag{4.48}$$

とかこう*).

両辺と, ベクトル $\dfrac{d}{dt}\vec{r}(t)$ (速度ベクトル)とのスカラー積をとろう. $\dfrac{d}{dt}\vec{r}(t)=\vec{v}(t)$ とかけば,

$$m\left\langle\frac{d}{dt}\vec{v}(t),\vec{v}(t)\right\rangle=\langle\vec{F}(\vec{r}(t)),\vec{v}(t)\rangle$$

となる**).

さて左辺は $\dfrac{m}{2}|\vec{v}(t)|^2$ の導関数であるが, 右辺もまたこのような状態になる場合を考えよう. くわしくいえば, ある1回連続的微分可能な関数 $\Phi(x,y,z)\equiv\Phi(\vec{r})$ があって, 微分方程式をみたす任意の解に対して,

$$\frac{d}{dt}\Phi(x(t),y(t),z(t))=\langle\vec{F}(\vec{r}(t)),\vec{v}(t)\rangle$$

---

*) 一般に力場という場合は, 各点 $\vec{r}$ に, 単位質量の質点に対してはたらく力 $\vec{F}_0(\vec{r})$ が指定されているときをいう. また質量 m の質点に対しては, $\vec{F}(\vec{r})=m\vec{F}_0(\vec{r})$ を仮定する.

**) $\vec{a}=(a_1,a_2,a_3)$, $\vec{b}=(b_1,b_2,b_3)$ のスカラー積, または内積は, $a_1b_1+a_2b_2+a_3b_3$ をさす. これを $\langle\vec{a},\vec{b}\rangle$, $(\vec{a},\vec{b})$, $\vec{a}\cdot\vec{b}$ などとかく.

がなりたつ場合である．左辺は

$$\frac{\partial \Phi}{\partial x}x'(t)+\frac{\partial \Phi}{\partial y}y'(t)+\frac{\partial \Phi}{\partial z}z'(t)=\langle \operatorname{grad}\Phi(\vec{r}(t)),\vec{v}(t)\rangle$$

である．ゆえに $\langle \vec{F}(\vec{r}(t))-\operatorname{grad}\Phi(\vec{r}(t)),\vec{v}(t)\rangle=0$ をえる．ところで，後に示すように任意の点 $\vec{r}(t_0)$，と任意の $\vec{v}(t_0)$ を指定すれば，微分方程式の解 $\vec{r}(t)$ が $t=t_0$ の近傍で存在するから，結局，

$$\vec{F}(\vec{r})=\operatorname{grad}\Phi(\vec{r})$$

がなりたつことが必要十分である．とりあつかいの便宜上，$-\Phi(\vec{r})$ を $V(\vec{r})\equiv V(x,y,z)$ とかく．ゆえに，うえの関係式は，

$$\text{(4.49)}\quad \vec{F}(\vec{r})=-\operatorname{grad}V(\vec{r})\quad \left(F_1=-\frac{\partial V}{\partial x},\ F_2=-\frac{\partial V}{\partial y},\ F_3=-\frac{\partial V}{\partial z}\right)$$

とかかれる．このとき $\vec{F}$ はポテンシャル $V(\vec{r})$ をもつ，または $V(\vec{r})$ から導かれた力場であるという．

このような $V(x,y,z)$ は（もしあれば）付加定数を除いて一意的に定まる．実際，V_1, V_2 を (4.49) をみたす関数とすると，$U=V_1-V_2$ は $\operatorname{grad}U=0$ をみたすが，このとき，空間の2点 (x_0,y_0,z_0)，(x_1,y_1,z_1) を結ぶ曲線 $C:(x(t),y(t),z(t))$ に対して，

$$U(x_1,y_1,z_1)-U(x_0,y_0,z_0)=\int\frac{\partial U}{\partial x}dx+\frac{\partial U}{\partial y}dy+\frac{\partial U}{\partial z}dz=0$$

がなりたつからである．

さて，(4.49) を仮定すれば，(4.48) をみたす任意の $\vec{r}(t)$ に対して，

$$\text{(4.50)}\qquad \frac{1}{2}m|\vec{v}(t)|^2+V(\vec{r}(t))=C\qquad (C:\text{定数})$$

がなりたつ．左辺の第1項は質量 m の動点の**運動エネルギー**(kinetic energy) とよばれ，第2項は**ポテンシャルエネルギー** (potential energy) または位置エ

ネルギーとよばれている．うえの式は，力場 $\vec{F}$ がポテンシャル関数から導かれる場合は，運動エネルギーと位置エネルギーとの和は運動の経過中不変であることを示しており，極めて重要な事実である．この事実を考慮して，(4.49) がなりたつ場合 $\vec{F}$ は**保存力場**であるという．

注意　2次元の場合には，勾配ベクトルについて §3.11 でくわしく説明した．3次元の場合も全く同様であってポテンシャル関数 $V(x, y, z)$ の等高面が重要な役目をもつ．力場は等ポテンシャル面に垂直であり，力場の方向は等ポテンシャル面の法線方向に一致し，**その向きはポテンシャルの高い方から低い方に向いている**．

例　万有引力(Newtonポテンシャル)　質量 M の質点が原点にあるとき，空間の1点 $\vec{r}$ における質量 m の質点におよぼす力は，引力として作用し，その向きは原点に向っており，その大きさは，

$$|\vec{F}(\vec{r})| = \frac{\mu m M}{r^2} \qquad (r \text{ は原点からの距離})$$

である．μ は万有引力の恒数である．このとき $\vec{F}$ のポテンシャル関数として，

$$V(\vec{r}) = -\mu \frac{mM}{r} \tag{4.51}$$

を採用することができる(§3.11 例5参照)．とくに $m=1$ のときを**Newtonポテンシャル**とよぶ．

4.11　中心力場における運動

力場 $\vec{F}(\vec{r})$ の力の方向がつねに原点とその点を結ぶ半直線上にあるとき，力場 $\vec{F}$ は**中心力場**であるという．

うえの場合とくに $\vec{F}(\vec{r})$ がポテンシャル関数 $V(x, y, z)$ から導かれる場合は，前節の注意でのべたように等ポテンシャル面は原点を中心とする球面の族で与えられるから，$V(x, y, z)$ は $r=\sqrt{x^2+y^2+z^2}$ のみの関数となる：

$$V(x, y, z) = U(r). \tag{4.52}$$

以後の考察に必要であり，かつそれ自身重要な考えであるところのベクトル積について説明しよう．

ベクトル積(vector product)

$\vec{a}, \vec{b}$ を3次元空間における2つのベクトルとし，その直交座標系に対する成分を $(a_1, a_2, a_3), (b_1, b_2, b_3)$ とする．

順序も合わせて考えた2つのベクトル $\vec{a}, \vec{b}$ に対して，つぎのようにして定義される第3のベクトルを $\vec{a}, \vec{b}$ の**ベクトル積**という：

i） ベクトル積の大きさは $\vec{a}, \vec{b}$ で張られる平行4辺形の面積にひとしい．

ii） ベクトル積の向きは，$\vec{a}, \vec{b}$ で張られる平面と垂直の方向であり，向きは原点を足にしてその向きに立った人が $\vec{a}$ から $\vec{b}$ への回転の向きが（ただし回転角 θ は $0<\theta<\pi$ とする）正の向きにみるようにとる．

ベクトル積は記号で

$$\vec{a}\times\vec{b},\quad [\vec{a}, \vec{b}],\quad \vec{a}\wedge\vec{b} \tag{4.53}$$

などとかかれる．うえの定義よりただちに

$$\begin{gathered} \vec{a}\times\vec{a}=0, \qquad \vec{b}\times\vec{a}=-\vec{a}\times\vec{b}, \\ \lambda\vec{a}\times\vec{b}=\vec{a}\times\lambda\vec{b}=\lambda(\vec{a}\times\vec{b}) \end{gathered} \tag{4.54}$$

がしたがう．

解析的にベクトル積を求めてみよう．$\vec{a}, \vec{b}$ のなす角を θ とすると，$\cos\theta = \langle\vec{a}, \vec{b}\rangle/|\vec{a}|\cdot|\vec{b}|$ であるから，

$$\begin{aligned} &|\vec{a}|^2|\vec{b}|^2\sin^2\theta = |\vec{a}|^2|\vec{b}|^2 - \langle\vec{a}, \vec{b}\rangle^2 \\ &= (a_1^2+a_2^2+a_3^2)(b_1^2+b_2^2+b_3^2) - (a_1b_1+a_2b_2+a_3b_3)^2 \\ &= (a_2b_3-a_3b_2)^2 + (a_3b_1-a_1b_3)^2 + (a_1b_2-a_2b_1)^2 \end{aligned}$$

(Lagrange の恒等式)

をえる．他方ベクトル積の成分を ξ,η,ζ とおけば，ii）により，

$$\xi a_1+\eta a_2+\zeta a_3=0,\qquad \xi b_1+\eta b_2+\zeta b_3=0$$

をえる．ゆえに，

$$\xi=\lambda(a_2b_3-a_3b_2),\qquad \eta=\lambda(a_3b_1-a_1b_3),\qquad \zeta=\lambda(a_1b_2-a_2b_1)$$

をえるが，うえの関係式において，$|\vec{a}||\vec{b}|\sin\theta$ は平行4辺形の面積であることを考慮すれば，$\lambda=\pm 1$ をえる．ところで，

$$\begin{vmatrix} a_1 & a_2 & a_3 \\ b_1 & b_2 & b_3 \\ \xi & \eta & \zeta \end{vmatrix}>0$$

であるという条件から(条件 ii))，$\lambda=+1$ がしたがう．ゆえに，$\vec{a}\times\vec{b}$ の成分を ξ,η,ζ とすれば，

$$\xi=a_2b_3-a_3b_2,\qquad \eta=a_3b_1-a_1b_3,\qquad \zeta=a_1b_2-a_2b_1 \tag{4.55}$$

をえる．

中心力場における運動

$\vec{F}(\vec{r})$ を中心力場とするとき Newton の運動方程式

$$m\frac{d^2}{dt^2}\vec{r}(t)=\vec{F}(\vec{r})$$

と $\vec{r}(t)$ とのベクトル積をとれば右辺は0（(4.54) による)．ゆえに

$$0=\vec{r}\times\frac{d^2}{dt^2}\vec{r}=\frac{d}{dt}\left(\vec{r}(t)\times\frac{d}{dt}\vec{r}(t)\right).$$

ここで，$\dfrac{d}{dt}\vec{r}(t)\times\dfrac{d}{dt}\vec{r}(t)=0$ を用いた．ゆえに，

$$\vec{r}(t)\times\frac{d}{dt}\vec{r}(t)=\vec{C}_0 \tag{4.56}$$

をえる．そこで $\vec{C}_0 \neq 0$ のときには，$\vec{C}_0$ を z 軸にとり直すと，新しい直角座標系に対して，$\vec{r}(t)$，$\dfrac{d}{dt}\vec{r}(t)$ はともに (x, y)-平面のベクトルである．それゆえ質点は原点を通るある定まった平面上を運動することがわかった．さて，うえの式は

$$x(t)y'(t)-x'(t)y(t)=h \qquad (\text{定数，} \neq 0)$$

を意味する．さらにこの式は，

$$x(t)\{y(t+\Delta t)-y(t)\}-y(t)\{x(t+\Delta t)-x(t)\}=h\Delta t+\varepsilon\Delta t,$$
$$\varepsilon\to 0 \qquad (\Delta t\to 0)$$

を意味するが，左辺は，$x(t)y(t+\Delta t)-y(t)x(t+\Delta t)$ である．この量は3点 $(0,0)$，$(x(t), y(t))$，$(x(t+\Delta t),\ y(t+\Delta t))$ を頂点とする3角形の面積（符号を合わせて考える）の2倍である．ゆえに $\boldsymbol{h}$ は $\vec{\boldsymbol{r}}(\boldsymbol{t})$ **が掃過する**（符号も合わせて考えた）**面積速度の2倍である．**

極座標を導入すれば この事実はさらに 明確になる．$x=r\cos\varphi$，$y=r\sin\varphi$ であらわすと，

$$xy'-x'y=r^2\cdot\frac{d\varphi}{dt}$$

とかけるから，うえの不変量 h は

$$r^2\frac{d\varphi}{dt}=h \tag{4.57}$$

とかける*)．

つぎに $\vec{C}_0=0$ のときには，もしつねに $|r(t)|>0$ ならば，$\vec{r}(t)$ **は原点を通る1直線上の運動である**ことを以下に示そう．(4.55)，(4.56) より，

$$y(t)z'(t)-y'(t)z(t)=0, \qquad z(t)x'(t)-z'(t)x(t)=0,$$

---

*) 中心力場においては面積速度が一定であるという事実は **Kepler**（ケプラー）の第**1**法則とよばれている．

$$x(t)y'(t)-x'(t)y(t)=0$$

がしたがうが，ここで $x(t)\neq 0$ と仮定すれば，第2，3式より，

$$\left(\frac{z(t)}{x(t)}\right)'=0, \qquad \left(\frac{y(t)}{x(t)}\right)'=0$$

がしたがう．ゆえに $y(t)=c_1x(t), z(t)=c_2x(t)$ がしたがう．すなわち，$x(t)$：$y(t)$：$z(t)$ はつねに一定である．この結論は $x(t)=0$ であっても $x(t)$ の代りに，$y(t)$，$z(t)$ の何れかを基準にとることによって同じ結論に達する．ゆえに，$\vec{r}(t)$ は原点を通るある直線上を運動する．

ポテンシャル関数から導かれる中心力場での運動

単位質量に対するポテンシャル関数を $U_0(r)$ とすれば((4.52) 参照)，質量 m の質点に対して，(4.50) は

$$\frac{1}{2}m\{x'(t)^2+y'(t)^2\}+mU_0(r)=mE$$

となる．極座標を用いれば，$x'(t)^2+y'(t)^2=r'(t)^2+r^2\varphi'(t)^2$ であることより，

$$\left(\frac{dr}{dt}\right)^2+r^2\left(\frac{d\varphi}{dt}\right)^2=2(E-U_0(r))$$

とかかれる．さらに (4.57) より $r^2\dfrac{d\varphi}{dt}=h(\neq 0)$ であるから，$r\neq 0$ の仮定のもとで独立変数を φ とみることにしよう．

$$\frac{dr}{dt}=\frac{dr}{d\varphi}\cdot\frac{d\varphi}{dt}$$

より，上の式は

$$\frac{h^2}{r^4}\left(\frac{dr}{d\varphi}\right)^2+\frac{h^2}{r^2}=2(E-U_0(r)) \tag{4.58}$$

とかかれる．これより，

$$\frac{1}{r^2}\frac{dr}{d\varphi}=\pm\frac{1}{h}\sqrt{2\left(E-U_0(r)-\frac{h^2}{2r^2}\right)} \tag{4.59}$$

が導かれた．この式で φ を t におきかえれば，形式的には § 4.9 の推論がそのままなりたつことがわかる．次節では $U_0(r)$ をとくに Newton ポテンシャルとしたときの考察をのべる．なおこのことは，例えば惑星の運動を考察することに相当する．

4.12 Newton 力場における質点の運動

単位質量に対するニュートンポテンシャルは (4.51) より，

$$U_0(r)=-\frac{\mu M}{r}=-\frac{\mu_0}{r} \qquad (\mu_0=\mu M)$$

となる．ここで μ は万有引力の恒数であり，M は太陽系の場合は太陽の質量である．このとき (4.59) は

$$\frac{1}{r^2}\frac{dr}{d\varphi}=\pm\frac{1}{h}\sqrt{2\left(E+\frac{\mu_0}{r}-\frac{h^2}{2r^2}\right)} \tag{4.60}$$

となる．

前節の最後の部分でのべたように，運動の様子は E の値によって本質的に異なってくる．図 4.10 から示唆されて，つぎのように場合をわける．

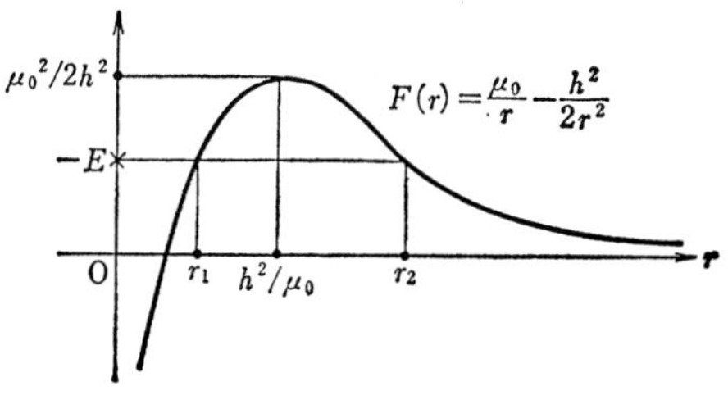

図 4.10

1) $0<-E\leq\mu_0^2/2h^2$,

2) $E=0$,

3) $-E<0$.

§ 4.9 での考察から推察されるように，1) の場合だけが周期運動である．以下，各場合について考える．

1) この場合は，質点は原点を 1 つの焦点とする楕円軌道をえがくことを示

そう.

まず $-E=\mu_0^2/2h^2$ のときは $dr/d\varphi=0$ となり軌道は原点を中心とする円である. ゆえに 1) で不等号の場合のみを考える. (4.60) は,

$$\frac{d}{d\varphi}\left(\frac{1}{r}\right)=\mp\sqrt{\frac{2E}{h^2}+\frac{2\mu_0}{h^2}\frac{1}{r}-\frac{1}{r^2}} \tag{4.61}$$

となる. 根号の中の関数の零点を $r_1, r_2(r_1<r_2)$ とする(図 4.10 参照). このとき, r は r_1 と r_2 の間を往復する φ の周期関数となるが, つぎにみるように周期は 2π である. 実際, $1/r=u$ とおくと, うえの式は,

$$\frac{du}{d\varphi}=\mp\sqrt{(u_1-u)(u-u_2)} \qquad (u_2\leq u\leq u_1) \tag{4.62}$$

となる. ただし, $u_i(i=1,2)$ は

$$\Phi(u)=u^2-2\frac{\mu_0}{h^2}u-\frac{2E}{h^2}=0 \tag{4.63}$$

の根であり, $u_i=1/r_i$ $(i=1,2)$ とする.

座標軸を回転して, $u=u_1$, したがって $r=r_1$ のとき $\varphi=0$ とすると, うえの (4.62) において複号のうち「−」をとることによって,

$$\varphi=\cos^{-1}\left\{2\left(u-\frac{u_1+u_2}{2}\right)\Big/(u_1-u_2)\right\}$$

をえる(巻末の原始関数表参照). ただし $0\leq\varphi\leq\pi$ の間である. すなわち,

$$u=\frac{u_1+u_2}{2}\left(1+\frac{u_1-u_2}{u_1+u_2}\cos\varphi\right) \tag{4.64}$$

をえる. ついで, $\pi\leq\varphi\leq 2\pi$ では, (4.62) において, 複号のうち「+」をとって考察すれば, § 4.9 の推論がそのまま適用されて, 解は (4.64) であらわされることがわかる. ゆえに, (4.64) は

$$r=\frac{l}{1+e\cos\varphi} \qquad (0<e<1) \tag{4.65}$$

の形となり，**楕円の方程式**である．ただしここで (4.63) を考慮すれば，

$$\begin{cases} l=\dfrac{2}{u_1+u_2}=\dfrac{h^2}{\mu_0}, \\ e=\dfrac{u_1-u_2}{u_1+u_2}=\dfrac{\sqrt{\mu_0{}^2+2Eh^2}}{\mu_0} \end{cases}$$

であることがわかる．

以上は軌道の形であるが周期 T を求めてみよう．(4.65) であらわされる楕円の長軸，短軸の 1/2 をそれぞれ a, b とすると，解析幾何学でよく知られているように(§2.20 参照)，

$$l=a(1-e^2), \qquad b=a\sqrt{1-e^2}$$

がなりたつ．(4.57) の両辺を t について 0 から T まで積分すれば，左辺は楕円の面積 $\pi ab(=\pi a^2\sqrt{1-e^2})$ の 2 倍であるから，

$$T=\frac{2\pi}{h}a^2\sqrt{1-e^2}$$

をえる．ここで h, e を消去することができる．実際，

$$T=\frac{2\pi}{h}a^{3/2}\sqrt{l}=\frac{2\pi}{\sqrt{\mu_0}}a^{3/2} \tag{4.66}$$

である．μ_0 は個々の惑星には無関係な定数であるから，これより，**周期 T は長軸の 3/2 乗に比例する**ことがわかる．これは **Kepler の第 3 法則**とよばれている．

2) $E=0$ の場合は**軌道は原点を焦点とする放物線である**．実際，うえの推論において，$u_2=0$ の場合であり，$e=1$ となる．うえの推論を注意深くみれば，軌道は

$$r=\frac{l}{1+\cos\varphi}$$

となることは容易にわかるが，この式と $r^2 d\varphi/dt=h$ より，$t\in(-\infty,+\infty)$ として，無限遠点から来て，無限遠点にとびさることがわかる．

3）$E>0$ のとき，**軌道は双曲線**である．実際，$u_1>0$, $u_2<0$ となる場合であるが，$u=1/r$ であるから，$u>0$ の範囲で 1）の考察をたどればよい．このとき (4.65) はそのままなりたつが，明らかに $e>1$ である．

4.13 解の存在と一意性

微分方程式系に対する一般論の基礎として，一般微分方程式に対する解の存在と一意性とを考察する．

$$\text{(4.67)}\qquad \frac{dy_i}{dx}=f_i(x,y_1,\cdots,y_n)\qquad (i=1,2,\cdots,n)$$

に対し，$x=x_0$ で $y_i(x_0)=y_i$ $(i=1,2,\cdots,n)$ となる解 $y_i(x)$ の存在を以下に示そう．ただし，$f_i(x,y_1,\cdots,y_n)$ は $(x_0,y_1^0,\cdots,y_n^0)$ の近傍

$$\mathcal{D}:|x-x_0|\leq a,\quad |y_i-y_i^0|\leq b\quad (i=1,2,\cdots,n)$$

で連続でかつ，つぎの条件——**リプシッツ条件**——をみたすとする：

$$\text{(4.68)}\qquad |f_i(x,y_1,\cdots,y_n)-f_i(x,Y_1,\cdots,Y_n)|\leq K\sum_{i=1}^{n}|y_i-Y_i|.$$

$\mathcal{D}$ において f_i は絶対値においてすべて M をこえないとする．

定理 4.4 (4.68) の仮定のもとで，$x=x_0$ で $y_i(x_0)=y_i^0(i=1,\cdots,n)$ となる(4.67) の解 $y_i(x)$ が $x=x_0$ の近傍で一意的に存在する．さらにくわしく，

$$|x-x_0|\leq\alpha=\min\left(a,\frac{b}{M}\right)$$

の範囲で一意的に存在する．

証明 Picard(ピカール)の逐次近似法による．

(第1段階) 連続関数 $y_i(x)$ で

(4.69) $$y_i(x)=y_i^0+\int_{x_0}^{x} f_i(\xi, y_1(\xi), \cdots, y_n(\xi))\,d\xi \qquad (i=1,2,\cdots,n)$$

をみたすものがあれば，これは求める (4.67) の解であることは明らかであろう．うえの式をベクトルの記号で，

$$\vec{y}(x)=\vec{y}_0+\int_{x_0}^{x} \vec{f}(\xi, \vec{y}(\xi))\,d\xi$$

とかこう．$\vec{y}_0(x)\equiv\vec{y}_0$ とし，以下順次 $\vec{y}_1(x), \vec{y}_2(x), \cdots$ を

(4.70) $$\vec{y}_i(x)=\vec{y}_0+\int_{x_0}^{x} \vec{f}(\xi, \vec{y}_{i-1}(\xi))\,d\xi \qquad (i=1,2,\cdots)$$

で定義しよう． これらの関数が $|x-x_0|\leq\alpha$ で定義されることをみるには，$\vec{y}_i(x)$ の第 j-成分を $y_{i,j}(x)$ とおくと，

$$|y_{i,j}(x)-y_j^0|\leq b$$

がなりたつことを示せばよいが，$y_{i,j}$ がうえの関係式をみたすとすれば，

$$y_{i+1,j}(x)-y_j^0=\int_{x_0}^{x} f_j(\xi, y_{i,1}(\xi), \cdots, y_{i,n}(\xi))\,d\xi$$

において， 被積分関数は M をこえず， したがって右辺は絶対値において，$M|x-x_0|\leq M\alpha\leq b$ より b をこえないからである．

さて (4.70) において，i を $i+1$ でおきかえた式から，i とおいた式を両辺から引くと，

$$\vec{y}_{i+1}(x)-\vec{y}_i(x)=\int_{x_0}^{x} \{\vec{f}(\xi, \vec{y}_i(\xi))-\vec{f}(\xi, \vec{y}_{i-1}(\xi))\}\,d\xi$$

となる．ここで記号を導入しよう，$\vec{X}=(X_1, \cdots, X_n)$ に対して，

$$\|\vec{X}\|=|X_1|+|X_2|+\cdots+|X_n|$$

と定義する．(4.68) を用いれば，上式より

$$\|\vec{y}_{i+1}(x)-\vec{y}_i(x)\|\le nK\left|\int_{x_0}^{x}\|\vec{y}_i(\xi)-\vec{y}_{i-1}(\xi)\|d\xi\right|$$

をえる．まず $\|\vec{y}_1(x)-\vec{y}_0(x)\|\le nM|x-x_0|$ は $\vec{y}_1(x)$ の定義からしたがう．ついでうえの式で $i=1$ とおくと，

$$\|\vec{y}_2(x)-\vec{y}_1(x)\|\le nM\cdot nK\left|\int_{x_0}^{x}|\xi-x_0|d\xi\right|\le nM\cdot nK\frac{|x-x_0|^2}{2!}.$$

以下順次にくりかえすと一般の i に対して，

$$\|\vec{y}_i(x)-\vec{y}_{i-1}(x)\|\le nM\cdot(nK)^{i-1}\frac{|x-x_0|^i}{i!}$$

をえる．

（第２段階）　$\{\vec{y}_i(x)\}$ $(i=1,2,3,\cdots)$ が $|x-x_0|\le\alpha$ で一様収束列であることを示そう．

$$\vec{y}_i(x)=\vec{y}_0(x)+(\vec{y}_1(x)-\vec{y}_0(x))+(\vec{y}_2(x)-\vec{y}_1(x))+\cdots+(\vec{y}_i(x)-\vec{y}_{i-1}(x))$$

より，$q>p$ として

$$\vec{y}_q(x)-\vec{y}_p(x)=\sum_{i=p+1}^{q}(\vec{y}_i(x)-\vec{y}_{i-1}(x))$$

をえるが，うえの不等式より，

$$\|\vec{y}_q(x)-\vec{y}_p(x)\|\le\sum_{i=p+1}^{q}\|\vec{y}_i(x)-\vec{y}_{i-1}(x)\|\le nM\sum_{i=p+1}^{q}(nK)^{i-1}\frac{\alpha^i}{i!}$$

をえる．他方

$$\sum_{i=1}^{\infty}(nK)^{i-1}\frac{\alpha^i}{i!}=\frac{1}{nK}(e^{nK\alpha}-1)$$

であるから，うえの式の右辺は p, q が大きければいくらでも小になる．ゆえに $\{\vec{y}_i(x)\}$ は $[x_0-\alpha, x_0+\alpha]$ で一様収束する連続関数列である．したがって $\lim\limits_{i\to\infty}\vec{y}_i(x)=\vec{y}_\infty(x)$，すなわち，

$$\vec{y}_\infty(x)=\vec{y}_0(x)+(\vec{y}_1(x)-\vec{y}_0(x))+\cdots+(\vec{y}_i(x)-\vec{y}_{i-1}(x))+\cdots$$

は定理 3.20 により連続関数である．ゆえに (4.70) において，$i\to\infty$ として，極限をとれば，

$$\vec{y}_\infty(x)=\vec{y}_0+\int_{x_0}^{x}\vec{f}(\xi,\vec{y}_\infty(\xi))d\xi$$

がなりたつ．実際，$\vec{f}(x,\vec{y}_i(x))$ は $x\in[x_0-\alpha,\ x_0+\alpha]$ で一様に $\vec{f}(x,\vec{y}_\infty(x))$ に近づき，定理 3.21 が適用されるからである．ゆえに解の存在が示された．

（第 3 段階） 解の一意性を示そう．$\vec{y}(x),\vec{z}(x)$ を $x=x_0$ で $\vec{y}_0$ となる (4.67) の解とする．このとき

$$\frac{d}{dx}(\vec{y}(x)-\vec{z}(x))=\vec{f}(x,\vec{y}(x))-\vec{f}(x,\vec{z}(x))$$

がなりたつ．これを注意しておいて，

$$\varphi(x)=\sum_{i=1}^{n}(y_i(x)-z_i(x))^2$$

とおく．

$$\begin{aligned}\varphi'(x)&=2\sum_{i=1}^{n}(y_i(x)-z_i(x))\Big(f_i(x,y_1(x),\cdots,y_n(x))-f_i(x,z_1(x),\cdots,z_n(x))\Big)\\&\le 2K\sum_{i=1}^{n}|y_i(x)-z_i(x)|\sum_{j=1}^{n}|y_j(x)-z_j(x)|\\&=2K\sum_{i,j=1}^{n}|y_i(x)-z_i(x)||y_j(x)-z_j(x)|\end{aligned}$$

において，Cauchy の不等式を用いると最後の項は $2nK\varphi(x)$ で評価されるから，

$$\varphi'(x)\le 2nK\varphi(x).$$

$\varphi(x_0)=0$, $\varphi(x)\geq 0$ を考慮すれば定理 4.1 より，$\varphi(x)\equiv 0$ $(x\geq x_0)$ となる．同様にして $\varphi(x)\equiv 0$ $(x\leq x_0)$ も示される．　　（証明おわり）

うえの定理よりただちにつぎの定理をえる．

定理 4.5　微分方程式

$$y^{(n)}=f(x, y, y', \cdots, y^{(n-1)}) \tag{4.71}$$

に対し，$x=x_0$ で $y(x_0)=y_0, y'(x_0)=y_1, \cdots, y^{(n-1)}(x_0)=y_{n-1}$ を指定したとき，解 $y(x)$ が $x=x_0$ の近傍で一意的に存在する．ただし $f(x, y, y', \cdots, y^{(n-1)})$ は $(x_0, y_0, y_1, \cdots, y_{n-1})$ の近傍で連続で，$y, y', \cdots, y^{(n-1)}$ に関してリプシッツの条件をみたすとする．

証明　定理 4.4 に帰着させることができることを示そう．$y(x)=y_0(x)$, $y'(x)=y_1(x), \cdots, y^{(n-1)}(x)=y_{n-1}(x)$ とおくと，(4.61) は，

$$\begin{cases} y_0'=y_1, \\ y_1'=y_2, \\ \cdots\cdots\cdots\cdots, \\ y_{n-2}'=y_{n-1}, \\ y_{n-1}'=f(x, y_0, y_1, \cdots, y_{n-1}) \end{cases}$$

と同等である．この微分方程式系は $(y_0(x), y_1(x), \cdots, y_{n-1}(x))$ に関するものであり，定理 4.4 が適用できる．　　（証明おわり）

うえにのべた定理 4.4，定理 4.5 は局所的解の存在定理といわれるものであって，解の存在範囲：$|x-x_0|\leq\alpha$,

$$\alpha=\min\left(a, \frac{b}{M}\right)$$

に関するかぎり，よい情報を与えるものではない．例えば § 4.9 でとり扱った微分方程式 (4.41) を考えてみるとよい．大局的な存在定理に関しては，粗い結果ではあるが，つぎのものをあげておく．

定理 4.6　$x\in[a, b], -\infty<y_i<+\infty$ $(i=1, 2, \cdots, n)$ で

$$\frac{dy_i}{dx}=f_i(x, y_1, y_2, \cdots, y_n) \qquad (i=1, 2, \cdots, n) \tag{4.72}$$

を考える．もし f_i が $(y_1, \cdots, y_n)$ に関して局所的に Lipschitz 条件をみたし*)，かつ適当な L_0, L_1 をとれば

$$|f_i(x, y_1, \cdots, y_n)|\leq L_0+L_1(|y_1|+|y_2|+\cdots+|y_n|) \quad (i=1, 2, \cdots, n)$$

がなりたつならば，任意の $(x_0, y_1^0, \cdots, y_n^0)$ に対して $(x_0\in[a, b])$, $y_i(x_0)=y_i^0$ となる (4.72) の解が $[a, b]$ で一意的に存在する．

証明 もし解 $y(x)$ が $[a, b]$ で存在したとすると，

$$\varphi(x)=\sum_{i=1}^{n} y_i(x)^2$$

は，

$$\varphi'(x)=2\sum_{i=1}^{n} y_i(x)f_i(x, y_1(x), \cdots, y_n(x))\leq 2\sum_{i=1}^{n}|y_i(x)|\left\{L_0+L_1\sum_{i=1}^{n}|y_i(x)|\right\}$$

をみたす．この右辺は $L_0^2+(2nL_1+1)\varphi(x)$ で評価されるから，定理 4.1 より

$$\sum_{i=1}^{n} y_i(x)^2\leq\left[\sum_{i=1}^{n}(y_i^0)^2\right]e^{C|x-x_0|}+L_0^2 e^{C|x-x_0|} \qquad (C=2nL_1+1)$$

で評価される．したがってこの右辺において $|x-x_0|$ を $b-a$ でおきかえたものを A^2 とおくと，

$$\sum_{i=1}^{n} y_i(x)^2\leq A^2$$

である．ここで A^2 は $\sum(y_i^0)^2, L_0, L_1$ によってきまることを注意しよう．そ

---

*) (x_0, y_0) を任意の点とすると，ある近傍 $|x-x_0|\leq r$, $|y_i-y_i^0|\leq\delta$ とある定数 $K(x_0, y_0)$ がとれて，y, Y がこの範囲にあるかぎり，

$$|f_i(x, y)-f_i(x, Y)|\leq K(x_0, y_0)\sum_{i=1}^{n}|y_i-Y_i|$$

がなりたつときをいう．

こで $\zeta(r)$ として，$0\leq r\leq A$ で恒等的に1であって，$0\leq\zeta(r)\leq 1$ をみたし，$r\geq A+1$ では恒等的に0であるような，$\zeta'(r)$ とともに連続な関数とし，

$$\tilde{f}_i(x, y_1, \cdots, y_n)=\zeta(|y|)f_i(x, y_1, \cdots, y_n)$$

とする．

さて，

$$\frac{dy_i}{dx}=\tilde{f}_i(x, y_1, y_2, \cdots, y_n) \qquad (i=1, 2, \cdots, n) \tag{4.73}$$

を考えよう．右辺の $\tilde{f}_i$ の最大値を $M_i, M=\max(M_1, M_2, \cdots, M_n)$ とおく．$\tilde{f}_i$ は Lipschitz 条件 (4.68) をみたすことがたしかめられるから，定理 4.4 を適用すれば，β を大きくとって，

$$\alpha=\frac{\beta}{M}$$

として，$|x-x_0|\leq\alpha$ で存在する．ここで β は全く任意であるから(M は β に無関係である)，結局，$x\in[a, b]$ で解の存在が示される．

さて，(4.73) の解は，うえにのべたことより，

$$\sum y_i(x)^2\leq A^2$$

をみたすから，この範囲では，$f_i(x, y)=\tilde{f}_i(x, y)$ がなりたつ．ゆえに解はもとの (4.72) の解に他ならない．　　　　(証明おわり)

注意 1　うえの定理は，とくに**線形微分方程式系**

$$\frac{dy_i}{dx}=a_{i1}(x)y_1+a_{i2}(x)y_2+\cdots+a_{in}(x)y_n+f_i(x) \qquad (i=1, 2, \cdots, n) \tag{4.74}$$

に適用される．ここで $a_{ij}(x)$，$f_i(x)$ はともに連続関数である．ゆえにこれらの関数が $[a, b]$ で定義されているとき，$x_0(\in[a, b])$，$y_1^0, \cdots, y_n^0$ に対して，解はつねに $x\in[a, b]$ で一意的に存在する．

同様な結論は，**線形微分方程式**

$$(4.75) \qquad y^{(n)}=\sum_{i=0}^{n-1} a_i(x)y^{(i)}+g(x)$$

に対しても適用される．すなわち，$x_0(\in[a,b])$，$y^{(i)}(x_0)=y_i$ $(i=0,1,2,\cdots,n-1)$（これを**初期条件**という）に対して，解 $y(x)$ は $[a,b]$ で一意的に存在する．

注意 2 微分方程式

$$\frac{dy}{dx}=\begin{cases} y^{\alpha} & (y\geq 0), \\ 0 & (y<0) \end{cases}$$

の解を考える．$\alpha>1$ としよう．$x=0$ で $y_0(>0)$ を与えると，定理 4.5 によって，解の一意的存在は示されている．しかし，この場合は，求積法によって，

$$\int_{y_0}^{y} \frac{du}{u^{\alpha}}=x$$

すなわち，$y_0^{-\alpha+1}-y^{-\alpha+1}=(\alpha-1)x$ となる．すなわち $y_0^{-\alpha+1}=(\alpha-1)c_0$ とおくと，

$$y(x)^{\alpha-1}=\frac{1}{(\alpha-1)(c_0-x)}$$

となり，$x\to c_0-0$ のとき，$y(x)\to+\infty$ となり解は $x\in[0,c_0)$ でのみ存在する．

注意 3 注意 1 でのべた線形微分方程式系

$$\frac{dy_j}{dx}=\sum_{k=1}^{n} a_{jk}(x)y_k+f_j(x) \qquad (j=1,2,\cdots,n)$$

において $a_{jk}(x)$，$f_j(x)$ が複素数値連続関数である場合を考える．この場合も注意 1 の結果はそのままなりたつ．このとき，初期値 $(y_1(x_0),\cdots,y_n(x_0))$ を一般複素数値としても結果は正しい．

第 1 の証明は複素数値関数をすべてその実部と虚部にわけて，いままでの場合に帰着させる方法である．

$$a_{ij}=a_{ij}^{*}+ia_{ij}^{**}, \qquad f_j=f_j^{*}+if_j^{**}, \qquad y_j=y_j^{*}+iy_j^{**}$$

として，うえの方程式に帰ると，

$$\frac{d}{dx}(y_j{}^*+iy_j{}^{**})=\sum_{k=1}^{n}(a_{jk}{}^*+ia_{jk}{}^{**})(y_k{}^*+iy_k{}^{**})+(f_j{}^*+if_j{}^{**})$$

となり，実部と虚部とにわけると，

$$\begin{cases} \dfrac{d}{dx}y_j{}^*=\displaystyle\sum_{k=1}^{n}a_{jk}{}^*y_k{}^*-\sum_{k=1}^{n}a_{jk}{}^{**}y_k{}^{**}+f_j{}^*, \\ \dfrac{d}{dx}y_j{}^{**}=\displaystyle\sum_{k=1}^{n}a_{jk}{}^*y_k{}^{**}+\sum_{k=1}^{n}a_{jk}{}^{**}y_k{}^*+f_j{}^{**} \end{cases} \qquad (j=1,2,\cdots,n)$$

をえる．これは未知関数 $(y_1{}^*,\cdots,y_n{}^*,y_1{}^{**},\cdots,y_n{}^{**})$ に関する線形微分方程式系であって，係数，右辺ともに実数値関数であるから，注意1でのべた結果がなりたつ．

第2の証明は――この方がより自然であると思われるが――直接定理4.4の証明法を採用して推論する方法である．くり返さないが，読者はこれを試みられたい．

4.14　1階線形微分方程式系

最も簡単な場合のとり扱いについてのべる．

$$(4.76)\qquad \begin{cases} \dfrac{dx}{dt}=ax+by, \\ \dfrac{dy}{dt}=a'x+b'y \end{cases}$$

の解を実際に求める方法を考えよう．ここで a, b, a', b' は定数であるが，かならずしも実数である必要はない．

特性方程式

$$(4.77)\qquad \Phi(s)=\begin{vmatrix} a+s & b \\ a' & b'+s \end{vmatrix}=0$$

の根が相異なるか，2重根であるかによってとり扱いが異なる．

1) 根が相異なる場合 (4.77) の 2 根を s_1, s_2 とする.

$$(k_{11}, k_{12})\begin{pmatrix} a+s_1 & b \\ a' & b'+s_1 \end{pmatrix} = (0,0)\,; \qquad (k_{21}, k_{22})\begin{pmatrix} a+s_2 & b \\ a' & b'+s_2 \end{pmatrix} = (0,0)$$

となるような $(k_{11}, k_{12}) \neq (0,0)$, $(k_{21}, k_{22}) \neq (0,0)$ をえらぶ. よく知られているように――この場合は容易に直接検証されるように――この 2 つの横ベクトルは 1 次独立である:

$$k_{11}k_{22} - k_{12}k_{21} \neq 0.$$

そこで新しい未知関数として,

$$\begin{cases} X = k_{11}x + k_{12}y, \\ Y = k_{21}x + k_{22}y \end{cases}$$

を導入する. うえの方程式は容易に検証されるように,

$$\begin{cases} \dfrac{dX}{dt} + s_1 X = 0, \\[2mm] \dfrac{dY}{dt} + s_2 Y = 0 \end{cases}$$

と同等になる. したがって,

$$X(t) = X(t_0)e^{-s_1(t-t_0)}, \qquad Y(t) = Y(t_0)e^{-s_2(t-t_0)} \tag{4.78}$$

が求める解である.

うえのとり扱いとほぼ同じであるが, つぎの見方もある.

$$\begin{pmatrix} a+s_1 & b \\ a' & b'+s_1 \end{pmatrix}\begin{pmatrix} \xi_1 \\ \eta_1 \end{pmatrix} = \begin{pmatrix} 0 \\ 0 \end{pmatrix}, \qquad \begin{pmatrix} a+s_2 & b \\ a' & b'+s_2 \end{pmatrix}\begin{pmatrix} \xi_2 \\ \eta_2 \end{pmatrix} = \begin{pmatrix} 0 \\ 0 \end{pmatrix}$$

となるような 1 次独立なベクトル

$$\begin{pmatrix} \xi_1 \\ \eta_1 \end{pmatrix}, \ \begin{pmatrix} \xi_2 \\ \eta_2 \end{pmatrix}$$

がある．$t=0$ で $(x(t), y(t))$ のとる値 (x_0, y_0) が指定されれば，c_1, c_2 が一意的に定まって，

$$\begin{pmatrix} x_0 \\ y_0 \end{pmatrix} = c_1 \begin{pmatrix} \xi_1 \\ \eta_1 \end{pmatrix} + c_2 \begin{pmatrix} \xi_2 \\ \eta_2 \end{pmatrix}$$

とかけるから，解は，

$$\begin{pmatrix} x(t) \\ y(t) \end{pmatrix} = c_1 e^{-s_1 t} \begin{pmatrix} \xi_1 \\ \eta_1 \end{pmatrix} + c_2 e^{-s_2 t} \begin{pmatrix} \xi_2 \\ \eta_2 \end{pmatrix} \tag{4.79}$$

となる．

2)　**2 重根の場合**　2重根を s とする．

$$(k_1, k_2) \begin{pmatrix} a+s & b \\ a' & b'+s \end{pmatrix} = (0, 0) \quad (|k_1|+|k_2| \neq 0)$$

となる (k_1, k_2) をとる．$k_1 \neq 0$ としよう．

$$\begin{cases} X = k_1 x + k_2 y, \\ Y = \qquad\quad y \end{cases}$$

によって未知関数を変換すれば，(4.76) は

$$\begin{cases} \dfrac{d}{dt} X + sX = 0, \\ \dfrac{d}{dt} Y + sY + a^* X = 0 \end{cases} \tag{4.80}$$

の形に帰着される．第１式は明らかであるが，第２式がうえの形——すなわち Y の係数が特性方程式の根 s であること——であることは直接計算してよいが，これは特性方程式の不変性からしたがう．以下その説明をする．$X = \alpha x + \beta y$, $Y = \gamma x + \delta y$, $(\alpha\delta - \beta\gamma \neq 0)$ の変換にさいして，(4.76) ならびにこの変換を行列の記号を用いて，

$$\frac{d}{dt} \begin{pmatrix} x \\ y \end{pmatrix} = A \begin{pmatrix} x \\ y \end{pmatrix}; \qquad \begin{pmatrix} X \\ Y \end{pmatrix} = P \begin{pmatrix} x \\ y \end{pmatrix}$$

とかくと，容易にわかるように，

$$\frac{d}{dt}\begin{pmatrix} X \\ Y \end{pmatrix} = PAP^{-1}\begin{pmatrix} X \\ Y \end{pmatrix}$$

がしたがう．ゆえにこの方程式の特性方程式を $\varPhi_1(s)=0$ とすると，

$$\begin{aligned}\varPhi_1(s) &= \det(sI+PAP^{-1}) = \det(P(sI+A)P^{-1}) \\ &= \det(P)\cdot\det(sI+A)\cdot\det(P^{-1}) = \det(sI+A) = \varPhi(s)\end{aligned}$$

がしたがう．これが有名な特性方程式の根の不変性の証明である．

以後場合をわける．

a)　$a^*=0$ の場合．これは 1) と同じになる．

b)　$a^*\neq 0$ の場合．$X=C_1e^{-st}$ を (4.80) の第 2 式に代入すれば，

$$\frac{d}{dt}Y+sY=-a^*X=-C_1a^*e^{-st}$$

となる．これより，

$$\begin{aligned}Y &= C_2e^{-st}-C_1a^*\int_0^t e^{-s(t-\tau)}e^{-s\tau}d\tau \\ &= e^{-st}(C_2-C_1a^*t).\end{aligned}$$

ゆえに解は C_1, C_2 を一般定数として，

$$\begin{cases} X=C_1e^{-st}, \\ Y=(C_2-C_1a^*t)e^{-st} \end{cases} \tag{4.81}$$

となる．

特性根が虚数になる場合の考察

(4.76) において a, b, c, d はすべて実数とする．このとき定理 4.6 ならびに注意 1 によって，初期値 (x_0, y_0) を実数とすれば解 $(x(t), y(t))$ もまた実数値関数である．ところで (4.79) をみると，特性根が虚数になる場合は，ベクトル ${}^t(\xi_1, \eta_1)$，${}^t(\xi_2, \eta_2)$ が実ベクトルではないので，解の表現式からはこの

事情は明らかではない．以下，解の表現式を実数値関数を使ってかきかえよう．

まずうえの2つのベクトルの求め方から，また1根を s とすれば他の1根は $\bar{s}$ (共役複素数)となることから，(ξ_2, η_2) として，$(\bar{\xi}_1, \bar{\eta}_1)$ をとることができる．したがって，解がつねに実数値であることを考慮すれば，(4.79) は，

$$\begin{pmatrix} x(t) \\ y(t) \end{pmatrix} = ce^{-st}\begin{pmatrix} \xi_1 \\ \eta_1 \end{pmatrix} + \bar{c}e^{-\bar{s}t}\begin{pmatrix} \bar{\xi}_1 \\ \bar{\eta}_1 \end{pmatrix}$$

とかかれる．${}^t(\xi_1, \eta_1)$ を実部と虚部にわけてかいて，

$$\vec{\xi} = \begin{pmatrix} \xi_1 \\ \eta_1 \end{pmatrix} = \begin{pmatrix} \xi_1{}^* + i\xi_1{}^{**} \\ \eta_1{}^* + i\eta_1{}^{**} \end{pmatrix} \equiv \vec{\xi}^* - i\vec{\xi}^{**}$$

と分解すれば，

$$-s = \alpha + i\beta$$

とおくことによって，

$$\begin{pmatrix} x(t) \\ y(t) \end{pmatrix} = 2\mathrm{Re}\left(ce^{(\alpha+i\beta)t}(\vec{\xi}^* - i\vec{\xi}^{**})\right)$$

とかける．そこで，$c = |c|e^{i\gamma}$ とおけば，

$$\begin{pmatrix} x(t) \\ y(t) \end{pmatrix} = 2|c|e^{\alpha t}\{\cos(\beta t + \gamma)\vec{\xi}^* + \sin(\beta t + \gamma)\vec{\xi}^{**}\}$$

とかける．

運動の軌道をみるためには，$\vec{\xi}^*$, $\vec{\xi}^{**}$ をそれぞれ (1, 0), (0, 1) とする1次変換によって定義される新しい座標平面$(\tilde{x}, \tilde{y})$でみると(直交系とする)，

$$\begin{cases} \tilde{x}(t) = r_0 e^{\alpha t}\cos(\beta t + \gamma), \\ \tilde{y}(t) = r_0 e^{\alpha t}\sin(\beta t + \gamma) \end{cases}$$

となる．ゆえに，$\beta t + \gamma = \varphi$ とおき極座標でみれば

$$\tilde{r}(t) = r_0 e^{\alpha t} = r_0 e^{\alpha(\varphi - \gamma)/\beta}$$

となる．したがって，$\alpha=0$ の場合は閉軌道となるが，そうでない場合はいわゆる対数らせん(logarithmic spiral)となる．$\alpha<0$ のときには $t\to+\infty$ のとき限りなく原点に近づく．

3 未知関数の場合

$$(4.82)\qquad \begin{cases} \dfrac{dx}{dt}+ax+by+cz=0, \\[2mm] \dfrac{dy}{dt}+a'x+b'y+c'z=0, \\[2mm] \dfrac{dz}{dt}+a''x+b''y+c''z=0 \end{cases}$$

の解について考える．ここで，$a, b, \cdots, c''$ はすべて定数である．解法は 2 未知関数の場合と同様である．(ξ, η, ζ) を，$\neq(0,0,0)$ である定数として，

$$x=\xi e^{st}, \qquad y=\eta e^{st}, \qquad z=\zeta e^{st}$$

という形の解をみつけよう．上式に代入すると，

$$(4.83)\qquad \begin{cases} (s+a)\xi+b\eta+c\zeta=0, \\ a'\xi+(b'+s)\eta+c'\zeta=0, \\ a''\xi+b''\eta+(c''+s)\zeta=0 \end{cases}$$

をえる．$(\xi, \eta, \zeta)\neq(0,0,0)$ のもとで (4.83) の解があるための必要十分条件は，s が

$$\varPhi(s)=\begin{vmatrix} s+a & b & c \\ a' & s+b' & c' \\ a'' & b'' & s+c'' \end{vmatrix}=0$$

の根であることである．

以下，代表的な 2 つの場合について考える．

1)　$\varPhi(s)=0$ が相異なる 3 根 s_1, s_2, s_3 をもつ場合．(4.83) によって，各 s_i に応じて，$(\xi_i, \eta_i, \zeta_i)\neq(0,0,0)$ がとれるから，

$$\vec{h}_i=\begin{pmatrix}\xi_i\\ \eta_i\\ \zeta_i\end{pmatrix}\qquad (i=1,2,3)$$

とすると，よく知られているように $\vec{h}_i$ $(i=1,2,3)$ は1次独立である．したがって，c_1, c_2, c_3 を任意の定数として，

$$\begin{bmatrix}x(t)\\ y(t)\\ z(t)\end{bmatrix}=c_1e^{s_1t}\vec{h}_1+c_2e^{s_2t}\vec{h}_2+c_3e^{s_3t}\vec{h}_3$$

が一般解を与える．

2) $\varPhi(s)=0$ の根が，s_1 が単根，s_2 が2重根のとき．2未知関数の場合と同じ考察をする．$X=k_{11}x+k_{12}y+k_{13}z$, $Y=k_{21}x+k_{22}y+k_{23}z$ を適当にとれば，

$$\frac{d}{dt}X+s_1X=0,$$

$$\frac{d}{dt}Y+s_2Y=0$$

がえられる．ところで，$\begin{vmatrix}k_{11} & k_{12}\\ k_{21} & k_{22}\end{vmatrix}$, $\begin{vmatrix}k_{12} & k_{13}\\ k_{22} & k_{23}\end{vmatrix}$, $\begin{vmatrix}k_{13} & k_{11}\\ k_{23} & k_{21}\end{vmatrix}$ のうち少なくとも1つは0でないから，第1のものが0でないと仮定しよう．$Z=z$ とおくと，

$$\frac{d}{dt}Z+a^*X+b^*Y+s_2Z=0$$

となる．さて $(s_1-s_2)\xi+a^*=0$ となる ξ をとり，$Z^*=Z+\xi X$ とおくと，

$$\frac{d}{dt}Z^*+b^*Y+s_2Z^*=0$$

をえる．これより X, Y, Z^* の一般解がえられる．

例 1

$$\begin{cases}\dfrac{dx}{dt}=-\omega y,\\[2mm] \dfrac{dy}{dt}=\quad \omega x,\end{cases}\qquad (\omega\neq 0,\ 実数).$$

$$\Phi(s)=\begin{vmatrix} s & -\omega \\ \omega & s \end{vmatrix}=s^2+\omega^2=0, \qquad s=-i\omega,\ s=+i\omega$$

が根である．まえにのべた記号を用いれば，

$$\vec{\xi}=\begin{pmatrix}1\\-i\end{pmatrix}=\begin{pmatrix}1\\0\end{pmatrix}-i\begin{pmatrix}0\\1\end{pmatrix}.$$

ゆえに，

$$\begin{pmatrix}x(t)\\y(t)\end{pmatrix}=c\cos(\omega t+\gamma)\begin{pmatrix}1\\0\end{pmatrix}+c\sin(\omega t+\gamma)\begin{pmatrix}0\\1\end{pmatrix}$$

をえる．

例 2

$$\frac{dx}{dt}+m(y-z)=1,$$

$$\frac{dy}{dt}+m(z-x)=1, \qquad (m\neq 0,\ \text{実数})$$

$$\frac{dz}{dt}+m(x-y)=1$$

を解け．

解

$$\Phi(s)=\begin{vmatrix} s & m & -m \\ -m & s & m \\ m & -m & s \end{vmatrix}=s^3+3m^2s=s(s^2+3m^2)=0.$$

したがって特性根は $s=0,\ \pm\sqrt{3}mi$ である．$s=\sqrt{3}mi$ に対する固有ベクトルの成分は，

$$\sqrt{3}i\xi+\eta-\zeta=0,$$
$$-\xi+\sqrt{3}i\eta+\zeta=0$$

を解いてえられる．$\xi:\eta:\zeta=1+\sqrt{3}i:1-\sqrt{3}i:-2$ である．これより，$s=-\sqrt{3}mi$ の場合は，$\xi:\eta:\zeta=1-\sqrt{3}i:1+\sqrt{3}i:-2$ であること，$s=0$ の場合は $\xi:\eta:\zeta=1:1:1$ であることより，うえの方程式において右辺が 0

である場合の一般解は,

$$\begin{bmatrix} x(t) \\ y(t) \\ z(t) \end{bmatrix} = c_1 e^{i\sqrt{3}mt} \begin{bmatrix} e^{i\pi/3} \\ e^{-i\pi/3} \\ -1 \end{bmatrix} + c_2 e^{-i\sqrt{3}mt} \begin{bmatrix} e^{-i\pi/3} \\ e^{i\pi/3} \\ -1 \end{bmatrix} + c_3 \begin{bmatrix} 1 \\ 1 \\ 1 \end{bmatrix}$$

で与えられることがわかる．ここで c_1, c_2, c_3 は任意定数である．とくに $t=0$ のときの値(初期値)が実数値であるための必要にして十分な条件は，$c_2=\bar{c}_1$ かつ c_3 が実数値であることである．ゆえに $c_1=\dfrac{c_0}{2}e^{i\gamma}$ (c_0 は実数)とおけば,

$$\begin{cases} x(t)=c_0\cos\left(\sqrt{3}\,mt+\dfrac{\pi}{3}+\gamma\right)+c, \\ y(t)=c_0\cos\left(\sqrt{3}\,mt-\dfrac{\pi}{3}+\gamma\right)+c, \\ z(t)=-c_0\cos(\sqrt{3}\,mt+\gamma)+c \end{cases} \qquad (c_0, c, \gamma \text{ は任意の実数})$$

をえる．ところで，与えられた方程式の特殊解として，$x(t)=y(t)=z(t)=t$ をえる．ゆえに，与えられた方程式の一般解はこの右辺にそれぞれ t を加えたものになる.

第4章　演習問題

1.
$$\frac{d}{dt}u(t)+au(t)=f(t)$$

において $a>0$ とし，$f(t)$ は $[0, +\infty)$ で連続とする．解の表現式 (4.2) よりつぎのことがらを示せ.

1) 任意の初期値 $u(0)$ に対し，もし $f(t)$ が $t\geq T$ で恒等的に 0 ならば，$t\to+\infty$ のとき $|u(t)|\leq Ce^{-at}$ (C は定数)がなりたつ.

2) $\displaystyle\int_0^{+\infty}|f(t)|dt<+\infty$ ならば，任意の $u(0)$ に対して $u(t)\to 0$ $(t\to+\infty)$.

2. (放電回路)　図 4.11 のような電気回路を考える．コンデンサーにある電気量を Q(クーロン)，電気容量を C(ファラッド)，抵抗を R(オーム)としたとき，スイッチを入れてから t 秒後におけるコンデンサーの電気量を $Q(t)$ とすると，

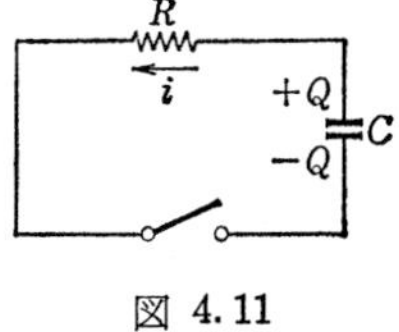

図 4.11

$$Q(t)=Qe^{-(t/CR)}$$

がなりたつことを示せ．

3. $f(x,y)$, $g(x,y)$ は $(x,y)\in[a,b]\times \boldsymbol{R}^1$ でともに連続で，つねに $f(x,y)>g(x,y)$ とする．

$$\frac{dy}{dx}=f(x,y),\qquad \frac{dy}{dx}=g(x,y)$$

のそれぞれの解 $y_1(x), y_2(x)$, $(a\leq x\leq b)$ が $y_1(a)\geq y_2(a)$ をみたすならば，$y_1(x)\geq y_2(x)$ がなりたつことを示せ．

4. (高度の変化にともなう気圧の変化)　理想化して空気の温度は一定とする．地球の表面における気圧を p_0，高度 h におけるそれを $p(h)$ とする．また高度 h における空気密度を $\sigma(h)$ とすると，単位底面積をもつ(仮想的な)大気の円柱を考えることにより，

$$p(h)=p_0-\int_0^h \sigma(\lambda)\,d\lambda$$

がなりたつ．他方 Boyle(ボイル)の法則：「p は σ に比例する」，を適用すれば，$p(h)=a\sigma(h)$ (a は正の定数)がなりたつ．これより，

$$h=a\log\frac{p_0}{p}$$

を示せ．

5. つぎの微分方程式の一般解を求めよ．

1) $\dfrac{d^2}{dx^2}u(x)+u(x)=\cos x$,

2) $\dfrac{d^3}{dx^3}u(x)+\dfrac{d}{dx}u(x)=\cos x$,

3) $\dfrac{d^3}{dx^3}u(x)+\dfrac{d}{dx}u(x)=x\cos x$.

6. 単位質量の質点が x 軸を運動し，$-\sin x$ の力をうけるものとする．

1) $t=0$ のとき $x=0$ でかつ初速度 $v_0=2$ のとき，$t\to+\infty$ とすると，質点は x 軸上のある点に近づくことを示せ．

2) 初速度 v_0 をかえて考えると，$|v_0|>2$ のときは，$t\to+\infty$ のとき無限遠にとびさるが，$|v_0|<2$ のときは原点のまわりの往復運動をすることを示せ．

7. (Bernoulli（ベルヌーイ）の微分方程式)

$$\frac{dy}{dx}+P(x)y+Q(x)y^n=0$$

を Bernoulli の微分方程式という．両辺を y^n で割り，

$$-\frac{1}{n-1}\frac{d}{dx}\left(\frac{1}{y^{n-1}}\right)+P(x)\frac{1}{y^{n-1}}+Q(x)=0$$

となり $1/y^{n-1}$ に関する線形微分方程式となる．

$$y'+y\cot x+y^3=0$$

の解を求めよ．

8. x 軸を運動している質点が，単位質量について ku^3（u は速度)の抵抗をうけるものとする．したがって，微分方程式

$$\frac{d^2x(t)}{dt^2}=-k\left(\frac{dx}{dt}\right)^3 \qquad (k\text{ は正の定数})$$

がなりたつ．$t=0$ のとき $x=0$ で初速度 $v_0(>0)$ とするとき，時刻 $t(>0)$ における u ならびに t を，通過した距離 s であらわせば，

$$u=\frac{v_0}{1+kv_0s}, \qquad t=\frac{s}{v_0}+\frac{1}{2}ks^2$$

となることを示せ．

9. (抵抗力を考慮した自由落下運動)　質量 m の質点の自由落下運動において，抵抗力として，a）ru または b）ru^2 を仮定する(ここで r―抵抗係数―は正の定数，u は速度である)．Newton の運動法則より．

a）　$$m\frac{d^2x}{dt^2}=mg-r\frac{dx}{dt},$$

b）　$$m\frac{d^2x}{dt^2}=mg-r\left(\frac{dx}{dt}\right)^2$$

をえる．ここで x 軸は鉛直線で向きは下方にとる．$t=0$ において，$x=0$，$u=0$ とすれば，t における速度 $u(t)$ は，

a)　$$u(t)=\frac{mg}{r}\left(1-e^{-(r/m)t}\right),$$

b)　$$u(t)=kg\frac{1-e^{-(2/k)t}}{1+e^{-(2/k)t}}\qquad\left(k=\sqrt{\frac{m}{rg}}\right)$$

となることを示せ．ヒント：$dx/dt=u$ とおいて考えよ．

注意　これらの表現式は，$t\to+\infty$ のとき速度 $u(t)$ が有限の値に近づくことを示しており，雨滴の落下などにみられる現象をよく説明している．

10. p, q, r を定数(実数)で $p^2+q^2+r^2=\omega^2\fallingdotseq 0$ とする．

$$\frac{dx}{dt}+qz-ry=0,$$

$$\frac{dy}{dt}+rx-pz=0,$$

$$\frac{dz}{dt}+py-qx=0$$

を解け．ヒント：p. 331 例 2を参照．

付　　表

原始関数の表

［任意付加常数 C は省略する］

$$\int x^\alpha dx = \begin{cases} \dfrac{x^{\alpha+1}}{\alpha+1} & (\alpha \neq -1) \\ \log|x| & (\alpha = -1) \end{cases}$$

$$\int e^{ax} dx = \frac{1}{a} e^{ax} \qquad (a \neq 0)$$

$$\int a^x dx = \frac{a^x}{\log a} \qquad (a > 0, \neq 1)$$

$$\int \frac{f'(x)}{f(x)} dx = \log|f(x)|$$

$$\int \sin x dx = -\cos x, \qquad \int \cos x dx = \sin x$$

$$\int \tan x dx = -\log|\cos x|, \qquad \int \cot x dx = \log|\sin x|$$

$$\int \cos^2 x dx = \frac{1}{2}(x + \sin x \cos x) = \frac{x}{2} + \frac{1}{4}\sin 2x$$

$$\int \sin^2 x dx = \frac{1}{2}(x - \sin x \cos x) = \frac{x}{2} - \frac{1}{4}\sin 2x$$

$$\int \frac{dx}{\sin x} = \log\left|\tan\frac{x}{2}\right|, \qquad \int \frac{dx}{\cos x} = \log\left|\tan\left(\frac{x}{2} + \frac{\pi}{4}\right)\right|$$

$$\int \frac{dx}{\sin^2 x} = -\cot x, \qquad \int \frac{dx}{\cos^2 x} = \tan x$$

$$\int \frac{dx}{1+x^2} = \tan^{-1} x$$

$$\int \frac{dx}{a^2+b^2x^2}=\frac{1}{ab}\tan^{-1}\left(\frac{b}{a}x\right) \qquad (ab\neq 0)$$

$$\int \frac{dx}{(x-\alpha)(x-\beta)}=\frac{1}{\alpha-\beta}\log\left|\frac{x-\alpha}{x-\beta}\right|$$

$$\int \frac{dx}{ax^2+bx+c}=\frac{2}{\sqrt{4ac-b^2}}\tan^{-1}\left(\frac{2ax+b}{\sqrt{4ac-b^2}}\right) \qquad (4ac-b^2>0)$$

$$\int \frac{dx}{a^2\sin^2 x+b^2\cos^2 x}=\frac{1}{ab}\tan^{-1}\left(\frac{a}{b}\tan x\right) \qquad (ab\neq 0)$$

$$\int \frac{dx}{\sqrt{a^2-x^2}}=\sin^{-1}\frac{x}{a}, \quad =-\cos^{-1}\frac{x}{a} \qquad (a>0)$$

$$\int \frac{dx}{\sqrt{x^2\pm a^2}}=\log|x+\sqrt{x^2\pm a^2}| \qquad (\text{複号同順})$$

$$\int \frac{dx}{\sqrt{(x-\alpha)(x-\beta)}}=2\log(\sqrt{x-\alpha}+\sqrt{x-\beta}),$$

$$=-2\log(\sqrt{\alpha-x}+\sqrt{\beta-x})$$

$$\int \frac{dx}{\sqrt{(x-\alpha)(\beta-x)}}=\sin^{-1}\frac{2x-\alpha-\beta}{\beta-\alpha}, \quad =-\cos^{-1}\frac{2x-\alpha-\beta}{\beta-\alpha},$$

$$=-2\tan^{-1}\sqrt{\frac{\beta-x}{x-\alpha}} \qquad (\alpha<\beta)$$

$$\int \frac{dx}{\sqrt{ax^2+bx+c}}=\begin{cases} 1)\ a>0 \text{ のとき}, \\ \dfrac{1}{\sqrt{a}}\log\left|x+\dfrac{b}{2a}+\sqrt{\left(x+\dfrac{b}{2a}\right)^2+K}\right| \\ \qquad\qquad (K=(4ac-b^2)/4a^2) \\ 2)\ a<0 \text{ のとき}, \\ \dfrac{1}{\sqrt{-a}}\sin^{-1}\left(\dfrac{x+\dfrac{b}{2a}}{l}\right) \qquad \left(l=\dfrac{\sqrt{b^2-4ac}}{-2a}\right) \end{cases}$$

$$\int \sqrt{a^2-x^2}\,dx=\frac{1}{2}x\sqrt{a^2-x^2}+\frac{a^2}{2}\sin^{-1}\frac{x}{a} \qquad (a>0)$$

$$\int \sqrt{x^2-a^2}\,dx=\frac{1}{2}x\sqrt{x^2-a^2}-\frac{a^2}{2}\log|x+\sqrt{x^2-a^2}|$$

$$\int\sqrt{x^2+a^2}\,dx=\frac{1}{2}x\sqrt{x^2+a^2}+\frac{a^2}{2}\log(x+\sqrt{x^2+a^2})$$

$$\int\frac{dx}{x\sqrt{x^2-a^2}}=\mp\frac{1}{a}\sin^{-1}\frac{a}{x}$$ （$a>0$, 複号は $x>a$, $x<-a$ に応じて－, ＋をとる）

$$\int\frac{dx}{x\sqrt{a^2-x^2}}=-\frac{1}{a}\log\left(\frac{a+\sqrt{a^2-x^2}}{|x|}\right)\qquad(a>0)$$

$$\int\frac{dx}{x\sqrt{x^2+a^2}}=-\frac{1}{a}\log\left(\frac{a+\sqrt{a^2+x^2}}{|x|}\right)\qquad(a>0)$$

$$\int e^{ax}\sin bx\,dx=\frac{1}{a^2+b^2}e^{ax}(a\sin bx-b\cos bx)$$

$$\int e^{ax}\cos bx\,dx=\frac{1}{a^2+b^2}e^{ax}(a\cos bx+b\sin bx)$$

3　角法の公式

［積分の計算など，具体的な問題によく用いられる公式をのせておく．以下の公式は任意の実数に対してなりたつ．］

$$\sin(\alpha\pm\beta)=\sin\alpha\cos\beta\pm\cos\alpha\sin\beta\qquad(\text{複号同順})$$

$$\cos(\alpha\pm\beta)=\cos\alpha\cos\beta\mp\sin\alpha\sin\beta\qquad(\text{複号同順})$$

$$\cos^2\alpha=\frac{1+\cos2\alpha}{2},\qquad\sin^2\alpha=\frac{1-\cos2\alpha}{2}$$

$$\sin\left(\frac{\pi}{2}+\alpha\right)=\cos\alpha,\qquad\cos\left(\frac{\pi}{2}+\alpha\right)=-\sin\alpha$$

$$\tan\alpha\cdot\tan\left(\frac{\pi}{2}-\alpha\right)=1$$

$$\sin\alpha\cos\beta=\frac{1}{2}\{\sin(\alpha+\beta)+\sin(\alpha-\beta)\}$$

$$\sin\alpha\sin\beta=\frac{1}{2}\{\cos(\alpha-\beta)-\cos(\alpha+\beta)\}$$

$$\cos\alpha\cos\beta=\frac{1}{2}\{\cos(\alpha-\beta)+\cos(\alpha+\beta)\}$$

$$\sin\alpha+\sin\beta=2\sin\frac{\alpha+\beta}{2}\cos\frac{\alpha-\beta}{2}$$

$$\sin\alpha-\sin\beta=2\cos\frac{\alpha+\beta}{2}\sin\frac{\alpha-\beta}{2}$$

$$\cos\alpha+\cos\beta=2\cos\frac{\alpha+\beta}{2}\cos\frac{\alpha-\beta}{2}$$

$$\cos\alpha-\cos\beta=-2\sin\frac{\alpha+\beta}{2}\sin\frac{\alpha-\beta}{2}$$

略解ならびにヒント

［以下のものは，略解であって完全な解答ではない．しかし問題自身が1つの定理とよばれている場合とか，読者にとって難解と思われるものには，かなりくわしい説明が与えられている．］

第1章

A　(pp. 24—26)

1. 一般に2つの数 a, b に対して $||a|-|b||\leq|a-b|$ がなりたつから，$||f(x)|-|f(y)||\leq|f(x)-f(y)|$ がなりたつ．ついで $g(x)=\sqrt{|f(x)|}$ とおく．$x_0\in[a, b]$ に対して $g(x_0)>0$ のときと，$g(x_0)=0$ のときとにわけて考えよ．なお一般に $\Phi(u)$ が連続，$f(x)$ も連続のとき $\Phi(f(x))$ は x の連続関数である(読者は証明を試みられたい)．

2. x_0 で $f(x_0)\neq g(x_0)$ とする．例えば $f(x_0)>g(x_0)$ とすると，連続性から，ある $\delta\ (>0)$ がとれて，$|x-x_0|\leq\delta$ のとき $f(x)>g(x)$．ゆえに，$|x-x_0|\leq\delta$ のとき $h(x)=f(x)$ がなりたつ．ゆえに $h(x)$ は $x=x_0$ で連続．ついで $f(x_0)=g(x_0)$ とする．任意の $\varepsilon\ (>0)$ に対して $\delta\ (>0)$ が定まり $|x-x_0|<\delta$ のとき，

$$f(x_0)-\varepsilon<f(x)<f(x_0)+\varepsilon,$$
$$g(x_0)-\varepsilon<g(x)<g(x_0)+\varepsilon$$

がなりたつ．これより，$f(x_0)-\varepsilon<h(x)<f(x_0)+\varepsilon$ がなりたつ．

3. a) 極限値 0，b) 存在しない，c) 極限値 0.

4. 条件が必要であることは明らかなので，十分であることを示せばよい．ある1つの点列 $x_n\to x_0$ に対して $f(x_n)\to A\ (n\to\infty)$ とすると，他の任意の点列 $y_n\to x_0$ に対しても $f(y_n)\to A\ (n\to\infty)$ がなりたつことは，$x_1, y_1, x_2, y_2, \cdots, x_n, y_n, \cdots$ という点列をとって考えればよい．p. 3 の推論をそのまま用いればよい．すなわち結論を否定すれば，ある $\varepsilon_0\ (>0)$ があって，どんなに $\delta\ (>0)$ を小にとっても，$0<|x-x_0|<\delta$ で $|f(x)-A|\geq\varepsilon_0$ をみたすものがとれる．δ として $1/n$ をとり，$0<|x_n-x_0|<1/n$，$|f(x_n)-A|\geq\varepsilon_0$．これは $x_n\to x_0$ であるから，矛盾である．最後に，$f(x)$

$=\sin\dfrac{1}{x}$ において例えば，$x_n=1\Big/\left(n+\dfrac{1}{2}\right)\pi$ ととれば $f(x_n)=(-1)^n$.

5. p. 3 ですでに用いたものである．くり返すと，ある $\varepsilon_0\,(>0)$ があって，どんなに $\delta(>0)$ を小にとっても，$|x-x_0|<\delta$ で $|f(x)-f(x_0)|\geq\varepsilon_0$ をみたす x が存在する．あるいは同等な条件として，$x_n\to x_0$ であって，$f(x_0)$ に収束しないような $f(x_n)$ が存在する．

6. 2つの異なる有理数 a, b に対して，$a<c<b$ をみたす無理数が存在する(読者はその証明を考えよ)に着目して中間値定理を用いる．

7. $x_n=1\Big/\left(n+\dfrac{1}{2}\right)\pi\ (n=1,2,\cdots)$ における $f(x)$ の値に着目せよ．

8. $g(x)=f(x)-x$ を考えよ．もし $f(x)\neq x$ ならば $g(x)$ はつねに正であるか，負であるかということになるが，これは矛盾である．

9. 不連続点は $\pm\left(\dfrac{a_1}{10}+\dfrac{a_2}{10^2}\right)$ $(0\leq a_1\leq 9,\ 0\leq a_2\leq 9)$ および ± 1. ただし $x=0$ は除く．なお $f(x)$ は $x\geq 0$ では右側連続であり，$x\leq 0$ では左側連続である．

10. $f(x)$ の一様連続性からしたがう．

11. 考えを定めるために，まず $f(P_0)=0$ の場合を考える．任意の $\varepsilon\,(>0)$ に対して，$\overline{\mathrm{P_0Q}}<\varepsilon$ をみたす $\mathrm{Q}\in D$ が存在する．したがって $\overline{\mathrm{PP_0}}<\varepsilon$ をみたす P に対して，$\overline{\mathrm{PQ}}\leq\overline{\mathrm{PP_0}}+\overline{\mathrm{P_0Q}}<2\varepsilon$ がなりたつ．これより $f(P)<2\varepsilon$. ついで $f(P_0)>0$ の場合を考える．まず $\mathrm{P_0}$ を中心とする半径 $f(P_0)$ の円板を考えると，内部に D の点はない．したがって $\overline{\mathrm{PP_0}}<\varepsilon$ のとき，任意の D の点 Q に対して $\overline{\mathrm{QP}}>f(P_0)-\varepsilon$ がなりたつ．ゆえに $f(P)\geq f(P_0)-\varepsilon$. つぎに $\mathrm{P_0}$ を中心とし半径 $f(P_0)+\varepsilon$ の円板を考えると，この内部に D の点 Q が少なくとも1つはある．したがって $\overline{\mathrm{PP_0}}<\varepsilon$ とすれば，

$$\overline{\mathrm{PQ}}\leq\overline{\mathrm{PP_0}}+\overline{\mathrm{P_0Q}}<\varepsilon+f(P_0)+\varepsilon.$$

ゆえに $f(P)<f(P_0)+2\varepsilon$. うえの結果を合わせて，$\overline{\mathrm{PP_0}}<\varepsilon$ のとき $|f(P)-f(P_0)|<2\varepsilon$.

12. $f(x)$ が有界でなければ，$|f(x_n)|\to+\infty\ (n\to\infty)$ となる点列 $\{x_n\}$ がある．集積値定理(定理 1.5)より，部分列 $\{x_{n_p}\}\ (p=1,2,\cdots)$ があって，$x_{n_p}\to\xi\ (p\to\infty)$ がなりたつ．ところで，$f(x)$ は $x=\xi$ で高々第1種の不連続性をもつ．ゆえに $\delta(>0)$ を十分小にとれば $|x-x_0|<\delta$ で $f(x)$ は有界である．これは矛盾である．ゆえに $f(x)$ は有界．

14. $x_0\notin E$ とする．仮定より E に属する点列 $\{x_n\}$ で $x_n\to x_0$ となるものがある(前問

参照). このとき $\{f(x_n)\}$ は収束列である. 実際, $f(x)$ の E 上での一様連続性から, $\{f(x_n)\}$ は Cauchy 列をなすからである.

$$F(x_0)=\lim_{n\to\infty} f(x_n)$$

で定義する. このさい $F(x_0)$ が $\{x_n\}$ のとり方によらないことは明らかであろう(問4参照). 最後に $x_0\in E$ のときは $F(x_0)=f(x_0)$ と定義する. $F(x)$ が $[a,b]$ で連続であることを示す. $x_0\in[a,b]$ とする. 一様連続性の仮定から, 任意の $\varepsilon\,(>0)$ に対して $\delta\,(>0)$ がとれて, $|x-x'|<\delta$ ならば $|f(x)-f(x')|<\varepsilon$ $(x, x'\in E)$ がなりたつ. さて, $|x-x_0|<\delta$ としよう. $x_0\notin E$ のとき, $x_n\to x_0$ $(x_n\in E)$ という列をとると, n が十分大であれば, $|x-x_n|<\delta$ がやはりなりたつから, $|f(x)-f(x_n)|<\varepsilon$. $n\to\infty$ として極限をとると, $|f(x)-F(x_0)|\leq\varepsilon$. この不等式は, $x_0\in E$ のときもちろん正しい.

最後に $|x-x_0|<\delta$ で $x\notin E$ とすると, x に近づく E の点列をとることにより, $|F(x)-F(x_0)|\leq\varepsilon$ がなりたつ. ゆえに $F(x)$ は x_0 で連続である.

拡張の一意性はつぎのようにしてわかる. 2つあったとし, $F(x), G(x)$ とかく. $H(x)=F(x)-G(x)$ とおくと, $x\in E$ のとき $H(x)=0$ であり, $H(x)$ は連続であるという仮定から, 任意の $x\notin E$ に対しても, E の点列 $x_n\to x$ をとることにより $H(x)=0$ がなりたつ.

15. A(有理数)>0 を1つ固定すると, 有理数上で定義された a^x が $[0,A]$ で一様連続であることを示せばよい. ところで, $p>q\geq 0$ として, $a^p-a^q=a^q(a^{p-q}-1)$. したがって, $|a^p-a^q|\leqq a^A(a^{p-q}-1)$.

B (pp. 26—28)

1. 1) $\bar{f}_\delta(x_0)$ はその定義より δ が減少すればそれにつれて(広い意味で)減少する. その極限を A としたのであるから, δ を十分小とすれば, $0<|x-x|\leq\delta$ のとき $\bar{f}_\delta(x_0)<A+\varepsilon$.

2) どんなに $\varepsilon(>0)$ を小にとっても $\bar{f}_\delta(x_0)\geq A$ であるから, すなわち

$$\sup_{0<|x-x_0|\leq\delta} f(x)\geq A$$

であるから, $\varepsilon\,(>0)$ を任意に指定したとき, $x_1\,(\neq x_0)$ があって, $f(x_1)>A-\varepsilon$. つぎに $\delta_1(>0)$ を $|x_1-x_0|$ より小にえらび, $0<|x_2-x_0|<\delta_1$ となる x_2 で $f(x_2)>A-\varepsilon$ となるものをとる. 以下同様につづければ, $\{x_n\}$, $(x_n\neq x_m)\,(n\neq m)$, $|x_n-x_0|\leq\delta$, $f(x_n)>A-\varepsilon$ $(n=1,2,\cdots)$.

3. 下半連続である, すなわち $|x-x_0|<\delta$ ならば $f(x)>f(x_0)-\varepsilon$ とする. これより

$\underline{\lim}_{x\to x_0} f(x)\geq f(x_0)-\varepsilon$ がなりたつ．実際，定義にもどれば，B 問1の記号を使って，$\underline{f}_\delta(x_0)\geq f(x_0)-\varepsilon$ がなりたち，これより $\underline{\lim}_{x\to x_0} f(x)\geq f(x_0)-\varepsilon$．$\varepsilon$ は任意だから，$\underline{\lim}_{x\to x_0} f(x)\geq f(x_0)$．

逆に下極限に対するうえの関係があれば，B 問1の推論を参考にすれば，下半連続であることがわかる．

4. D が開集合であるとは，$P_0\in D$ としたとき，ある $\delta\,(>0)$ がとれて $\overline{PP_0}<\delta$ ならば，$P\in D$ をみたすときをいう．これより，$P_0\in D$ とすると，$C_D(P)=1$，$\overline{PP_0}<\delta$ がなりたつ．また $P_0\notin D$ のときは，$C_D(P_0)=0$ であり，$C_D(P)\geq 0$ より P_0 で下半連続．

5. $\inf f(x)=\gamma$ とする．定義より $f(x_n)\to\gamma$ $(n\to\infty)$ という点列(同じものが何回もあらわれてくる可能性も許してある) $\{x_n\}$ があるが，必要があればこの部分列をとることにより，$x_n\to x_0$ と仮定できる．このとき $f(x_0)=\gamma$ がなりたつ．実際，

$$f(x_0)\leq\underline{\lim}_{n\to\infty} f(x_n)=\lim_{n\to\infty} f(x)=\gamma$$

であり，他方 $f(x_0)\geq\gamma$ であるからである．

6. 切り口の集合が3角形の1辺を含む場合と，そうでない場合とに分けて考えよ．

8. 1)　E を有界閉集合，F を閉集合とする．$\mathrm{dis}(E,F)=\rho(\geq 0)$ とする．定義より $P_n\in E$, $Q_n\in F$ $(n=1,2,\cdots)$ があって，$\overline{P_nQ_n}\to\rho$ $(n\to\infty)$．ところで集積値定理(くわしくいえば定理 1.5 の拡張である．定理 3.16 の証明参照)によって $\{P_n\}$ の適当な部分列 $\{P_{n_p}\}$ があって収束列になる．$P_{n_p}\to P_0(p\to\infty)$．$E$ が閉集合であることにより，$P_0\in E$．他方，

$$\overline{Q_{n_p}P_0}\leq\overline{Q_{n_p}P_{n_p}}+\overline{P_{n_p}P_0}$$

より，$\{Q_{n_p}\}$ もまた有界点列であり，適当な部分列 $\{Q_{n_{p'}}\}$ もまた収束列をなす．ゆえに，$Q_{n_{p'}}\to Q_0(\in F)$．ゆえに

$$\overline{P_0Q_0}=\lim\overline{P_{n_{p'}}Q_{n_{p'}}}=\rho \qquad (\text{したがって } \rho>0).$$

2)　(x,y)-平面で E を x-軸，F を $y=\dfrac{1}{x}$ $(x\neq 0)$ であらわされる曲線(これは閉集合である)とすれば $\mathrm{dis}(E,F)=0$．

9. $\sqrt{n+i}-\sqrt{n}=\dfrac{i}{\sqrt{n+i}+\sqrt{n}}$ を用いる．

10. $\varepsilon\,(>0)$ を任意に与えると，ある N があって，$n\geq N$ のとき，

$$L-\varepsilon<\frac{a_{n+1}}{a_n}<L+\varepsilon$$

がなりたつ．本文のヒントにある分解を用いると，これより

$$\sqrt[n]{a_N}(L-\varepsilon)^{(n-N)/n}\leq\sqrt[n]{a_n}\leq\sqrt[n]{a_N}(L+\varepsilon)^{(n-N)/n}.$$

ゆえに，

$$\lim_{n\to\infty}\sqrt[n]{a_N}(L-\varepsilon)^{(n-N)/n}\leq\varliminf_{n\to\infty}\sqrt[n]{a_n},\qquad \varlimsup_{n\to\infty}\sqrt[n]{a_n}\leq\lim_{n\to\infty}\sqrt[n]{a_N}(L+\varepsilon)^{(n-N)/n}.$$

これより，

$$L-\varepsilon\leq\varliminf_{n\to\infty}\sqrt[n]{a_n}\leq\varlimsup_{n\to\infty}\sqrt[n]{a_n}\leq L+\varepsilon.$$

11.

	上限	下限	上極限	下極限
1)	1	$\frac{1}{2}$	1	1
2)	1	0	1	0
3)	$\sqrt[3]{3}$	1	1	1
4)	3	0	3	0

12. 矛盾によって示せばよい．もしこの命題が正しくないとすれば，$\rho_1, \rho_2, \cdots, \rho_n, \cdots\to 0$ という正の列と，$P_1, P_2, \cdots, P_n, \cdots$ という点列があり，$D(P_n, \rho_n)$ はいずれの $D(P; r(P))$ にも含まれないことになるが，P_n の部分列 P_{n_j} を適当にとると，$P_{n_j}\to P_0$ $(j\to\infty)$．ところで，明らかに j が十分大きければ，$D(P_{n_j}; \rho_{n_j})\subset D(P_0; r(P_0))$．これは矛盾である．

第2章

A (pp. 124—127)

1.

$$\varphi'(x)=a\{g'(ax)f(ax)-g(ax)f'(ax)\}/f(ax)^2,$$

$$\varphi''(x)=a^2\{g''(ax)f(ax)-g(ax)f''(ax)\}/f(ax)^2$$
$$-a^2\{g'(ax)f(ax)-g(ax)f'(ax)\}f'(ax)/f(ax)^3.$$

3. $\varphi(x, h)=\{f(x+h)-f(x)\}/h$ を考える．(a, b) に含まれる2点 $x_1, x_2(x_1<x_2)$ で $f'(x_1)f'(x_2)<0$ であったとせよ．$h(>0)$ を十分小にとれば，$\varphi(x_1, h)\varphi(x_2, h)<0$

がなりたつ．h を固定し，$\varphi(x,h)$ に中間値定理を用いると，$\varphi(\xi,h)=0$ となる $\xi(x_1<\xi<x_2)$ がある．さらに Rolle の定理を用いると，$f'(\xi+\theta h)=0$ $(0<\theta<1)$ となり，仮定に反する．

4. $\varphi(x)=g(x)/f(x)$ を考えれば $\varphi'(x)=0$. ゆえに $\varphi(x)=C$(命題 2.1 参照)．ついでながら，この結論は $f(x)=0$ となるような x があるときにはなりたたない．その1例：

$$f(x)=\begin{cases}x^2, & x\geq 0\\ x^3, & x\leq 0\end{cases},\qquad g(x)=\begin{cases}c_+x^2, & x\geq 0\\ c_-x^3, & x\leq 0\end{cases}$$

に対して，$f'(x)g(x)-f(x)g'(x)=0$ であるが，$g(x)/f(x)=c_\pm\,(x\gtrless 0)$.

5. §2.3 の最後の例参照．

6. a) $\log 2$, b) $\dfrac{\pi}{4}$, c) $\dfrac{1}{\alpha+1}$, d) $\displaystyle\int_0^1 \psi(1,y)\,dy$.

7.
$$F(x+h)-F(x)=\frac{1}{2\delta}\left[\int_{x+\delta}^{x+\delta+h}f(\xi)\,d\xi-\int_{x-\delta}^{x-\delta+h}f(\xi)\,d\xi\right]$$

より，$F'(x)=\dfrac{1}{2\delta}[f(x+\delta)-f(x-\delta)]$ をえる．

9. 対数をとる．§2.17 例2より，

$$n\log\left(1+\varepsilon_n\frac{x}{n}\right)=n\left(\frac{\varepsilon_n x}{n}+O\left(\frac{1}{n^2}\right)\right)=\varepsilon_n x+O\left(\frac{1}{n}\right).$$

10.
$$F(x)=\frac{3}{2}\int_0^x\left(\frac{1}{t+3}-\frac{1}{3(t+1)}\right)dt.\qquad 答：-\frac{3}{2}\log 3.$$

11. $\dfrac{n!}{n^n}=1\left(\dfrac{n-1}{n}\right)\left(\dfrac{n-2}{n}\right)\cdots\cdot\dfrac{2}{n}\cdot\dfrac{1}{n}$ より明らか．

12. a) $mx^{m-1}\sin\left(\dfrac{1}{x^n}\right)-nx^{m-(n+1)}\cos\left(\dfrac{1}{x^n}\right)$, b) $\dfrac{3x^2}{\sqrt{1-(x^3+2)^2}}$,

c) $\dfrac{\sqrt{2}}{x}(x^{\sqrt{2}}+x^{-\sqrt{2}})$, d) $\dfrac{-a\sin x}{\sqrt{1-(a\cos x+b)^2}}$,

e) $-\dfrac{1}{(x+\sqrt{x^2-1})\sqrt{x^2-1}}$, f) $x^{\sin x}\left(\cos x\log x+\dfrac{\sin x}{x}\right)$,

g) $\dfrac{u'}{u\log v}-\dfrac{v'\log u}{v\{\log v\}^2}$. ヒント：$\log_{v(x)}u(x)=\dfrac{\log u(x)}{\log v(x)}$.

13. B の座標を $x(t)$ とすると，

$$x'(t)=-\frac{r^2\omega\sin(2\omega t)}{2\sqrt{l^2-r^2\sin^2\omega t}}-r\omega\sin\omega t,$$

$$x''(t)=-\frac{l^2\cos(2\omega t)+r^2\sin^4\omega t}{(l^2-r^2\sin^2\omega t)^{3/2}}r^2\omega^2.$$

14.
$$\frac{1}{2}+e^{i\theta}+e^{i2\theta}+\cdots+e^{in\theta}=\frac{1}{2}+\frac{e^{i\theta}-e^{i(n+1)\theta}}{1-e^{i\theta}}$$

を変形すればよい．

16. $\sin x=x+O(x^3)$ に着目する．

17. (2.88) より，$\sqrt[3]{ax^3+H}=\sqrt[3]{a}x\left(1+\dfrac{H}{ax^3}\right)^{1/3}$

$$=\sqrt[3]{a}x\left(1+\frac{1}{3}\frac{H}{ax^3}+O\left(\frac{1}{x^2}\right)\right).$$

18. $f(t)=\tan\pi t-at$ を $n\leq t\leq n+1$ $(n\geq 1)$ で考えると，t が $\left(n+\dfrac{1}{2},n+1\right]$ の間では $\tan\pi t<0$ であるから，$f(t)$ の零点はない．したがって t が $\left[n,n+\dfrac{1}{2}\right)$ のときを考える．

$f(n)=-an<0$, $\displaystyle\lim_{t\to n+(1/2)-0}f(t)=+\infty$ であるから，中間値の定理によって $f(t)$ の零点が少なくとも1つあることはわかるが，問題はただ1つであることを示すことにある．

$$f'(t)=\frac{\pi}{\cos^2\pi t}-a,\qquad f''(t)=\frac{\pi^2\sin\pi t}{\cos^3\pi t}$$

である．ところで，$t\in\left(n,n+\dfrac{1}{2}\right)$ で $f''(t)>0$ である．これより $f(t)=0$ の零点 t_n はただ1つである(証明を考えよ．p. 178 の問参照)．

$t_n=n+\dfrac{1}{2}-\varepsilon_n$ $\left(0<\varepsilon_n<\dfrac{1}{2}\right)$ とおく．$\tan\pi t_n=at_n$ は，

$$\tan\left(\frac{\pi}{2}-\pi\varepsilon_n\right)=a\left(n+\frac{1}{2}-\varepsilon_n\right),$$

したがって，

$$(*)\qquad \pi\varepsilon_n=\tan^{-1}\left[\frac{1}{a\left(n+\frac{1}{2}-\varepsilon_n\right)}\right]$$

の解としてえられる．これより $\varepsilon_n\to+0$ $(n\to\infty)$ がわかる．Taylor 展開を用いると，

$$\tan^{-1}x=x+O(x^3)$$

だから，(＊) より

$$\pi\varepsilon_n=\frac{1}{a\left(n+\frac{1}{2}-\varepsilon_n\right)}+O\left(\frac{1}{n^3}\right).$$

これを ε_n について整とんして

$$\varepsilon_n{}^2-\left(n+\frac{1}{2}\right)\varepsilon_n+\frac{1}{a\pi}+O\left(\frac{1}{n^2}\right)=0.$$

これより，$\varepsilon_n=\dfrac{1}{a\pi n}+O\left(\dfrac{1}{n^2}\right)$.

19. p. 107 参照.

20. n を十分大にすれば，$a_n<1$ となることに着目せよ.

21. 1) $\sigma>1$ とする．$\varepsilon\,(>0)$ を $\sigma-\varepsilon>1$ となるようにえらぶ．上極限の定義より，$\sqrt[n]{u_n}>\sigma-\varepsilon$ となるような n が無限個ある．このような n に対しては $u_n>(\sigma-\varepsilon)^n$ であるから，数列 u_n は有界ではない．いわんや $\sum u_n$ は収束級数ではない．
2) $\sigma<1$ のときは定理 2.25，3)を参照.

22.
$$f(x)=\sum_{\sigma}\varepsilon(\sigma)a_{1\sigma(1)}(x)a_{2\sigma(2)}(x)\cdots a_{n\sigma(n)}(x)$$

とかける．ここで σ は置換をあらわし，$\varepsilon(\sigma)$ はそれが偶置換か奇置換かによって，それぞれ $+1, -1$ をとる．これより

$$f'(x)=\sum_{i=1}^{n}\sum_{\sigma}\varepsilon(\sigma)a_{1\sigma(1)}(x)\cdots a_{i\sigma(i)}{}'(x)\cdots a_{n\sigma(n)}(x).$$

B (pp. 127—128)

2. 2)の証明．$\lim\limits_{x\to+\infty}\dfrac{F'(x)}{G'(x)}=\gamma$ とおく．ゆえに，$\varepsilon\,(>0)$ を与えると，A がとれて，任意の $\xi\geq A$ に対して，$\left|\dfrac{F'(\xi)}{G'(\xi)}-\gamma\right|<\varepsilon$ がなりたつ．このような A を1つとり固定する．

$$\frac{F(x)-F(A)}{G(x)-G(A)}=\frac{F'(\xi)}{G'(\xi)}\qquad(A<\xi<x)$$

がなりたつから，

$$\frac{F(x)}{G(x)}=\frac{F(x)}{F(x)-F(A)}\cdot\frac{G(x)-G(A)}{G(x)}\cdot\frac{F(x)-F(A)}{G(x)-G(A)}$$

と分解する．右辺の第1，第2の因子は $x\to+\infty$ のとき1に収束する．これより，

$$\gamma-\varepsilon\leq \varliminf_{x\to+\infty}\frac{F(x)}{G(x)}\leq \varlimsup_{x\to+\infty}\frac{F(x)}{G(x)}\leq\gamma+\varepsilon$$

がなりたつ．ここで ε は任意の正数であったから，

$$\lim_{x\to+\infty}\frac{F(x)}{G(x)}=\gamma.$$

注意　$x\to+\infty$ としたが，x が有限値に近づく場合でも結論は正しい(読者は証明を試みよ)．

3.　$\displaystyle\lim_{x\to+\infty}\frac{F(x)}{x^{\alpha+1}}$ に前問の結果を用いよ．

4.　一般にはなりたたない．例：$x^3\sin\dfrac{1}{x}$，ただし $x=0$ のときは0と定義する．

第3章

I　原始関数および異常積分 (pp. 258—259)

1.　(巻末の原始関数の表を参照)

1)　$\dfrac{1}{x(x^2+1)}=\dfrac{A}{x}+\dfrac{Bx+C}{x^2+1}$ とおく．$Ax^2+A+Bx^2+Cx=1$ より，$\dfrac{1}{x(x^2+1)}=\dfrac{1}{x}-\dfrac{x}{x^2+1}$．ゆえに，原始関数は，$\log\dfrac{|x|}{\sqrt{x^2+1}}+C$.

2)　$\dfrac{1}{a-b}\log\left|\dfrac{x-a}{x-b}\right|+C\quad(a\neq b)$．　3)　$\log\dfrac{\sqrt{|x^2-1|}}{|x|}+C$.

4)　$\dfrac{x^2}{\sqrt{1-x^2}}=-\sqrt{1-x^2}+\dfrac{1}{\sqrt{1-x^2}}$ より，$\displaystyle\int\frac{x^2}{\sqrt{1-x^2}}dx=-\frac{1}{2}x\sqrt{1-x^2}+\frac{1}{2}\sin^{-1}x$.

5)　部分積分法による．答は $\dfrac{x^{1-n}}{(1-n)^2}\{(1-n)\log x-1\}+C$.

6)　$-\dfrac{1}{x}-\tan^{-1}x+C$．　7)　p. 138 を考慮して，$\dfrac{1}{x^2(x^2+1)^2}-\dfrac{1}{x^2}=\dfrac{-x^4-2x^2}{x^2(x^2+1)^2}=-\dfrac{x^2+2}{(x^2+1)^2}=\dfrac{x^2}{(x^2+1)^2}-\dfrac{2}{x^2+1}$．最初の項に部分積分法を適用すれば $\displaystyle\int\frac{x^2}{(x^2+1)^2}dx=-\frac{x}{2(x^2+1)}+\int\frac{dx}{x^2+1}$ をえる．ゆえに，$\displaystyle\int\frac{dx}{x^2(x^2+1)^2}=-\frac{1}{x}-\frac{x}{2(x^2+1)}-\frac{3}{2}\tan^{-1}x+C$.

8)　$3\log\left|\dfrac{x}{x+1}\right|+\dfrac{3}{x+1}+\dfrac{3}{2(x+1)^2}+C$.

9)　$\displaystyle\int \frac{1}{b^2+a^2\tan^2 x}\,d(\tan x)=\frac{1}{ab}\tan^{-1}\left(\frac{a}{b}\tan x\right)+C.$

10)　$\displaystyle\frac{x^2}{(x-1)^2(x^2+1)}=\frac{1}{2(x-1)^2}+\frac{1}{2(x-1)}-\frac{x}{2(x^2+1)}$ と分解できる．したがって答は，$\displaystyle-\frac{1}{2(x-1)}+\frac{1}{2}\log|x-1|-\frac{1}{4}\log(x^2+1)+C.$

11)　$\displaystyle\tan\frac{x}{2}=t$ とおくと，求める積分は，$\displaystyle 2\int\frac{dt}{1+e+(1-e)t^2}$，$\displaystyle t=\sqrt{\frac{1+e}{1-e}}\,u$ とおくと，

$$=\frac{2}{\sqrt{1-e^2}}\int\frac{du}{1+u^2}=\frac{2}{\sqrt{1-e^2}}\tan^{-1}\left(\sqrt{\frac{1-e}{1+e}}\tan\frac{x}{2}\right)+C.$$

12)　p. 137 例 2 と同じ方法で計算すればよい．$\displaystyle\omega=\frac{1+i}{\sqrt{2}}$ とおくと，$x^4+1=(x-\omega)(x-\bar{\omega})(x+\omega)(x+\bar{\omega})$.

$$\frac{1}{x^4+1}=\frac{1}{4\omega^3(x-\omega)}+\frac{1}{4\bar{\omega}^3(x-\bar{\omega})}-\frac{1}{4\omega^3(x+\omega)}-\frac{1}{4\bar{\omega}^3(x+\bar{\omega})}.$$

$\omega^3=-\omega$ を考慮すれば，

$$4\times(\text{最初の 2 項の和})=\frac{-1}{\bar{\omega}(x-\omega)}+\frac{-1}{\omega(x-\bar{\omega})}=-\frac{\sqrt{2}\left(x-\frac{1}{\sqrt{2}}\right)-1}{\left(x-\frac{1}{\sqrt{2}}\right)^2+\left(\frac{1}{\sqrt{2}}\right)^2},$$

$$4\times(\text{最後の 2 項の和})=\frac{1}{\bar{\omega}(x+\omega)}+\frac{1}{\omega(x+\bar{\omega})}=\frac{\sqrt{2}\left(x+\frac{1}{\sqrt{2}}\right)+1}{\left(x+\frac{1}{\sqrt{2}}\right)^2+\left(\frac{1}{\sqrt{2}}\right)^2}.$$

これより，

$$\int\frac{dx}{x^4+1}=\frac{1}{4\sqrt{2}}\log\frac{x^2+\sqrt{2}x+1}{x^2-\sqrt{2}x+1}+\frac{1}{2\sqrt{2}}[\tan^{-1}(\sqrt{2}x+1)+\tan^{-1}(\sqrt{2}x-1)]+C.$$

2.　1)　発散である，　2)　収束する．

3.　1)　$0<s<1$ のとき収束，その他では発散，2)　$0<s<2$ では収束，その他では発散．

4.

$$\int_{-\varepsilon}^{+\varepsilon} f(x)\frac{\delta}{\delta^2+x^2}\,dx=f(0)\int_{-\varepsilon}^{+\varepsilon}\frac{\delta}{\delta^2+x^2}\,dx+\int_{-\varepsilon}^{+\varepsilon}[f(x)-f(0)]\frac{\delta}{\delta^2+x^2}\,dx$$

と分解すると，第 1 項は $\pi f(0)$ に近づき，第 2 項は絶対値において，$\max_{|x|\le\varepsilon}|f(x)-f(0)|\pi$ より小である．最後に，$[-A,-\varepsilon]$, $[\varepsilon, A]$ での積分は δ とともに 0 に近づく．

5. a) $\alpha>0$ とする．$f(x)=x(\log x)^\alpha$ は $[2,+\infty)$ で正で連続，かつ単調に増大して，$x\to+\infty$ のとき $+\infty$ に近づく．$x\in[n,n+1]$ $(n=2,3,\cdots)$ で

$$\frac{1}{(n+1)\{\log(n+1)\}^\alpha}\leq\frac{1}{x(\log x)^\alpha}\leq\frac{1}{n(\log n)^\alpha}$$

だから，

$$\frac{1}{(n+1)\{\log(n+1)\}^\alpha}\leq\int_n^{n+1}\frac{dx}{x(\log x)^\alpha}\leq\frac{1}{n(\log n)^\alpha}.$$

したがって，

$$\int_3^{p+1}\frac{dx}{x(\log x)^\alpha}\leq\sum_{n=3}^{p}\frac{1}{n(\log n)^\alpha}\leq\int_2^p\frac{dx}{x(\log x)^\alpha}$$

がなりたつ．ゆえに級数 $\sum_{n=2}^{\infty}\frac{1}{n(\log n)^\alpha}$ は，積分 $\int_2^\infty\frac{dx}{x(\log x)^\alpha}$ と同時に収束，発散である．p. 142 注意 2 により，これは $\alpha>1$ のときに限り収束．

c) $\alpha=1$ のときは，

$$\frac{v_n}{v_{n+1}}=\left(1+\frac{1}{n}\right)\left(1+\frac{1}{n\log n}-\frac{\delta_n}{2n^2\log n}\right)\qquad(0<\delta_n<1).$$

6. 前問の結果を用いる．

1) $\displaystyle\frac{u_n}{u_{n+1}}=\frac{2n+5}{2n+2}=\left(1+\frac{5}{2n}\right)\left(1+\frac{1}{n}\right)^{-1}=1+\frac{3}{2n}+O\left(\frac{1}{n^2}\right)$ で収束．

2)
$$\begin{aligned}\frac{u_n}{u_{n+1}}&=\left(\frac{2n+2}{2n+1}\right)^p=\left(1+\frac{1}{2n+1}\right)^p=1+\frac{p}{2n+1}+\frac{p(p-1)}{2}\left(\frac{1}{2n+1}\right)^2+O\left(\frac{1}{n^3}\right)\\&=1+\frac{p}{2n}\left(1-\frac{1}{2n}+O\left(\frac{1}{n^2}\right)\right)+\frac{p(p-1)}{2}\left(\frac{1}{2n}\right)^2\left(1+O\left(\frac{1}{n}\right)\right)+O\left(\frac{1}{n^3}\right)\\&=1+\frac{p}{2n}+\frac{p(p-3)}{8n^2}+O\left(\frac{1}{n^3}\right).\end{aligned}$$

これより，$p>2$ のとき収束，$p\leq2$ のとき発散．

II 定積分(必要あれば巻末の原始関数の表を参照) (pp. 260—261)

1. $x=-\cos\theta$，ついで $\tan\frac{\theta}{2}=t$ とおくと，求める定積分は

$$I=\int_0^\pi\frac{d\theta}{a+\cos\theta}=2\int_0^\infty\frac{dt}{(a+1)+(a-1)t^2}=\frac{2}{\sqrt{a^2-1}}\left[\tan^{-1}\left(\sqrt{\frac{a-1}{a+1}}t\right)\right]_0^{+\infty}.$$

ついで

$$\frac{1}{a-x}=\sum_{n=0}^{\infty}\frac{x^n}{a^{n+1}}\quad \text{より，}\quad I=\sum_{n=0}^{\infty}\frac{1}{a^{n+1}}\int_{-1}^{+1}\frac{x^n}{\sqrt{1-x^2}}dx.$$

他方，

$$\frac{\pi}{\sqrt{a^2-1}}=\frac{\pi}{a}\left(1-\frac{1}{a^2}\right)^{-1/2}=\frac{\pi}{a}\sum_{n=0}^{\infty}C\begin{pmatrix}-\frac{1}{2}\\ n\end{pmatrix}\frac{(-1)^n}{a^{2n}}=\pi\sum_{n=0}^{\infty}\frac{1\cdot 3\cdot 5\cdot\cdots\cdot(2n-1)}{2\cdot 4\cdot 6\cdot\cdots\cdot 2n}\frac{1}{a^{2n+1}}.$$

3. $\gamma=\dfrac{\alpha^2+1}{2\alpha}$, $\delta=\dfrac{\beta^2+1}{2\beta}$ とおけば，$\alpha>0$, $\beta>0$

$$I=\frac{1}{2\sqrt{\alpha\beta}}\int_{-1}^{+1}\frac{dx}{\sqrt{\gamma-x}\sqrt{\delta-x}}=\frac{1}{\sqrt{\alpha\beta}}\Big[\log(\sqrt{\gamma-x}+\sqrt{\delta-x})\Big]_{+1}^{-1}$$
$$=\frac{1}{\sqrt{\alpha\beta}}\log\frac{\sqrt{\gamma+1}+\sqrt{\delta+1}}{\sqrt{\gamma-1}+\sqrt{\delta-1}}$$

をえる．ついで，$\alpha,\beta>1$, $\alpha,\beta<1$ の場合に分けて考える．最後に $\alpha<0$, $\beta<0$ のときには，積分変数 x を $-x'$ とおけば，$\alpha>0$, $\beta>0$ の場合に帰着される．

4. $\dfrac{x^4}{x^2+1}=\dfrac{(x^2+1)(x^2-1)+1}{x^2+1}=x^2-1+\dfrac{1}{x^2+1}$ と分けると，

$$\frac{I}{2}=\int_0^1\frac{x^4dx}{(x^2+1)\sqrt{1-x^2}}=-\int_0^1\sqrt{1-x^2}dx+\int_0^1\frac{dx}{(1+x^2)\sqrt{1-x^2}}$$
$$=-\frac{\pi}{4}+\int_0^{\pi/2}\frac{d\varphi}{1+\sin^2\varphi}=-\frac{\pi}{4}+\int_0^{\pi/2}\frac{d\varphi}{2\sin^2\varphi+\cos^2\varphi}$$

となる．巻末の付表を参照されたい．答：$I=\dfrac{1}{2}(\sqrt{2}-1)\pi$.

5. $x=\tan\varphi$ とおくと，

$$I=\int_0^{\pi/4}\log(\sin\varphi+\cos\varphi)\,d\varphi-\int_0^{\pi/4}\log(\cos\varphi)\,d\varphi$$
$$=\int_0^{\pi/4}\log\left[\sqrt{2}\sin\left(\varphi+\frac{\pi}{4}\right)\right]d\varphi-\int_0^{\pi/4}\log(\cos\varphi)\,d\varphi.$$

6. $\lambda>0$, $\mu>0$ と仮定してよい．

$$I'(\alpha)=\int_0^{\infty}\frac{x^2}{(\lambda^2+\mu^2x^2)(1+\alpha x^2)}dx$$
$$=\frac{\lambda^2}{\lambda^2\alpha-\mu^2}\int_0^{\infty}\left(\frac{1}{\lambda^2+\mu^2x^2}-\frac{1}{\lambda^2(1+\alpha x^2)}\right)dx$$
$$=\frac{\lambda^2}{\lambda^2\alpha-\mu^2}\left(\frac{1}{\lambda\mu}-\frac{1}{\lambda^2\sqrt{\alpha}}\right)\frac{\pi}{2}=\frac{1}{\alpha+c\sqrt{\alpha}}\cdot\frac{\pi}{2\lambda\mu}\quad\left(c=\frac{\mu}{\lambda}\right).$$
$$I(\alpha)=\frac{\pi}{2\lambda\mu}\int_0^{\alpha}\frac{d\xi}{\xi+c\sqrt{\xi}}=\frac{\pi}{2\lambda\mu}2\int_0^{\alpha}\frac{d(\sqrt{\xi})}{\sqrt{\xi}+c}=\frac{\pi}{\lambda\mu}\log\left(1+\frac{\lambda}{\mu}\sqrt{\alpha}\right).$$

よって，$I=\frac{\pi}{\lambda\mu}\log\left(1+\frac{\lambda}{\mu}k\right)$.

7.
$$I'(\alpha)=\int_0^\infty e^{-\alpha x^2}dx=\frac{1}{\sqrt{\alpha}}\int_0^\infty e^{-\alpha x^2}d(\sqrt{\alpha}\,x)=\frac{1}{\sqrt{\alpha}}\cdot\frac{\sqrt{\pi}}{2}.$$

$\lim_{\alpha\to+0}I(\alpha)=0$ より，$I(\alpha)=\sqrt{\pi}\int_0^\alpha\frac{d\xi}{2\sqrt{\xi}}=\sqrt{\pi\alpha}$.　　答：$\sqrt{\pi}$.

9.
$$S=\frac{l^2}{(1-e^2)^{3/2}}\int_0^u\frac{(1+e)u^2+(1-e)}{(1+u^2)^2}du$$

において，被積分関数は $-\frac{d}{du}\left(\frac{eu}{1+u^2}\right)+\frac{1}{1+u^2}$ とかかれることに着目する．ついで，$b\sin\varphi=\frac{l\sin\omega}{1+e\cos\omega}$ であることより，

$$\frac{u}{1+u^2}=\frac{\sqrt{1-e^2}}{2}\frac{\sin\omega}{1+e\cos\omega}=\frac{1}{2}\sin\varphi.$$

なおこの結果は，§ 2.20 例2 で求めてある．

10. $I=\int_0^{\pi/2}\sin^4\theta\cos^2\theta\,d\theta=\int_0^{\pi/2}\cos^4\theta\sin^2\theta\,d\theta$ より，加えると，

$$2I=\int_0^{\pi/2}\sin^2\theta\cos^2\theta\,d\theta=\frac{1}{4}\int_0^{\pi/2}\sin^2 2\theta\,d\theta=\frac{\pi}{16}.\qquad 答：\frac{\pi}{32}.$$

III　平 面 曲 線 (pp. 262—264)

6. 準線を $x=-p$，焦点を $(p,0)$ $(p>0)$ とする放物線の方程式は $y^2=4px$ である(p. 118 参照)．(x,y) における法線の方向比は $-y:2p$ であるから，

$$Y-y=-\frac{y}{2p}(X-x)$$

が (x,y) を通る法線の方程式である．(x,y) と準線 $x=-p$ との間にある法線の部分の長さは，$(x+p)^{3/2}/\sqrt{p}$ であることがわかる．

7. 垂線の足の座標 (x,y) は

$$\frac{x-f(t)}{f'(t)}=\frac{y-g(t)}{g'(t)},\qquad \frac{x-x_0}{-g'(t)}=\frac{y-y_0}{f'(t)}$$

の解としてえられる．

8. 前問において $f(\theta)=\cos\theta$，$g(\theta)=\sin\theta$ とおくと，

$$x(\theta)-x_0=\cos\theta\cdot(1-x_0\cos\theta),$$
$$y(\theta)\qquad=\sin\theta\cdot(1-x_0\cos\theta).$$

したがって，$(x(\theta)-x_0)^2+y(\theta)^2=(1-x_0\cos\theta)^2$，$y(\theta)/(x(\theta)-x_0)=\tan\theta$ がえられる．

円周上の点 M における接線への垂線 $\overrightarrow{\mathrm{PH}}$ は $\overrightarrow{\mathrm{OM}}$ に平行である．P が円内にあるときは，同じ向きに平行であるが，P が円の外部にあるときは注意が必要である．$x_0>1$ とする．図からわかるように，$-\theta_0<\theta<\theta_0$ のときには，$\overrightarrow{\mathrm{PH}}$ は動径方向と反対の向きにあり，その他では同じ向きになる．この2つの場合に応じて，$1-x_0\cos\theta\lesseqgtr 0$（複号同順）となる．ゆえに $f(\theta)=1-x_0\cos\theta$.

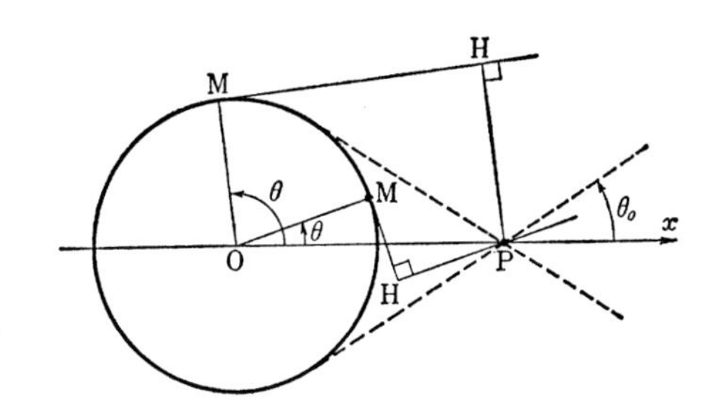

9. a) 時刻 $t+\Delta t$ における P, M の位置をそれぞれ P′, M′ とし，曲4辺形 PMM′P′ の面積 ΔS を考える．P′N を PM の平行直線，MR を PP′ の平行線とする．まず曲3角形 MRN は Δt に関して，第2位以上の無限小である（読者は厳密な証明を試みられたい）．ついで扇形部分 P′NM′ の面積は，

$$\frac{1}{2}a^2\omega\Delta t+O((\Delta t)^2)\quad である．$$

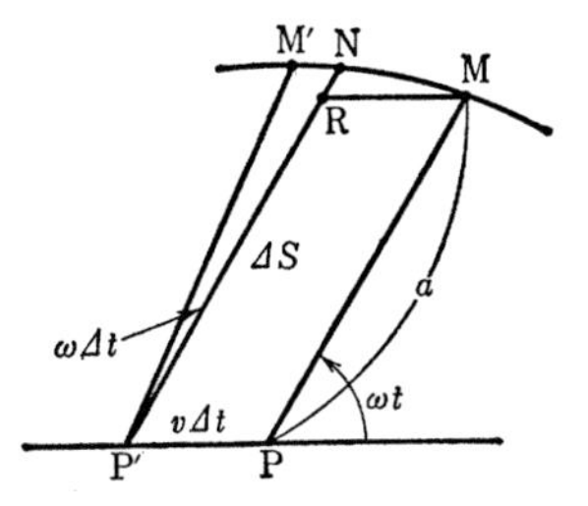

$$\Delta S=v\Delta t\times a\sin\omega t+\frac{1}{2}a^2\omega\Delta t+O((\Delta t)^2).$$

b)
$$S\left(\frac{\pi}{\omega}\right)=\int_0^{\pi/\omega}S'(t)\,dt=\frac{2av}{\omega}+\frac{1}{2}a^2\pi.$$

c)
$$x(t)=a\cos\omega t-vt,\qquad y(t)=a\sin\omega t,$$
$$S=-\oint y\,dx=-\int_0^{\pi/\omega}y(t)\frac{dx}{dt}dt=\int_0^{\pi/\omega}a\sin\omega t(a\omega\sin\omega t+v)\,dt.$$

10. C の定点から正の向きに測った弧長を s とし，$\overrightarrow{\mathrm{PQ}}$ の x 軸となす角を φ とする．このとき

$$\Delta S=\frac{1}{2}l^2\Delta\varphi+O((\Delta s)^2)$$

となる．この理由は伸開線の場合と同様である(p. 173 参照)．

ゆえに

$$\frac{\Delta S}{\Delta s}=\frac{1}{2}l^2\frac{\Delta\varphi}{\Delta s}+O(\Delta s).$$

したがって，$S'(s)=\frac{1}{2}l^2\frac{d\varphi}{ds}$．ゆえに，

$$S=\int_0^L\frac{1}{2}l^2\frac{d\varphi}{ds}ds=\int_0^{2\pi}\frac{1}{2}l^2d\varphi=\frac{1}{2}l^2 2\pi=\pi l^2.$$

定理 3.31 を用いて計算してもよい．Q の座標を $(\xi(s),\eta(s))$ とすると，

$$\xi(s)=x(s)\pm lx'(s),\qquad \eta(s)=y(s)\pm ly'(s)\qquad (\text{複号同順})$$

だから，

$$S=\frac{1}{2}\int_0^L(\xi(s)\eta'(s)-\eta(s)\xi'(s))ds=\frac{1}{2}\int_0^L(xy'-yx')ds$$
$$\pm\frac{l}{2}\int_0^L(xy''-yx'')ds+\frac{l^2}{2}\int_0^L(x'y''-x''y')ds.$$

ところで右辺第 2 項は，$\pm\frac{l}{2}\Big[x(s)y'(s)-y(s)x'(s)\Big]_0^L=0$．第 3 項は，

$$\frac{l^2}{2}\int_0^L k(s)ds=\frac{l^2}{2}\int_0^L\frac{d\varphi}{ds}ds=\frac{l^2}{2}\int_0^{2\pi}d\varphi=\pi l^2.$$

IV　導関数に対する性質・凸関数 (pp. 265—267)

1. 命題 3.3 を適用する．

2. $\|\gamma\vec{a}\|=\gamma\|\vec{a}\|$ の証明．任意の $\varepsilon\,(>0)$ に対して，

$$\frac{\vec{a}}{\|\vec{a}\|+\varepsilon}\in D,\qquad \frac{\vec{a}}{\|\vec{a}\|-\varepsilon}\notin D.$$

ゆえに，$\gamma\vec{a}/\gamma(\|a\|+\varepsilon)\in D$,　　$\gamma\vec{a}/\gamma(\|a\|-\varepsilon)\notin D$．これより，

$$\gamma(\|a\|-\varepsilon)\leq\|\gamma\vec{a}\|\leq\gamma(\|a\|+\varepsilon).$$

3. 一般に連続関数 $g(x)$ が $[a,b]$ で定義され，$g(a)g(b)<0$ の場合，零点が有限個のときには，その前後で符号をかえる零点が少なくとも 1 つある．$h(x)=f(x)-ax-b$ を考える．仮定より，$x_1<x_2<x_3$ があり，$h(x_i)=0\,(i=1,2,3)$．したがって (x_1,x_2), (x_2,x_3) では定符号であり，おのおのの区間で最大値または最小値をとる点がある．

$f''(x)=0$ となる x が有限個であるという仮定より，例えば最大値をとる点 c の近傍では，その点を除いては $f''(x)<0$ である．なんとなれば，そこでは $f''(x)$ は定符号であり，

$$f'(x)-f'(c)=\int_c^x f''(\xi)d\xi$$

がなりたつからである．

4. 1)　仮定より，L を大きくとると $f''(x)$ は $x\geq L$ で定符号．$f''(x)>0$ $(x\geq L)$，かつ $f(x)>0$，$f(x)\to 0$ $(x\to+\infty)$ は，ありえないことを示す．$f''(x)>0$ というのは $f(x)$ が上に凸ということだから，このような形のグラフを画くことは不可能であることは明らかなようであるが，これを数学的に示すことが問題である．2) $f(x)$ の最大値をとる点を考えよ．

8. 矛盾によって証明する．

$$\int_a^b |g(x)|^q dx=+\infty$$

とする．このとき $a=x_0<x_1<\cdots<x_n<\cdots\to b$ という無限列とあって，

$$\int_{x_{i-1}}^{x_i} |g(x)|^q dx=1 \qquad (i=1, 2, \cdots)$$

がなりたつ．さて，前問ならびにつぎの問から示唆されて，$f(x)$ として，

$$f(x)=\varepsilon_i\frac{g(x)}{|g(x)|}|g(x)|^{q/p}, \qquad x\in(x_{i-1}, x_i) \qquad (i=1, 2, \cdots)$$

と定義する．$\varepsilon_i>0$ とする．このとき

$$(1) \qquad \sum_{i=1}^n\int_{x_{i-1}}^{x_i}|f(x)|^p dx=\sum_{i=1}^n\varepsilon_i{}^p,$$

$$(2) \qquad \sum_{i=1}^n\int_{x_{i-1}}^{x_i}f(x)g(x)dx=\sum_{i=1}^n\varepsilon_i$$

がなりたつ．そこで $p>1$ を考慮して，$\varepsilon_i=1/i$ とおくと，$n\to\infty$ のとき（1）は収束，（2）は発散である．これは仮定に反する．ところで $f(x)$ は $x_1, x_2, \cdots$ で第1種の不連続点をもつ．しかし，容易にわかるように，各 x_i の近傍で $f(x)$ を修正し，それを $\tilde{f}(x)$ とすると，$\tilde{f}(x)$ もまたうえの2つの性質をもつようにできる．

9. 1)　ある点 $x_0\in[a, b]$ で $F(x)^p\neq G(x)^q$ であれば不等号がなりたつことを示すには，つぎのように見ればよい．まず x_0 の近傍 $[x_0-\delta, x_0+\delta]$ でもうえの関係式がなりたっている．区間を $[a, x_0-\delta]$，$[x_0-\delta, x_0+\delta]$，$[x_0+\delta, b]$ と分けて考える．

それゆえ証明の原理としては，［a, b］全体で $F(x)^p \neq G(x)^q$ がなりたつ場合には不等号がなりたつことをいえばよい．

さて，$F(x), G(x) \leq A$，$\min|F(x)^p - G(x)^q| = \varepsilon$ とする．

$$f(x_1, x_2) = \frac{x_1}{p} + \frac{x_2}{q} - x_1^{1/p} x_2^{1/q}$$

を範囲 $D = \{(x_1, x_2)\ ;\ 0 \leq x_1, x_2 \leq A,\ |x_1 - x_2| \geq \varepsilon\}$ で考え，その最小値を $m(\varepsilon, A)$ (>0) とする．つぎに積分の定義にもどり，$a = \xi_0 < \xi_1 < \cdots < \xi_n = b$，$(\xi_i - \xi_{i-1} = (b-a)/n)$ とすると，

$$\frac{1}{p}\frac{b-a}{n}\sum_{i=1}^{n} F(\xi_i)^p + \frac{1}{q}\frac{b-a}{n}\sum_{i=1}^{n} G(\xi_i)^q - \frac{b-a}{n}\sum_{i=1}^{n} F(\xi_i)G(\xi_i)$$
$$\geq (b-a)\,m(\varepsilon, A).$$

10. 時刻 t における出発駅からの距離を $f(t)$ とする．$f(0) = f'(0) = 0$ より，平均値定理を用いて，

$$f\left(\frac{T}{2}\right) = \frac{f''(\tau_1)}{2}\left(\frac{T}{2}\right)^2 \qquad \left(0 < \tau_1 < \frac{T}{2}\right).$$

ついで $f(T) = L$，$f'(T) = 0$ より，

$$f\left(\frac{T}{2}\right) - L = \frac{f''(\tau_2)}{2}\left(\frac{T}{2}\right)^2 \qquad \left(\frac{T}{2} < \tau_2 < T\right).$$

$|f''(t)|$ の最大値を α とおけ．

V 多変数関数 (pp. 268—270)

1. 1) $f_x' = \alpha e^{\alpha x}\cos\beta y, \qquad f_y' = -\beta e^{\alpha x}\sin\beta y,$

2) $f_x' = \pm\dfrac{1}{\sqrt{y^2 - x^2}}, \qquad f_y' = \mp\dfrac{x}{y\sqrt{y^2 - x^2}} \qquad (y \gtrless 0$，複号同順)，

3) $f_x' = \dfrac{x}{1 + x^2 + y^2}, \qquad f_y' = \dfrac{y}{1 + x^2 + y^2},$

4) $f_x' = 2x\cos(x^2 - y), \qquad f_y' = -\cos(x^2 - y).$

2. $F(t) = f(tx, ty)$ $(t > 0)$ とおくと，$tF'(t) - mF(t) = 0.$

すなわち，$\dfrac{d}{dt}(F(t)/t^m) = 0$ がなりたつ．

4. $\dfrac{\partial}{\partial x}\left(\dfrac{\partial u}{\partial y}(x, y)\right) = 0.$ y をとめて x の関数とみれば，

$$\frac{\partial u}{\partial y}(x,y)=\frac{\partial u}{\partial y}(0,y)=g(y).$$

5. $$\frac{\partial^2 z}{\partial u^2}=\frac{\partial^2\varphi}{\partial x^2}\left(\frac{\partial f}{\partial u}\right)^2+2\frac{\partial^2\varphi}{\partial x\partial y}\frac{\partial f}{\partial u}\frac{\partial g}{\partial u}+\frac{\partial^2\varphi}{\partial y^2}\left(\frac{\partial g}{\partial u}\right)^2+\frac{\partial\varphi}{\partial x}\frac{\partial^2 f}{\partial u^2}+\frac{\partial\varphi}{\partial y}\frac{\partial^2 g}{\partial u^2},$$

$$\frac{\partial^2 z}{\partial u\partial v}=\frac{\partial^2\varphi}{\partial x^2}\frac{\partial f}{\partial u}\frac{\partial f}{\partial v}+\frac{\partial^2\varphi}{\partial x\partial y}\left(\frac{\partial f}{\partial u}\frac{\partial g}{\partial v}+\frac{\partial f}{\partial v}\frac{\partial g}{\partial u}\right)+\frac{\partial^2\varphi}{\partial y^2}\frac{\partial g}{\partial u}\frac{\partial g}{\partial v}$$
$$+\frac{\partial\varphi}{\partial x}\frac{\partial^2 f}{\partial u\partial v}+\frac{\partial\varphi}{\partial y}\frac{\partial^2 g}{\partial u\partial v},$$

$$\frac{\partial^2 z}{\partial v^2}=\frac{\partial^2\varphi}{\partial x^2}\left(\frac{\partial f}{\partial v}\right)^2+2\frac{\partial^2\varphi}{\partial x\partial y}\frac{\partial f}{\partial v}\frac{\partial g}{\partial v}+\frac{\partial^2\varphi}{\partial y^2}\left(\frac{\partial g}{\partial v}\right)^2+\frac{\partial\varphi}{\partial x}\frac{\partial^2 f}{\partial v^2}+\frac{\partial\varphi}{\partial y}\frac{\partial^2 g}{\partial v^2}.$$

6. a) $f(x,y)=(1-x-2y)^{-1}$ とおく．

$$\frac{\partial^{i+j}f}{\partial x^i\partial y^j}=(i+j)!2^j(1-x-2y)^{-(i+j+1)}\qquad(|x+2y|<1\ とする).$$

$$(1-x-2y)^{-1}=\sum_{0\le i+j\le n}\frac{(i+j)!}{i!j!}x^i(2y)^j+R_n(x,y),$$

$$R_n(x,y)=\sum_{i+j=n+1}\frac{(n+1)!}{i!j!}x^i(2y)^j(1-\theta x-2\theta y)^{-(n+2)}\qquad(0<\theta<1).$$

b) $$\log(1+ax+by)=1+\sum_{1\le i+j\le n}\frac{(-1)^{i+j-1}}{i+j}(ax)^i(by)^j+R_n(x,y),$$

$$R_n(x,y)=\sum_{i+j=n+1}\frac{(-1)^n}{n+1}(ax)^i(by)^j(1+a\theta x+b\theta y)^{-(n+1)}\qquad(0<\theta<1).$$

c) $$\sin(x+y)=\sum_{p=0}^{m}\sum_{i+j=2p+1}\frac{(-1)^p}{i!j!}x^iy^j+R_{2m+1}(x,y),$$

$$R_{2m+1}(x,y)=\sum_{i+j=2m+2}\frac{(-1)^{m+1}}{i!j!}x^iy^j\sin\{\theta(x+y)\}\qquad(0<\theta<1).$$

7. 2) $u(x,t)=\int_{-\infty}^{+\infty}H(x-y,t)f(y)\,dy$ とおくと，

$$(1)\qquad \frac{\partial}{\partial t}u(x,t)=\int_{-\infty}^{+\infty}\frac{\partial}{\partial t}H(x-y,t)f(y)\,dy,$$

$$(2)\qquad \frac{\partial^2}{\partial x^2}u(x,t)=\int_{-\infty}^{+\infty}\frac{\partial^2}{\partial x^2}H(x-y,t)f(y)\,dy$$

が任意の $(x,t)\in\boldsymbol{R}^1\times(0,\infty)$ でなりたつことを示せばよい．t_0 を正の数とし，$\delta\ (>0)$，A を，$t_0\in(\delta,A)$ となるようにえらぶ．t を $[\delta,A]$ で考察する．第1式がこの区間でなりたつことを示す．定理 3.14 を考慮して，

$$u_n(x,t)=\int_{-n}^{+n}H(x-y)f(y)\,dy$$

とおく．x を固定して考える．定理 3.14 より，

$$\frac{\partial}{\partial t}u_n(x,t)=\int_{-n}^{+n}\frac{\partial}{\partial t}H(x-y,t)f(y)\,dy$$

がなりたつ．ところで，$\dfrac{\partial}{\partial t}H=\left(\dfrac{-1}{2\sqrt{t^3}}+\dfrac{(x-y)^2}{4\sqrt{t^5}}\right)e^{-\frac{(x-y)^2}{4t}}$ であることより，$\dfrac{\partial}{\partial t}u_n(x,t)$ は $n\to+\infty$ のとき $t\in[\delta,A]$ で一様に（1）の右辺に近づく．ゆえに，定理 3.23 が適用できて，（1）がなりたつ．（2）についても同様である．

（3）
$$\int_{-\infty}^{+\infty}H(x-y,t)f(y)\,dy=\int_{-\infty}^{x-\delta}H(x-y,t)f(y)\,dy$$
$$+\int_{x-\delta}^{x+\delta}H(x-y,t)f(y)\,dy+\int_{x+\delta}^{+\infty}$$

と分解する．第1項と第3項は $t\to+0$ のとき0に近づく．

第2項に関しては，ヒントを参照．

8. $\dfrac{\partial f}{\partial x_i}=\sum_{k=1}^{n}a_{ki}\dfrac{\partial f}{\partial y_k}$ より

$$\frac{\partial^2 f}{\partial x_i\partial x_j}=\sum_{k,l=1}^{n}a_{ki}\frac{\partial^2 f}{\partial y_k\partial y_l}a_{lj}$$

がなりたつ．

9. 1) $F''(t)=h^2f_{x^2}''+2hkf_{xy}''+k^2f_{y^2}''>0$ であることと定理 3.7 を参照する．

2) (x_0, y_0) を中心とする Taylor 展開（3.63）を用いる．

11. 1) $f(x)$ が定数値でないとすると，単位超球面上 $x_1^2+\cdots+x_n^2=1$ でも定数値でない．また $f(tx)=f(x)$ が任意の $t>0$ でなりたつから，集合 $0<|x|<\delta$ 上でとる $f(x)$ のとる値の集合と，単位超球面上のそれとは一致する．

2) $f(x)$ を m 次斉次で何回でも連続的微分可能とする．$m>0$ とする．$D^\alpha f(x)$ は $(m-|\alpha|)$ 次の斉次関数であるから，$|\alpha|\geq[m]+1$（$[m]$ は m の整数部分）のとき $D^\alpha f(x)\equiv 0$．原点を中心とする Taylor 展開を用いれば，

$$f(x)=\sum_{|\alpha|\leq[m]}\frac{D^\alpha f(0)}{\alpha!}x^\alpha.$$

ところで m が整数でないときは $D^\alpha f(0)=0$, $|\alpha|\leq[m]$．m が整数のときは $D^\alpha f(0)=0$, $|\alpha|<m$ がなりたつ．

VI 最大・最小問題 (pp. 271—272)

1. 離心角を φ とし(p. 122 参照)，$x=a\cos\varphi$, $y=b\sin\varphi$ とかく．M, N の離心角をそ

れぞれ φ_1, φ_2 とすると，面積は(符号も合わせて考えれば)，

$$f(\varphi_1, \varphi_2)=\frac{1}{2}\begin{vmatrix} a\cos\varphi_1 & a\cos\varphi_2 \\ b\sin\varphi_1 & b\sin\varphi_2 \end{vmatrix}=\frac{ab}{2}\sin(\varphi_2-\varphi_1)$$

となる．したがって $|\varphi_2-\varphi_1|=\pi/2$ のとき面積は最大．なおこのことは円の場合から直接わかることである(p. 123 注意参照)．

2. Q が放物線上にそって $x\to+\infty$ のとき $f(Q)=\overline{PQ}+\overline{QF}$ は $+\infty$ に近づくから，$f(Q)$ が最小になる点 Q は確かに存在する．ところで，一般に Q における接線が x 軸をきる点を R とすれば，放物線の一般性質より $\angle FQR=\angle FRQ$ がなりたつ．他方，Q で $f(Q)$ が極値をとることにより，p. 203 でのべた事実がなりたつ．以上より，線分 PQ が x 軸と平行であることが必要である(読者は図を画いて考えられたい)．ゆえに Q は一意的である．

3. 台から xm 離れた位置において，銅像をみる角は，

$$\varphi=f(x)=\tan^{-1}\frac{x}{3.5}-\tan^{-1}\frac{x}{7.5}$$

であることに着目する．答は $\sqrt{26.25}$m.

4. p. 201—202 を参照する．図 3.13 において B の座標を $(a, -h_1)$ $(h_1>0)$ とすると，P の座標を $(x, 0)$ として，

$$f(x)=\frac{1}{v_1}\sqrt{x^2+h^2}+\frac{1}{v_2}\sqrt{(x-a)^2+h_1{}^2}$$

となる．$f''(x)>0$ より $f(x)$ を最小にする x は一意的である．その点 P における x 軸の垂線と AP, PB のなす角を，それぞれ θ_1, θ_2 とすると，$\sin\theta_1 : \sin\theta_2=v_1 : v_2$ がなりたつ．

6. a)　停留点は原点であるが，そこでは極値をとらない．

b)　(0, 0) で最小値をとる．$(\pm1, 0)$ は停留点であるが，極値をとらない．$(0, \pm1)$ で極小値 $2/e$ をとる．

7. S を $f(r, \omega)$ とおくと，

$$f(r, \omega)=r_1+r_2+\left(1-2\cos\left(\omega-\frac{\omega_1+\omega_2}{2}\right)\cos\frac{\omega_2-\omega_1}{2}\right)r+O(r^2)$$

という形に整理される．

8. 一般につぎのことがいえる(証明は容易であるので読者に委せる)．

$$z=ax^2+2bxy+cy^2+\psi_3(x, y), \qquad \psi_3=O(r^3) \quad (r=\sqrt{x^2+y^2})$$

に対して，

i） $ac-b^2>0$ のとき，原点で極値をとる．さらにくわしく，$a\gtrless 0$ に応じてそれぞれ極小，極大になる．

ii） $ac-b^2<0$ のとき，原点で極値をとらない．

iii） $ac-b^2=0$ のときは，これだけでは判定できない．

$$F(x,y)=(h-z)^2+x^2+y^2-h^2$$
$$=(1-ha)x^2-2hbxy+(1-hc)y^2+O(r^3).$$
$$\varDelta(r)=(1-ra)(1-rc)-r^2b^2$$
$$=(ac-b^2)r^2-(a+c)r+1$$

とおく．

i） $ac-b^2>0$ のとき，$\varDelta(r)=0$ の2根を $r_1, r_2 (r_1<r_2)$ とおく．r_1, r_2 はともに正である．$h\in(-\infty, r_1)$ のとき原点で F は極小，$h\in(r_2, +\infty)$ のとき極大，$h\in(r_1, r_2)$ のとき原点で極値にならない．なお $h=r_1, r_2$ のときは不明．

ii） $ac-b^2<0$ のとき，$\varDelta(r)=0$ は異符号の根 $r_1<0, r_2>0$ をもつ．$h\in(r_1, r_2)$ のとき極小，$h\in(-\infty, r_1)$，$h\in(r_2, +\infty)$ のときは極値をとらない．$h=r_1, r_2$ のときは不明．

iii） $ac-b^2=0$ のとき，$r_1=1/(a+c)$ とおく．a, c は広義の同符号である．$a+c>0$ のとき，$h\in(-\infty, r_1)$ で極小，$h\in(r_1, +\infty)$ のとき極値をとらない．$h=r_1$ のときは不明．

VII 関数項の級数 (pp. 273—275)

1.

1) $f(x)=\begin{cases}0, & x=0\\ \pm\dfrac{\pi}{2}, & x\gtrless 0\ \text{（複号同順）}\end{cases}$ 一様収束ではない．

2) $f(x)=\begin{cases}1, & x>0\\ x, & x\leq 0\end{cases}$ 一様収束ではない．

3) 一様収束である．したがって $f(x)$ は連続関数．

4) 一様収束である．以下その証明．$x^n/(1+x^n)$ は単調減少だから，Abel の変換により(p. 222 参照)，

$$\frac{x^p}{1+x^p}\min_s\left(\sum_{n=p}^{s}u_n\right)\geq\sum_{n=p}^{q}\frac{x^n}{1+x^n}u_n\leq\frac{x^p}{1+x^p}\max_s\left(\sum_{n=p}^{s}u_n\right).$$

2. $\max|f(x)|=M(>0)$ とする．まず

$$\int_a^b |f(x)|^p dx \leq \int_a^b M^p dx = M^p(b-a)$$

より，$\overline{\lim_{p\to\infty}} \|f(x)\|_p \leq M$. つぎに，$f(x_0)=M$ として，$[x_0-\delta, x_0+\delta]$ で $f(x) \geq M-\varepsilon$.

$$\int_a^b |f(x)|^p dx \geq \int_{x_0-\delta}^{x_0+\delta} (M-\varepsilon)^p dx = (M-\varepsilon)^p \times 2\delta.$$

よって，$\underline{\lim_{p\to\infty}} \|f(x)\|_p \geq M-\varepsilon$.

3. $\max f(x) > 1$ のときには $+\infty$ に発散，$\max f(x) \leq 1$ のときには有限値に収束.

4. 1)　$\{f_n(x)\}$ を Cauchy 列とする．$f_n(x)$ は一様収束列であるから，その極限関数 $f_0(x)$ は連続(定理 3.19)．かつ，$\max|f_p(x)-f_q(x)|<\varepsilon$ $(p, q>N)$ において，$q\to\infty$ とすると，$\max|f_p(x)-f_0(x)| \leq \varepsilon$ $(p>N)$ がなりたつ.

2)　定理 3.23 参照.

3)　$f_n(x) \to f_0(x)$ (一様)．かつ任意の ε (>0) に対して N がとれて，$p, q>N$ のとき

$$|(f_p(x)-f_q(x))-(f_p(x')-f_q(x'))| \leq \varepsilon |x-x'|^\alpha.$$

この式において $q\to+\infty$ の極限を考えよ.

5. 1)　上極限の性質より，任意の $\varepsilon(>0)$ に対して N がとれて，$n \geq N$ のとき，

$$\sqrt[n]{|a_n|} < \frac{1}{R-\varepsilon}$$

がなりたつ．R' を R より小な任意の正数とする．うえの ε を，$R'<R-\varepsilon$ となるようにえらぶと，$|x| \leq R'$ のとき，

$$|a_n x^n| < \left(\frac{R'}{R-\varepsilon}\right)^n, \qquad n \geq N$$

がなりたつ．ゆえに $\sum_{n=0}^{\infty} a_n x^n$ は $|x| \leq R'$ で一様収束である．つぎに形式的に項別微分してえられるべき級数を考える．すなわち

$$\sum_{n=1}^{\infty} n a_n x^{n-1}$$

を考える．この級数に対して定義される R を R_1 とすると，

$$\frac{1}{R_1} = \overline{\lim_{n\to\infty}} \sqrt[n]{(n+1)|a_{n+1}|} = \overline{\lim_{n\to\infty}} \sqrt[n]{|a_n|} \quad \left(=\frac{1}{R}\right)$$

が容易に示される．定理 3.24 を適用すればよい．以下同様.

2) $X=|x|>R$ のとき数列 $\{|a_n|X^n\}$ が有界にとどまらないことが，つぎのようにしてわかる．任意の $\varepsilon\,(>0)$ に対して，部分列 $n_1<n_2<\cdots<n_p<\cdots$ であって，

$$|a_{n_p}|\geq\left(\frac{1}{R}-\varepsilon\right)^{n_p}\quad(p=1,2,\cdots).$$

VIII Stieltjes 積分 (p. 276)

1. とくに $f(t)$ が (t_{i-1},t_i) で定数のときは，

$$\int_a^b f(t)\,dg(t)=(c_ng(b)-c_1g(a))-\sum_{i=1}^{n-1}(c_{i+1}-c_i)g(t_i).$$

2. 1)

$$\tilde{g}(t)=\begin{cases}g(0) & (t=0),\\ g(+0) & (0<t\leq a)\end{cases}$$

を定義し，$h(t)=g(t)-\tilde{g}(t)$ とおく．$h(t)\geq 0$ で単調増大，かつ $t\to+0$ のとき 0 に近づく．

$$\int_0^a e^{-nt}dg(t)-\int_0^a e^{-nt}d\tilde{g}(t)=\int_0^a e^{-nt}dh(t)$$

をみると，左辺の第2項はつねに $g(+0)-g(0)$ である．実際，積分の定義にもどって，$[0,a]$ の分割 $\varDelta$ をとったさい，e^{-nt} の値をつねに部分区間の左の端の点でとって考えればよい．そこで右辺が $n\to+\infty$ のとき0に収束することを示せばよい．$\varepsilon\,(>0)$ を任意に与えたとき，$\delta\,(>0)$ を小にとると，$h(\delta)<\varepsilon/2$. δ を固定して，積分を

$$\int_0^\delta e^{-nt}dh(t)+\int_\delta^a e^{-nt}dh(t)$$

と分解する．第1項は $\varepsilon/2$ より小であり，第2項は n を十分大にとれば $\varepsilon/2$ より小にできる．

2) $e^{-\delta t}\to 1$ (一様) $(\delta\to 0)$ より明らか．

3. $f(t_i)-f(t_{i-1})=\displaystyle\int_{t_{i-1}}^{t_i}f'(t)\,dt$ より出発する．これより，任意の分割 $\varDelta$ に対する総変動量 $V_\varDelta$ は，

$$V_\varDelta\leq\int_a^b|f'(t)|\,dt$$

をみたす．したがって V はこの右辺をこえない．逆の不等式を示すには，まずう

えの積分に平均値定理を用いて，

$$f(t_i)-f(t_{i-1})=f'(\tau_i)(t_i-t_{i-1}), \qquad \tau_i\in[t_{i-1}, t_i]$$

とかけることに着目せよ．

4. 答：$\varphi(B)-\varphi(A)+m(S-\overline{AB})$.

第4章 (pp. 332—335)

1.
$$u(t)=e^{-at}+\int_0^t e^{-a(t-s)}f(s)\,ds$$

において，$t\to+\infty$ のとき，$u(t)\to 0$ を示すには，積分項が $t\to+\infty$ のとき0に近づくことを示せばよい．まず仮定より，任意の $\varepsilon(>0)$ に対して T がとれて，

$$\int_T^{+\infty}|f(t)|\,dt<\varepsilon$$

がなりたつ．積分区間を $[0, T]$, $[T, +\infty)$ に分けて考える．

3. ある $x_0\in(a, b]$ に対して $y_1(x_0)<y_2(x_0)$ がなりたつとする．$x\in[a, x_0]$ で考えて，$y_1(x)\geq y_2(x)$ であるような x の上限を ξ とすると，$a\leq\xi<x_0$ であって，$y_1(\xi)=y_2(\xi)$，かつ $x>\xi$ のとき $y_2(x)>y_1(x)$ である．ところで，$(\xi, y_1(\xi))=(\xi, y_2(\xi))$ での微係数をみると，$y_1'(\xi)>y_2'(\xi)$．ゆえに $y_1(x)>y_2(x)$ が $\xi<x\leq\xi+\varepsilon$ ($\varepsilon>0$, 十分小) でなりたつ．これは矛盾．

5. 1) $u''+u=0$ の解で $u(0)=0$, $u'(0)=1$ をみたす解(基本解)は容易にわかるように，$\sin x$ である．(4.17)の内容をみれば，$u''+u=\cos x$ の解で $u(0)=u'(0)=0$ をみたすものは，

$$u_0(x)=\int_0^x \sin(x-\xi)\cos\xi\,d\xi=\int_0^x \frac{1}{2}\{\sin x+\sin(x-2\xi)\}\,d\xi=\frac{x}{2}\sin x$$

である．ゆえに，

$$u(x)=\frac{x}{2}\sin x+C_1\sin x+C_2\cos x.$$

2) $u'''+u'=0$ の1次独立な解は $1, \sin x, \cos x$ である．ついで基本解すなわち $u(0)=u'(0)=0$, $u''(0)=1$ をみたす $u'''+u'=0$ の解は，$u(x)=C_0+C_1\sin x+C_2\cos x$ の形とおくと，$E(x)=1-\cos x$ であることがわかる．

$$u_0(x)=\int_0^x E(x-\xi)f(\xi)\,d\xi=\int_0^x \{1-\cos(x-\xi)\}\cos\xi\,d\xi$$

$$=\sin x-\int_0^x \frac{1}{2}\{\cos x+\cos(x-2\xi)\}\,d\xi=\frac{1}{2}\sin x-\frac{x}{2}\cos x.$$

ゆえに,

$$u(x)=-\frac{x}{2}\cos x+C_0+C_1\sin x+C_2\cos x.$$

3)
$$\begin{aligned}u_0(x)&=\int_0^x \{1-\cos(x-\xi)\}\xi\cos\xi\,d\xi\\&=\int_0^x \xi\cos\xi\,d\xi-\frac{1}{2}\int_0^x \{\xi\cos x+\xi\cos(x-2\xi)\}\,d\xi\\&=\frac{3}{4}x\sin x-\frac{x^2}{4}\cos x+\cos x-1.\end{aligned}$$

ゆえに,

$$u(x)=\frac{3}{4}x\sin x-\frac{x^2}{4}\cos x+C_0+C_1\sin x+C_2\cos x.$$

7.
$$y(x)=\pm\frac{1}{\sqrt{C\sin^2 x-\sin 2x}}.$$

8. $u=\dfrac{ds}{dt}=\dfrac{v_0}{\sqrt{1+2kv_0{}^2t}}$ より,

$$s=v_0\int_0^t \frac{dt}{\sqrt{1+2kv_0{}^2t}}=\frac{1}{kv_0}(\sqrt{1+2kv_0{}^2t}-1).$$

索　　　引

サ 行

タ　行

ナ　行

ハ　行

マ　行

ヤ　行

ラ　行

著者略歴

溝畑（みぞはた） 茂（しげる）

1924年 大阪市に生まれる
1947年 京都大学理学部卒業
1961年 京都大学教授（理学部数学教室）
現 在 京都大学名誉教授・理学博士

朝倉復刊セレクション
数学解析 上
数理解析シリーズ

定価はカバーに表示

1973年 2月28日 初版第1刷
2019年12月 5日 復刊第1刷
2020年 3月25日 第2刷

著 者 溝 畑 茂
発行者 朝 倉 誠 造
発行所 株式会社 朝 倉 書 店
東京都新宿区新小川町 6-29
郵 便 番 号 162-8707
電 話 03（3260）0141
FAX 03（3260）0180
http：//www.asakura.co.jp

〈検印省略〉

新日本印刷・渡辺製本

ISBN 978-4-254-11841-4 C3341

Printed in Japan